智能制造领域高级应用型人才培养系列教材

西门子840D/810D
数控系统安装与调试

主　编　刘朝华
副主编　邓三鹏　苗　颖
参　编　蒋永翔　孙宏昌　祁宇明

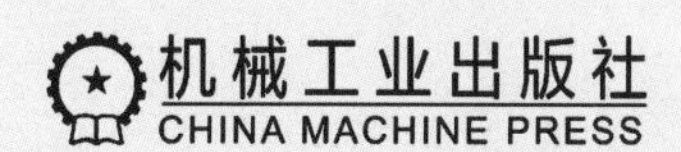

本书以数控机床广泛应用的西门子 SINUMERIK 840D/810D 系统为例，深入浅出地介绍了数控系统硬件构成、电动机与测量系统、系统数据备份与恢复、数控系统机床数据设置、数控系统调试与优化、STEP 7 编程软件的安装与使用、840D/810D 数控系统的 PLC 调试、数控系统 PLC 常用功能块、误差补偿技术、数控系统的维护与保养等内容。在每一章的后面都附有相应的实训项目，通过课程的学习和实训，能很好地锻炼学生实际安装调试的能力。

本书可以作为高等学校数控技术相关专业的教学用书，也可供数控技术专业高级工、技师以及从事数控机床装调与维修的人员阅读。

本书配有电子课件，凡使用本书作为教材的教师可登录机械工业出版社教育服务网 www.cmpedu.com 注册后下载。咨询邮箱：cmpgaozhi@sina.com。咨询电话：010-88379375。

图书在版编目（CIP）数据

西门子 840D/810D 数控系统安装与调试/刘朝华主编. —北京：机械工业出版社，2020.1

智能制造领域高级应用型人才培养系列教材

ISBN 978-7-111-64546-7

Ⅰ.①西… Ⅱ.①刘… Ⅲ.①数控机床-数字控制系统-安装-教材②数控机床-数字控制系统-调试方法-教材 Ⅳ.①TG659

中国版本图书馆 CIP 数据核字（2020）第 011127 号

机械工业出版社（北京市百万庄大街 22 号 邮政编码 100037）
策划编辑：薛 礼 责任编辑：薛 礼 王海峰 章承林
责任校对：杜雨霏 封面设计：鞠 杨
责任印制：张 博
三河市宏达印刷有限公司印刷
2020 年 3 月第 1 版第 1 次印刷
184mm×260mm · 20.25 印张 · 496 千字
0001—1900 册
标准书号：ISBN 978-7-111-64546-7
定价：56.00 元

电话服务	网络服务
客服电话：010-88361066	机 工 官 网：www.cmpbook.com
010-88379833	机 工 官 博：weibo.com/cmp1952
010-68326294	金 书 网：www.golden-book.com
封底无防伪标均为盗版	机工教育服务网：www.cmpedu.com

智能制造领域高级应用型人才培养系列教材
编审委员会

主任委员：	孙立宁	苏州大学机电工程学院院长
	陈晓明	全国机械职业教育教学指导委员会主任
副主任委员：	曹根基	全国机械职业教育教学指导委员会智能制造专指委主任
	苗德华	天津职业技术师范大学原副校长
	邓三鹏	天津职业技术师范大学机器人及智能装备研究所所长
秘书长：	邓三鹏	天津职业技术师范大学
秘书：	薛　礼	权利红　苑丹丹　王　铎
委员：	（排名不分先后）	
	杜志江	哈尔滨工业大学
	禹鑫燚	浙江工业大学
	陈国栋	苏州大学
	祁宇明	天津职业技术师范大学
	刘朝华	天津职业技术师范大学
	蒋永翔	天津职业技术师范大学
	陈小艳	常州机电职业技术学院
	戴欣平	金华职业技术学院
	范进桢	宁波职业技术学院
	金文兵	浙江机电职业技术学院
	罗晓晔	杭州科技职业技术学院
	周　华	广州番禺职业技术学院
	许怡赦	湖南机电职业技术学院
	龙威林	天津现代职业技术学院
	高月辉	天津现代职业技术学院
	高　强	天津渤海职业技术学院
	张永飞	天津职业大学
	魏东坡	山东华宇工学院
	柏占伟	重庆工程职业技术学院
	谢光辉	重庆电子工程职业学院
	周　宇	武汉船舶职业技术学院
	何用辉	福建信息职业技术学院
	张云龙	包头轻工职业技术学院
	张　廷	呼伦贝尔职业技术学院
	于风雨	扎兰屯职业技术学院
	吕世霞	北京电子科技职业学院
	梅江平	天津市机器人产业协会秘书长
	王振华	江苏汇博机器人技术股份有限公司总经理
	周旺发	天津博诺机器人技术有限公司总经理
	曾　辉	埃夫特智能装备股份有限公司副总经理

序

制造业是实体经济的主体，是推动经济发展、改善人民生活、参与国际竞争和保障国家安全的根本所在。纵观世界强国的崛起，都是以强大的制造业为支撑的。在虚拟经济蓬勃发展的今天，世界强国仍然高度重视制造业的发展。制造业始终是国家富强、民族振兴的坚强保障。

当前，新一轮科技革命和产业变革在全球范围内蓬勃兴起，创新资源快速流动，产业格局深度调整，我国制造业迎来“由大变强”的难得机遇。实现制造强国的战略目标，关键在人才。在全球新一轮科技革命和产业变革中，世界各国纷纷将发展制造业作为抢占未来竞争制高点的重要战略，把人才作为实施制造业发展战略的重要支撑，加大人力资本投资，改革创新教育与培训体系。当前，我国经济发展进入新常态，制造业发展面临着资源环境约束不断强化、人口红利逐渐消失等多重因素的影响，人才是第一资源的重要性更加凸显。

《中国制造 2025》第一次从国家战略层面描绘建设制造强国的宏伟蓝图，并把人才作为建设制造强国的根本，对人才发展提出了新的更高要求。提高制造业创新能力，迫切要求着力培养具有创新思维和创新能力的拔尖人才和领军人才；强化工业基础能力，迫切要求加快培养掌握共性技术和关键工艺的专业人才；信息化与工业化深度融合，迫切要求全面增强从业人员的信息技术应用能力；发展服务型制造，迫切要求培养更多复合型人才进入新业态、新领域；发展绿色制造，迫切要求普及绿色技能和绿色文化；打造“中国品牌”“中国质量”，迫切要求提升全员质量意识和素养等。

哈尔滨工业大学在 20 世纪 80 年代，研制出我国第一台弧焊机器人和第一台点焊机器人，30 多年来为我国培养了大量的机器人人才；苏州大学在产学研一体化发展中成果显著；天津职业技术师范大学从 2010 年开始培养机器人职教师资，秉承学校“动手动脑，全面发展”的办学理念，进行了多项教学改革，建成了机器人多功能实验实训基地，并开展了对外培训和鉴定工作。本套规划教材是结合这些院校人才培养特色以及智能制造类专业特点，以“理论先进，注重实践，操作性强，学以致用”为原则精选教材内容，依据在机器人技术、数控技术等专业的教学、科研、竞赛和成果转化等方面的丰富经验编写而成的。其中有些书已经出版，具有较高的质量，未出版的讲义在教学和培训中经过多次使用和修改，也收到了很好的效果。

我们深信，本套教材的出版发行和广泛使用，不仅有利于加强各兄弟院校在教学改革方面的交流与合作，而且对智能制造类专业人才培养质量的提高也会起到积极的促进作用。

当然，由于智能制造技术发展非常迅速，编者掌握材料有限，本套教材还需要在今后的改革实践中进一步检验、修改、锤炼和完善，殷切期望同行专家及读者们不吝赐教，多加指正，并提出建议。

苏州大学教授、博导

教育部长江学者特聘教授

国家杰出青年基金获得者

国家万人计划领军人才

机器人技术与系统国家重点实验室副主任

国家科技部重点领域创新团队带头人

江苏省先进机器人技术重点实验室主任

2018 年 1 月 6 日

Preface 前言

数控机床是集机、电、液、气、光于一体的技术密集型设备，涉及多学科技术领域。数控系统是数控机床的核心，决定着数控机床的性能和功能。目前，数控系统安装与调试、二次开发、维修与服务、编程与操作等方面的人才尤为缺乏，掌握并驾驭数控技术的高技能型工程技术人才成为社会的急需人才。

数控系统的种类较多，使用和调试也大有不同。当前国内使用较多的典型数控系统为德国西门子公司、日本发那科公司的产品。本书以西门子公司生产的 SINUMERIK 840D/810D 数控系统为代表进行讲解，内容包括数控系统硬件构成、电动机与测量系统、系统数据备份与恢复、数控系统机床数据设置、数控系统调试与优化、STEP 7 编程软件的安装与使用、840D 数控系统的 PLC 调试、数控系统 PLC 常用功能块、误差补偿技术、数控系统的维护与保养等。在每一章的后面都附有相应的实训项目，通过课程的学习和实训，能很好地锻炼学生实际安装调试的能力。

本书由天津职业技术师范大学刘朝华担任主编，天津职业技术师范大学邓三鹏、蒋永翔、孙宏昌、祁宇明，天津农学院苗颖参与了编写工作。其中，刘朝华编写了第 1、5、7 章；苗颖编写了第 2、3 章；邓三鹏编写了第 4、6 章；蒋永翔编写了第 8 章；孙宏昌编写了第 9 章；祁宇明编写了第 10 章。参与本书插图绘制、实训开发工作的有石秀敏、杨雪翠、李彬、王钰等。全书由刘朝华统稿。

在编写过程中，编者参阅了西门子公司大量的文献以及其他许多专家的教材、著作，并且得到了天津职业技术师范大学机械工程学院领导和老师的支持，在此一并表示衷心的感谢。本书的编写也得到了天津职业技术师范大学校级教学改革与质量建设研究重点项目（编号：JGZ2015-02）的支持。

鉴于编者理论水平和实践经验所限，书中难免有不足之处，敬请广大读者和各位同仁批评指正。

编　者

Contents 目录

第1章 数控系统硬件构成

SINUMERIK 840D 是西门子公司于 1994 年 6 月正式推出上市的全数字式数控系统，而 810D 是 1996 年 1 月正式推出上市的数控系统。这两个系统在开发上具有非常高的系统一致性。SINUMERIK 840D/810D 是由数控及驱动单元（CCU 或 NCU）、MMC 和 PLC 模块三部分组成。由于在集成系统时，总是将 SIMODRIVE 611D 驱动和数控单元（CCU 或 NCU）并排放在一起，并用设备总线互相连接，因此在说明时将两者划归一处。

人机通信（Man Machine Communication，MMC）包括操作面板（Operation Panel，OP）单元、MMC 和机床控制面板（Machine Control Panel，MCP）三部分；PLC 模块包括电源模块（PS）、接口模块（IM）和信号模块（SM）。它们并排安装在一根导轨上。图 1-1 所示为 SINUMERIK 840D/810D 实物图。

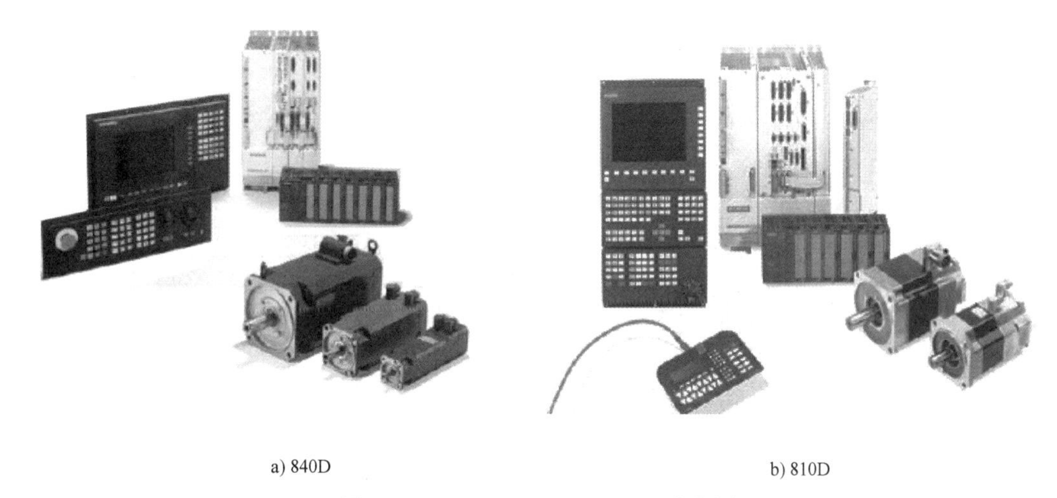

a) 840D　　b) 810D

图 1-1　SINUMERIK 840D/810D 实物图

1.1　西门子 840D/810D 数控单元

1.1.1　SINUMERIK 840D 与 NCU

SINUMERIK 840D 的数控单元被称作 NCU（Numerical Control Unit）。根据选用硬件如 CPU 芯片等和功能配置的不同，NCU 分为 NCU561. X、NCU571. X、NCU572. X、NCU573. X 等系列。SINUMERIK 840D 各阶段各版本 CPU 芯片类型可见表 1-1。其中，NCU573. 4 为 SINUMERIK 840D 系列的次高端配置；NCU573. 5 为 SINUMERIK 840D 系列的旗舰产品，是 SINUMERIK 840D 系列中的最高端配置。集成的 PLC 具有显著增强的性能。NCU 系统软件可提供 31 个进给轴、最多 10 个加工通道和最多 10 个方式组。每个通道可支持最多 12 个进给轴/主轴。对于采用标准 NCU 系统软件，最多 12 个进给轴的情况下，可以进行插补。

表 1-1 840D 常用 NCU 版本类型及其特征

NCU 型号		CPU 芯片类型	PLC 芯片类型	程序内存(最大/最小)
NCU561	NCU561.3	Intel 486 DX4 100MHz	PLC 315-2DP	1.5MB/0.25MB
	NCU561.4	AMD K6-2 233MHz	PLC 314C-2DP	1.5MB/0.25MB
NCU571	NCU571.3	Intel 486 DX4 100MHz	PLC 315-2DP	1.5MB/0.25MB
	NCU571.4	AMD K6-2 233MHz	PLC 314C-2DP	1.5MB/0.25MB
NCU572	NCU572.3	AMD K6-2/233MHz	PLC 315-2DP	1.5MB/0.25MB
	NCU572.4	AMD K6-2/233MHz	PLC 314C-2DP	1.5MB/0.25MB
NCU573	NCU573.3	Pentium Ⅲ 500MHz	PLC 315-2DP	2.5MB/2.5MB
	NCU573.4	Pentium Ⅲ 500MHz 或 Celeron 650MHz	PLC 314C-2DP	2.5MB/2.5MB
	NCU573.5	Pentium Ⅲ 933MHz	PLC 317-2DP	6MB/3MB

SINUMERIK 840D 的 NCU 由 NCU 盒及 NCU CPU 两部分构成，如图 1-2 所示。NCU 盒包含电池风扇单元、直流母线以及 NCU CPU 的金属支架。

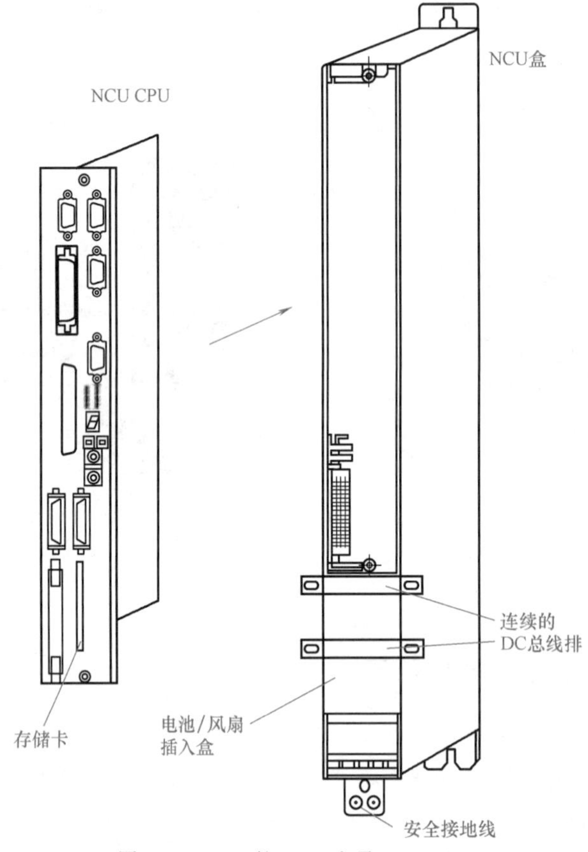

图 1-2 840D 的 NCU 盒及 NCU CPU

在 SINUMERIK 840D 的 NCU 中集成了 SINUMERIK 840D 数控 CPU 和 SIMATIC PLC CPU 芯片，并包括相应的数控软件和 PLC 控制软件，并且带有 MPI 或 Profibus 接口、RS232 接口、手轮及测量接口、PCMCIA 卡插槽等，如图 1-3 所示。所不同的是 NCU 很薄，所有的驱动模块均排列在其右侧。

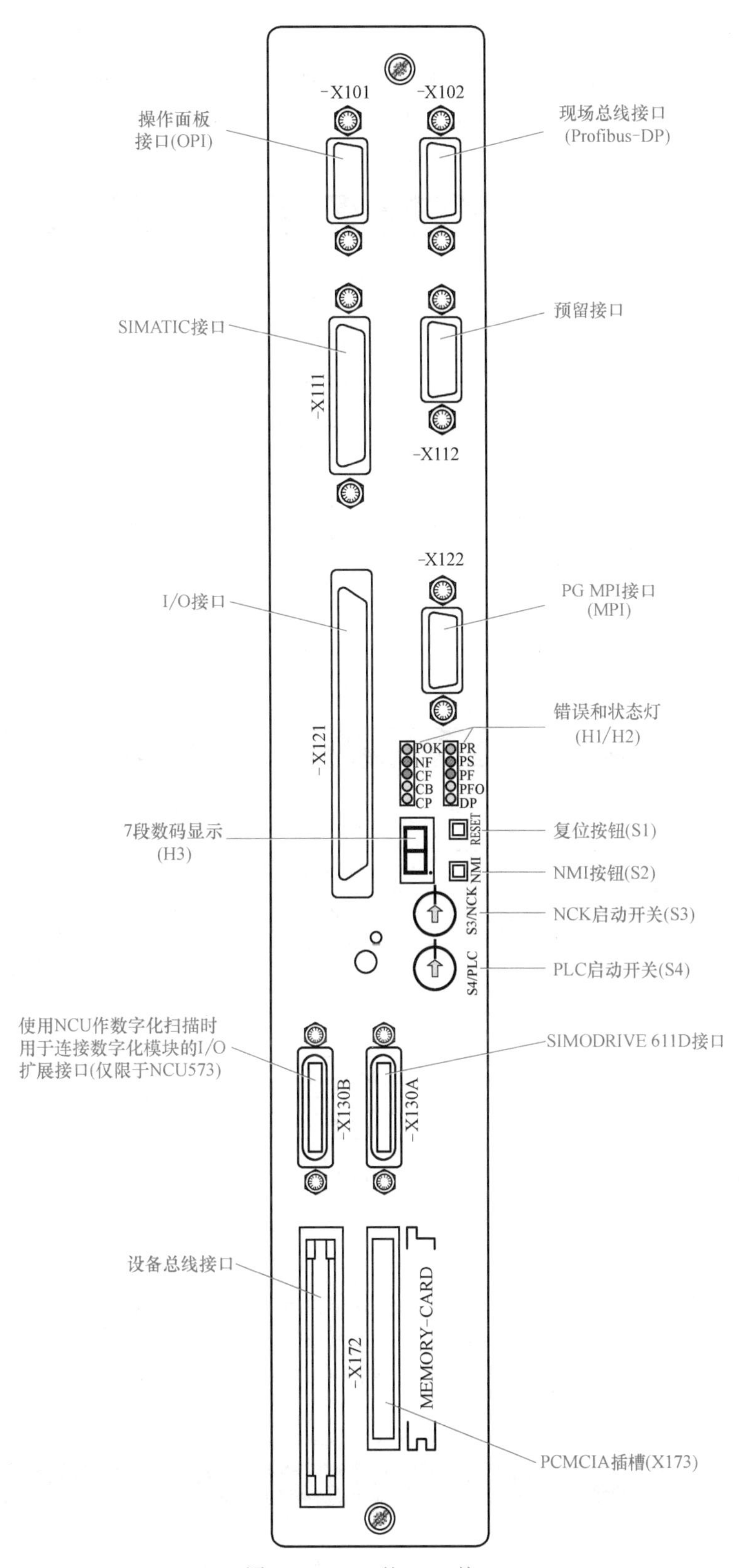

图 1-3　840D 的 NCU 接口

图 1-3 中各个接口的作用如下：

1）X101 是操作面板接口，简称 OPI 接口，通信速率为 1.5Mbit/s，用于 NCU、MMC（或 PCU）和 MCP 的连接通信。该接口使用 9 芯插头，电位隔离，其引脚分配见表 1-2。

表 1-2　X101 接口引脚分配

引脚	名称	说　　明	类型
1、2	Unassigned	未分配	
3	RS_OPI	差分 RS485，数据-OPI	双向
4	RTSAS_OPI	请求发送 AS-OPI	输出
5	2M	信号地，电位隔离	电压输出
6	2P5	+5V，电位隔离	电压输出
7	Unassigned	未分配	
8	XRS_OPI	差分 RS485，数据-OPI	双向
9	RTSPG_OPI	请求发送 PG-OPI	输入

2）X102 是现场总线接口（Profibus-DP）。该接口使用 9 芯插头，电位隔离，用于连接分布式现场设备，其引脚分配见表 1-3。

表 1-3　X102 接口引脚分配

引脚	名称	说　　明	类型
1	Unassigned	未分配	
2	M24EXT	24V 电源输出的地	电压输出
3	RS_PROFIBUSDP	差分 RS485，数据-PROFIBUSDP	双向
4	RTSAS_PROFIBUSDP	请求发送 AS-PROFIBUSDP	输出
5	DGND	信号地，电位隔离	电压输出
6	VP	+5V，电位隔离	电压输出
7	P24EXT	24V 电源输出的正端	电压输出
8	XRS_PROFIBUSDP	差分 RS485，数据-PROFIBUSDP	双向
9	RTSPG_PROFIBUSDP	请求发送 PG-PROFIBUSDP	输入

3）X111 用于与 PLC 的 IM361 接口模块连接，再由接口模块所在的机架上的 I/O 模块与要控制的外设相连。另外，该接口还可以用于单 I/O 模块 EFP 或分配板的连接。该接口使用 25 芯插头，最大电缆长度 10m。

4）X112 接口在 NCU571. X、NCU572. X 型单元时是 RS232 接口，当在 NCU573. 2/3/4 型单元时是 LINK 模块接口。该接口使用 9 芯 D 型插头，最大电缆长度 10m。用于 RS232 接口时其引脚分配见表 1-4，用于 LINK 模块接口时其引脚分配见表 1-5。

表 1-4　X112 接口引脚分配（RS232）

引脚	名称	说　　明	类型
1	Unassigned	未分配	
2	R×D	接收数据	输入

（续）

引脚	名称	说　　明	类型
3	T×D	传送数据	输出
4	Unassigned	未分配	
5	M	接地	电压输出
6	Unassigned	未分配	
7	RTS	请求发送	输出
8	CTS	发送使能	输入
9	Unassigned	未分配	

表 1-5　X112 接口引脚分配（LINK 模块）

引脚	名称	说　　明	类型
1	Unassigned	未分配	
2	Unassigned	未分配	
3	RS_LINK	差分 RS485,数据-LINK	双向
4	XRS_CLKCY	差分 RS485,数据-CLKCY	输入
5	DGND	信号地,电位隔离	电压输出
6	VP	+5V,电位隔离	电压输出
7	Unassigned	未分配	
8	XRS_LINK	差分 RS485,数据-LINK	双向
9	RS_CLKCY	差分 RS485,数据-CLKCY	输入

5）X121 是 I/O 电缆分线盒接口，可以接电子手轮、手持单元、传感器测头等。该接口使用 37 芯插头，最大电缆长度 25m。其引脚分配见表 1-6。

表 1-6　X121 接口引脚分配

引脚	名称	说明	类型	引脚	名称	说明	类型
1	M24EXT	外部 24V(-),用于 NC 二进制输出	输入	12	MPG1 5V	手轮 1 电源,5V,	输出
				13	MPG1 5V	手轮 1 电源,5V	输出
2	M24EXT	外部 24V(-),用于 NC 二进制输出	输入	14	MPG1 *B	手轮 1 差分输入,$\overline{B}$	输入
				15	MPG0 *A	手轮 0 差分输入,$\overline{A}$	输入
3	OUTPUT 1	NC 二进制输出	输出	16	MPG0 5V	手轮 0 电源,5V,	输出
4	OUTPUT 0	NC 二进制输出	输出	17	MPG0 5V	手轮 0 电源,5V,	输出
5	INPUT 3	NC 二进制输入	输入	18	MPG0 *B	手轮 0 差分输入,$\overline{B}$	输入
6	INPUT 2	NC 二进制输入	输入	19	Unassigned	未分配	
7	INPUT 1	NC 二进制输入	输入	20	P24EXT	外部 24V(+),用于 NC 二进制输出	输入
8	INPUT 0	NC 二进制输入	输入				
9	MEPUS 0	测量脉冲信号 0	输入	21	P24EXT	外部 24V(+),用于 NC 二进制输出	输入
10	MEPUC 0	测量脉冲共地(参考地)0	输入				
11	MPG1 *A	手轮 1 差分输入,$\overline{A}$	输入	22	OUTPUT 3	NC 二进制输出	输出

（续）

引脚	名称	说明	类型
23	OUTPUT 2	NC 二进制输出	输出
24	MEXT	外部地(用于 NC 输入地参考地)	输入
25	MEXT	外部地(用于 NC 输入地参考地)	输入
26	MEXT	外部地(用于 NC 输入地参考地)	电压输入
27	MEXT	外部地(用于 NC 输入地参考地)	输入
28	MEPUS 1	测量脉冲信号 1	输入
29	MEPUC 1	测量脉冲共地(参考地)1	输入
30	MPG1 A	手轮 1 差分输入,A	输入
31	MPG1 0V	手轮 1 电源,0V	输出
32	MPG1 0V	手轮 1 电源,0V	输出
33	MPG1 B	手轮 1 差分输入,B	输入
34	MPG0 A	手轮 0 差分输入,A	输入
35	MPG0 0V	手轮 0 电源,0V	输出
36	MPG0 0V	手轮 0 电源,0V	输出
37	MPG0 B	手轮 0 差分输入, B	输入

6）X122 是连接 PG/PC 的接口，PG 是西门子的专用编程器，连接用 MPI（Multipoint interface，多点接口）电缆；如果是连接 PC，则要用 PC 适配器（其中 7 端口和 2 端口要连接±24V 直流），PG/PC 上装有 STEP 7 时，可通过该接口对内装的 S7-300 PLC 进行编程、修改和监控。其引脚分配见表 1-7。

表 1-7　X122 接口引脚分配

引脚	名称	说　明	类型
1	Unassigned	未分配	
2	M24EXT	24V 电压	电压输出
3	RS_KP	差分 RS485,数据-PLC 的 K 总线	双向
4	RTSAS_KP	请求发送 AS-PLC 的 K 总线	输出
5	M	+5V 地	电压输出
6	P5	+5V	电压输出
7	P24EXT	24V 电压地	电压输出
8	XRS_KP	差分 RS485,数据-PLC 的 K 总线	双向
9	RTSPG_KP	请求发送 PG-PLC 的 K 总线	输入

7）H1/H2 是两排各种出错和状态的 LED 灯，H1 是综合信号，H2 是 PLC 的信号。CNC 工作正常时，+5V、PR、OPI 灯亮。各个信号的含义见表 1-8。

表 1-8　H1/H2 LED 灯信号的含义

H1		H2	
+5V/POK	电源电压在容差范围内时亮(绿色)	PR	PLC 运行(绿色)
NF	NCK 启动过程中,其监控器被触发时,此灯亮(红色)	PS	PLC 停止(红色)
CF	通信故障,当 COM 监控器输出一个报警时,此灯亮(红色)	PF	当 PLC 监控器输出一个报警时,此灯亮(红色);当 PLC 监控器输出一个报警时,所有 4 个灯都亮(红色)

（续）

H1		H2	
CB	通过 BTSS 进行数据传输，此灯亮（黄色）	PFO	PLC 强制（黄色）
CP	通过 PC 的 MPI 接口进行数据传输时，此灯亮（黄色）	-/DP	NCU 571-573，未用，复位时短暂亮 NCU 573.2/3/4：PLC DP 状态 在 CPU 315 2DP 上此灯有“BUSF”的标记 • 灯灭：DP 未配置或者 DP 配置了但所有的从站未找到 • 灯闪：DP 配置了，但一个或一个以上的从站丢失 • 灯亮：错误（例如：总线近路无令牌通行）

8）H3 是 7 段数码显示，正常时应为“6”。

9）S1 是 NC 复位（Reset）按钮。

10）S2 是非屏蔽（NMI）按钮。

11）S3 是 NCK 启动开关。

① 位置 0：正常运行；②位置 1：NCK 总清；③位置 2：NCK 从内存卡软件升级；④位置 3~7：预留。

12）S4 是 PLC 启动开关。

① 位置 0：PLC 运行编程；②位置 1：PLC 运行；③位置 2：PLC 停止；④位置 3：模块复位。

13）X130B 是与数字模块连接的接口，该模块可通过探针或激光探针对零件进行测量后，然后自动生成加工程序，但仅限于 NCU573。

14）X130A 是连接 SIMODRIVE 611D 数字驱动模块的接口，又称驱动总线，传送驱动控制信号。

15）X172 是设备总线接口，传送驱动使能信号和为弱电系统供电。通过电缆连接电源模块和驱动模块的设备总线接口 X351。该接口采用 34 芯扁平电缆，其接口引脚分配见表 1-9。

表 1-9　X172 接口引脚分配

引脚	名称	说明	类型	引脚	名称	说明	类型
1	HF1	电源 57V，20kHz	电压输入	13	Unassigned	未分配	
2	HF2	电源 57V，20kHz	电压输入	14	Unassigned	未分配	
3	HF1	电源 57V，20kHz	输出	15	Unassigned	未分配	
4	HF2	电源 57V，20kHz	输出	16	I2T_TMP	I2T 预警（NC 专用：风扇/温度报警）	电压输出
5	Unassigned	未分配					
6	Unassigned	未分配		17	Unassigned	未分配	
7	Unassigned	未分配		18	P27	+27V 风扇电源	电压输入
8	Unassigned	未分配		19	M27	P27 参考地	电压输入
9	P15	+15V	电压输入	20	M(GND)	接地	电压输入
10	Unassigned	未分配		21	Unassigned	未分配	
11	P15	+15V	电压输入	22	M(GND)	接地	电压输入
12	Unassigned	未分配		23	Unassigned	未分配	

（续）

引脚	名称	说明	类型	引脚	名称	说明	类型
24	M(GND)	接地	电压输入	30	Unassigned	未分配	
25	Unassigned	未分配		31	SIM_RDY	驱动和 NC 准备	电压输出
26	M(GND)	接地	电压输入	32	Unassigned	未分配	
27	Unassigned	未分配		33	Unassigned	未分配	
28	Unassigned	未分配		34	Unassigned	未分配	
29	Unassigned	未分配					

16）X173 是 PCMCIA 存储卡插槽。在 840D 系统到货时，会有一张 FLASH MEMORY 卡，开机前要插入此插槽中。在该卡上固化了 NCK 系统文件、PLC 系统文件、611D 驱动系统文件、通信相关的系统文件以及系统启动所需的引导文件。此卡是西门子专用的，市场上购买的与此卡外观相似的普通卡无法在系统中应用。系统启动时，必须要插入此卡。此 NC 卡的订货号为 6FC5250-6CY30-5AH0。

1.1.2 SINUMERIK 810D 与 CCU

数控单元是 SINUMERIK 810D 的核心，它被称为 CCU。早期 810D 系统的 CCU 有两种规格，即 CCU1 和 CCU2。为了进一步提高 SINUMERIK 810D 的性能，西门子公司研制出了 810D Powerline 系统，该系统的 CCU 命名为 CCU3，CCU3 是目前使用较多的数控单元。

CCU 由 CCU 模块和带有集成电源的机箱盒（CCU 盒）组成，CCU 模块安装在 CCU 盒中，如图 1-4 所示。

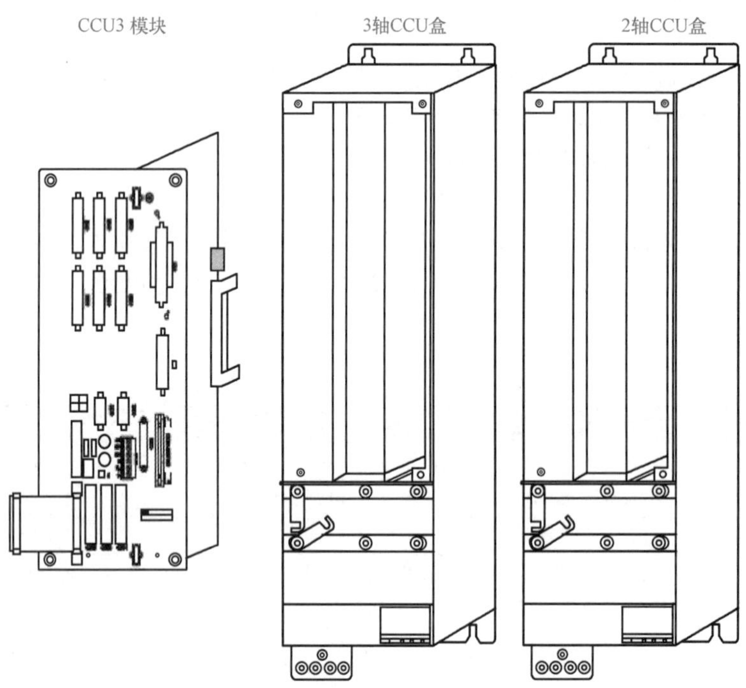

图 1-4　810D 的 CCU 模块和 CCU 盒

CCU 内部集成了数控核心 CPU 和 SIMATIC PLC 的 CPU，包括 SINUMERIK 810D 数控软件和 PLC 软件，带有 MPI 接口、手轮及测量接口，更集成了 SIMODRIVE 驱动的功率模块，体现了数控及驱动的完美统一。

CCU 有两轴版和三轴版两种规格。两轴版用于带两个最大不超过 11N · m（9/18A）进给电动机的驱动，即 2×11N·m。三轴版用于带两个最大不超过 9N·m（6/12A）进给电动机的驱动和一个 9kW（18/36A→FDD 或 24/32A→MSD）的主轴，即 2×9N·m+1×9kW（主轴）。

CCU 上有 6 个反馈接入口，最大可带 6 轴，包括 1 主轴（带位置环），根据需要可在 CCU 右侧扩展 SIMODRIVE 611D 模块，使用户配置有更大的灵活性。图 1-5 所示为 SINU-

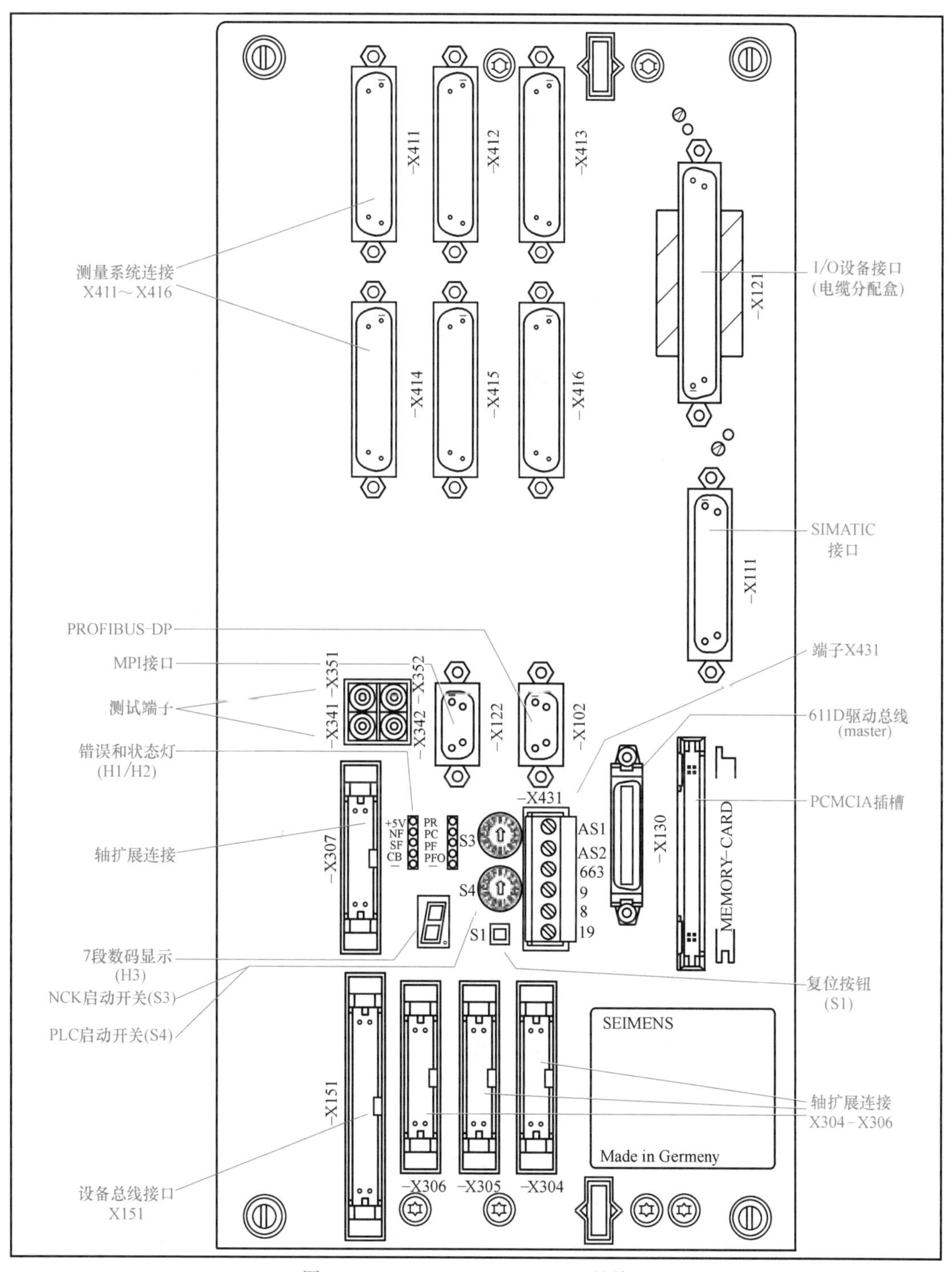

图 1-5　SINUMERIK 810D CCU3 的接口

MERIK 810D CCU3 的接口。

1）X411~X416 是系统的 6 路位置测量，这些测量可以是直接获得的，也可以是间接获得的。所谓直接获得就是指位置信号取自丝杠上光栅尺的位置反馈信号，即全闭环控制，也称第二测量系统。而间接获得就是指位置信号取自电动机上的旋转编码器，即半闭环控制，也称第一测量系统。

X411：第一测量系统，半闭环。信号来源电动机上的光电编码器的位置反馈信号；用于进给轴或主轴的位置反馈；与 A1 电动机对应；还有电动机的热敏电阻，其中电动机的热敏电阻值是通过该插座的 13 和 25 脚输入，该热敏电阻在常温下为 580Ω，155℃ 时大于 1200Ω，这时控制板关断电动机电源并产生电动机过热报警。

X412、X413：只能用于进给轴的位置反馈，分别用于 A2、A3 电动机。

X414~X416：用于扩展轴或其他之用，与 X304~X306 对应。X414~X416 接口引脚分配见表 1-10。

表 1-10　X414~X416 接口引脚分配

引脚	名称	说明	类型	引脚	名称	说明	类型
1	PENC1/2	编码器电源(+5V)	电压	14	PENC1/2	编码器电源(+5V)	电压
2	M	逻辑参考地	电压	15	ENCDATi	EnDat 数据信号	双向
3	APi	编码器脉冲 A 相信号	输入	16	M	逻辑参考地	电压
4	ANi	编码器脉冲 $\overline{A}$ 相信号	输入	17	RPi	编码器脉冲 R 相信号	输入
5	M	逻辑参考地	电压	18	RNi	编码器脉冲 $\overline{R}$ 相信号	输入
6	BPi	编码器脉冲 B 相信号	输入	19	CPi	编码器脉冲 C 相信号	输入
7	BNi	编码器脉冲 $\overline{B}$ 相信号	输入	20	CNi	编码器脉冲 $\overline{C}$ 相信号	输入
8	M	逻辑参考地	电压	21	DPi	编码器脉冲 D 相信号	输入
9	Unassigned	备用		22	DNi	编码器脉冲 $\overline{D}$ 相信号	输入
10	ENCCLK	EnDat 时钟信号	输出	23	XENCDATi	$\overline{\text{EnDat}}$ 数据信号	双向
11	Unassigned	备用		24	M	逻辑参考地	电压
12	XENCCLK	$\overline{\text{EnDat}}$ 时钟信号	输出	25	THMOTCOM	电动机过热触点信号	输入
13	THMOTi	电动机过热触点信号	输入				

2）X121 是 I/O 电缆分线盒接口，可以接电子手轮、手持单元、传感器测头等。该接口使用 37 芯插头，最大电缆长度 25m。其引脚分配见表 1-6。

3）X102 是西门子的工业现场总线接口（Profibus-DP）。X102 在 CCU1 模块上是备用接口，在 CCU2 和 CCU3 模块上定义为 Profibus-DP 接口。该接口使用 9 芯 D 型插头，最大传输距离 200m，传输速率为 9.6kbit/s~12Mbit/s，接口采用电位隔离。X102 接口引脚分配见表 1-3。

4）X111 是连接 S7-300 PLC 的接口模块 IM361 或紧凑型外设模块（EFP，Single I/O module），这些模块都是连接外设 I/O 的。

5）X122 是 MPI 接口，用于连接 MMC、MCP、PG 等，810D 系统无 OPI 接口，这与 840D 系统不同。其接口引脚分配见表 1-11。

表 1-11 X122 接口引脚分配

引脚	名称	说 明	类型
1	Unassigned	未分配	
2	M24EXT	24V 电压	电压输出
3	RS	RS485 数据	双向
4	ORTSAS	请求发送可编程序控制器	输出
5	M5EXT	+5V 地	电压输出
6	P5EXT	+5V	电压输出
7	P24EXT	24V 电压地	电压输出
8	XRS	RS485 数据	双向
9	IRTSPG	请求发送编程器	输入

6）H1/H2、H3、S1、S3、S4 的功能基本与 840D 系统相同，但有一点不同，即 H1 排的第三个 LED 灯是 SF 而不是 CF，该红色灯反映了驱动的故障，而且 810D 系统无 S2。

7）X351 对应第一路模拟信号 DAC1，标准设置为电流设定值信号；X352 对应第二路模拟信号 DAC2，标准设置为速度设定值信号；X341 对应第三路模拟信号 DAC3，标准设置为速度实际值信号；具体的物理量可在 MMC 的菜单中选择，X342 是信号的地。

8）X431 是终端块，其中 663 是脉冲使能终端，必须和端子 9（使能电压端子 24V）相连，断开时控制使能失效，电动机制动开关释放。AS1、AS2 的内部有一副常闭触点，启动后打开。B 端子（BERO）可输入外部零点标记。

9）X151 是设备总线，34 芯插座，最大传送距离 10m，用于连接 611D 电源模块上的设备总线接口 X351。

10）X304~X306 是轴扩展模块的接口，X304 与 X414 相对应，X305 与 X415 相对应，X306 与 X416 相对应。

11）PCMCIA 是个人计算机存储卡，可存放 810D 系统软件或存储数据使用。

1.2 数字驱动系统

西门子的驱动模块有模拟型的 611A、数字型的 611D 和通用型的 611U，这些都是模块化的结构。SIMODRIVE 611D 是 840D/810D 的数字驱动模块，有 1 轴的 FDD/MSD 模块和 2 轴的 FDD 模块两种（FDD，Feed Drive——进给轴驱动；MSD：Main Spindle Drive——主轴驱动），模块内各控制环的参数设置均在 NCU 中。

1.2.1 SIMODRIVE 611/611D 驱动系统概述

SIMODRIVE 611 驱动系统是一种模块化的晶体管脉冲控制变频器。它是一个用于多个轴及驱动器组合解决方案的紧凑式系统，能够通过各种模块灵活适应特定应用，可通过其高性能模块适应各种电动机，可通过数字量设定点接口和多种闭环插入式单元来实现，在需要时可进行扩展。西门子提供了全面的进给驱动器，转矩范围从 0.7N·m 直至超过 145N·m。对于主轴驱动器，SIMODRIVE 611 提供了 3.7~100kW 的连续额定功率。对于不带编码器的简单主轴驱动器（例如，木材加工机和高速磨床），SIMODRIVE 611 提供了闭环插入式单元，这种单元采用磁场定向闭环控制，适用转速高达 60000r/min。

SIMODRIVE 611D 驱动系统在整个数控系统中的作用是实现位置环、速度环和电流环的闭环控制。611D 数字驱动系统基本组成包括前端部件、电源模块 UI 或 I/RF、驱动模块 MSD 或 FDD。电源模块自成单元，功率模块、控制模块及其他选择的子模块安装在一起构成了驱动模块。611D 不再分主轴驱动模块与进给驱动模块，两者的接口相同。电源模块安装在 CCU 或 NCU 模块左侧，主轴驱动模块和进给驱动模块排列在 CCU 或 NCU 的右侧，所有驱动模块共用电源模块。电源模块通过直流母线和控制总线与用于主轴驱动或进给驱动的各驱动模块连接。为了提高驱动系统的可靠性，除上述三个模块外，还必须配置驱动系统的前端部件及专用模块。前端部件一般包括电源滤波器、整流电抗器和匹配变压器。专用模块包括脉冲电阻模块、电容模块、电压监控模块、信号放大模块。611D 驱动系统的组成如图 1-6 所示。

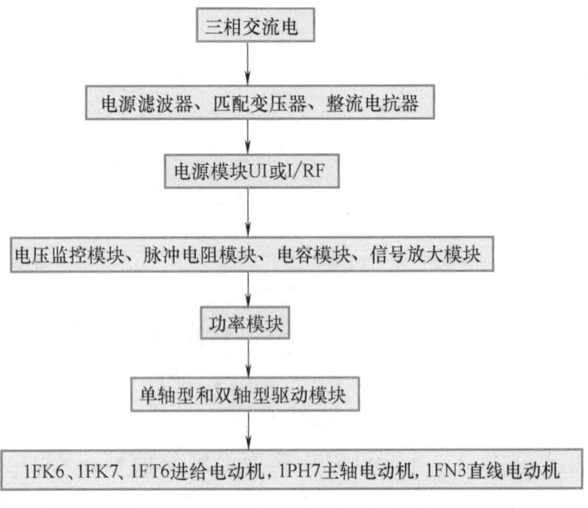

图 1-6　611D 驱动系统的组成

1.2.2　驱动系统前端部件

1. 整流电抗器

611D 电源模块作为系统的供电模块，电源电压允许有所波动，理论上可以直接与我国的三相 380V/50Hz 的电源相连。但是，出于抑制电网干扰，提高可靠性，以及满足电源模块存储能量等方面的需要，主回路通常需要安装进线整流电抗器。它不仅能抑制电压干扰、提高系统的稳定性，而且与电源模块共同为相连的增压型变频器存储能量。对于电网电压不为 380V/400V/415V 的应用场合，则必须选配匹配的变压器。匹配变压器或进线整流电抗器的容量选择要根据电源模块的功率配置。进线整流电抗器的容量选择，还需要考虑电源模块的类型，是非调节型（UI）电源模块还是调节型（I/RF）电源模块。整流电抗器的工作电源为三相交流 400×(1±10%)V 或 480×(1±6%)V，频率 50×(1±10%)Hz 或 60×(1±10%)Hz。

对于西门子 SIMODRIVE 611 系列电源模块，如果是非调节型（UI）电源模块，在 5/10kW 电源模块内置有电抗器，而 28/50kW 电源模块需要外加进线电抗器。如果是调节型（I/RF）电源模块，都必须正确地外置电抗器模块。当使用直接驱动电动机，尤其是使用第三方电动机时，由于不清楚电动机特性，更加需要配置好电抗器。整流电抗器模块如图 1-7 所示。表 1-12 为电源模块配置 HF/HFD 电抗器。

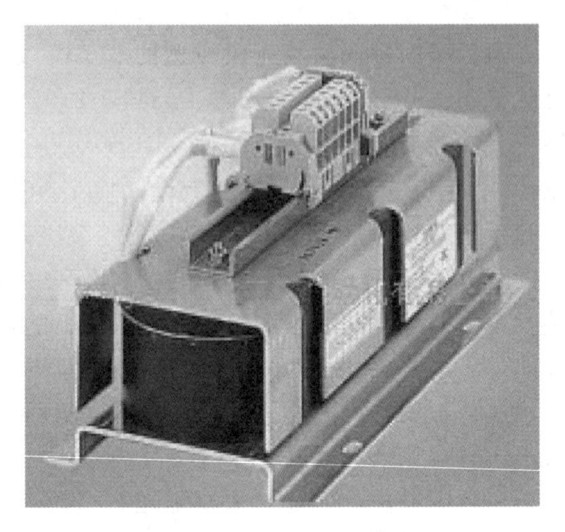

图 1-7　整流电抗器模块

表 1-12　电源模块配置 HF/HFD 电抗器

电源模块类型	UI 模块	I/RF 模块				
	28/50kW	16/21kW	36/47kW	55/71kW	80/104kW	120/156kW
HF 电抗器	28kW	16kW	36kW	55kW	80kW	120kW
订货号 6SN1111-	1AA00-0CA□	0AA00-0BA□	0AA00-0CA□	0AA00-0DA□	0AA00-1EA□	—
订货号 6SN3000-	—	—	—	—	—	0DE31-2BA□
HFD 电抗器	—	16kW	36kW	55kW	80kW	120kW
订货号 6SN3000-	—	0DE21-6AA□	0DE23-6AA□	0DE25-5AA□	0DE28-0AA□	0DE31-2AA□
功率	70W	170W	250W	350W	450W	590W
连接电缆	最大 $35mm^2$	最大 $16mm^2$	最大 $35mm^2$	最大 $70mm^2$	扁平端子	
质量	6kg	8.5kg	13kg	18kg	40kg	50kg
安装方向	任意	任意	任意	任意	任意	任意
端子分配	输入端 1U1，1V1，1W1					
	输入端 1U2，1V2，1W2					

2. 电源滤波器

电源滤波器的作用是消除 611D 驱动系统在工作过程中对电网产生的干扰，并使之符合电磁兼容的标准，避免驱动系统对电网造成影响，同时也可抑制电网对驱动系统造成的不良影响。电源滤波器的额定输入电压为三相交流 400×(1±10%)V 或 415×(1±10%)V，频率 50×(1±10%)Hz 或 60×(1±10%)Hz。它一般安装在匹配变压器或进线整流电抗器之后，电源模块之前。

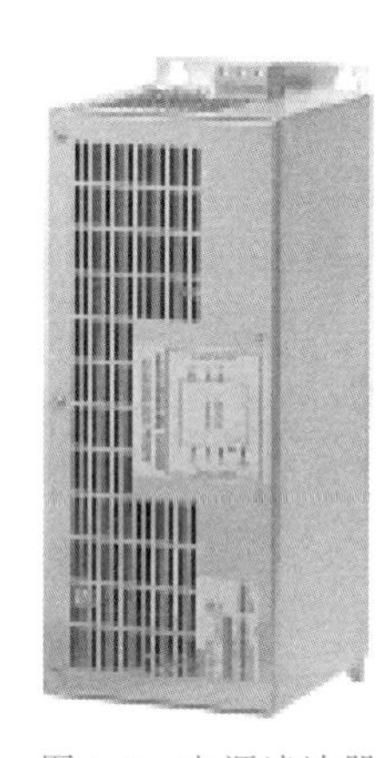

图 1-8　电源滤波器

通常将电源滤波器和 HF/HFD 电抗器两者构成一个单元，这样有利于订货及选型。图 1-8 所示为电源滤波器。根据机床的实际工作需要及电源模块的不同，电源滤波器可以用于调节型电源模块（I/RF）和非调节型电源模块（UI），但是滤波器/电抗器组件单元仅适用于调节型电源模块（I/RF）。表 1-13 为电源滤波器选型，表 1-14 为滤波器/电抗器组件单元选型。

表 1-13　电源滤波器选型

电源模块	类型	滤波器单元/kW	额定电流/A	订货号	供电电源
UI 模块	UI 模块 5/10kW	进线滤波器 5	16	6SN1111-0AA01-1BA□	3 相 AC 380×(1±10%)V 或 3 相 AC 480×(1±10%)V 47~63Hz
	UI 模块 10/25kW	进线滤波器 10	25	6SN1111-0AA01-1AA□	
	UI 模块 28/50kW	进线滤波器 36	65	6SN1111-0AA01-1CA□	
I/RF 模块	I/RF 模块 16/21kW	进线滤波器 16	30	6SL3000-0BE21-6AA□	
	I/RF 模块 36/47kW	进线滤波器 36	67	6SL3000-0BE23-6AA□	
	I/RF 模块 55/71kW	进线滤波器 55	103	6SL3000-0BE25-5AA□	
	I/RF 模块 80/104kW	进线滤波器 80	150	6SL3000-0BE28-0AA□	
	I/RF 模块 120/156kW	进线滤波器 120	225	6SL3000-0BE31-2AA□	

表 1-14 滤波器/电抗器组件单元选型

组件单元选型	16kW 6SN1111-0AA01-2BB0	36kW 6SN1111-0AA01-2CB0	55kW 6SN1111-0AA01-2DB0	80kW 6SN1111-0AA01-2EB0	120kW 6SN1111-0AA01-2FB0
单元组成	HF 电抗器 16kW 6SN1111-0AA00-0BA□	HF 电抗器 36kW 6SN1111-0AA00-0CA□	HF 电抗器 55kW 6SN1111-0AA00-0DA□	HF 电抗器 80kW 6SN1111-0AA00-1EA□	HF 电抗器 120kW 6SN1111-0AA00-1FA□
	滤波器 16kW 6SN1111-0AA01-2BA□	滤波器 36kW 6SN1111-0AA01-2CA□	滤波器 55kW 6SN1111-0AA01-2DA□	滤波器 80kW 6SN1111-0AA01-2EA□	滤波器 120kW 6SN1111-0AA01-2FA□

数控机床的电气控制单元都必须进行保护接地，如数控装置、电源模块、驱动功率模块、输入/输出模块、滤波器、电抗器、变压器、机床控制面板、电动机等。840D/810D 系统的接地电气连接如图 1-9 所示。

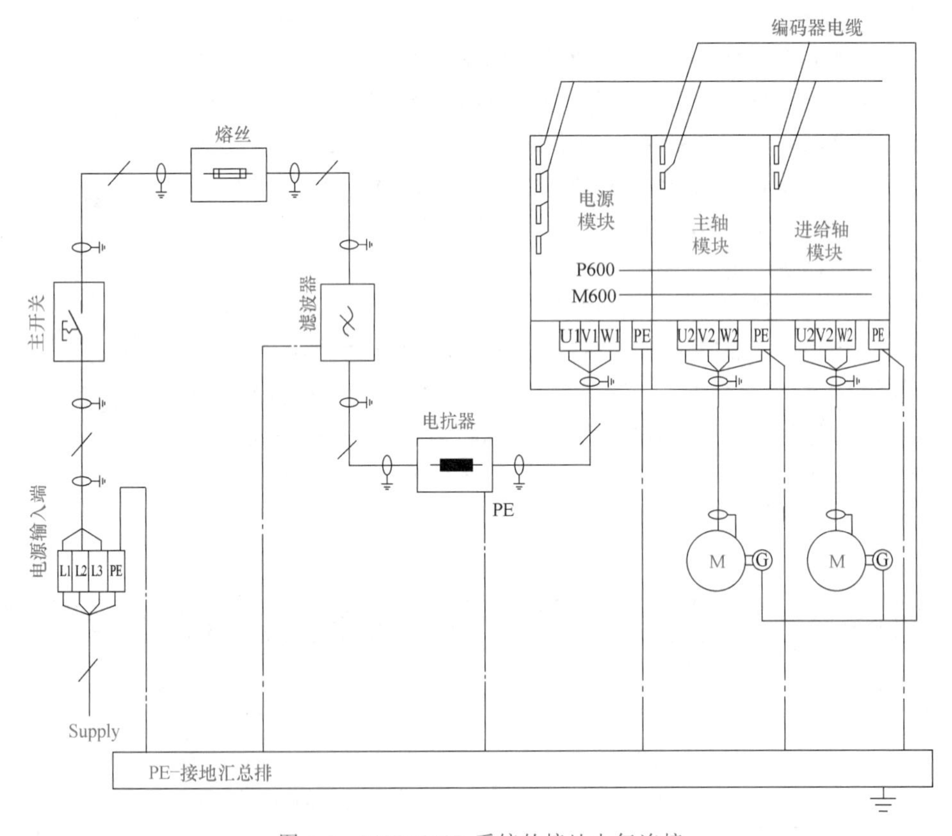

图 1-9 840D/810D 系统的接地电气连接

数控机床的接地采用放射性的接地方式，也就是说每个部件的地线直接连接到电控柜中的接地母排上，再从接地母排用一根大面积的铜线连接到接地点。需要注意的是，不允许先把各部件的地线串联在一起再接到地线排上，避免接地线构成回路，产生干扰电流，影响数控系统的正常工作。接地电阻要符合国家标准，接地电阻不大于4～7Ω，而且电气控制柜里的强电部分和弱电部分的接地端也要符合国家标准，用合适线径的导线将它们连接到接地母排上。接地导线应采用具有黄、绿颜色的标准接地电缆，线径一般不小于6mm^2。图1-10所示为840D/810D系统的接地电气连接实物图。

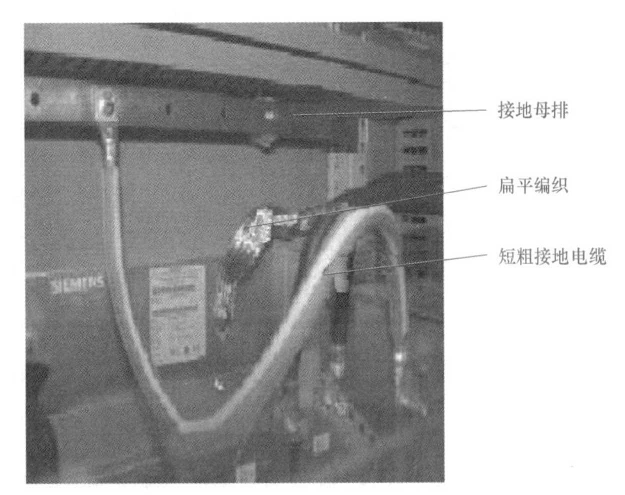

图1-10　840D/810D系统的接地电气连接实物图

1.2.3　电源模块

611D系统电源模块的作用是为数控装置和驱动模块提供电源，包括驱动电源和工作电源。它将输入的三相交流380V的电压通过整流电路转换为DC 600V或DC 625V直流母线电压，又称DC连接电压，供给驱动模块，同时还产生驱动模块控制所需要的辅助控制电源，如±24V、±15V与5V直流电源。辅助控制电源还可以作为数控系统CCU或NCU的电源。电源模块具有对主电源电压、直流母线电压、弱电电源电压进行集中监控的功能。电源模块分为非调节型电源模块UI（Uncontrolled Infeed）和调节型电源模块I/RF（Infeed/Regenerative Feedback）。UI模块也称为馈入电源模块，它的直流母线电压是不可控的，电压值在波动，并且制动能量返回到直流母线，转换为热能，被制动电阻消耗掉。制动电阻可以为内置/外置，可以有一个或多个。UI模块一般用于制动周期短、制动能量小或动态性能要求不高的场合。I/RF模块也称为馈入/再生反馈电源模块，其母线电压是可控的，能够稳定在一个电压值，并且制动能量能够返回到供电电网。I/RF模块必须和HF/HFD电抗器匹配起来用。I/RF模块主要应用于动态性能要求高、制动频率高且制动能量大的场合。图1-11和图1-12所示分别为这两种电源模块实物图。常用的非调节型电源模块有5kW、10kW和28kW三种规格，调节型电源模块有16kW、36kW、55kW、80kW和120kW五种规格。表1-15为SIMODRIVE 611系列的电源模块。

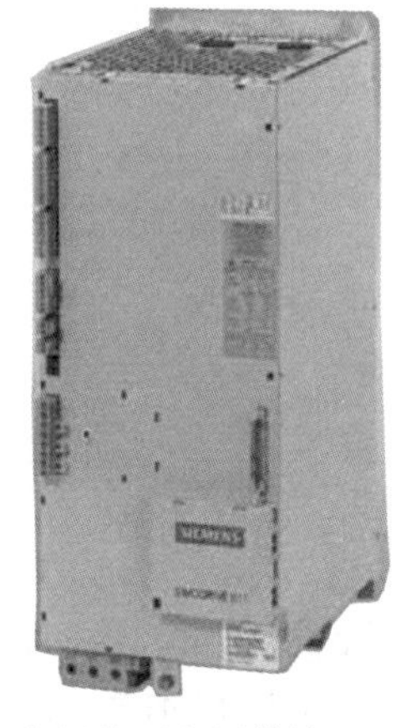
图1-11　非调节型电源模块（UI）实物图

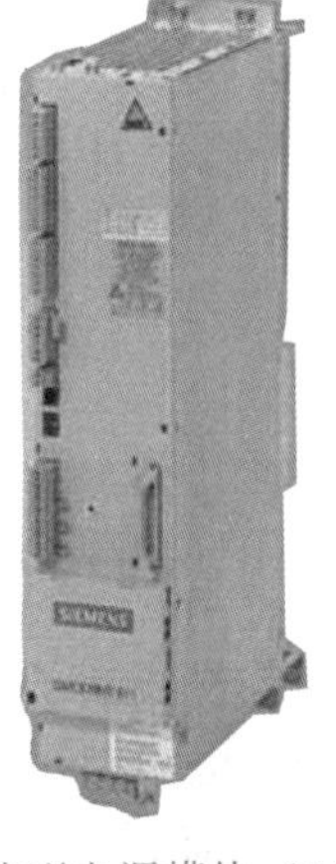
图1-12　调节型电源模块（I/RF）实物图

表 1-15　SIMODRIVE 611 系列的电源模块

电源模块类型	直流母线功率 P_{zk}/kW	峰值功率/kW	订货号	充电限制/μF
非调节型电源模块	≤5	10	6SN1146-1AB0□-0BA□	1200
	≤10	25	6SN1145-1AA0□-0AA□	6000
	≤28	50	6SN114□-1AA0□-0CA□	20000
调节型电源模块	≤16	35	6SN114□-1BA0□-0BA□	6000
	≤36	70	6SN114□-1BA0□-0CA□	20000
	≤55	91	6SN114□-1B□0□-0DA□	20000
	≤80	131	6SN114□-1BB0□-0EA□	20000
	≤120	175	6SN114□-1BA0□-0FA□	20000

电源模块主要为数控和驱动装置提供控制和动力电源，产生母线电压，同时监测电源和模块状态。根据容量不同，凡小于 15kW 均不带馈入装置，记为 UI 电源模块。凡大于 15kW 均需带馈入装置，记为 I/RF 电源模块。通过模块上的订货号或标记可识别。

1. 电源模块的构成

电源模块由整流电抗器（内置式）、整流模块、预充电控制电路、制动电阻、主接触器、检测电路及监控电路组成。其中监控电路对电源模块的直流母线电压、辅助控制电源电压、主电源电压进行监控。电源模块带有预充电控制浪涌电流限制环节，预充电完成后，主接触器自动闭合。电源模块的正常工作是整个驱动系统“准备好”的先决条件。电源模块控制原理框图如图 1-13 所示。

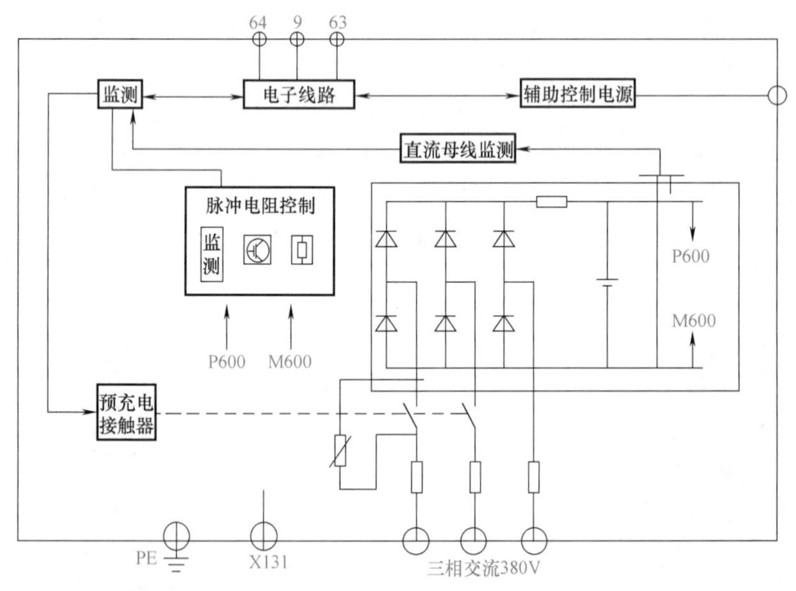

图 1-13　电源模块控制原理框图

2. 电源模块的接线端子

图 1-14 所示为电源模块。其中对于 10～55kW 的 UI（不可调节）和 I/RF（馈入/再生反馈）电源模块，前者采用能耗制动，功率小于 15kW；后者采用反馈制动，功率大于 15kW，不过此时应在输入处加接三相电抗器。

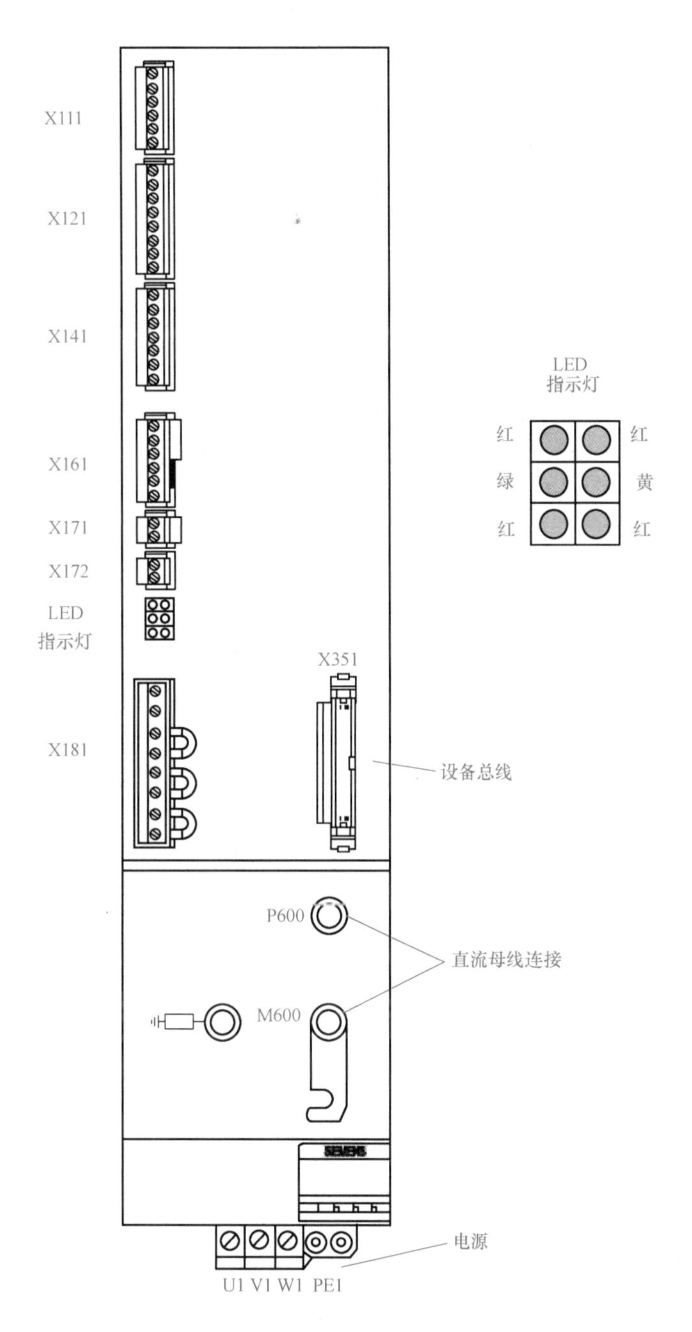

图 1-14 电源模块

在电源模块上，除了有各种功能的接口外，还有 6 个 LED 信号指示灯，分别指示模块的故障和工作状态，各 LED 点亮所代表的含义见表 1-16。电源模块正常工作的使能条件：电源模块接口 48、112、63、64 接高电平，NS1 和 NS2 短接，显示为一个黄灯亮，其他灯都不亮。直流母线电压应在 600V 左右。

表 1-16　电源模块上的 LED 指示灯点亮的含义

编号	LED 指示灯颜色	含义
1	红色	15V 电子电源故障
2	红色	5V 电子电源故障
3	绿色	使能信号丢失(63 和 64),没有外部使能信号
4	黄色	直流母线已充电,600V 直流电压已经达到系统正常工作的允许值,模块准备就绪
5	红色	电源进线故障
6	红色	直流母线过电压

611D 系统电源模块接线端子如图 1-15 所示。

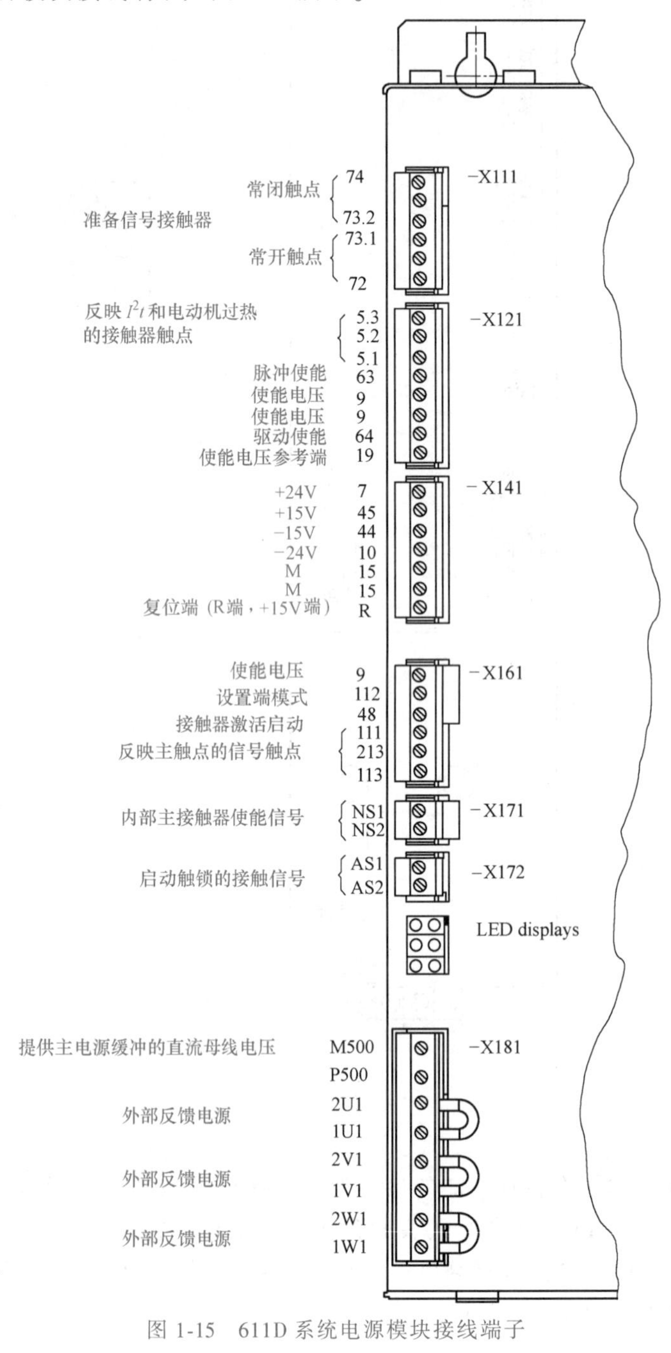

图 1-15　611D 系统电源模块接线端子

（1）X111　驱动“准备好/故障”信号输出端子。电源模块状态信号，继电器输出，一般与机床的电气控制电路连接，作为系统正常工作的条件。各端子的作用如下：

1）端子74/73.2：电源模块“准备好”信号的“常闭”触点输出，触点驱动能力为AC 250V/2A或者DC 50V/2A。

2）端子72/73.1：电源模块“准备好”信号的“常开”触点输出，触点驱动能力为AC 250V/2A或者DC 50V/2A。

（2）X121　电源模块“使能”控制端子。

1）端子63/9：电源模块“脉冲使能”信号输入，当63与9间的触点闭合时，驱动系统各坐标轴的控制回路开始工作，输入信号的电压范围为DC 13~30V。

2）端子64/9：电源模块“控制使能”信号输入，当64与9间的触点闭合时，驱动系统各坐标轴的调节器开始工作，输入信号的电压范围为DC 13~30V。

3）端子19：电源模块“使能”辅助输出电压DC 24V端。

4）端子9：电源模块“使能”辅助输出电压0V端。

5）端子5.2/5.1：电源模块过流继电器“常开”触点输出，触点驱动能力为DC 50V/500mA。

6）端子5.3/5.1：电源模块过流继电器“常闭”触点输出，触点驱动能力为DC 50V/500mA。

（3）X141　辅助电源接线端子。该连接端子一般与外部控制回路连接，各端子的作用如下：

1）端子7：电源模块DC +24V辅助电压输出，电压范围为+20.4~+28.8V，电流50mA。

2）端子10：电源模块DC -24V辅助电压输出，电压范围为-28.8~-20.4V，电流50mA。

3）端子44：电源模块DC -15V辅助电压输出，电流10mA。

4）端子45：电源模块DC +15V辅助电压输出，电流10mA。

5）端子15：使能电压参考端，即0V公共端。

6）端子RESET：模块的报警复位信号，当与端子15短接时驱动系统复位。

（4）X161　主回路输出控制端子。该连接端子一般与强电控制回路连接，各端子的作用如下：

1）端子9：电源模块“使能”辅助电压+24V连接端。

2）端子112：电源模块调整与正常工作转换信号，正常使用时，一般直接与9端子短接，将电源模块设定为正常工作状态，输入信号的电压范围为DC 13~30V。

3）端子48：电源模块主接触器控制端，输入信号的电压范围为DC 13~30V。

4）端子213/111：主回路接触器辅助“常闭”触点输出，触点的驱动能力为AC 250V/2A或者DC 50V/2A。

5）端子113/111：主回路接触器辅助“常开”触点输出，触点的驱动能力为AC 250V/2A或者DC 50V/1A。

（5）X171　预充电控制端子。NS1和NS2为主接触器闭合使能，两个端子必须短接，否则主接触器不能接通，驱动系统“准备好”状态信号永远无效。NS1和NS2也可作为主接触器闭合的连锁条件。

NS1 为 24V 输出端子，NS2 为输入端子，NS1 与 NS2 一般直接“短接”。当 NS1 与 NS2 断开时，电源模块内部的直流母线预充电电路的接触器将无法接通，预充电回路不能工作，电源模块无法正常启动。

（6）X172　启动/禁止输出端子。AS1 和 AS2 触点反映主接触器的闭合状态，常用来判别主接触器是否接通。主接触器吸合，AS1 和 AS2 触点断开；主接触器释放，AS1 和 AS2 触点接通。

该连接端子的 AS1 与 AS2 为驱动系统内部“常闭”触点，触点状态受“调整与正常工作转换”信号 112 控制，可以作为外部安全电路的“互锁”信号使用，AS1 与 AS2 间触点驱动能力为 AC 250V/1A 或者 DC 50V/2A。

（7）X181　辅助电源端子。

1）端子 P500/M500：直流母线电源辅助供给，一般不使用。

2）1U1、1V1、1W1：主回路电压输出，在电源模块的内部，它与主电源输入 U1、V1、W1 直接相连，在大多数情况下通过与 2U1、2V1、2W1 的连接，直接作为电源模块控制回路的电源输入。

（8）X351　设备总线接口。X351 为电源模块设备总线接口，若是 810D 系统，则与它的设备总线接口 X151 连接；若是 840D 系统，应与 X172 连接，同时连接到驱动模块设备总线接口 X151。

（9）P600、M600　直流母线电压输出端子。电源模块正常工作时，在端子 P600 与 M600 之间输出 600V 的直流电压，供给驱动模块。

3. 典型电源模块电路

正常使用时，63、64 端子要和 9 端子短接；112、48 端子要和 9 端子短接；NS1 要和 NS2 短接。典型电源模块电路如图 1-16 所示。

三相电源在主开关闭合后，经熔断器、电抗器进入电源模块，此时 NS1 和 NS2 若短接，那么内部接触器线圈得电，其触点闭合，AS1 和 AS2 打开，三相电进入电源模块的强电整流部分。如果 112、48 端子和 9 端子短接，直流母线开始充电，再加上 63、64 端子要和 9 端子短接，那么电源模块就完成上电的准备工作。直流母线的输出电压是 600V，由 P600、M600 输出，若 100kΩ 电阻器接在 M600 和 PE 之间，那么 P600、M600 输出电压为±300V。要注意的是，48 端子在主开关的主触点断开之前 10ms 断开（这由主开关的引导触点来完成）。

在电源模块上还有一个拨码开关 S1，利用这个开关可以对电源模块的端子或使用状态进行设置，在更换电源模块时要将新电源模块的拨码开关放置在原来损坏模块的原位置。其开关的含义如下：

（1）开关 S1.1

1）OFF：I/R 模块进线交流电压=400×(1±10%)V；直流母线电压=600V；UI 模块进线交流电压=400×(1±10%)V；直流母线电压=1.35×进线电压。

监控阀值（I/R、UI 和监控模块）：脉冲电阻 ON=DC 644V（脉冲电阻导通值）；脉冲电阻 OFF=DC 618V（脉冲电阻关断值）；直流母线电压≥DC 710V（直流母线过压值）。

2）ON：I/R 模块进线交流电压=415×(1±10%)V；直流母线电压=625V；UI 模块进线

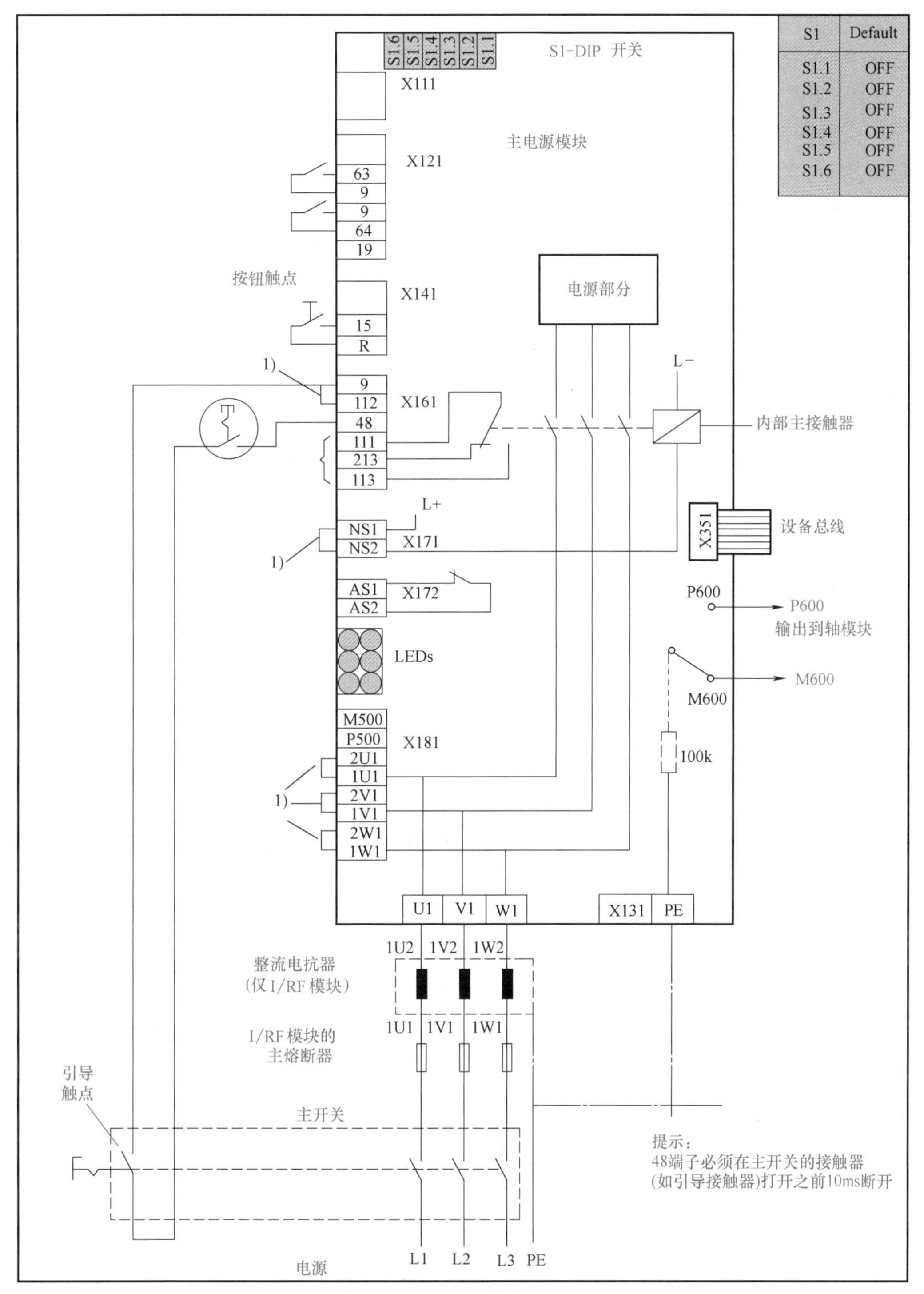

图 1-16 典型电源模块电路

交流电压＝415×(1±10%)V；直流母线电压＝1. 35×进线电压。

监控阀值（I/R、UI 和监控模块）：脉冲电阻 ON＝DC 670V（脉冲电阻导通值）；脉冲电阻 OFF＝DC 640V（脉冲电阻关断值）；直流母线电压≥DC 740V（直流母线过压值）。

（2）开关 S1.2

1）OFF：准备好信号（X111 准备好继电器）。

如果满足以下条件，继电器动作：

① 电源内部主接触器闭合（端子 NS1 与 NS2 连接，端子 48 使能）。

② 端子 63、64 使能。

③ 没有故障产生（同时包括标准界面的 611A、611D 和 MCU）。

④ 标准界面或连接旋变的 611A 进给模块必须使能（端子 663、65）。

⑤ NCU/CCU 已经正常运行（SINUMERIK 840D/810D）。

⑥ MCU 已经正常运行。

2）ON：故障信号（X111 准备好继电器）。

如果满足以下条件，继电器动作：

① 电源内部主接触器闭合（端子 NS1 与 NS2 连接，端子 48 使能）。

② 没有故障产生（同时包括标准界面的 611A、611D 和 MCU）。

③ 标准界面或连接旋变的 611A 进给模块必须使能（端子 663、65）。

④ NCU/CCU 已经正常运行（SINUMERIK 840D/810D）。

⑤ MCU 已经正常运行。

（3）开关 S1.3

1）OFF：标准设置，再生反馈功能有效。

I/R 模块：可以将能量馈入电网。

UI 模块：内部脉冲电阻有效。

2）ON：再生反馈功能无效。

I/R 模块：不允许将能量馈入电网。

UI 模块：内部脉冲电阻无效。此功能只对 10kW 以下 UI 模块有效，对 28kW 模块无效。

（4）开关 S1.4

1）OFF：标准设置。

2）ON：交流进线电压=480×(1+6%～10%)V；直流母线电压=1.35×进线电压。

监控阀值（I/R、UI 和监控模块）：脉冲电阻 ON=DC 744V（脉冲电阻导通值）；脉冲电阻 OFF=DC 718V（脉冲电阻关断值）；直流母线电压≥DC 795V（直流母线过压值）。

（5）开关 S1.5　此功能只对 I/R 电源模块有效。

1）OFF：标准设置，电源直流母线电压受控。

2）ON：直流母线电压不受控，直流母线电压=1.35×进线电压。

根据 S1.1 开关设置位置，电源会在 600V 或 625V 处对再生反馈操作进行初始化。

（6）开关 S1.6

1）OFF：闭环的方波电流控制（从线路电源中得出的方波电流）。

2）ON：标准设置。闭环正弦波电流控制，此功能只对 I/R 电源模块有效。必须满足以下条件才能产生正弦电流：

① I/R 16KW（6SN1145-1BA01-0BA1）+HF 电抗(6SN1111-0AA00-0BA1)+进线电流进线滤波器（6SL3000-0BE21-6AA0）。

② I/R 36KW（6SN1145-1BA02-0CA1）+HF 电抗(6SN1111-0AA00-0CA1)+进线电流进线

滤波器（6SL3000-0BE23-6AA0）。

③ I/R 55KW （6SN1145-1BA01-0DA1）+HF 电抗（6SN1111-0AA00-0DA1）+进线电流进线滤波器（6SL3000-0BE25-5AA0）。

④ I/R 80KW （6SN1145-1BB00-0EA1）+HF 电抗（6SN1111-0AA00-1EA0）+进线电流进线滤波器（6SL3000-0BE28-0AA0）。

⑤ I/R 120KW （6SN1145-1BB00-0FA1）+HF 电抗（6SN1111-0AA00-1FA0）+进线电流进线滤波器（6SL3000-0BE31-2AA0）。

重要提示：与上述清单不符的配置，只能用闭环的方波电流控制。

另外，电源模块的上电/下电顺序是由 PLC 的输出来控制其顺序的。一般上电顺序为：

① 打开主电源开关。

② 释放急停开关。

③ 端子 48 上电。

④ 端子 63 上电。

⑤ 端子 64 上电。

一般下电顺序为：

① 打开主电源开关。

② 主轴停后，按急停开关。

③ 端子 64 下电。

④ 端子 63 下电。

⑤ 端子 48 下电。

⑥ 关断主电源开关。

注意：每两个步骤之间应为 0.5s。其上、下电时序图如图 1-17 所示。

端子64
端子63
端子48
确认主轴已停
上电顺序
下电顺序

图 1-17　上、下电时序图

1.2.4　数字驱动模块

611D 驱动模块一般由功率模块、数字闭环控制模块和驱动电缆组成，带有驱动系统总线接口，如图 1-18 所示。把数字闭环控制模块插入功率模块中，可实现伺服位置或速度的闭环控制。驱动模块主要由逆变器主回路（功率放大电路）、速度调节器、电流调节器、使能控制电路、监控电路等部分组成。根据控制轴数的不同，可分为单轴型和双轴型两种基本结构。功率模块的作用是将直流母线电压转化为可调制的三相交流电压，驱动进给电动机和主轴电动机。功率模块的规格主要取决于电动机的电流，与电动机的类型无关，可用于多种电动机的驱动。

1. SIMODRIVE 611D 接口

SIMODRIVE 611D 是新一代数字控制总线驱动的交流驱动，它分为双轴模块和单轴模块两种。611D 驱动模块接口如图 1-19 所示。

a) 数字闭环控制模块

b) 功率模块

图 1-18　611D 驱动模块

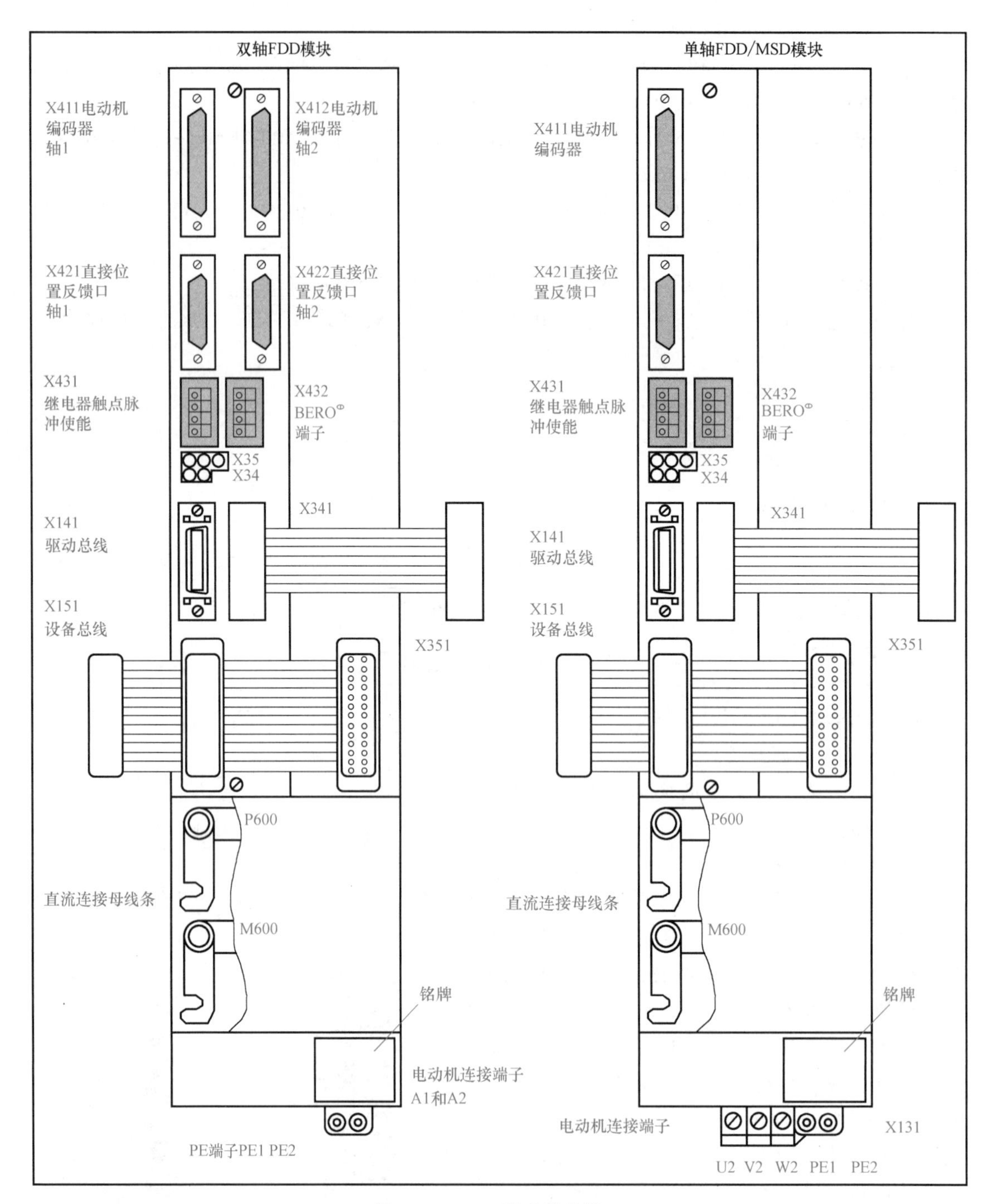

图 1-19　611D 驱动模块接口

611D 驱动模块通过驱动总线和设备总线与系统连接。驱动模块上有测量系统反馈接口、驱动使能端子。下面以双轴型驱动模块的接口进行介绍。

（1）X411/X412、X421/X422　测量数据接口（位置/速度反馈）。X411/X412 用于间接测量，常用来连接伺服电动机上编码器的反馈信号。X421/X422 用于直接测量，常用来连接直接位置测量装置，如光栅尺等。

（2）X431 继电器触点脉冲使能端子。X431 接口的主要作用是驱动模块的启动/停止状态输出、脉冲使能输入，各端子的定义如下：

1）AS1、AS2（输出）：启停继电器输出，由使能端子 663 控制。

2）663（输入）：为 FDD 或 MSD 脉冲使能，端子 663 开/关“启停继电器”，断开时，控制脉冲无使能。

3）9（输出）：使能电压 24V，相对于 19 端子。

（3）X432 外部开关控制端子（BERO）。

1）端子 B1（BERO1）：+24V 电压输入，轴 1 的外部零标志信号输入，如接近开关信号，常用于同步驱动控制。

2）端子 B2（BERO2）：+24V 电压输入，轴 2 的外部零标志信号输入，如接近开关信号，B2 在双轴驱动模块中有效，与 B1 一样用于同步驱动控制。

3）端子 19：BERO 信号的参考地。它是使能电压端子 9 和所有使能信号的参考地（0V），如果使能信号来自外部电压，外部电压的参考地（0V）必须连接端子 19。

4）端子 9：使能电压+24V（相对于端子 19）。

（4）X141、X341 驱动总线接口。驱动总线传送的是控制信号，由于 611D 不具有存储功能，其配置的电动机信息以及驱动参数保存在一个启动文件中，而这个启动文件则存储在数控单元中，数控系统启动之后，通过驱动总线把 611D 的配置信息及参数通过驱动总线传送到各个驱动模块。

驱动总线接口 X141 连接左侧驱动模块的驱动接口 X341，而该模块上的 X341 连接右侧驱动模块的 X141。如果是第 1 驱动模块，可连接 CCU 模块的 X130 或连接 NCU 模块的 X130A 驱动总线接口。

（5）X151、X351 设备总线接口。设备总线提供驱动模块所需要的电子电源、监控信号以及使能信号。设备总线接口 X151 连接电源模块的 X351、左侧驱动模块的 X351、CCU 模块的 X151 或 NCU 模块的 X172；而该模块上的 X351 用于连接右侧驱动模块的 X151。

（6）X34、X35 D/A 输出测量端子。X34、X35 为 D/A 输出测量端子，与 CCU 模块上的 X341、X342、X351、X352 功能相同。默认设置是 DAC1 为电流给定值，DAC2 为速度给定值，DAC3 为速度实际值，GND 为参考地。

2. 驱动模块连接

（1）测量接口的连接 驱动模块上的每个驱动轴都有两个测量接口 X411 和 X412，当位置或速度控制回路没有对坐标轴进行直接测量，或电动机直接安装在坐标轴上，中间无其他机械传动装置时，就可以利用电动机上的脉冲编码器，把位置或速度反馈信号直接连接到接口 X411 上，用于系统的半闭环控制。当位置或速度控制回路的电动机与坐标轴之间有机械转动环节，但又要求对坐标轴进行直接测量时，可在坐标轴上安装位置元件，把直接测量元件的测量信号连接到接口 X421 上，常用于系统的全闭环控制。

（2）驱动接口 X141/X341 的连接 驱动接口 X141/X341 的连接比较简单，用专用电缆连接即可，驱动接口专用电缆的订货号为 6SN1161-1CA00-0＊＊＊。该模块的 X141 接口连接左边模块的 X341，而该模块的 X341 接口连接右边模块的 X141。

（3）设备接口 X151/X351 的连接 设备接口 X151/X351 的连接与驱动接口一样，连接比较简单，用专用电缆连接即可，该模块的 X151 接口连接左边模块的 X351，而该模块的

X351 接口连接右边模块的 X151。

（4）继电器触点脉冲使能端子 X431 的连接　端子 663 与 9 是驱动模块“脉冲使能”信号输入，当 663/9 间的触点闭合时，驱动模块各进给轴的控制回路开始工作，控制信号对该模块上的所有轴都有效。“脉冲使能”信号由 PLC 控制，有条件地使能驱动模块。如果直接短路，系统一旦上电，模块控制回路就进入工作状态。

AS1 与 AS2 是驱动模块“启动/禁止”信号输出端子，可用于外部安全电路，作为“互锁”信号使用，如图 1-20 所示。AS1 与 AS2 为常闭触点输出，触点状态受“脉冲使能”信号控制。端子 663 有使能信号时，内部继电器吸合，电力晶体管选通脉冲使能信号，触点 AS1 与 AS2 断开，驱动模块可以启动。端子 663 无使能信号时，内部继电器吸合，电力晶体管无选通脉冲使能信号，触点 AS1 与 AS2 闭合，驱动模块被禁止。

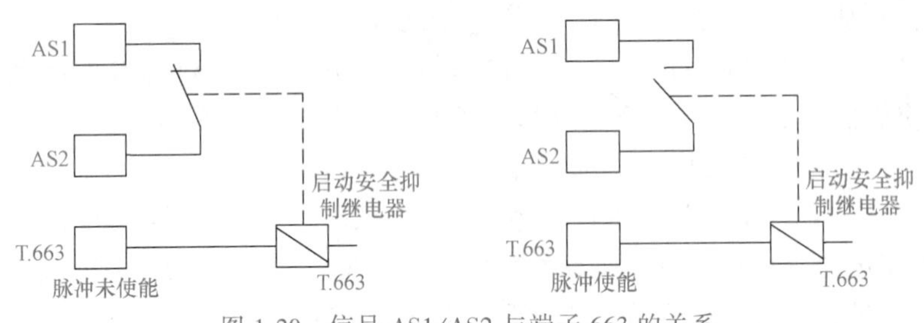

图 1-20　信号 AS1/AS2 与端子 663 的关系

（5）BERO 外部零脉冲　X432 端子上有一个外部零脉冲端子，主要用于检测零标志信号，常用于轴的同步控制。利用一个 BERO 接近开关产生同步脉冲信号，输入到驱动模块的 B1 或 B2（对于双轴模块）上，供系统处理。

3. 轴模块的监控功能

（1）功率部分的监控与保护　功率单元内部有一个半导体熔断器，如图 1-21 所示。一旦功率单元、电缆或伺服电动机出现故障，半导体熔断器则把功率单元与直流母线隔离开来，防止故障的进一步扩大。半导体熔断器仅起到隔离的作用。

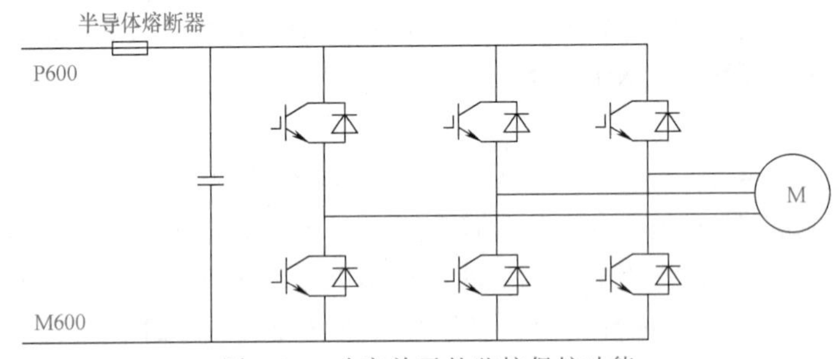

图 1-21　功率单元的监控保护功能

功率单元能够监控 IGBT 的集电极与发射极之间的电压 V_{CE}，以保护功率单元。正常情况下，IGBT 接通后，V_{CE} 迅速降低到一个很低的值。当电路相间短路或对地短路时，电流会急剧上升，监控系统会立即关断 IGBT。驱动系统不会输出提示或报警信息，故障确认信号通过重新上电，重启功率模块才能正常运行，不能通过电源模块上的复位端子复位。

（2）电动机过热报警　电动机里面装有热敏电阻 KTY84，其测量范围为 -40～300℃。热敏电阻 KTY84 的阻值与温度变化呈正比例关系，常温下阻值为 580Ω，当温度为 155℃时其阻值大于 1200Ω，其温度电阻特性如图 1-22 所示。热敏电阻 KTY84 的输出信号通过信号电缆反馈到驱动控制板里面，当温度达到报警值时，系统产生相应的 300614 报警，这时可以检测反馈端相应的电阻值。

电动机温度监控报警原理如图 1-23 所示，当检测到电动机温度超过系统设定的监控阈值时，系统出现报警，并且电源模块上面相应的端子动作。

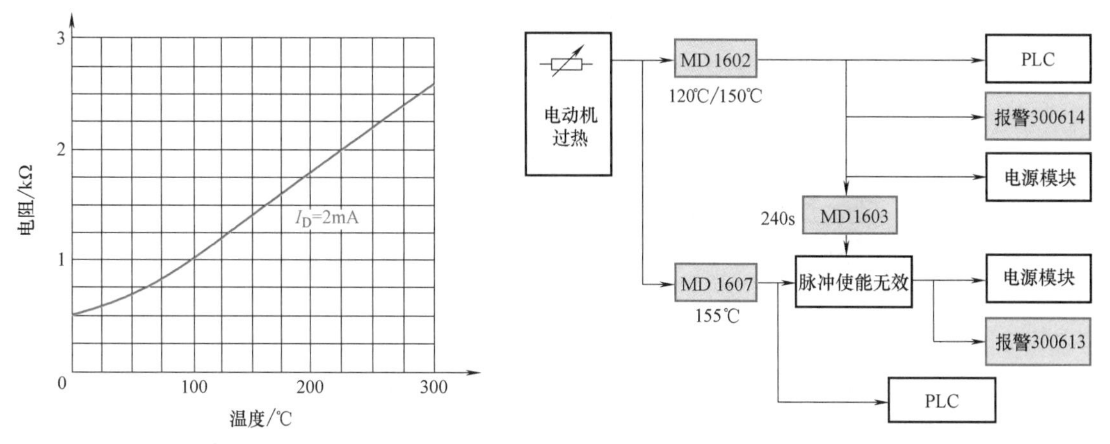

图 1-22　热敏电阻 KTY84 的温度电阻特性

图 1-23　电动机温度监控报警原理

74/73.2：正常启动后为“断开”，关断时为“闭合”。

72/73.1：正常启动后为“闭合”，关断时为“断开”。

5.1/5.2：正常时为“闭合”，电动机温度过热报警时为“断开”。

电动机温度监控报警中使用的三个参数如下：

MD1602 MOTOR_TEMP_WARN_LIMIT：电动机预报警温度。

MD1603 MOTOR_TEMP_ALARM_TIME：电动机预报警延时。

MD1607 MOTOR_TEMP_SHUTDOWN_LIMIT：电动机停车报警温度。

当电动机发热达到 MD1602 设定的温度后，系统诊断界面如图 1-24 所示。

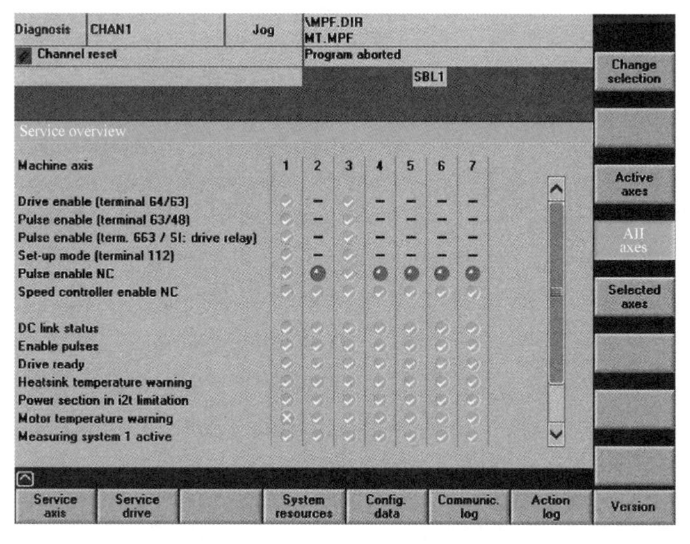

图 1-24　系统诊断界面

若温度持续高于 MD1602 设定值并且超过 MD1603 所设延时时间，系统会触发 300614 报警——“Axis X1 drive 1 time monitoring of motor temperature”，同时从内部切断驱动使能。报警界面如图 1-25 所示，报警诊断界面如图 1-26 所示。此时，PLC 设置的使能都还在，如图 1-27 所示。

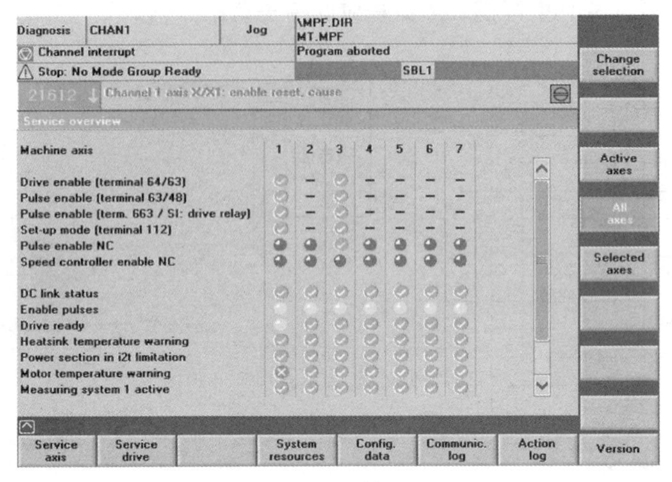

图 1-25　报警界面

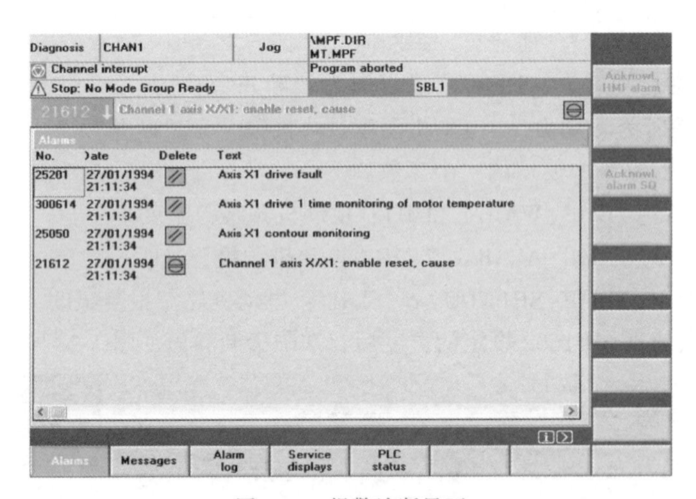

图 1-26　报警诊断界面

如果电动机低于 MD1602 设定值，在系统诊断界面中“Motor temperature warning”项是“绿灯”，此时 NC/PLC 接口信号“Motor temperature prewarning”（DB3 * . DBX94. 0）为 0，如果所有驱动/电动机温度都正常，那么电源模块 I2t 监控正常（常闭）；当电动机温度超过 MD1602 设定值后，系统诊断界面中“Motor temperature warning”项就会变成“红灯”，此时 DB3 * . DBX94. 0 为 1，同时电源模块 I2t 监控报警（开路）。有时温度处于临界而且 PLC 并没有对 DB3 * . DBX94. 0 编程时，“Motor temperature warning”信号灯会红绿交替闪烁，注意此时电源模块 I2t 监控输出继电器也会吸合/断开“闪烁”。所以，比较好的方式是 PLC 监测电源模块 I2t 输出，同时监控 DB3 * . DBX94. 0，如果电动机过热，则应断开驱动使能（注意用 Set/Reset 方式，不要用 =）。并且最好强制使电动机冷却后，才允许再次使能驱动。

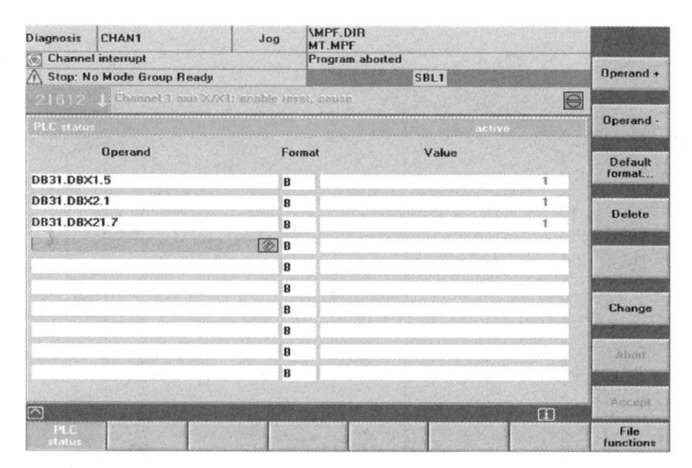

图 1-27 PLC 状态界面

如果需要屏蔽该报警时，对 611D 可以通过在驱动参数 MD1608（对 611A 的控制板是参数 MD64）设定一个小于 100 的值，即可屏蔽该报警，该方法仅能用于诊断。

（3）散热器温度报警 系统能够监控运行时功率单元的电流值，当电流值大时，表现为功率单元的散热器温度过高，所以系统可通过监控散热器的温度来监控功率单元的电流值，一旦超过温度阈值，将产生 300515 号报警。其报警机制如图 1-28 所示。

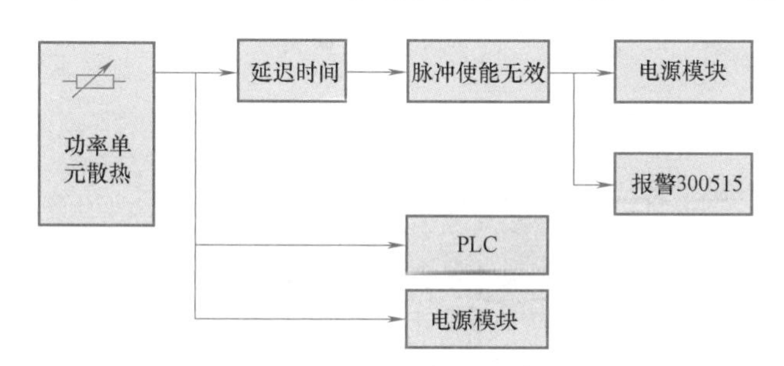

图 1-28 散热器温度报警机制

1.2.5 驱动系统专用模块

1. 电容模块

电容模块用于提升直流母线连接线路的电容容量，一方面可以缓冲驱动系统的动态能量，另一方面可以缓冲短暂的电源失效。电容模块如图 1-29 所示，有 2.8mF、4.1mF 和 20mF 三种规格。2.8mF 和 4.1mF 的模块没有预充电电路，其直接与直流母线电路连接，用于吸收制动能量，作为动态制动能量设备来用。20mF 的电容模块具有充电电路，充电电路通过内部的预充电电阻来实现，可以缓冲由于电源故障而导致的直流母线电压的下降，为线路提供能量，在一个较短的时间内保持直流母线电压不变。图 1-30 所示为电容模块的连接。

2. 脉冲电阻模块

脉冲电阻模块可实现直流母线电路的快速放电，从而把直流母线电路中的能量转化为热能损失掉，起到保护设备的作用。当与非调节型电源模块连接时，增大脉冲电阻器的额定值，或当主电源有故障时，在制动过程中降低直流母线电压。对于 5kW、10kW 的 UI 电源

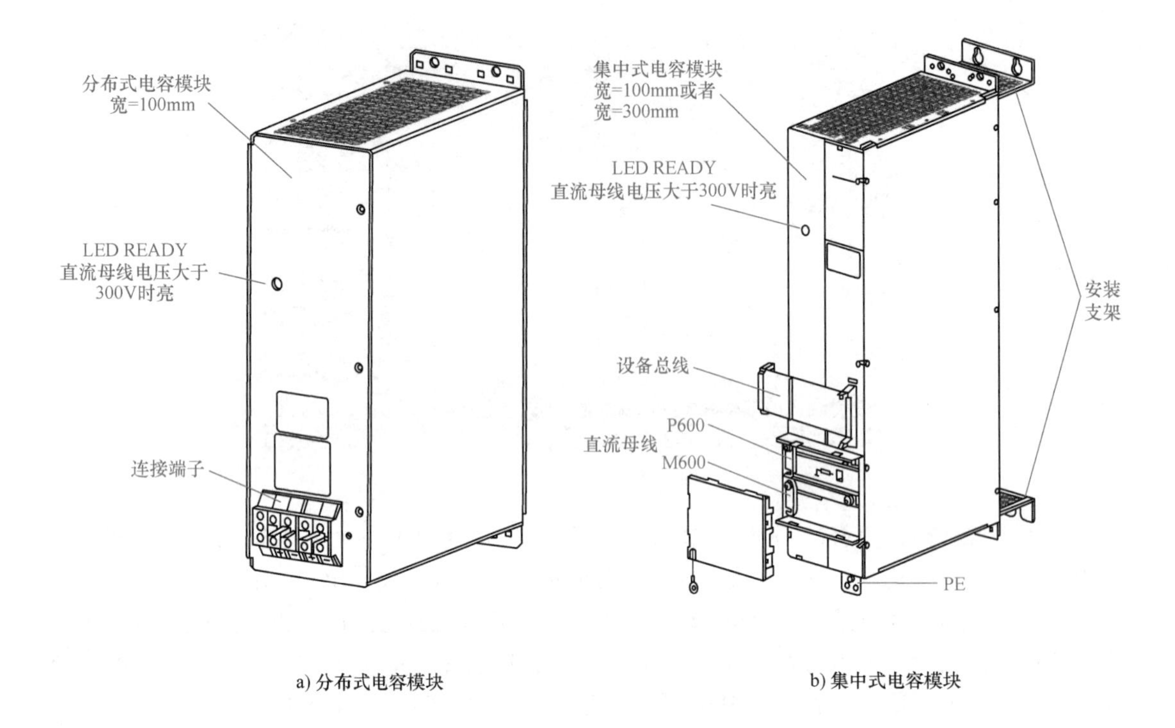

a) 分布式电容模块　　b) 集中式电容模块

图 1-29　电容模块

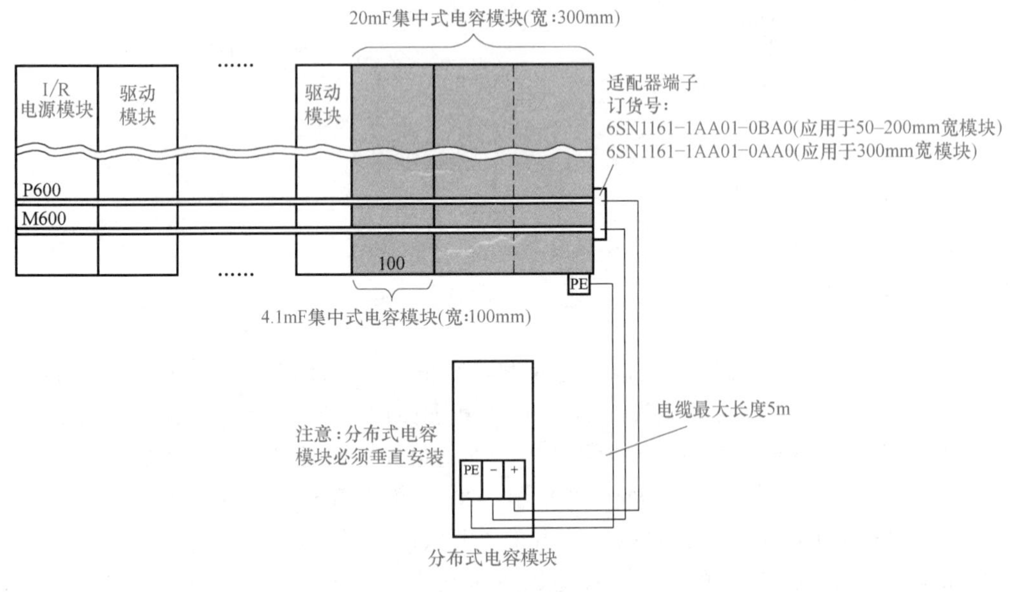

图 1-30　电容模块的连接

模块，其内部集成了脉冲电阻。如果内置的脉冲电阻不够用，则可以连接一个外部脉冲电阻模块。28kW 的 UI 电源模块需要安装外部脉冲电阻器，外部脉冲电阻器可以将热量转移到控制柜以外。所有与脉冲电阻器的连接都应使用屏蔽电缆。常用的脉冲电阻模块如图 1-31 所示。图 1-32 所示为脉冲电阻模块的连接。

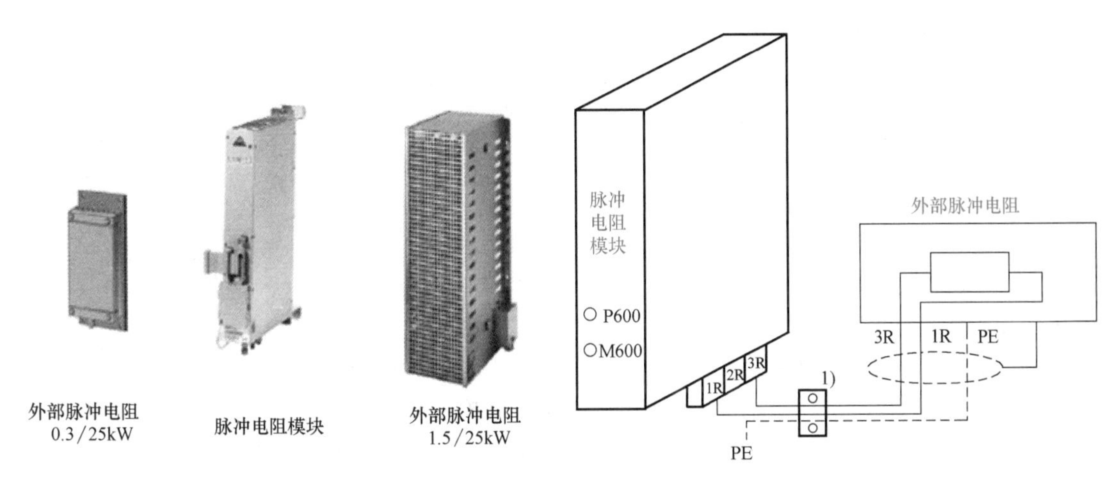

图 1-31　常用的脉冲电阻模块　　图 1-32　脉冲电阻模块的连接

3. 监控模块

使用西门子的电源模块有两个限制，一个是电源模块提供的直流母线容量，最大120kW；另一个是电子电源的功率限制。如果直流母线的功率足够，而电子电源的功率不够，那么可以增加监控模块以补充电子电源功率。监控模块包含一套完整的电源，由三相交流 380V 电网或直流母线供电。图 1-33 所示为监控模块。

电源模块的设备总线在监控模块之前的一个模块结束掉。使能信号、监控信号仅通过设备总线连接。尤其注意的是，如果故障监控信号出现在电源模块上，那么所有连接在总线上的轴模块，在故障信号被监控到时，都必须被禁止掉，且准备好继电器动作。通过准备好继电器动作信号使监控模块上面的使能信号被释放掉，从而禁止轴的运行。因此，监控模块以及电源模块必须按照一定的规则连接，如图 1-34 所示。

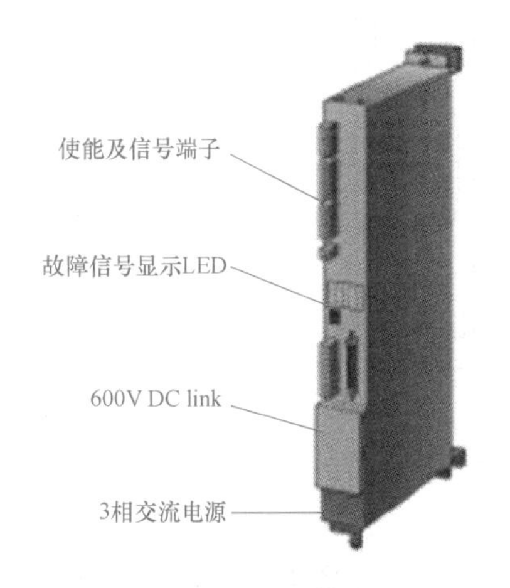

图 1-33　监控模块

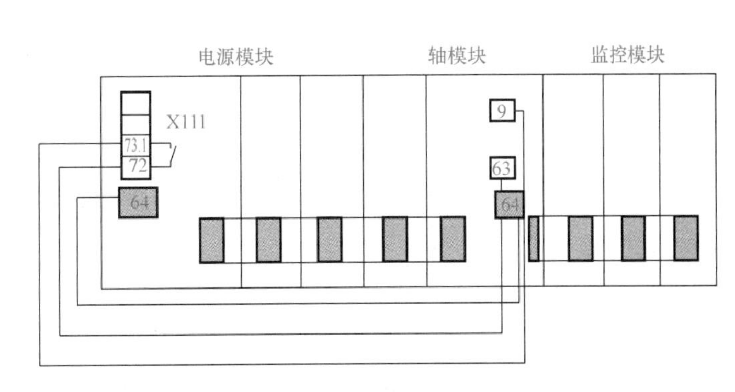

图 1-34　监控模块以及电源模块的连接

在电气柜中驱动模块两排安装，设备总线最长可以为 2.1m，可以通过屏蔽电缆扩展，此时不一定需要监控模块。如果驱动模块安装在几个电气柜中，设备总线超过 2.1m，那么可以在每个电气柜中安装监控模块。

4. 过电压限制模块

图 1-35　过电压限制模块

在接通感性负载或变压器时，可能会产生过电压，这时需要过电压限制模块（图 1-35），以保证驱动系统安全可靠地工作。对于功率大于 10kW 的功率模块，过电压限制模块可以直接插入电源模块的 X181 接口。

过电压限制模块的应用场合如下：

1）如果在电源模块的前端使用了变压器，那么必须使用过电压限制模块。

2）为了防止由于开关动作引起的过电压、电弧以及频繁的供电电源故障等引起的过电压，应该使用过电压限制模块。

3）工厂和设备需要满足 UL、CSA 认证需求的，必须使用过电压限制模块。

1.3　西门子数控系统人机接口单元

西门子数控系统人机接口单元主要由 OP 单元和 MMC（PCU 单元）构成，OP 单元和 MMC（PCU 单元）建立起 SINUMERIK 840D/810D 与操作者之间的交互界面。

1.3.1　OP 单元

OP（Operator Panel）单元一般包括一个显示屏和一个数控（NC）键盘，主要负责程序编辑、刀具管理、软件功能、数据设置等操作。根据用户不同的要求，西门子为用户选配不同的 OP 单元，早期的 840D/810D 系统配置的 OP 单元有 OP030、OP031、OP032、OP032S 等，其中 OP031 最为常用。图 1-36 所示为 OP031 面板后视图。

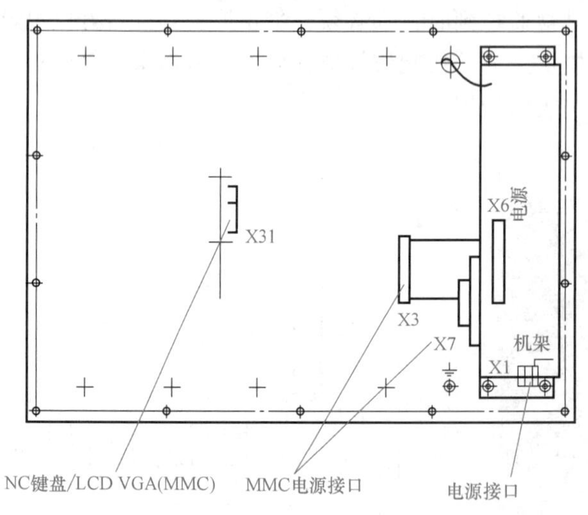

图 1-36　OP031 面板后视图

新一代的 OP 单元有 OP010、OP010C、OP010S、OP012、OP015 等。图 1-37~图 1-46 所示分别为 OP010、OP010C、OP010S、OP012、OP015 等单元的前/后视图。

SINUMERIK 840D/810D 应用了 MPI（Multiple Point Interface）总线技术，传输速率为 187. 5kbit/s，OP 单元为这个总线构成的网络中的一个节点。为提高人机交互的效率，又有 OPI（OperatorPanel Interface）总线，它的传输速率为 1. 5Mbit/s。

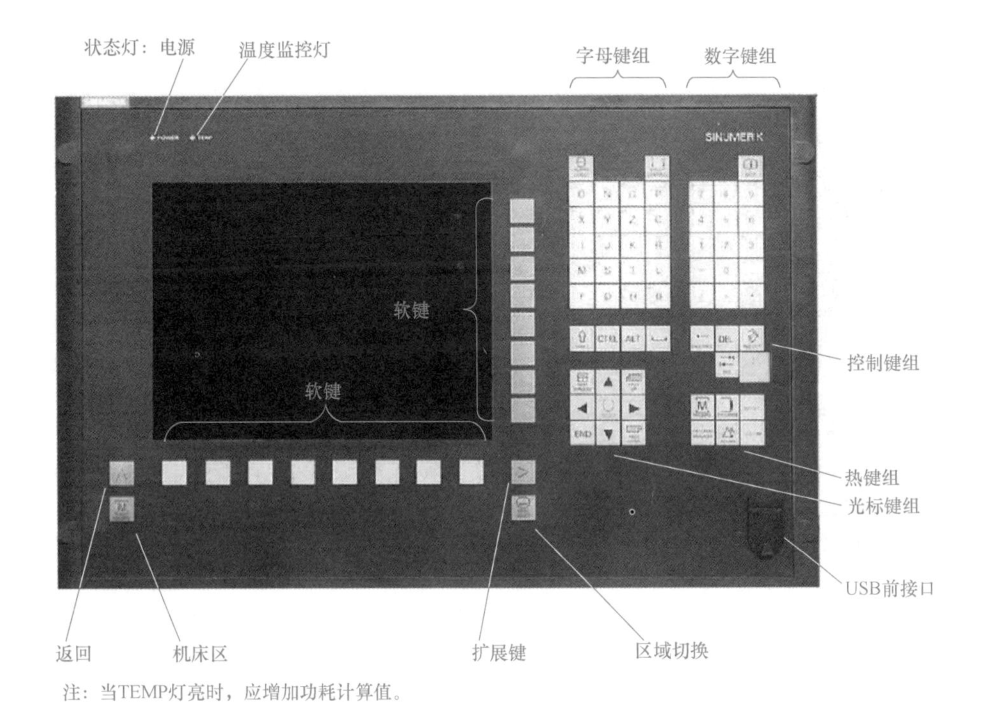

图 1-37　用户操作面板 OP010 的前视图

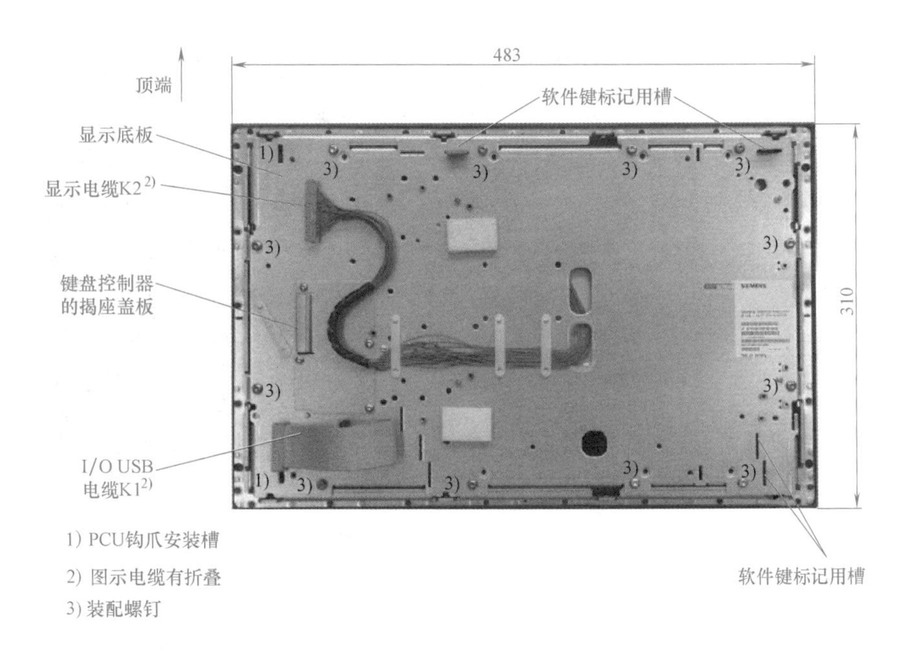

图 1-38　用户操作面板 OP010 操作面板的后视图

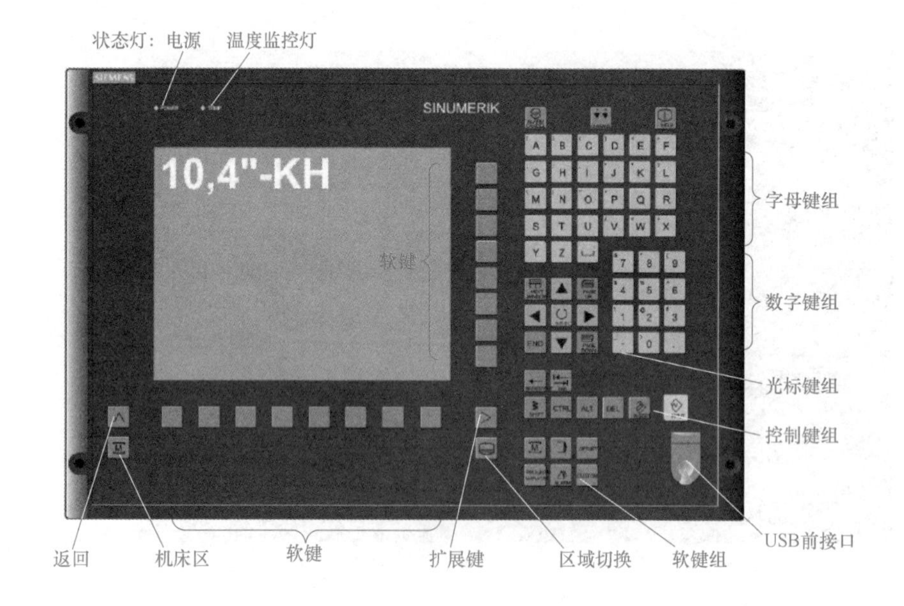

图 1-39　用户操作面板 OP010C 的前视图

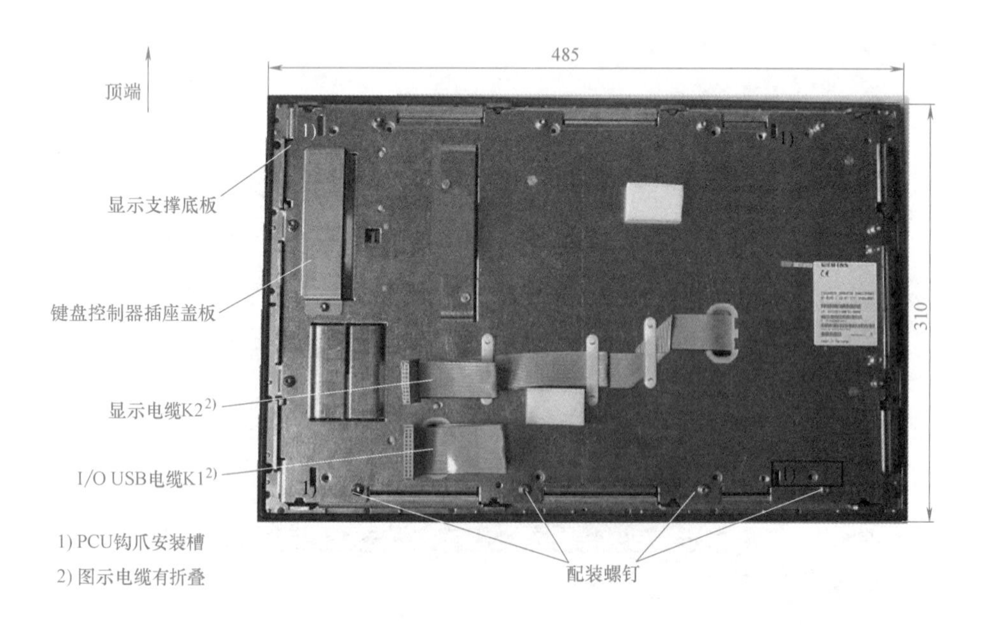

图 1-40　用户操作面板 OP010C 操作面板的后视图

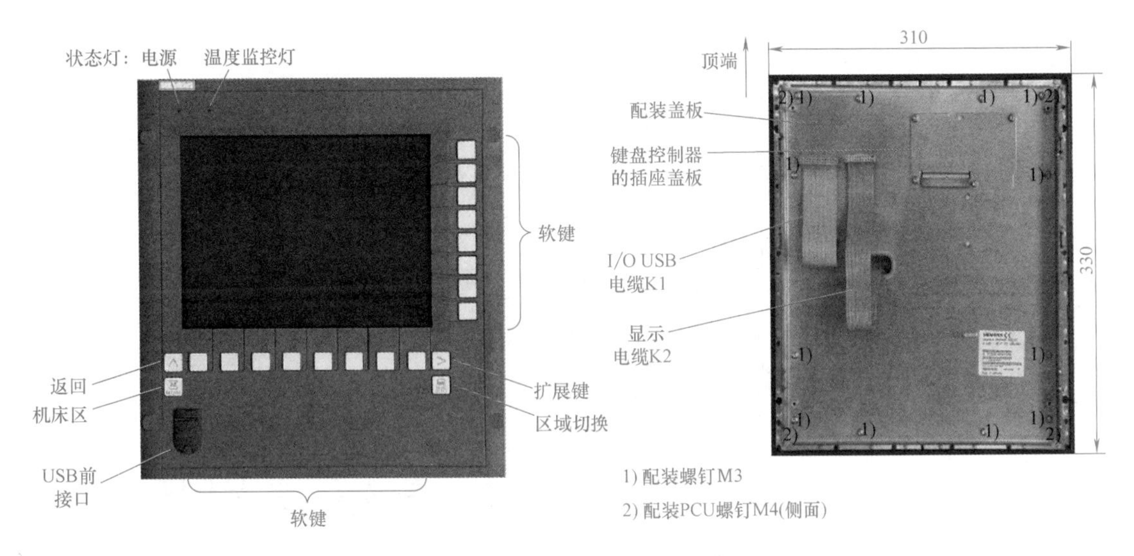

图 1-41　用户操作面板 OP010S 的前视图

图 1-42　用户操作面板 OP010S 操作面板的后视图

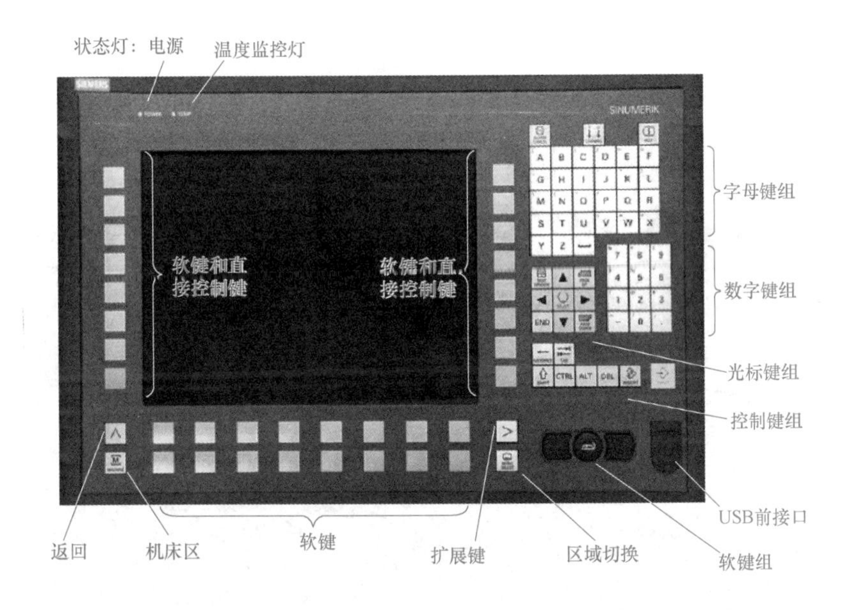

图 1-43　用户操作面板 OP012 的前视图

1.3.2　MMC

MMC 实际上就是一台计算机。它有独立的 CPU，还可以带硬盘和软驱。OP 单元正是这台计算机的显示器，而西门子 MMC 的控制软件也在这台计算机中。常用的 MMC 有 MMC100、MMC100.2、MMC101、MMC102 以及 MMC103。MMC100 和 MMC100.2 不带硬盘，而 MMC101、MMC102 和 MMC103 带硬盘。一般地，用户为 SINUMERIK 810D 配 MMC100.2，而为 SINUMERIK 840D 配 MMC103。

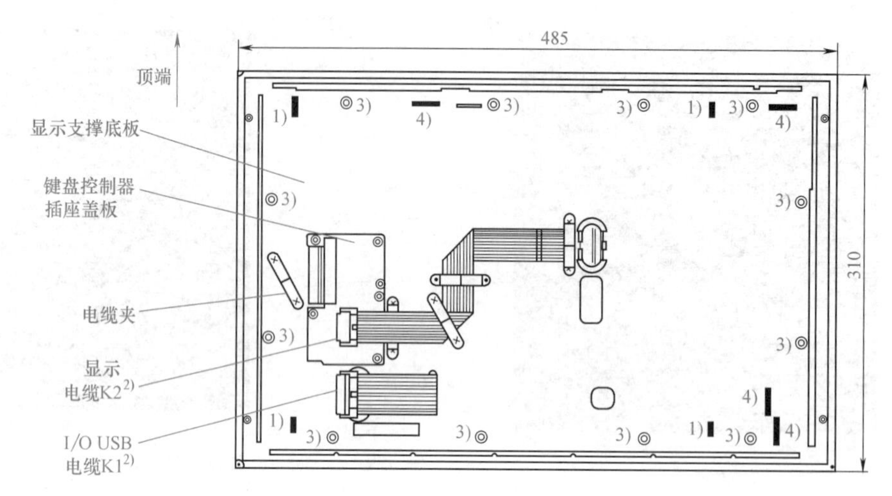

图 1-44 用户操作面板 OP012 操作面板的后视图

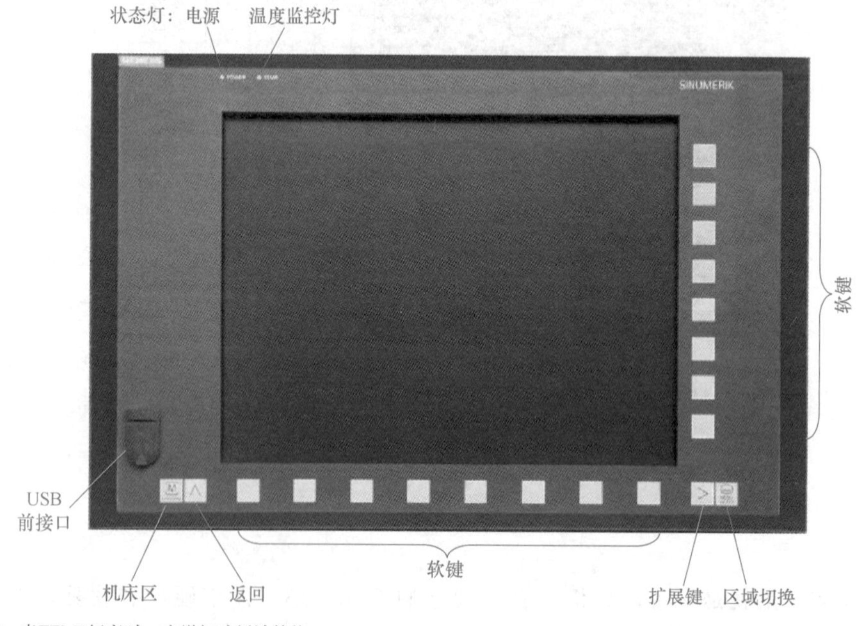

图 1-45 用户操作面板 OP015 的前视图

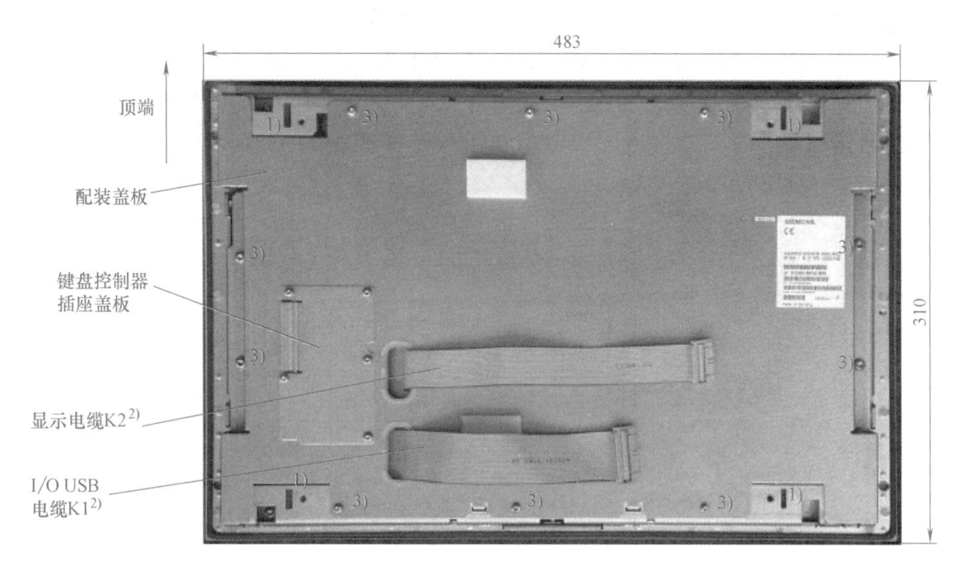

图 1-46 用户操作面板 OP015 操作面板的后视图

MMC100 与 MMC100.2 采用单片机，内置操作系统。MMC100 的系统存储器为 1MB DRAM，具有 1.7MB Flash-EPROM。图 1-47 所示为 MMC100 的后视图。MMC100.2 的系统存

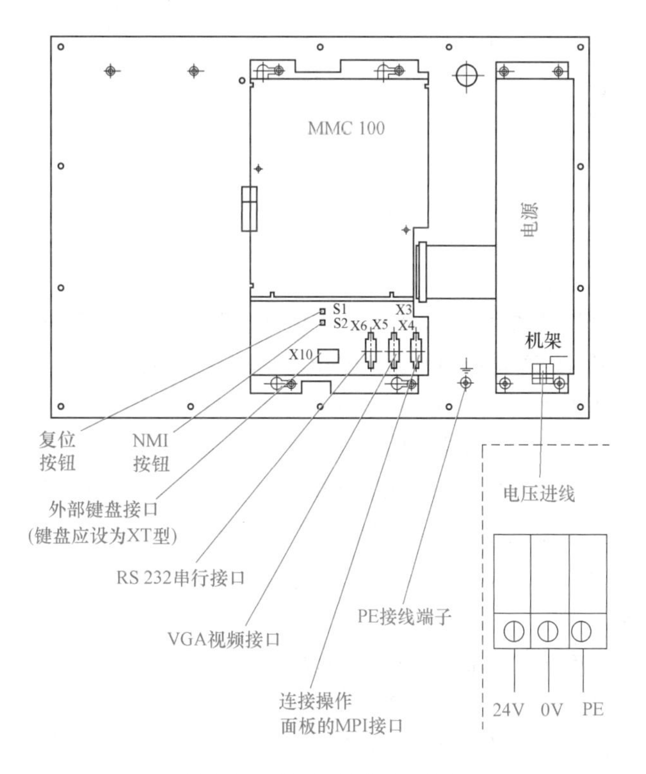

图 1-47 MMC100 的后视图

储器为 7MB DRAM，具有 3.7MB Flash-EPROM，外部具有 Flash 卡接口，用于软件升级。图 1-48 所示为 MMC100.2 的后视图。在 MMC100.2 上有一个 DIP 开关 S3，选择启动时的引导存储器，当 S3.1 置 ON 位置时，由外部 FLASH 卡引导；当 S3.1 置 OFF 位置时，由内部 FLASH 存储器引导（默认设置）。MMC100.2 与操作面板 OP031、OP032 和 OP032S 一起使用，构成完整的机床操作面板。

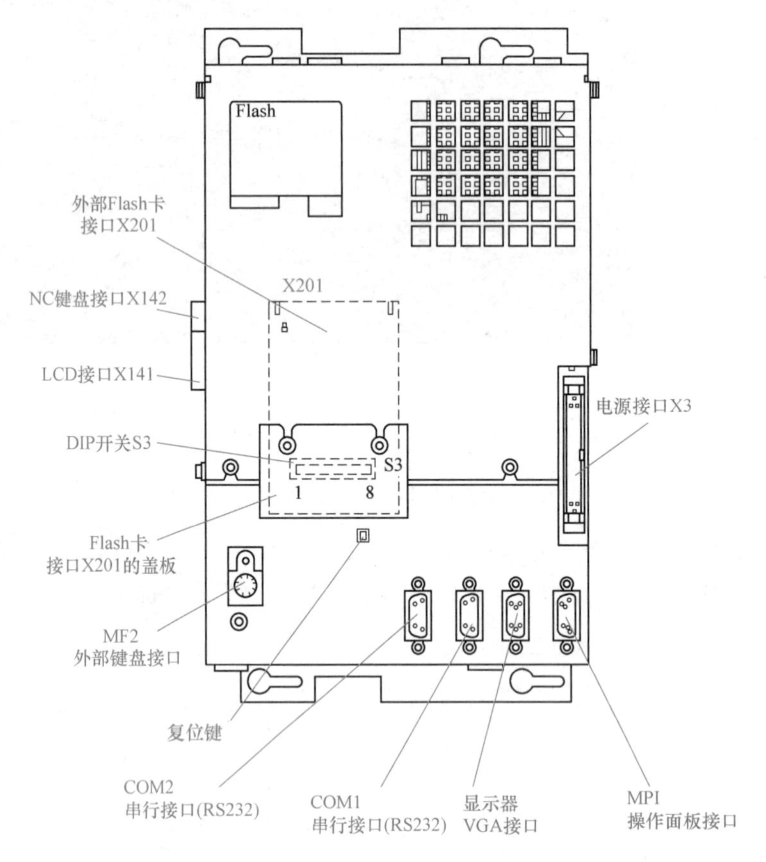

图 1-48　MMC100.2 的后视图

MMC101 采用 486SX 处理器，拥有 4MB DRAM 和 8MB DRAM 两种内存形式。MMC102 采用 486DX 处理器，拥有 8MB DRAM 和 16MB DRAM 两种内存形式，同时带一个 340MB 的硬盘，具有硬盘减振装置。图 1-49 所示为 MMC101/ MMC102 的后视图。

MMC103 的硬件实际上是一个带 MPI（OPI）接口的计算机。采用 Pentium、200MHz 处理器，最大 64MB 内存，256KB 高速缓存（Elite BIOS），1GB 硬盘。图 1-50 所示为 MMC103 的后视图。其软件是运行在 Windows 操作系统上的一个人机接口程序。由于 MMC 软件的版本不一样，其运行的操作系统也不一样，早期使用 Windows 32，中期使用 Windows 95，目前使用的是 Windows NT。

以运行在 Windows95 环境下的 MMC 为例说明其文件结构。

MMC103 的硬盘共分两个分区：C 盘和 D 盘，其中 D 盘主要用来存放硬盘和分区的一些备份文件，其中就包括系统带来的 MMC 几种版本的系统备份，还可在安装软件时用作临时存放区。C 盘则主要存放 Windows 系统的运行文件、MMC 的系统文件、机床厂家开发的附

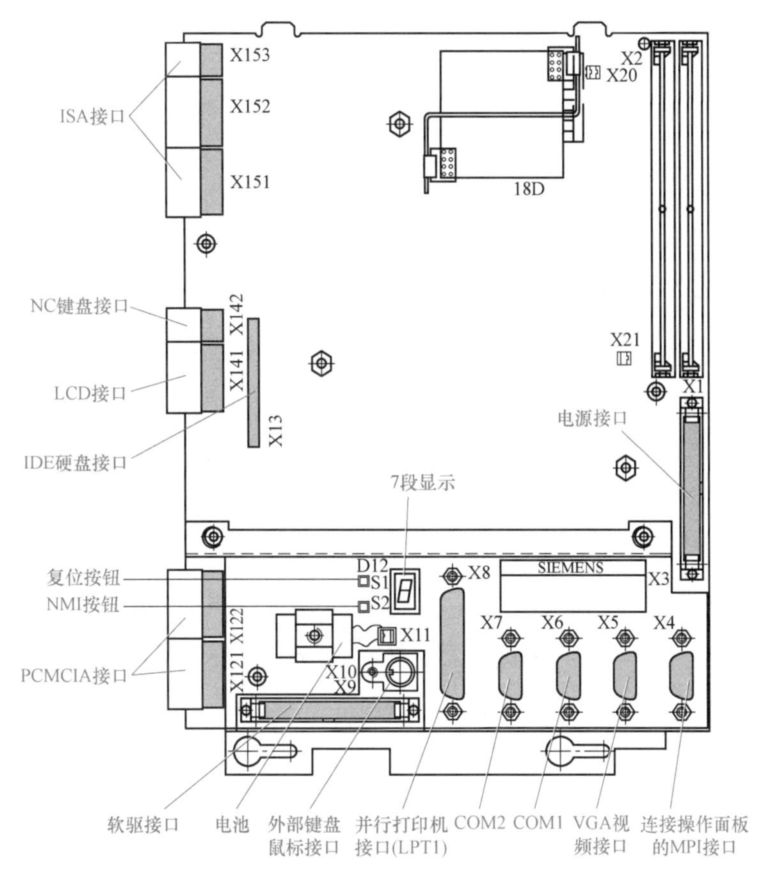

图 1-49 MMC101/MMC102 的后视图

加软件以及用户的一些程序和数据。

C 盘下主要有以下几个目录：

MMC2：主要用来存放西门子的系统文件，西门子的一些标准配置文件也存在这个目录里，该目录下的文件最好不要修改。Windows 存放 Windows 系统文件和运行在 Windows 环境下的其他文件。

Add_ on：西门子的附加产品，比如远程诊断等。OEM 用来存放机床厂家自己开发的产品。

USER：存放用户自己的配置文件，所有与标准配置不一样的文件都存放在这个目录里，比如报警服务的设置。

DH：用来存放与 NCK 相关的数据，其文件结构与 NCK 的文件结构一样，有工件子目录、工件主程序子目录、子程序子目录、标准固定循环子目录、用户固定循环子目录等。用户的报警文本一般存在该目录下面的 MB 子目录里面。

以上是 MMC103 的文件结构，一般来讲，用户自己的文件都存放在后面这四个目录里面，因此 MMC 的数据备份主要就是这四个目录文件的备份。

注意：MMC 的早期版本，用户自己的配置文件和系统的配置文件都存放在系统文件的目录里。

在 MMC 启动时，可以通过<Ctrl+Alt+Esc>组合键进入 POWER BIOS 设置，或者通过

“Del” 键进入 ELITE BIOS 设置。

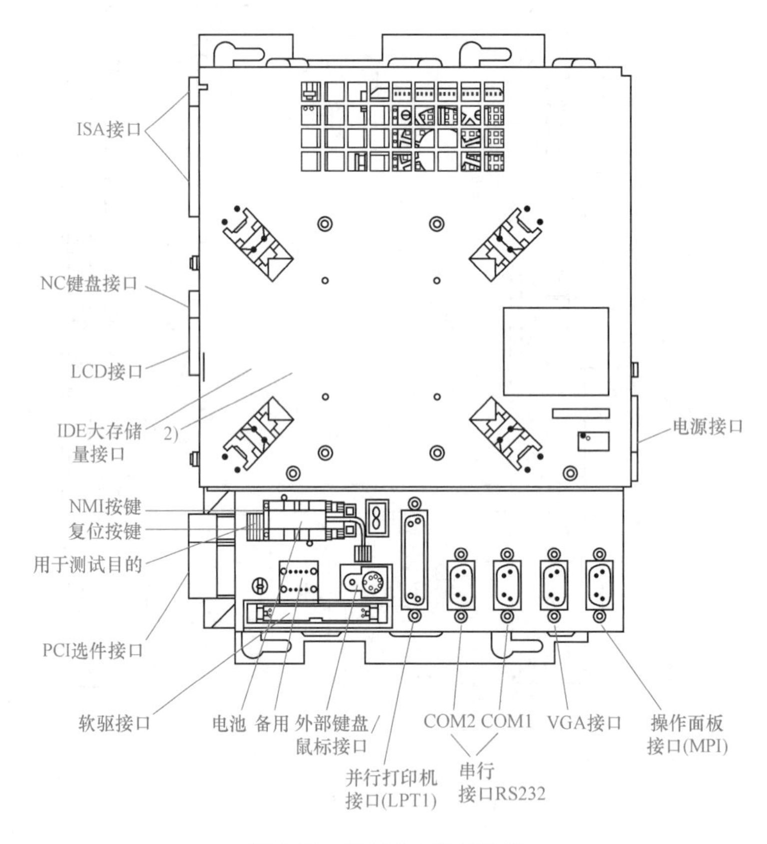

图 1-50 MMC103 的后视图

1.3.3 PCU

PCU（PC Unit）是专门为配合西门子最新的操作面板 OP010、OP010S、OP010C、OP012、OP015 等而开发的 MMC 模块，目前有三种 PCU 模块——PCU20、PCU50 和 PCU70。PCU20 对应于 MMC100.2，不带硬盘，但可以带软驱；PCU50、PCU70 对应于 MMC103，可以带硬盘。与 MMC 不同的是，PCU 的软件是基于 Windows NT 的。PCU 的软件被称作 HMI，HMI 又分为两种，即嵌入式 HMI 和高级 HMI。一般标准供货时，PCU20 装载的是嵌入式 HMI，而 PCU50 和 PCU70 则装载高级 HMI。

1. PCU20

图 1-51 所示为 PCU20 的右视图，PCU20 不带硬盘，因此它扩展的外部存储卡或闪存卡就显得非常重要。对于比较大的加工程序、系列启动备份的数据和文件可以存储在外部存储卡或闪存卡中。此功能是选件功能，需要向西门子订购网络/软驱选件 6FC5253-0AE01-0AA0。此 CF 卡可与 PCU20 的以太网配合使用：平时将卡插在 PCU20 上，操作者可将上位机上的“大”程序复制，然后转到 CF 卡并粘贴，这样程序便从上位机复制到了 CF 卡上，然后可从卡上直接执行。

西门子系统使用的闪存 CF 卡与普通的 CF 卡在格式上不同，PCU20 系统只能识别 CHS 格式，而不能识别一般的 LAB 格式，因此建议从西门子公司购置。

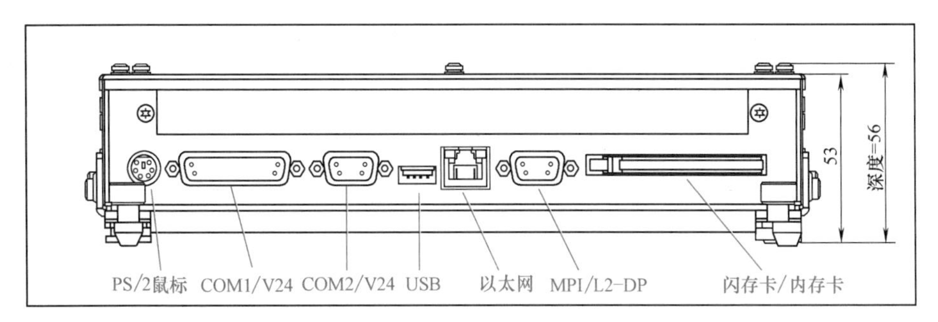

图 1-51　PCU20 的右视图

2. PCU50

图 1-52～图 1-55 所示分别为 PCU50 的右视图、左视图、底部视图和俯视图。PCU50 和

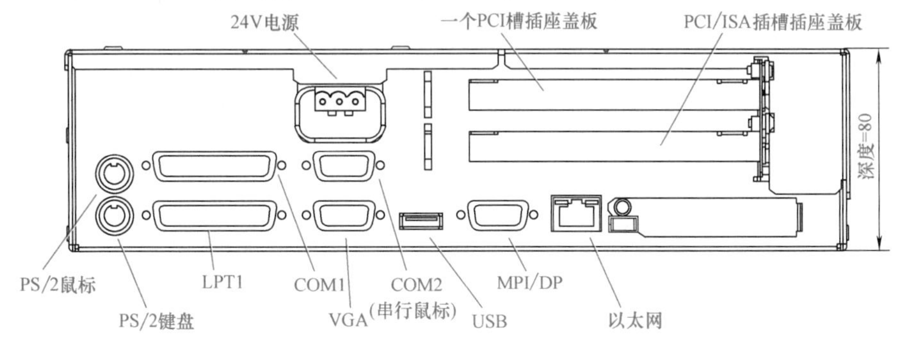

图 1-52　PCU50 的右视图

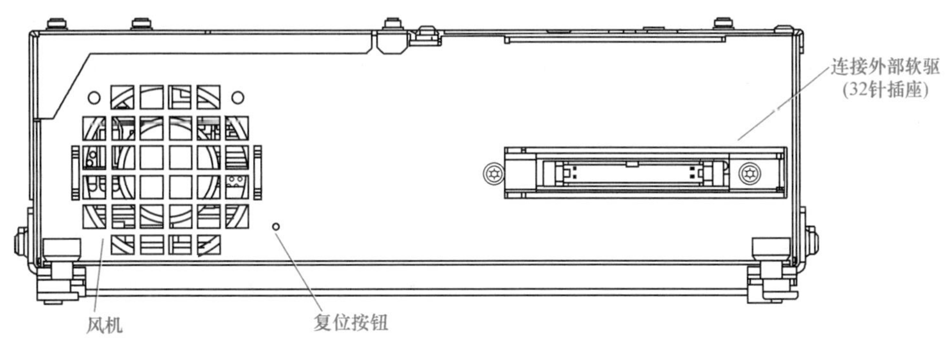

图 1-53　PCU50 的左视图

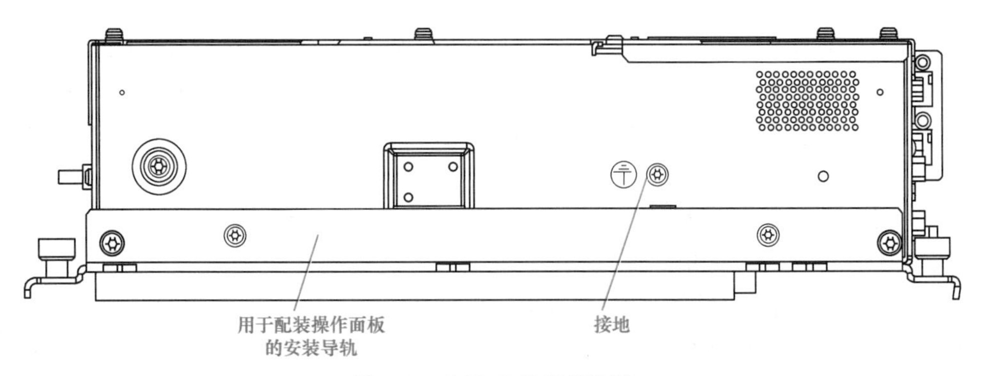

图 1-54　PCU50 的底部视图

Windows XP 或 Windows NT 操作系统以及数据备份软件 Ghost6/Ghost7 一起交付使用，另外需要订购操作界面软件 HMI Advanced。

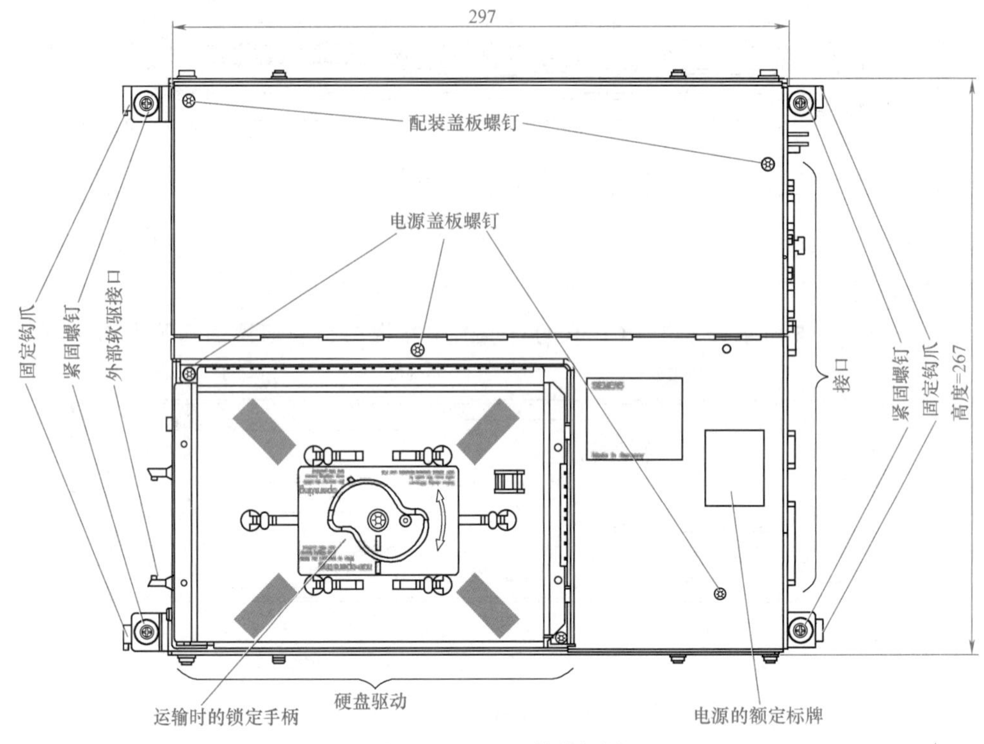

图 1-55 PCU50 的俯视图

PCU50 的硬盘被分为 4 个分区（3 个主分区和 1 个扩展分区，小于 4.8GB 的硬盘不支持），如图 1-56 所示。

C FAT16	D FAT16	E NTFS	F NTFS
DOS工具	TEMP，映像，安装，更新	Windows NT或 Windows XP	840D系统HMI，其他应用
主分区	扩展分区	主分区	主分区

图 1-56 PCU50 的硬盘分区

C 区包含 DOS6.2 和实现服务菜单的工具和脚本程序（如 GHOST），0.5GB 空间。

D 区用于保存 GHOST 映像文件以及本地备份的映像等临时文件。D 区还包含有安装目录，待安装的软件先从远程 PG/PC 上复制到该安装目录，再启动真正的安装过程，2GB 空间。

E 区预留给操作系统软件 Windows XP/Windows NT，通过网络驱动器可用于安装驱动程序或者安装升级程序，3.5GB 空间。

F 区用于用户程序的安装，必须在这里安装应用程序，如 HMI-Advanced 系统软件（包含数据维护和临时文件）、STEP7、用于 HMI 的 OEM 应用程序或用户应用程序，4GB 空间。

出于安全的考虑，对于 Windows 操作系统进行了如下预设置：

1）取消自动运行功能。

2）取消 Windows 自动升级。

3）取消防病毒软件的监控和报警以及自动升级。

4）取消从服务桌面或者从开始菜单调用 Internet Explorer 的快捷图标。

5）对于未证实的调用可以进行远程程序调用（RPC）。

6）在 PCU50 的以太网卡上激活防火墙设置，当插入额外的以太网卡时，同样激活防火墙设置。

图 1-57～图 1-61 所示分别为 PCU50 与 OP015、OP012、OP010C、OP010S、OP010 单元的连接。

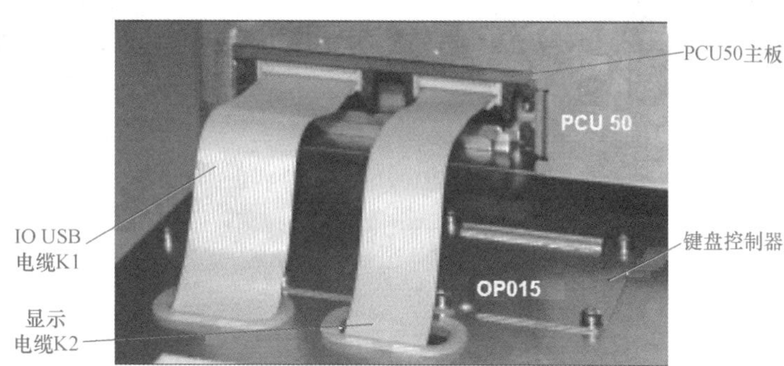

图 1-57　PCU50 与 OP015 的连接

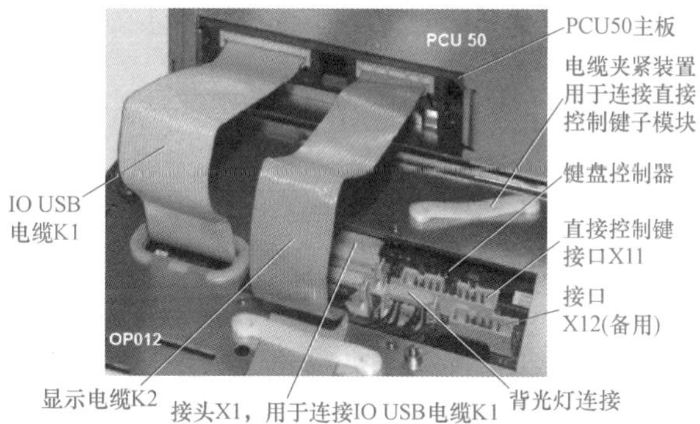

图 1-58　PCU50 与 OP012 的连接

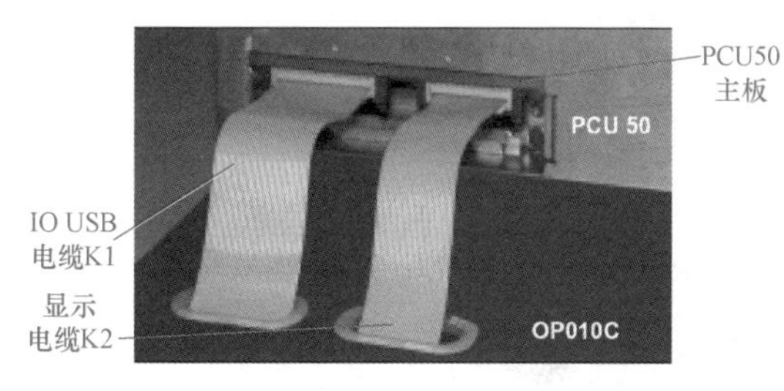

图 1-59　PCU50 与 OP010C 的连接

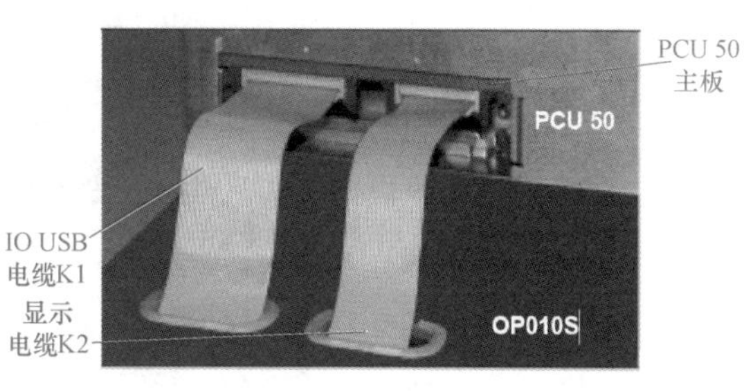

图 1-60　PCU50 与 OP010S 的连接

PCU50 的附件包括外部软驱、扩展内存条和扩展板。外部软驱如图 1-62 所示，它可以连接 PCU50 左视图中的驱动器接口（图 1-53）。扩展内存条包括两种：64MB SDRAM，订货号 A5E00010539；128MB SDRAM，订货号 A5E00025950。用这些内存条可以将 PCU 的内存扩展至 256MB。扩展板是 PCU50 根据 AT/PCI 规格设计的模块，扩展板的插槽如图 1-63 所示，其安装如图 1-64 所示。

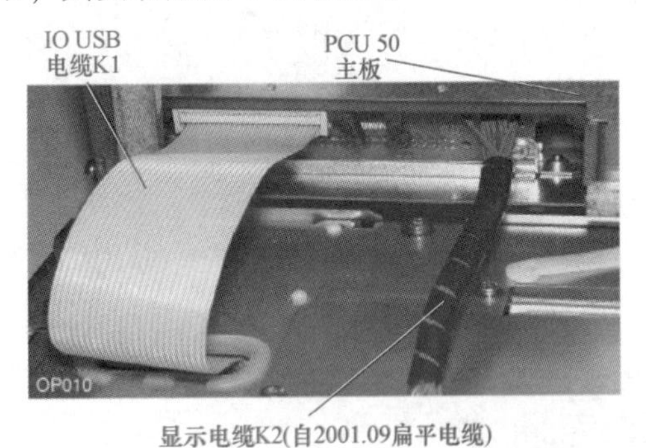

图 1-61　PCU50 与 OP010 的连接

图 1-62　外部软驱

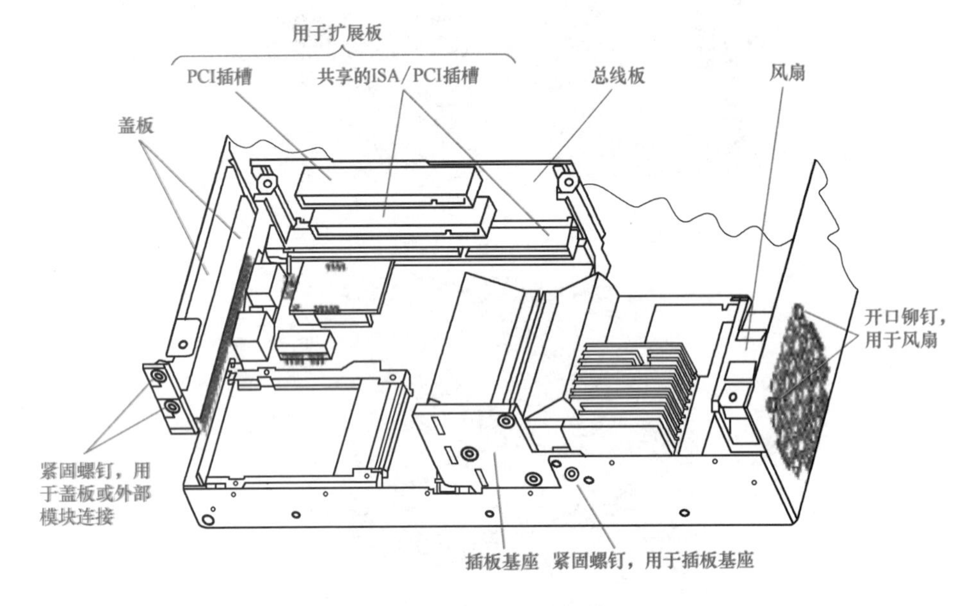

图 1-63　扩展板的插槽

图 1-64　扩展板的安装

1.3.4 MCP

MCP 是专门为数控机床而配置的，它也是 OPI 上的一个节点，根据应用场合不同，其布局也不同，目前有车床版 MCP 和铣床版 MCP 两种，其正面如图 1-65 所示，反面如图 1-66 所示。

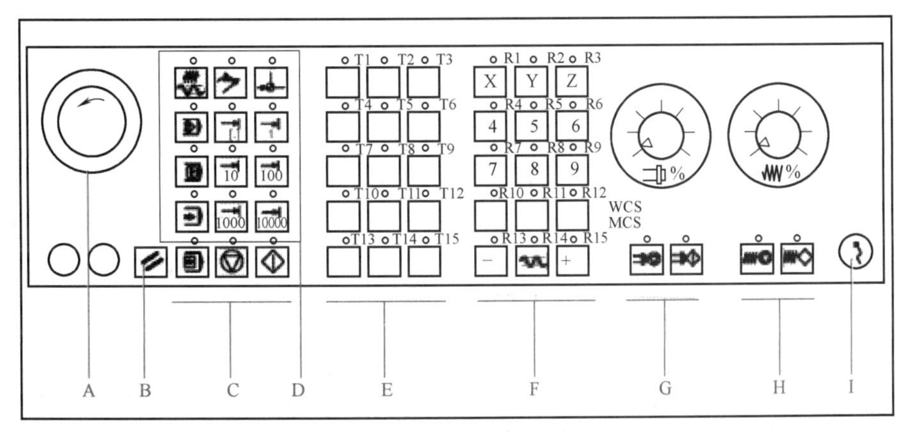

a) 铣床版MCP

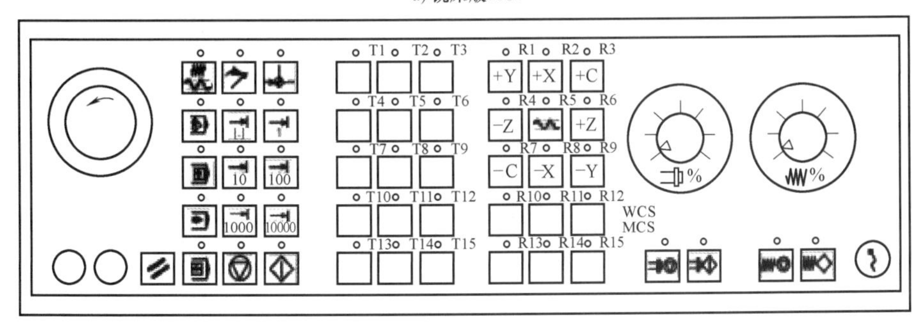

b) 车床版MCP

图 1-65　车床版 MCP 和铣床版 MCP 的正面

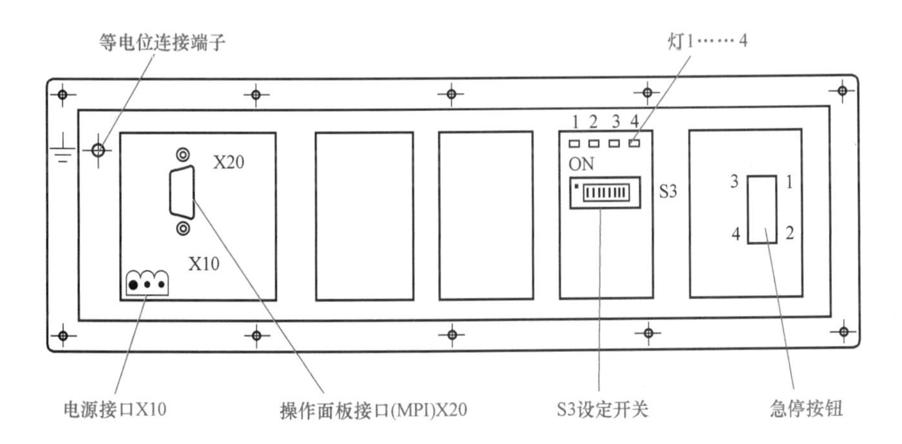

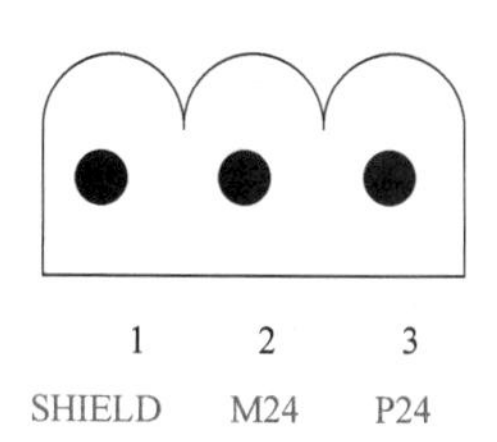

图 1-66　车铣床版 MCP 的反面

对于 810D 和 840D，MCP 的 MPI 地址分别为 14 和 6，用 MCP 后面的 S3 开关设定。S3 开关可对 X20 接口与 MCP、MMC 或 NCU 的通信速率和地址分配进行设置。表 1-17 和表 1-18 分别是 810D 和 840D 的 S3 设置。

S3 上面有一排（8 个）微型拨动开关 1～8：第 1 位用于传送的波特率为 1.5MBaud 的 OPI 接口，在 840D 上使用，波特率为 187.5kBd 的是 MPI 接口，在 810D 上使用；第 2、3 位代表循环传送时间；第 4～7 位，共四位用于设置接口地址，可用 4 位二进制表示 0～15 的十进制地址；第 8 位说明 MCP 是标准的还是用户的。表 1-18 中最后一行是 840D 的默认设置，即 840D 用的是 OPI 总线，地址是 6，而 810D 用的是 MPI 总线，地址是 14。

表 1-17　SINUMERIK 810D 的 S3 设置

1	2	3	4	5	6	7	8	说明
On								波特率：1.5 MBd
Off								波特率：187.5 MBd
	On	Off						200ms 周期传送标记/2400ms 接收监控
	Off	On						100ms 周期传送标记/1200ms 接收监控
	Off	Off						50ms 周期传送标记/600ms 接收监控
			On	On	On	On		总线地址：15
			On	On	On	Off		总线地址：14
			On	On	Off	On		总线地址：13
			On	On	Off	Off		总线地址：12
			On	Off	On	On		总线地址：11
			On	Off	On	Off		总线地址：10
			On	Off	Off	On		总线地址：9
			On	Off	Off	Off		总线地址：8
			Off	On	On	On		总线地址：7
			Off	On	On	Off		总线地址：6
			Off	On	Off	On		总线地址：5
			Off	On	Off	Off		总线地址：4
			Off	Off	On	On		总线地址：3
			Off	Off	On	Off		总线地址：2
			Off	Off	Off	On		总线地址：1
			Off	Off	Off	Off		总线地址：0
							On	接至用户操作面板
							Off	MCP
On	Off	On	Off	On	On	Off	Off	交货时状态
Off	Off	On	On	On	On	Off	Off	810D 默认设置 波特率 187.5kBd 周期传送标记 100ms 总线地址 14

表 1-18 SINUMERIK 840D 的 S3 设置

1	2	3	4	5	6	7	8	说明
On Off								波特率:1.5MBd 波特率:187.5MBd
	On Off Off	Off On Off						周期传送标记/2400ms 接收监控 周期传送标记/1200ms 接收监控 周期传送标记/600ms 接收监控
			On On On On On On On On Off Off Off Off Off Off Off Off	On On On On Off Off Off Off On On On On Off Off Off Off	On On Off Off On On Off Off On On Off Off On On Off Off	On Off On Off On Off On Off On Off On Off On Off On Off		总线地址:15 总线地址:14 总线地址:13 总线地址:12 总线地址:11 总线地址:10 总线地址:9 总线地址:8 总线地址:7 总线地址:6 总线地址:5 总线地址:4 总线地址:3 总线地址:2 总线地址:1 总线地址:0
							On	接至用户操作面板
							Off	MCP
On	Off	On	Off	On	On	Off	Off	默认设定
On	Off	On	Off	On	On	Off	Off	840D 默认设置 波特率=1.5MBd 周期传送标记 100ms 总线地址:6

MCP 背面的 LED 灯 1~4 的含义见表 1-19。

表 1-19 MCP 背面的 LED 灯 1~4 的含义

名 称	说 明
LED 灯 1 和 2	保留
LED 灯 3	当有 24V 电压时灯亮
LED 灯 4	发送数据时灯闪烁

1.4 MPI 和 OPI 通信

MPI 是西门子的多点接口通信，OPI 是操作面板接口，两者都符合 RS485 标准，但通信速率不同，前者是 187.5kBd，后者是 1.5MBd。

在 840D/810D 系统中，操作部件与 NCK 通过 MPI 总线进行连接，带有 MPI 总线接口的功能单元都可以挂在 MPI 总线上，与 NCK 一起构成一个 MPI 网络。每个功能单元作为一个网络节点，而各个节点在网络上的地址都是唯一的。节点的地址是系统规定的，用户只能按照这些地址进行设置，原则上不允许修改。常用操作部件的 MPI 地址分配见表 1-20。

图 1-67 所示为 840D 的标准使用示例，图 1-68 所示为 810D 的标准使用示例。具体操作部件的连接情况需要根据实际情况设置。

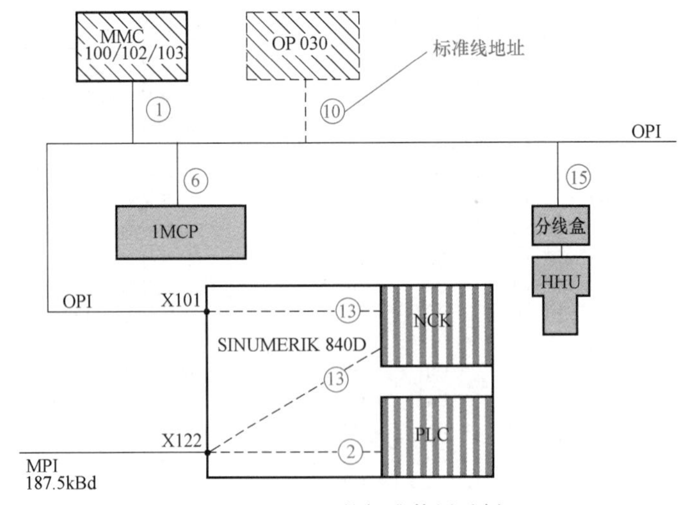

图 1-67　840D 的标准使用示例

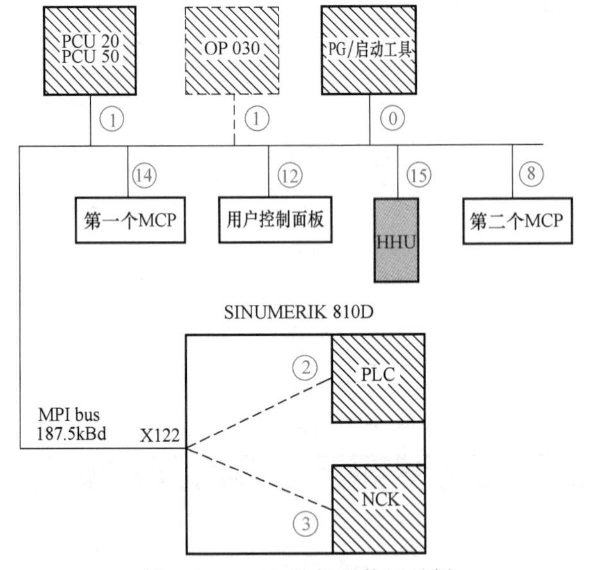

图 1-68　810D 的标准使用示例

表 1-20　常用操作部件的 MPI 地址分配

MPI 地址	连接设备	MPI 地址	连接设备
0	编程设备或启动工具	7	备用
1	MMC	8	第二个机床控制面板
2	PLC 模块	9~11	备用
3	NCK(SW3.5 或更高版本)	12	用户控制面板
4	备用	13	NCK(SW3.4 或更低版本)
5	备用	14	第一个机床控制面板(810D)
6	第一个机床控制面板(840D)	15	手持单元(HHU)

图 1-67、图 1-68 中 MCP 和 HHU 的地址由各自上方的拨动开关来设置，其他都用软件设置，可在 MMC 上的菜单（Start up/MMC/Operator panel）下观察和修改。

它们的连接电缆，要注意两点：网上第一和最后节点接入通信终端匹配电阻，阻值为 220Ω，如图 1-69 所示。电缆的两头拨动开关要拨到 ON 位置，中间的则要拨到 OFF 位置，如图 1-70 所示。

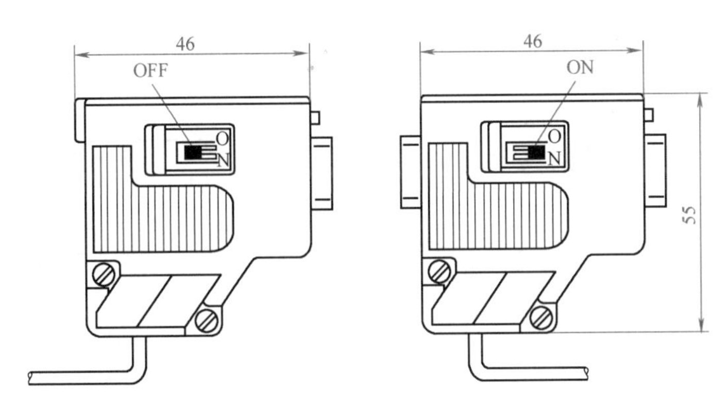

图 1-69　MPI 插头

MPI/OPI 在进行连接时必须遵循以下规则：

1）总线两端必须以终端结束。为此，必须接通第一个和最后一个终端 MPI 插头中的终端阻抗（ON），切断剩余的其他阻抗（OFF）。在一个网络中只允许有两个使能的终端。HHU/HPU 中已经内置总线终端电阻。

2）至少一个终端必须有 5V 电压。为此，带有终端电阻的 MPI 插头必须连接到一个已经开启的设备上。

3）总线应尽可能短。

4）每个 MPI 终端必须先插上，然后再使能。在分离 MPI 终端时，必须先关掉，然后再拔出插头。

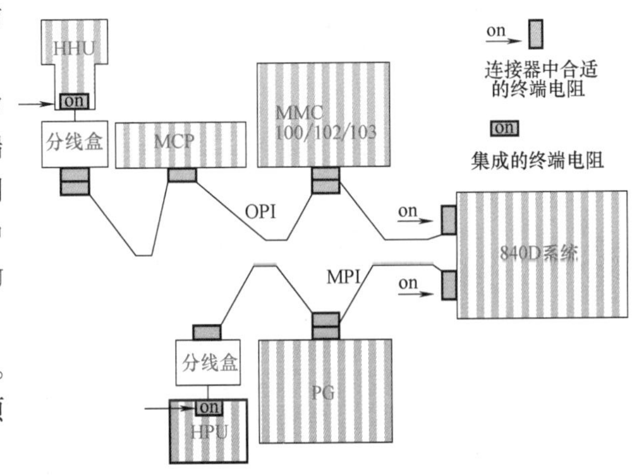

图 1-70　840D 的 MPI 和 OPI 连接器的使用

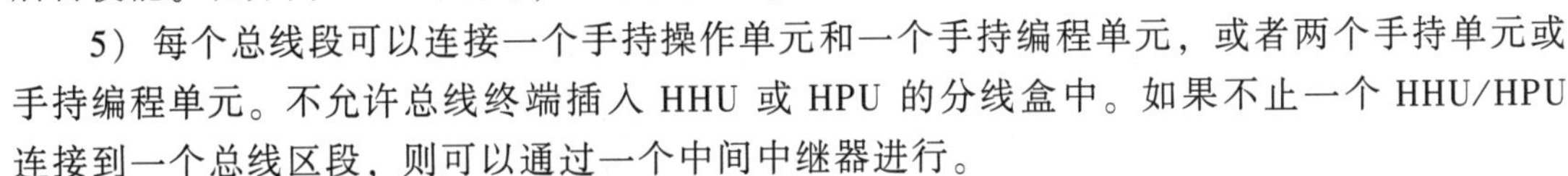

5）每个总线段可以连接一个手持操作单元和一个手持编程单元，或者两个手持单元或手持编程单元。不允许总线终端插入 HHU 或 HPU 的分线盒中。如果不止一个 HHU/HPU 连接到一个总线区段，则可以通过一个中间中继器进行。

6）在正常情况下没有中继器时，MPI 或 OPI 的电缆长度不可以超出以下规定：MPI（187.5kBd），电缆总长最大 1，000m；OPI（1.5MBd），电缆总长最大 200m。

1.5　PLC 模块

SINUMERIK 840D/810D 系统的 PLC 部分使用的是西门子 SIMATIC S7-300 的软件及模块，在同一条导轨上从左到右依次为电源模块（Power Supply）、接口模块（Interface Module）及信号模块（Signal Module），其安装示意图如图 1-71 所示。PLC 的 CPU 与 NC 的 CPU 是集成在 CCU 或 NCU 中的。

电源模块（PS）是为 PLC 提供+24V 和+5V 的电源，如图 1-72 所示。

接口模块（IM）是用于级之间互连的，如图 1-73 所示。

信号模块（SM）是用于机床 PLC 输入/输出的模块，有输入型和输出型两种，如图 1-74 所示。

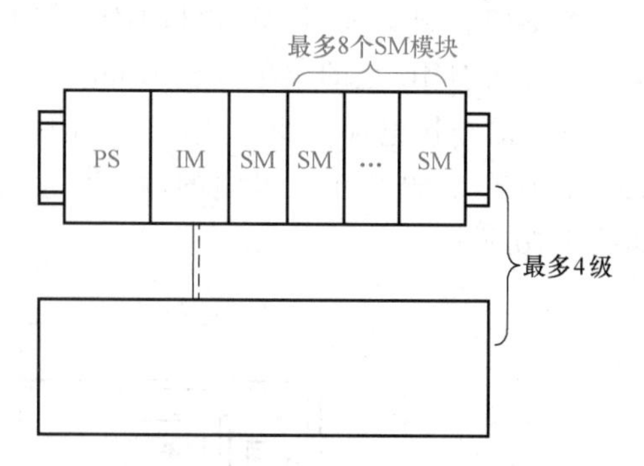

图 1-71　PLC 模块安装示意图

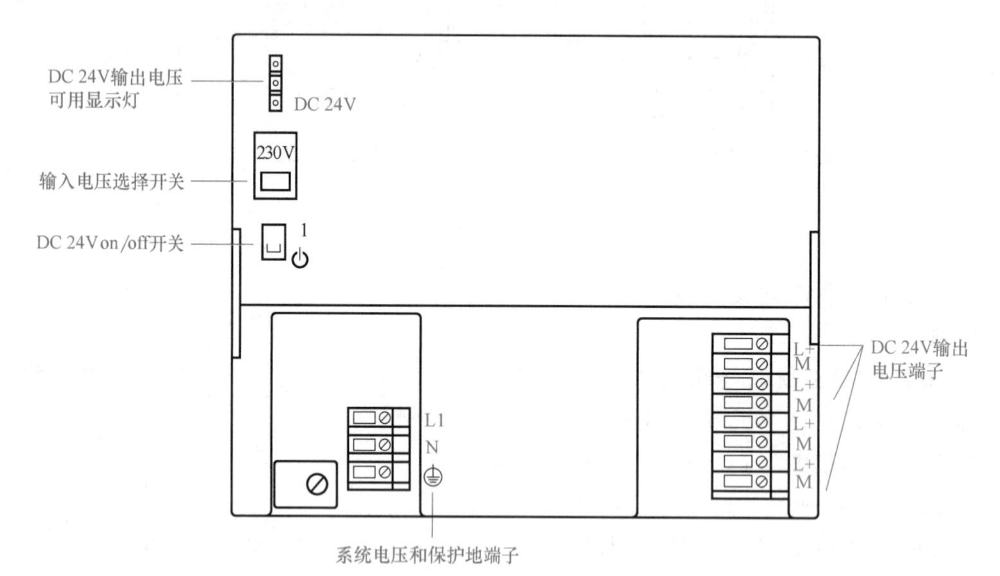

图 1-72　电源模块

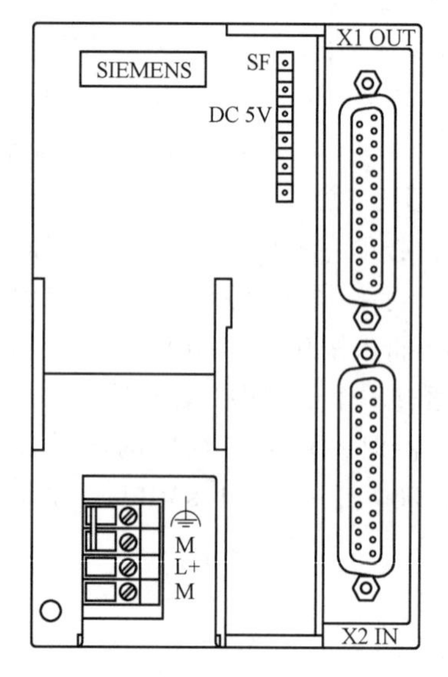

图 1-73　接口模块

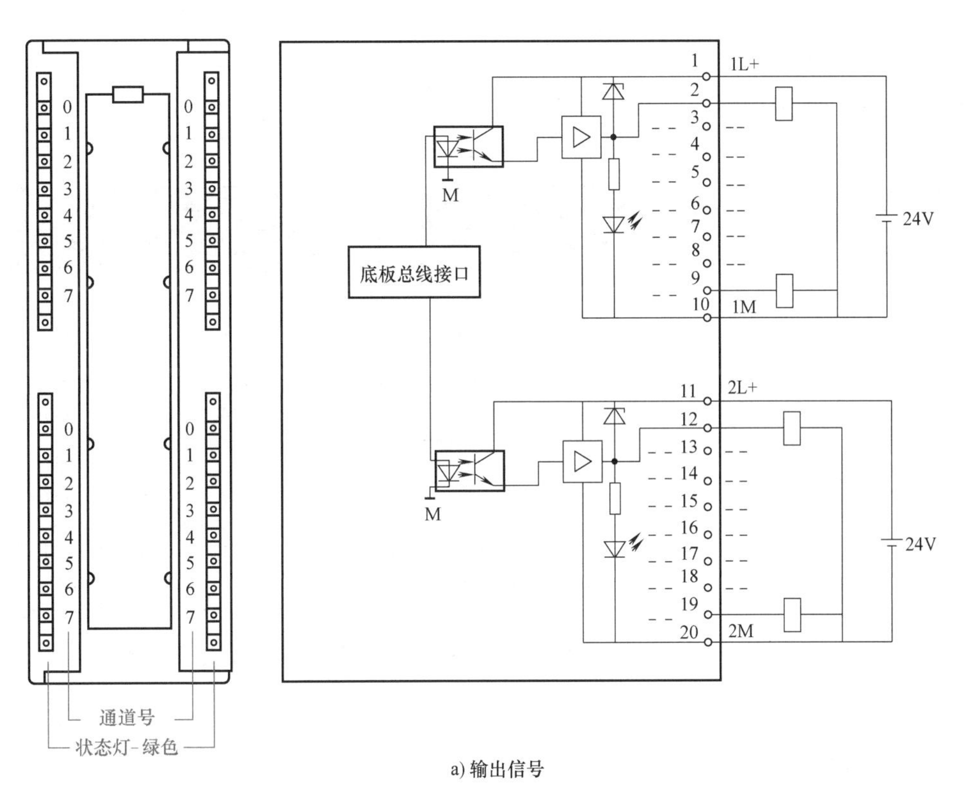

a) 输出信号

b) 输入信号

图 1-74　信号模块

对于具体机床设计者还应了解：

1）信号模块的接线，如图 1-74 所示。

2）信号模块对应的地址，见表 1-21。

表 1-21　S7 信号模块位置地址对照

机架	模块起始地址	槽号										
		1	2	3	4	5	6	7	8	9	10	11
0	数字 模拟	PS	CPU	IM	0 256	4 272	8 288	12 304	16 320	20 336	24 352	28 368
1	数字 模拟	— —		IM	32 384	36 400	40 416	44 432	48 448	52 464	56 480	60 496
2	数字 模拟	— —		IM	64 512	68 528	72 544	76 560	80 576	84 592	88 608	92 624
3	数字 模拟	— —		IM	96 640	100 656	104 672	108 688	112 704	116 720	120 736	124 752

如果 PLC 的 CPU 为 315、315-2DP、316-2DP 和 318-2 型，则信号地址可任意排定，但不能与 MCP 等地址冲突。

1.6　硬件连接

SINUMERIK 840D/810D 系统模块组成分别如图 1-75 和图 1-76 所示。对于硬件的连接从以下两个方面入手。

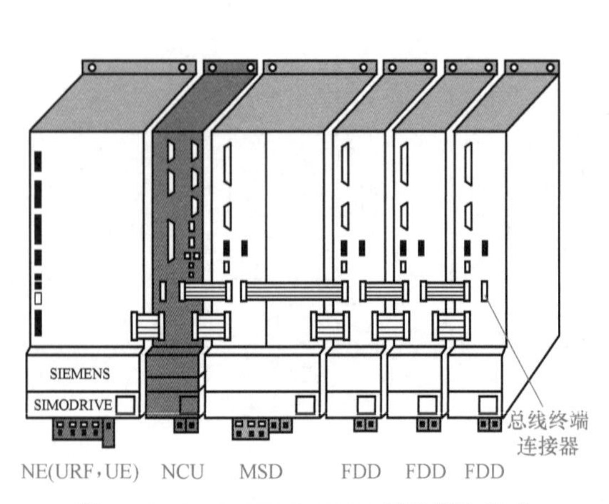

图 1-75　SINUMERIK 840D 系统模块组成

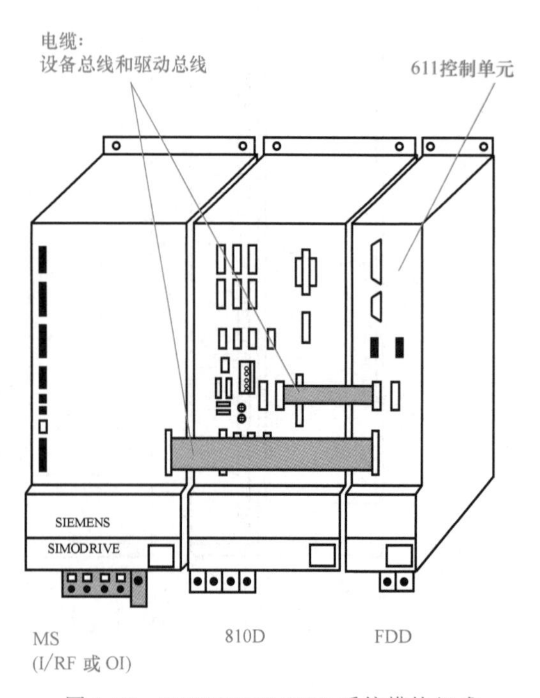

图 1-76　SINUMERIK 810D 系统模块组成

1）根据各自的接口要求，先将数控与驱动单元、MMC、PLC 三部分分别连接正确，这里面应注意：

① 电源模块 X161 中 9、112、48 的连接；驱动总线和设备总线；最右边模块的终端电阻（数控与驱动单元）。

② MMC 及 MCP 的+24V 电源一定要注意极性（MMC）。

③ PLC 模块注意电源线的连接，同时注意 SM 的连接。

2）将该硬件的三大部分互相连接，连接时应注意：

① MPI 和 OPI 总线接线一定要正确。

② CCU 或 NCU 与 S7 的 IM 模块连线。

图 1-77 所示为典型 SINUMERIK 840D 系统的连接，图 1-78 所示为典型 SINUMERIK

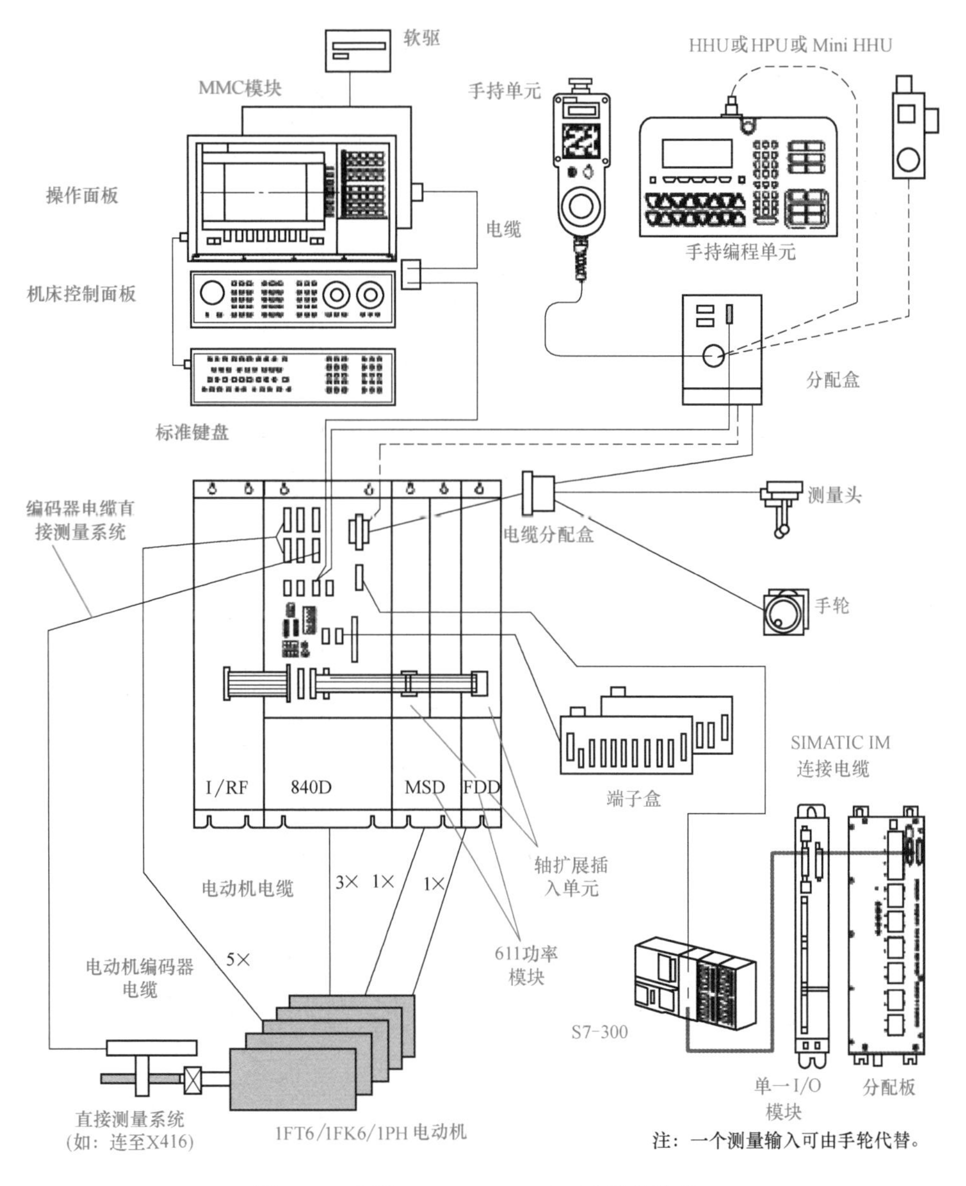

图 1-77 典型 SINUMERIK 840D 系统的连接

810D 系统的连接。在进行系统连接时可以参考使用。

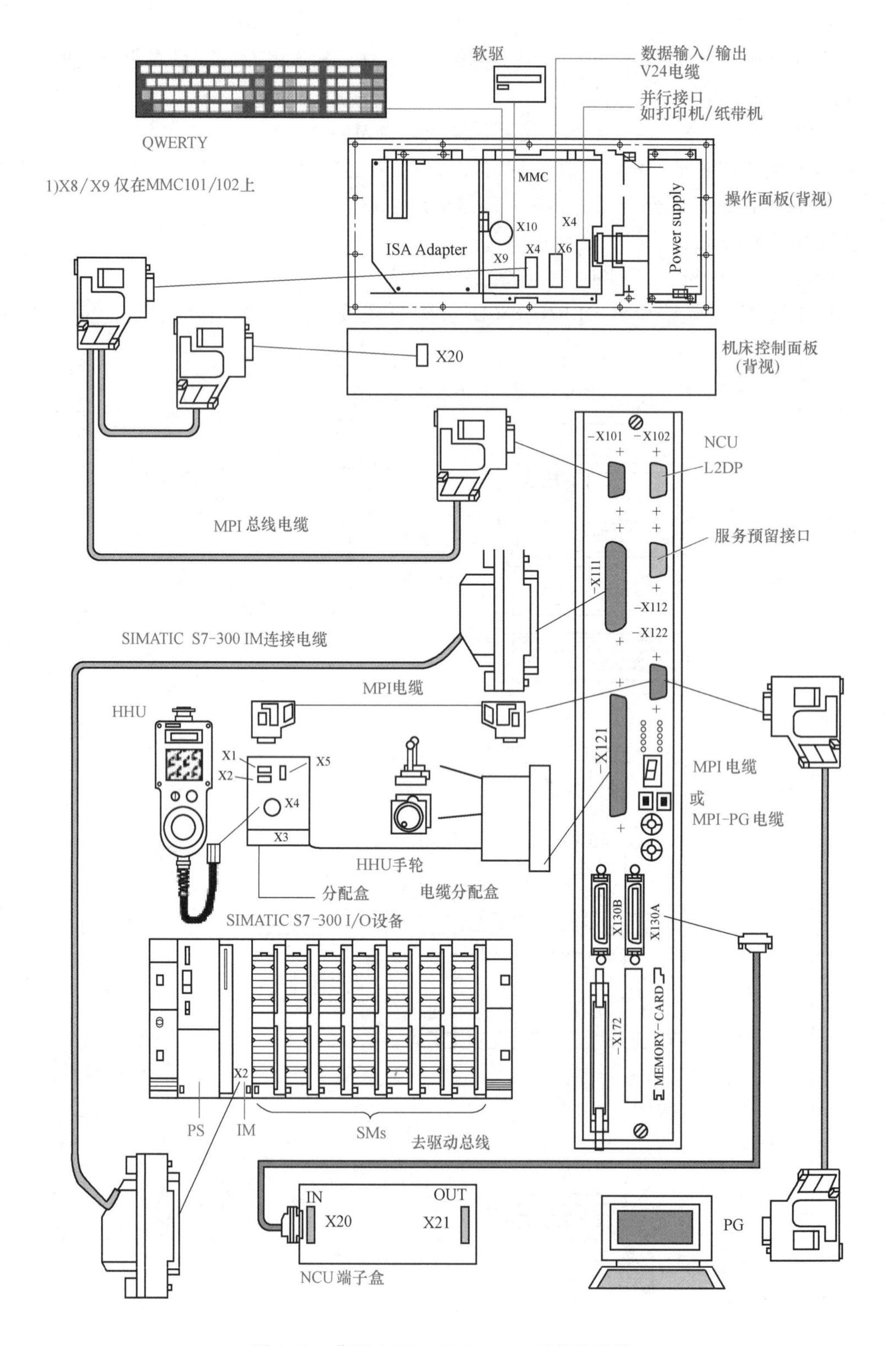

图 1-78 典型 SINUMERIK 810D 系统的连接

1.7 实训一 熟悉数控系统硬件及接口

1.7.1 实训内容

1）840D/810D 数控系统各部件的正确连接。

2）840D/810D 数控系统的电气控制原理。

1.7.2 实训步骤

1）840D/810D 数控系统各部件的认识：按照提示，逐步找出数控系统的各个部件，并对其相应功能进行简单的描述，并填入表 1-22。

表 1-22 主要功能部件

名称	型号	功能描述
数控系统		
进给伺服电动机		
主轴进给电动机		
伺服驱动器		
断路器		
接触器		
继电器		
变压器		
直流稳压电源		
工作台		
电动刀架		
光栅尺		

2）熟悉 SIMODRIVE 611D 驱动模块各个接口的作用，并熟悉其连接电缆。

1.8 实训二 伺服单元使能控制

1.8.1 实训内容

1）使用 611D 驱动单元，根据原理正确处理 NC 及伺服各级使能信号及相关控制信号。

2）在系统上编一加工程序，并启动 NC 程序，拔插控制各使能的继电器线圈，观察其对程序执行情况的影响。

1.8.2 实训步骤

1. 各级使能信号启动时序及与故障指示灯的关系

1）起动机床，观察 Q44.0、Q44.1、Q44.2 的接通顺序以及电源模块指示灯 L3、L4 的变化。

2）按 菜单选择 键，选择［诊断］→［服务显示］→［驱动调整］菜单，记录此时直流母线电压，拔下继电器 KA2 的线圈，观察指示灯 L4 的状态和直流母线电压的变化。

3）拔下继电器 KA3 或 KA4 的线圈，观察指示灯 L3 的状态。

4）断开电源模块上 X141 中 NS1 与 NS2 的短接片，观察指示灯状态。

2. 各级使能对机床运行的影响

1）操作机床回参考点，将工作方式切换至 MDA 方式，在程序菜单内编一试验程序，例如：

G1 X50 Z50 F100 M3 S300

M02

2）按 NC 程序启动键执行该程序，分别断开 KA2、KA3、KA4、T663 与 T9，观察各动作与结果。

1.8.3 思考题

1）请说明端子 T48、T63、T64 之间的时序关系。

2）SIMODRIVE 611D 电源模块的母线直流电压是多少？断电后一般要经过多长时间才能到达安全电压？

1.9 实训三 功率模块的故障检测方法

1.9.1 实训内容

1）掌握功率模块的电阻测量方法。

2）掌握功率模块续流二极管的导通测量方法。

3）掌握功率模块晶体管 IGBT 的阻断能力测量方法。

1.9.2 实训步骤

功率单元内部由半导体熔断器、续流二极管、IGBT 晶体管组成，如图 1-79 所示。一旦功率单元、电缆或伺服电动机出现故障，半导体熔断器则把功率单元与直流母线隔离开来，防止故障的进一步扩大，半导体熔断器仅起到隔离的作用。

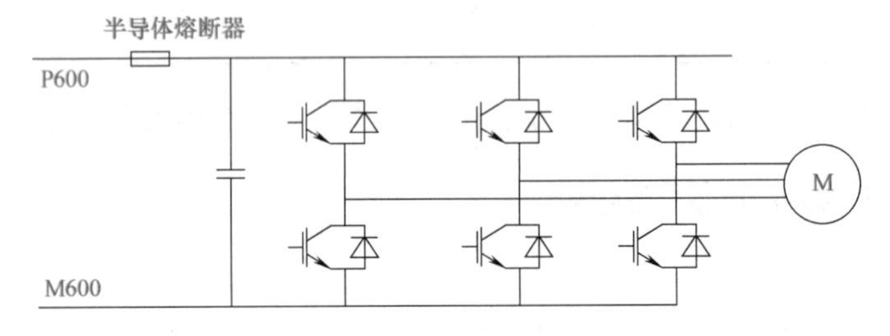

图 1-79 功率模块的内部原理

1. 电阻测量方法

由于功率模块主要部件是大功率管，可用万用表大致检测功率管的好坏：万用表打到电阻挡，用万用表的正表笔接到功率模块的直流电压输入端子 P600 上，负表笔接到功率管的三相电源输出 U2、V2、W2 上，此时电阻应为无穷大，如图 1-80 所示；交换万用表的两个表笔，电阻应很小。把万用表的一个表笔接到 M600 上，重复以上过程，结果应该和上面的正好相反。并将测量值填入表 1-23 中。

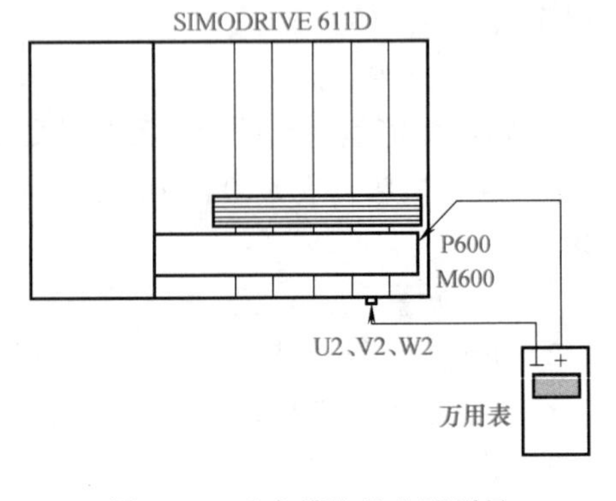

图 1-80 功率模块的电阻测量

表 1-23 电阻测量结果

万用表正端	P600	P600	P600	U2	V2	W2
万用表负端	U2	V2	W2	P600	P600	P600
测量值						
万用表正端	M 600	M 600	M 600	U2	V2	W2
万用表负端	U2	V2	W2	M 600	M 600	M 600
测量值						

2. 熔断器和续流二极管的导通测量方法

为了测试续流二极管是否导通，用万用表置于二极管的测试位置，按照如下设置，将测试结果填入表 1-24 中。

1）检查电动机三相 U2、V2、W2（正表笔）与 P600（负表笔）之间是否导通。

2）检查 M600（正表笔）与电动机三相 U2、V2、W2（负表笔）之间是否导通。

如果有不导通的情况，说明功率板有故障，必须更换。

表 1-24 导通测量结果

万用表正端	U2	V2	W2	M600	M600	M600
万用表负端	P600	P600	P600	U2	V2	W2
导通与否						

3. 晶体管/续流二极管 (IGBT)的阻断能力测量方法

使用万用表置于二极管的测试位置，将测试结果填入表 1-25 中。如果有导通的情况，说明功率板有故障，必须更换。

表 1-25 阻断能力测试结果

万用表正端	U2	V2	W2	P600	P600	P600
万用表负端	M600	M600	M600	U2	V2	W2
导通与否						

第2章 电动机与测量系统

SIMODRIVE 611D 驱动系统可连接进给电动机和主轴电动机。进给电动机是永磁同步电动机，采用了最新的磁体技术，比传统的三相电动机有更高的效率，内部的热敏电阻 KTY84 可以保护 DURINGIT-2000 绝缘绕组。常见的西门子进给电动机有 1FK7、1FK6、1FT6 系列交流稀土永磁同步进给电动机。主轴电动机有四极笼型异步电动机，1PH7 系列主轴电动机最为常用。另外，直线电动机、力矩电动机也得到了越来越广泛的应用。在西门子 SIMODRIVE 611D 驱动系统中使用最多的测量部件为光电编码器和光栅。

2.1 电动机的工作制

电动机的工作制表明电动机在不同负载下的允许循环时间和对电动机承受负载情况的说明，包括起动、电制动、空载、断能停转以及这些阶段的持续时间和先后顺序，可分为 S1～S10 共 10 类：

1）S1——连续工作制：在恒定负载下的运行时间足以达到热稳定。

2）S2——短时工作制：在恒定负载下按给定的时间运行，该时间不足以达到热稳定，随之即断能停转足够时间，使电动机再度冷却到与冷却介质温度之差在 2K 以内。

3）S3——断续周期工作制：按一系列相同的工作周期运行，每一周期包括一段恒定负载运行时间和一段断能停转时间。这种工作制中每一周期的起动电流不致对温升产生显著影响。

4）S4——包括起动的断续周期工作制：按一系列相同的工作周期运行，每一周期包括一段对温升有显著影响的起动时间、一段恒定负载运行时间和一段断能停转时间。

5）S5——包括电制动的断续周期工作制：按一系列相同的工作周期运行，每一周期包括一段起动时间、一段恒定负载运行时间、一段快速电制动时间和一段断能停转时间。

6）S6——连续周期工作制：按一系列相同的工作周期运行，每一周期包括一段恒定负载运行时间和一段空载运行时间，无断能停转时间。

7）S7——包括电制动的连续周期工作制：按一系列相同的工作周期运行，每一周期包括一段起动时间、一段恒定负载运行时间和一段快速电制动时间，无断能停转时间。

8）S8——包括变速变负载的连续周期工作制：按一系列相同的工作周期运行，每一周期包括一段在预定转速下恒定负载运行时间和一段或几段在不同转速下的其他恒定负载的运行时间，无断能停转时间。

9）S9——负载和转速非周期性变化工作制：负载和转速在允许的范围内变化的非周期工作制。这种工作制包括经常过载，其值可远远超过基准负载。

10）S10——离散恒定负载工作制：包括不少于 4 种离散负载值（或等效负载）的工作制，每一种负载的运行时间应足以使电动机达到热稳定，在一个工作周期中的最小负载值可为零。

工作制类型除用 S1～S10 相应的代号作为标志外，还应符合下列规定：

对 S2 工作制，应在代号 S2 后加工作时限。如 S2 60min，通常持续时间有 10min、30min、60min 和 90min。

对 S3 和 S6 工作制，应在代号后加负载持续率。如 S3 25%、S6 40%，通常负载持续率为 15%、25%、40%、60%，每一周期为 10min。

对 S4 和 S5 工作制，应在代号后加负载持续率、电动机的转动惯量和负载的转动惯量，转动惯量均为归算至电动机轴上的数值。

对 S7 工作制，应在代号后加电动机的转动惯量和负载的转动惯量，转动惯量均为归算到电动机轴上的数值。

对 S10 工作制，应在代号后标以相应负载及其持续时间的标称值。

2.2 进给伺服电动机的特性及选型

伺服电动机是数控机床驱动坐标轴运动的执行部件。伺服电动机不仅具有恒定输出转矩的特性，即在额定转速范围内可输出恒定的转矩，而且还具有非常强的过载能力。在机床选配伺服电动机时，要根据机床的设计性能指标，如进给轴的最高速度、加速度、主轴的功率和调速范围以及机床实际应用条件，如切削的材料、加工工艺参数、使用的刀具等条件，来选择合适的伺服电动机。同时，需要考虑该电动机的过载能力和过载的条件以及机床传动系统的丝杠与伺服电动机转子的惯量匹配。如果伺服电动机选型不合理，可能导致伺服电动机长期运行在过载状态下，最终导致伺服电动机的损坏，或机床的加速特性不能达到设计指标的要求。伺服电动机选型的另一个主要依据是伺服电动机的工作制和定额。

2.2.1 进给伺服电动机的特性

进给伺服电动机是机床轴位置改变的驱动部件，其主要参数包括额定转矩、额定转速、转动惯量、径向受力及过载能力等。在图 2-1 中描述了某型号进给伺服电动机的基本特性。可以看出，在额定转速范围内，进给伺服电动机可以输出基本恒定的转矩。另外，进给伺服电动机具有很强的过载能力。在 S3 25%的工作条件下，过载能力几乎达到 300%。但是过载运行的时间是有限制的，就是说所有伺服电动机的过载都是短时的。具体的过载时间范围，由伺服电动机的制造厂商根据电动机的工作制提供。图 2-1 只是某进给伺服电动机特性的实例。在实际选择伺服电动机时，有关过载的时间参数，应以所选用的伺服电动机的技术指标为准。

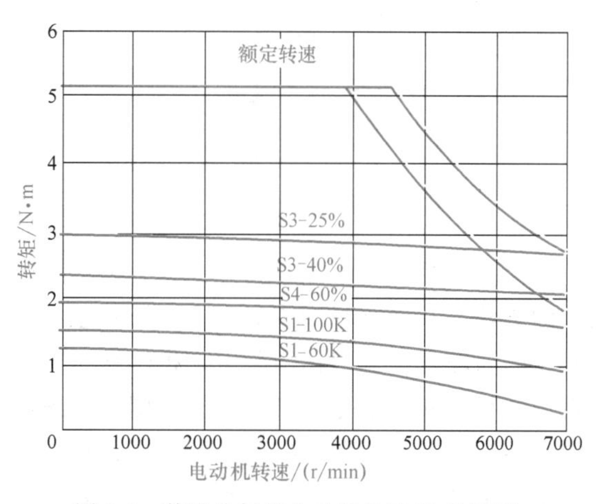

图 2-1 某进给伺服电动机的速度-转矩图

1. 惯量匹配

在机床的机械设计完成后，需要根据各个坐标传动系统的机械数据以及该轴的设计指标来选择合适的伺服电动机。由于伺服电动机是在其恒转矩范围内工作，因此首先应按照各个坐标传动系统所需要的转矩选择伺服电动机。每个坐标轴需要的转矩与工作台的质量、导轨的摩擦因数以及丝杠的惯量等参数相关，并且还要考虑切削时需要的动力。在某些应用场合，根据上述条件选出的伺服电动机并不一定能够满足机床的性能指标。如用于模具加工的机床，不仅需要伺服电动机能够产生足够的转矩驱动机床的坐标轴，而且还需要机床的各个坐标轴具有非常高的加速特性。这时只考虑伺服电动机的转矩是不够的，还需要考虑伺服电动机转子与滚珠丝杠的惯量匹配问题以及电动机丝杠的连接方式。伺服电动机与丝杠的惯量是否匹配，将直接影响该坐标轴的加速度特性。如果电动机的惯量过小，尽管其转矩已经满足设计要求，但是机床坐标轴的加速度可能满足不了要求。如果丝杠和电动机转子不能做到惯量匹配，机床坐标轴的快速性就不能得到保证。对于用于模具加工的机床，就可能影响工件加工的尺寸精度和表面粗糙度。

一般情况下电动机惯量 J_1 与丝杠惯量 J_2 应满足以下关系：

$$J_1 \geqslant J_2/3$$

2. 伺服电动机的轴端受力

伺服电动机对其轴端的径向受力有严格的要求。在图 2-2 中描述了某型号伺服电动机对轴端径向受力的定义。图中，F 为作用在电动机轴的径向力；x 为径向力作用在轴向的距离；l 为轴长度。图 2-3 所示为该型号伺服电动机轴端径向受力的技术指标。可以看出，伺服电动机的工作速度越高，其轴端允许的径向受力越小。如果伺服电动机需要在 3000r/min 的速度下长时间运行，那么在机械设计上要考虑伺服电动机轴端与丝杠的连接方式对电动机轴端施加的径向力。如果超出伺服电动机允许的范围，伺服电动机轴承的使用寿命将缩短，而且可能导致伺服电动机的轴承损坏。

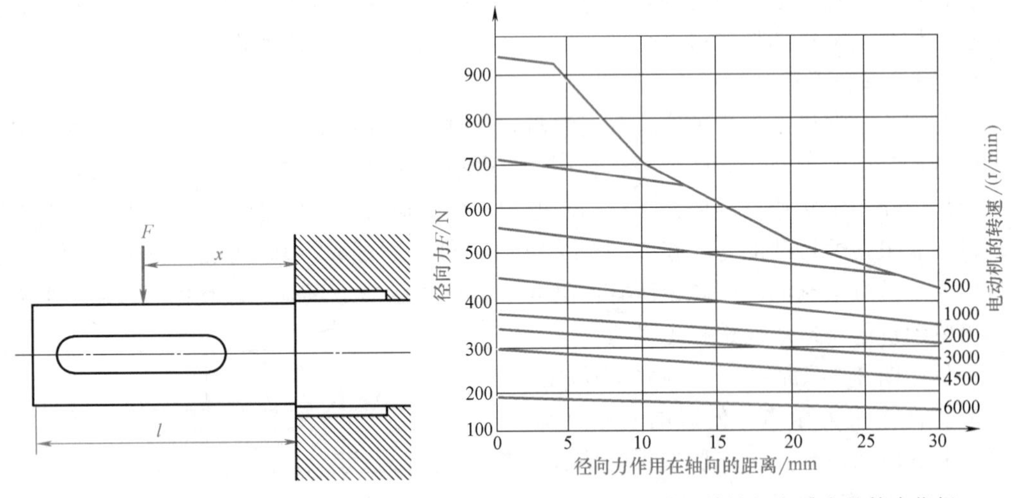

图 2-2 某伺服电动机轴端径向受力定义　　图 2-3 某伺服电动机轴端径向受力的技术指标

因此，在机床的设计和装配中，必须考虑伺服电动机轴端与丝杠连接时，作用在电动机轴端的悬臂力（或称径向力）。对于刚性直接连接方式，在装配上应严格保证丝杠与伺服电动机轴的同轴度，否则在伺服电动机转动时，会在电动机轴端产生周期性变化的悬臂力；如果在设计和装配上不能严格保证同轴度，可采用弹性联轴器；对于采用同步带连接方式，同步带的装配会产生不同的结果，同步带过松，伺服电动机轴端的径向力小，但影响机床坐标轴的定位精度和动态特性，同步带装配过紧，伺服电动机轴端的径向力过大，当伺服电动机长期在高速状态运行时，会影响伺服电动机的轴承寿命。

3. 伺服电动机的过载能力

众所周知，伺服电动机具有很强的过载能力，有些甚至可达 300%的过载，但是伺服电动机的过载是有条件的，这个条件就是过载的时间限制。驱动器对于允许的过载输出电流及过载的时间都有严格的限制。假如在应用过程中驱动器出现了电流超限报警，表明实际的电流已经超过了设定的过载极限和设定的过载时间。要想排除报警，就必须查明过载的原因。在没有任何根据的情况下，为了消除报警而放大过载极限和过载时间的做法都是错误的，结果可能导致伺服电动机或驱动器的损坏。因此在数控机床的设计时，应根据机床的设计指标选择匹配的伺服电动机，以避免伺服系统长期处于过载状态运行。

2.2.2 西门子常用进给伺服电动机选型

611D 驱动系统可配置的交流进给伺服电动机有很多种，常用的电动机有 1FK 系列和 1FT 系列。

1. 1FK6 进给伺服电动机

这种电动机运行时无需进行外部冷却，热量可以通过电动机表面散掉。定子绕组和定子铁心产生的热量，可以直接通过电动机壳散发出去。1FK6 为无刷永磁同步电动机，配备内置式光电编码器，其额定转速为 2000～6000r/min，起动转矩为 1.1～36N·m。图 2-4 所示为 1FK6 实物图。

图 2-4 1FK6 实物图

1FK6 电动机的订货号中包含有电动机类型、轴中心高、额定速度、冷却方式、所带编码器以及电缆连接的方式，如图 2-5 所示。

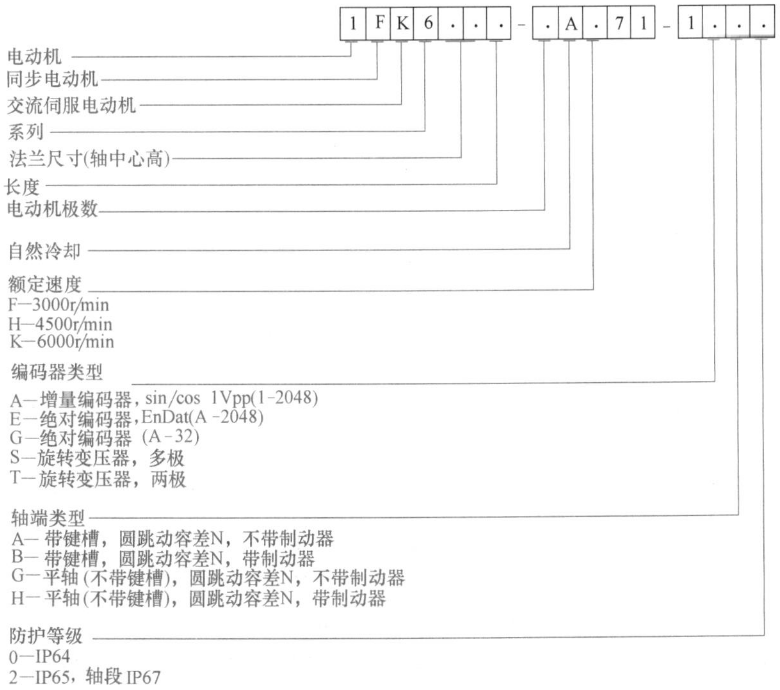

1 F K 6 . . . - . A . 7 1 - 1 . . .

电动机
同步电动机
交流伺服电动机
系列
法兰尺寸(轴中心高)
长度
电动机极数
自然冷却
额定速度
F—3000r/min
H—4500r/min
K—6000r/min
编码器类型
A—增量编码器，sin/cos 1Vpp(1-2048)
E—绝对编码器，EnDat(A-2048)
G—绝对编码器 (A-32)
S—旋转变压器，多极
T—旋转变压器，两极
轴端类型
A—带键槽，圆跳动容差N，不带制动器
B—带键槽，圆跳动容差N，带制动器
G—平轴(不带键槽)，圆跳动容差N，不带制动器
H—平轴(不带键槽)，圆跳动容差N，带制动器
防护等级
0—IP64
2—IP65，轴段 IP67

图 2-5 1FK6 电动机的订货号

1FK6 电动机有三相电源电缆以及测量接口其定义，如图 2-6 所示。了解这些接口的定义后，对于电动机维修及故障诊断是必要的。

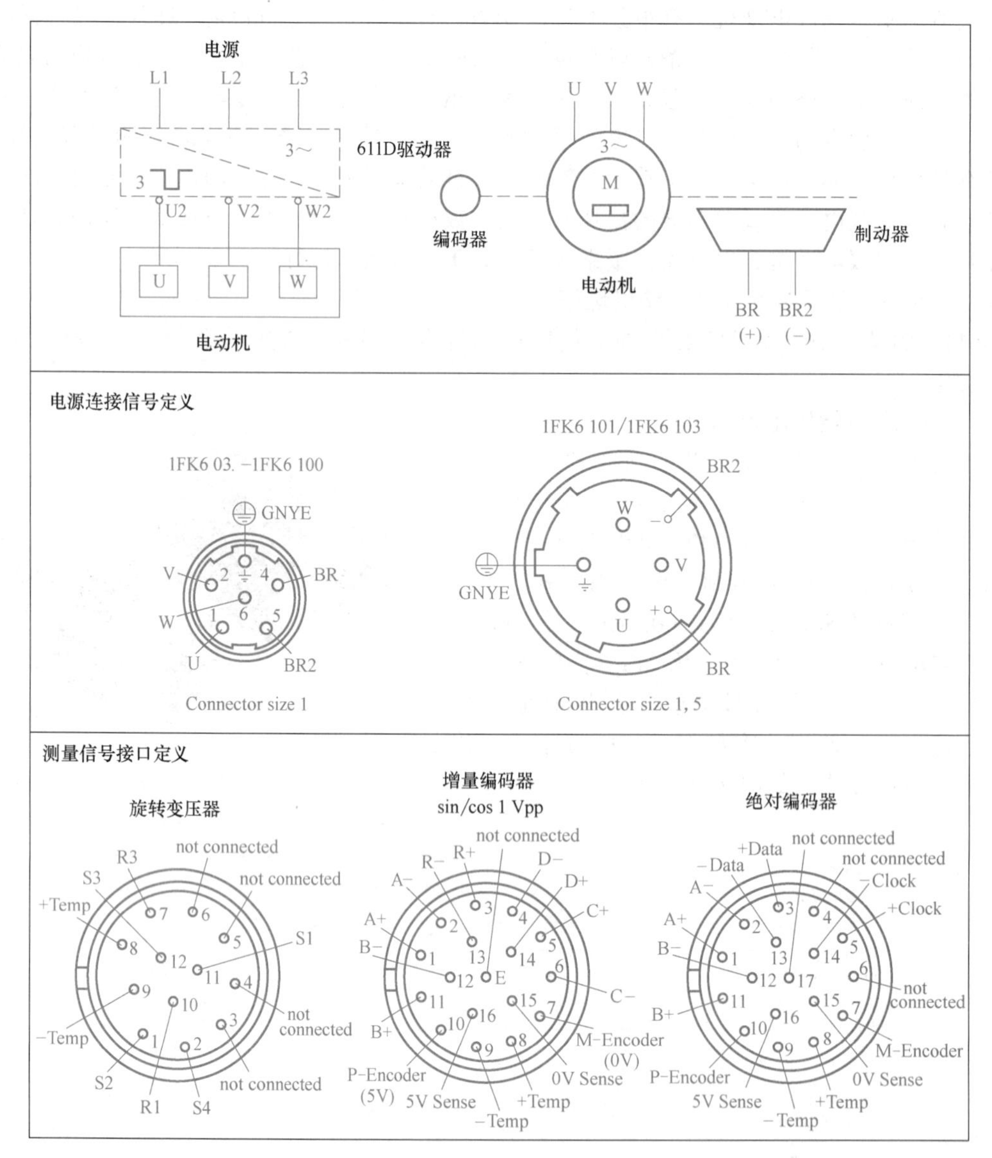

图 2-6　1FK6 电动机电源及测量接口的定义

2. 1FK7 进给伺服电动机

1FK7 电动机是高紧凑恒定磁场的同步电动机，额定转速为 3000～6000r/min，它是在 1FK6 电动机基础上开发的系列。1FK7 电动机与 611A/U 驱动系统配套使用，通过内置增量式和绝对式编码器，也可以和 611D 驱动系统一起使用。1FK7 HD 是高动态型进给电动机，具有较高的加速能力和较低的固有转动惯量，起动转矩为 1.1～22N · m。1FK7 CT 是紧凑型进给电动机，体积小、便于安装，起动转矩可达 36N · m。

图 2-7 所示为 1FK7 实物图；图 2-8 所示为其订货号；图 2-9 所示为 1FK7 电动机电源及测量接口的定义。

图 2-7　1FK7 实物图

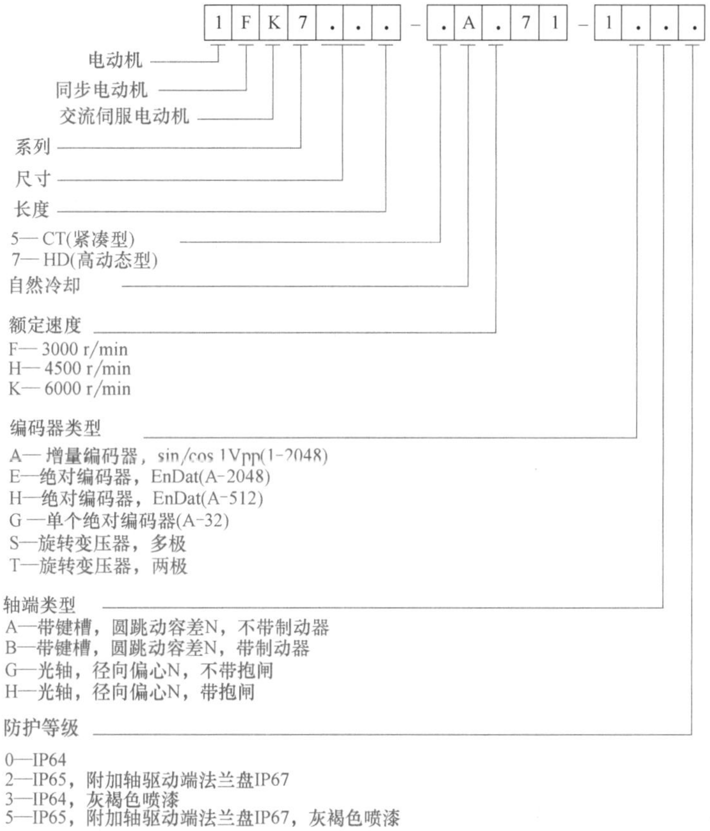

1 F K 7 . . . – . A . 7 1 – 1 . . .

电动机
同步电动机
交流伺服电动机
系列
尺寸
长度
5— CT(紧凑型)
7— HD(高动态型)
自然冷却
额定速度
F— 3000 r/min
H— 4500 r/min
K— 6000 r/min
编码器类型
A— 增量编码器，sin/cos 1Vpp(1-2048)
E—绝对编码器，EnDat(A-2048)
H—绝对编码器，EnDat(A-512)
G —单个绝对编码器(A-32)
S—旋转变压器，多极
T—旋转变压器，两极
轴端类型
A—带键槽，圆跳动容差N，不带制动器
B—带键槽，圆跳动容差N，带制动器
G—光轴，径向偏心N，不带抱闸
H—光轴，径向偏心N，带抱闸
防护等级
0—IP64
2—IP65，附加轴驱动端法兰盘IP67
3—IP64，灰褐色喷漆
5—IP65，附加轴驱动端法兰盘IP67，灰褐色喷漆

图 2-8　1FK7 电动机的订货号

3. 1FT6 进给伺服电动机

1FT6 进给伺服电动机是高紧凑型的永磁同步电动机。带集成式内置编码器的 1FT6 适用于 611D/U 驱动系统。带旋转变压器的 1FT6 适用于 611A/U 驱动系统。611D 与 1FT6 进给电动机内置的新型编码器配合，可以满足动态性能、速度范围、旋转和位置控制精度的较高要求，适用于高性能机床及对动态性能和精度有较高要求的生产机械。1FT6 进给电动机不需要外部冷却，定子绕组和定子铁心产生的热量直接通过热传导，把热量传递到外壳散掉。

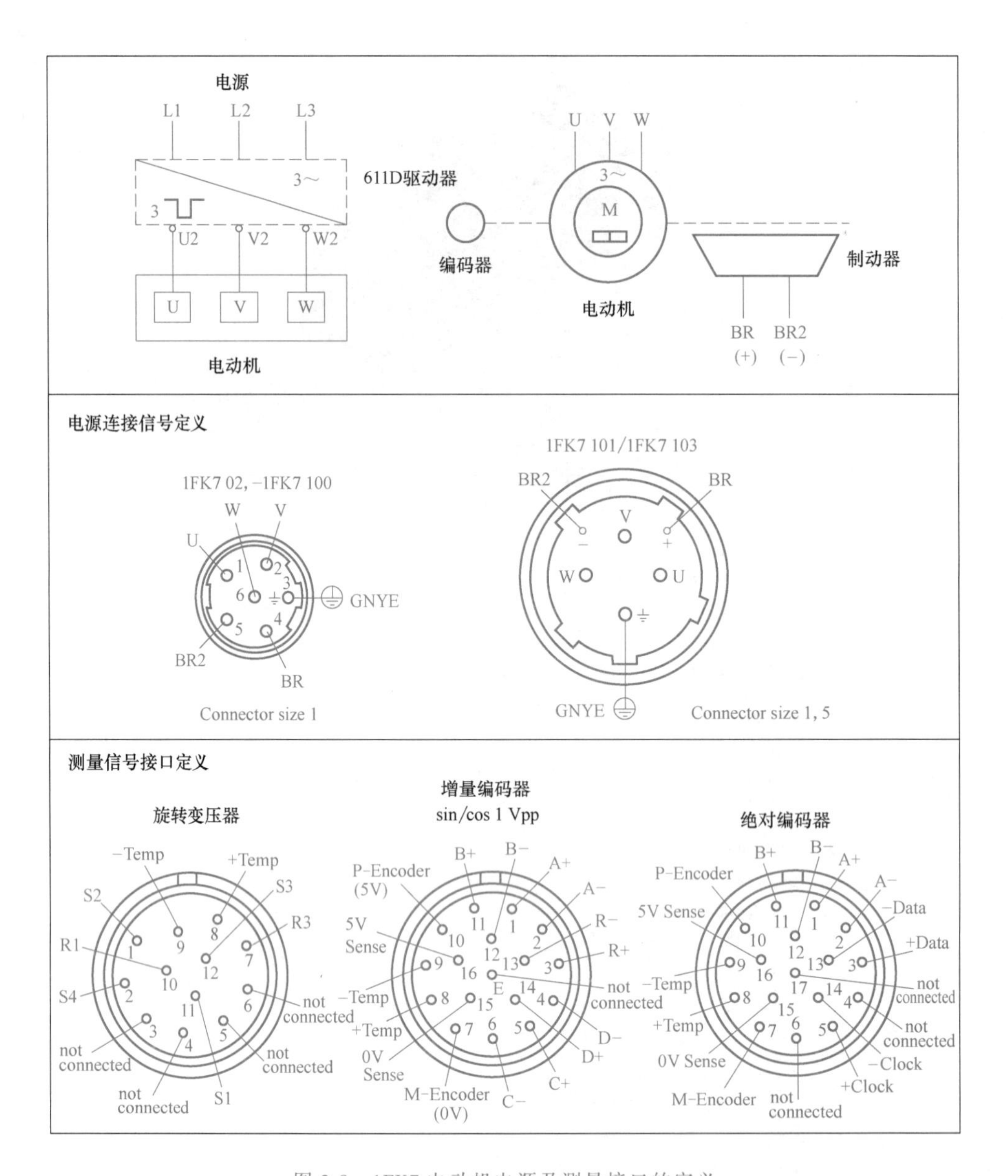

图 2-9　1FK7 电动机电源及测量接口的定义

图 2-10 所示为 1FT6 实物图；图 2-11 所示为 1FT6 电动机电源及测量接口的定义；

图 2-10　1FT6 实物图

图 2-12 所示为标准型 1FT6 电动机的订货号。

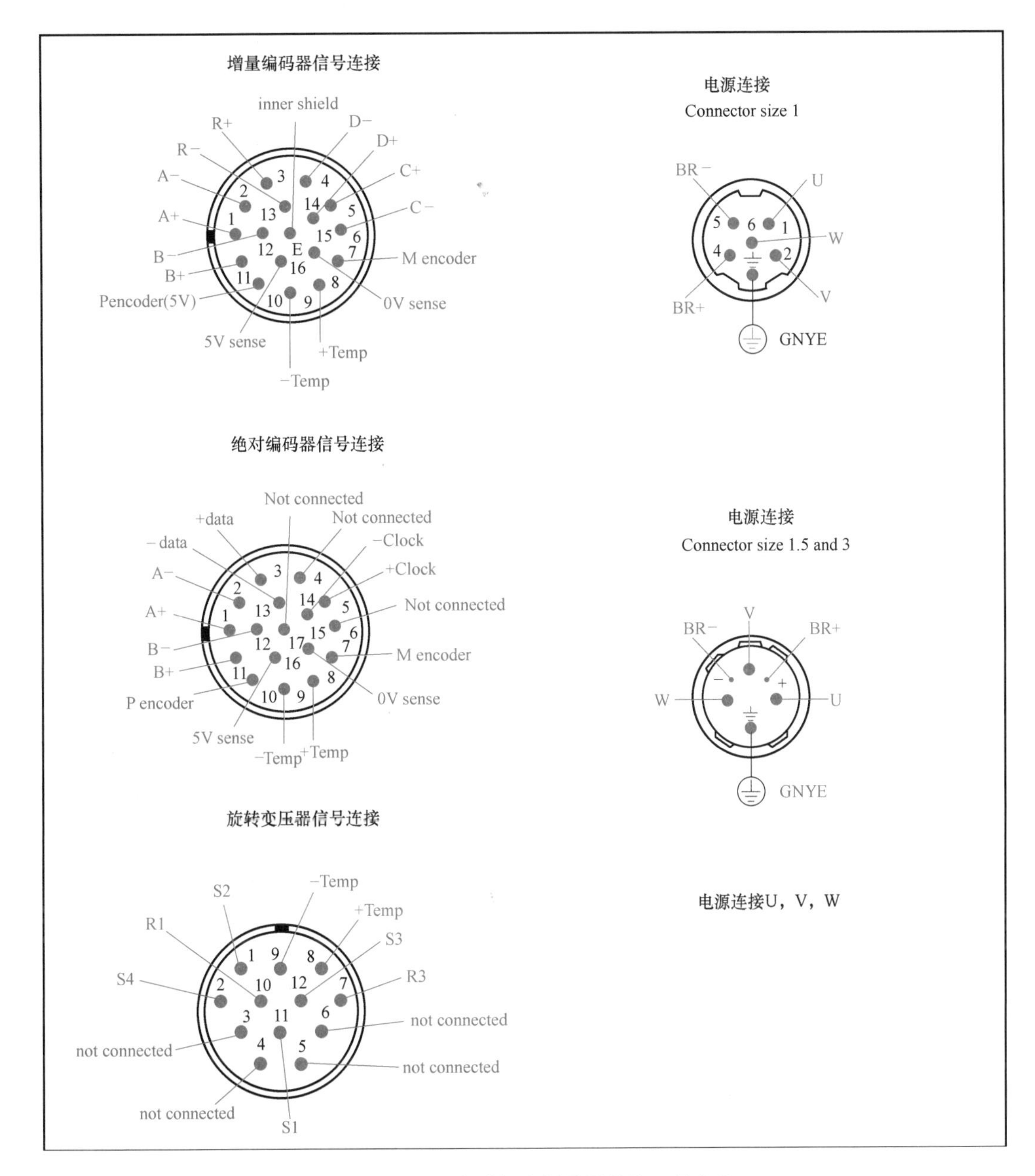

图 2-11　1FT6 电动机电源及测量接口的定义

4. 1FT7 进给伺服电动机

1FT7 电动机是一种结构紧凑的永磁同步电动机。基于有效的横截面图可快速简便地对电动机进行安装。1FT7 电动机满足了对动态、转速调整范围、径向圆跳动和定位精度的最高要求。它配备了最先进的编码器技术，十分适合应用于西门子公司的全数字式驱动控制系统。

在冷却方面，它可以分为自然冷却、强制风冷或水冷三种。自然冷却时热量通过设备表

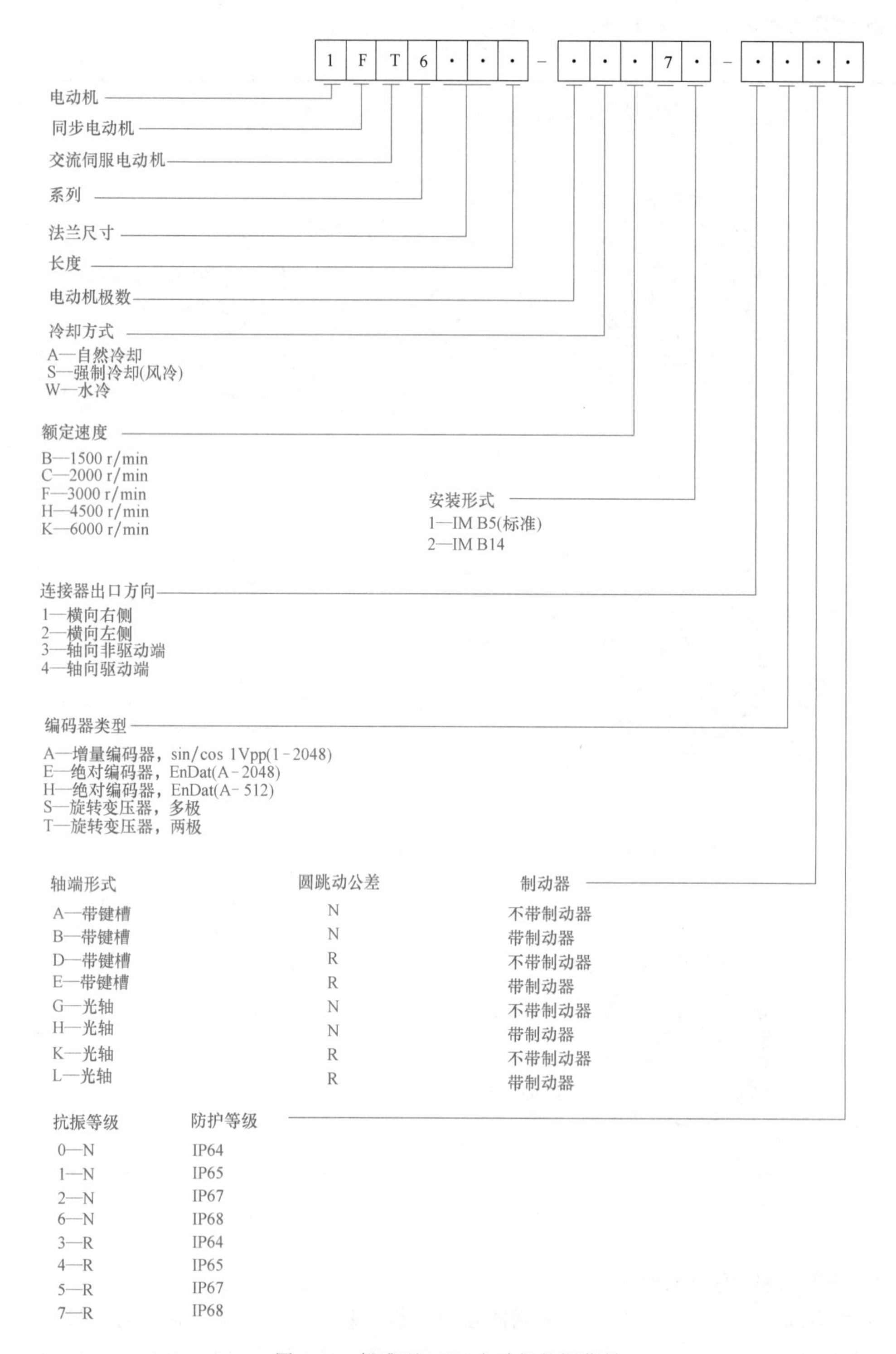

图 2-12 标准型 1FT6 电动机的订货号

面散发到周围空气中；强制风冷时所安装的风扇可提供连续的气流将热量强制排出；水冷的效果最佳，功率也最大。

图 2-13 所示为 1FT7 实物图；图 2-14 所示为 1FT7 电动机电源及测量接口的定义。图 2-15 所示为标准型 1FT7 电动机的订货号。

图 2-13　1FT7 实物图

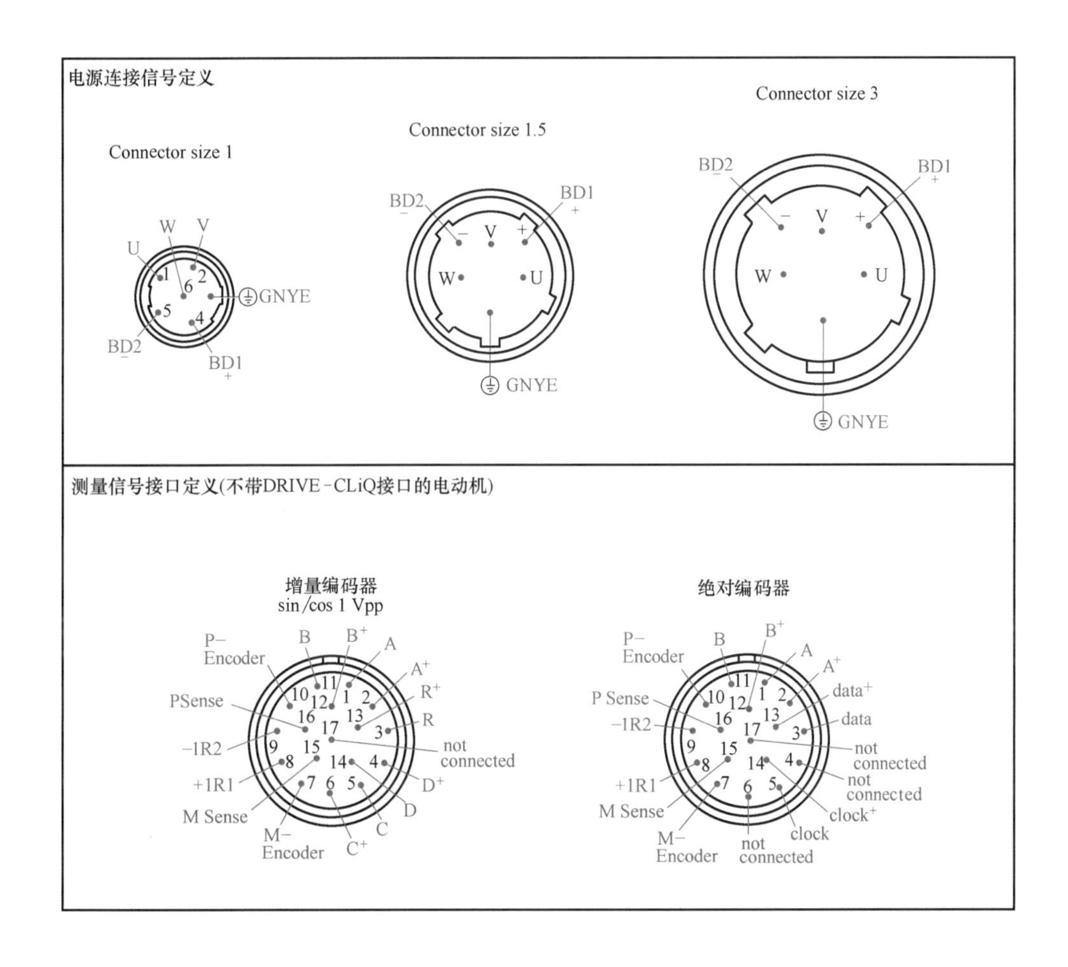

图 2-14　1FT7 电动机电源和测量接口的定义

5. 电动机铭牌说明

每个电动机都在其铭牌上标明了该电动机的型号、技术参数等各项信息，这些信息是用户选型和配置电动机的最基本资料，因此要求能够读懂。下面以 1FT7 电动机的铭牌（图 2-16）为例，进行详细的说明，见表 2-1。

订货号下标:	1	2	3	4	5	6	7		8	9	10	11	12		13	14	15	16
	1	F	T	7	■	■	■	–	5	■	■	7	■	–	■	■	■	■

项目	说明		代码
电动机类型:	核心型		1
	紧凑型		5
	高动态		7
冷却方式:	自然冷却		A
	强制风冷		S
	水冷		W
IMB5 构造形式:	法兰 0		0
	法兰 1（与 1FT6 兼容）		1
连接器出口方向:	电源插头尺寸 1,1.5：连接器可旋转 270°，电源插头尺寸：横向右侧		1
	横向左侧（仅适用于电源插头尺寸 3）		2
	轴向非驱动端（仅适用于电源插头尺寸 3）		3
	轴向驱动端（仅适用于电源插头尺寸 3）		4
端子盒 / 电缆入口（仅适用于 1FT71）	顶部 / 横向右侧		5
	顶部 / 横向左侧		6
	顶部 / 轴向非驱动端		7
	顶部 / 轴向驱动端		8
编码器系统，用于没有 DRIVE-CLIQ 接口的电动机:	增量编码器 sin/cos $1V_{pp}$，IC2048S/R		N
	绝对编码器 EnDat AM2048S/R		M
编码器系统，用于带 DRIVE-CLIQ 接口的电动机:	单圈绝对编码器，24Bit，AS24DQI		B
	多圈绝对编码器，单圈 24Bit，圈数 12Bit，AM24DQI		C
	多圈绝对编码器，单圈 20Bit，圈数 12Bit，AM20DQI		D
	单圈绝对编码器，20Bit，AS20DQI		F
轴端:	圆跳动公差:	抱闸:	
带有滑键和键槽	N	无	A
带有滑键和键槽	N	有	B
带有滑键和键槽	R	无	D
带有滑键和键槽	R	有	E
光轴	N	无	G
光轴	N	有	H
光轴	R	无	K
光轴	R	有	L
振动强度等级:	防护等级:		
等级 A	IP64		0
等级 A	IP65		1
等级 A	IP67（不适于强制风冷型）		2
等级 R	IP64		3
等级 R	IP65		4
等级 R	IP67（不适于强制风冷型）		5

图 2-15　标准型 1FT7 电动机的订货号

表 2-1　IFT7 电动机铭牌的说明

位置	说明/技术数据	位置	说明/技术数据
1	电动机型号:同步电动机	5	编码器型号标识
2	标识号、序列号	6	制动器数据:型号、电压、功率消耗
3	起动转矩 M_0[N · m]	7	适用于所有电气旋转机械的标准
4	额定转矩 M_N[N · m]	8	生产地

（续）

位置	说明/技术数据	位置	说明/技术数据
9	起动电流 I_0[A]	15	二维码
10	额定电流 I_N[A]	16	防护等级
11	额定转速下的反电动势 U_{IN}[V]	17	电动机质量 m[kg]
12	绝缘热分级	18	额定转速 n_N[r/min]
13	设计版本	19	最大转速 n_{max}[r/min]
14	标准和规定	20	西门子电动机型号/订货号

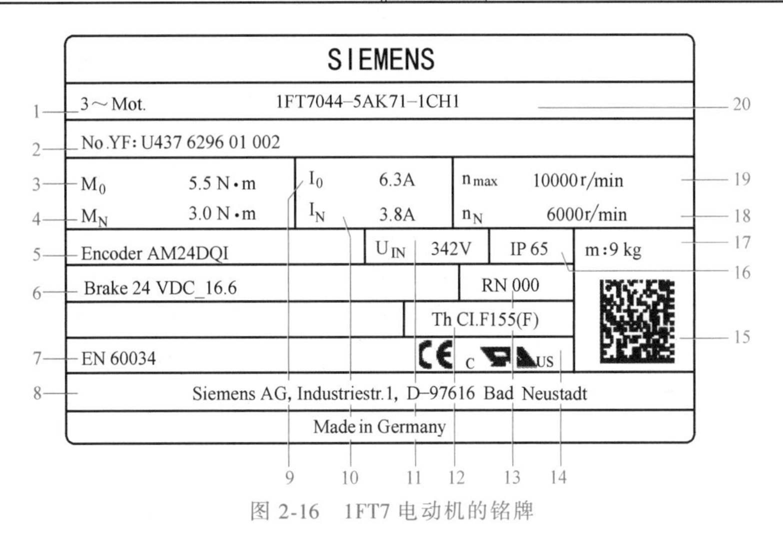

图 2-16　1FT7 电动机的铭牌

2.3　直线电动机的特性及选型

2.3.1　直线电动机的工作原理

直线电动机也称线性电动机、线性马达、直线马达、推杆马达等。直线电动机是一种将电能直接转换成直线运动机械能，而不需要任何中间转换机构的传动装置。它可以看成是一台旋转电动机按径向剖开，并展成平面而成。由定子演变而来的一侧称为初级，由转子演变而来的一侧称为次级，如图 2-17 所示。

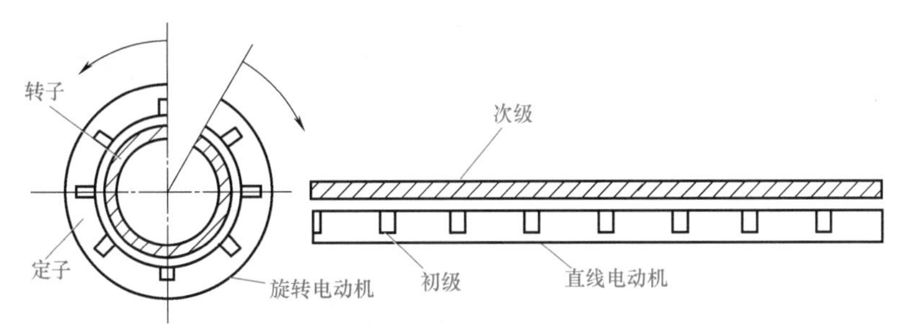

图 2-17　直线电动机的结构示意图

在实际应用时，将初级和次级制造成不同的长度，以保证在所需行程范围内初级与次级之间的耦合保持不变。直线电动机可以是短初级、长次级，也可以是长初级、短次级。考虑制造成本、运行费用，以直线感应电动机为例，当初级绕组通入交流电源时，便在气隙中产生行波磁场，次级在行波磁场的切割下，将感应出电动势并产生电流，该电流与气隙中的磁场相作用就产生电磁推力。如果初级固定，则次级在推力作用下做直线运动；反之，初级做直线运动。

直线电动机传动机构与旋转电动机传动机构相比，主要有如下几个特点：

1）结构简单。由于直线电动机不需要把旋转运动变成直线运动的附加装置，因而使得系统本身的结构大为简化，重量和体积大大地下降。

2）定位准确度高。在需要直线运动的地方，直线电动机可以实现直接传动，因而可消除中间环节所带来的各种定位误差，故定位准确度高。

3）反应速度快、灵敏度高、随动性好。直线电动机的初级和次级之间始终保持一定的空气气隙而不接触，这就消除了初级、次级间的接触摩擦阻力，因而大大地提高了系统的灵敏度、快速性和随动性。

4）工作安全可靠、寿命长。直线电动机便于无接触传递力，机械摩擦损耗几乎为零，所以故障少，免维修，因而工作安全可靠、寿命长。

5）速度高。直线电动机通过直接驱动负载的方式，可以实现从高速到低速等不同范围的高准确度位置定位控制。直线电动机的初级和次级之间无直接接触，初级和次级均为刚性部件，从而保证直线电动机运作的静音性以及整体机构核心运作部件的高刚性。

6）密封性好。直线电动机可在水中、腐蚀性气体、有毒有害气体、超高温和超低温等特殊环境中使用。

2.3.2 直线电动机的结构

西门子直线电动机主要包括 1FN1、1FN3 和 1FN6 系列。图 2-18 所示为西门子直线电动机实物图。其中，1FN1 系列直线电动机非常适用于较轻负荷均匀移动的场合；1FN3 系列直线电动机适用于对加速度特性要求较高的场合；1FN6 系列直线电动机由于具有没有磁力影响的次级部分轨道，因此适用于移动路径较长的高动态应用以及无需使用磁性次级部分的应用。

a) 1FN1系列直线电动机

b) 1FN3系列直线电动机

c) 1FN6系列直线电动机

图 2-18 西门子直线电动机实物图

以 1FN3 系列直线电动机为例，图 2-19 对其内部结构进行分解，图 2-20 则为 1FN3 系列直线电动机在机床上的安装方式。

直线电动机在运行过程中产生的热量，最终会导致电动机推力的降低，因此直线电动机的冷却系统是直线电动机正常运行的关键。直线电动机的冷却回路分为初级主冷却回路、精

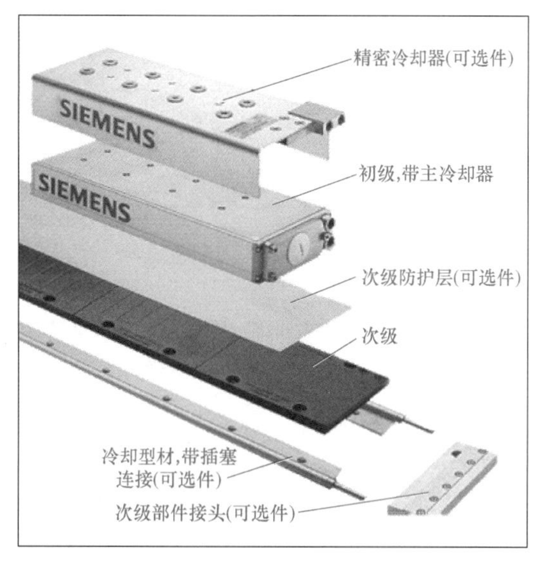

图 2-19 1FN3 系列直线电动机的内部结构

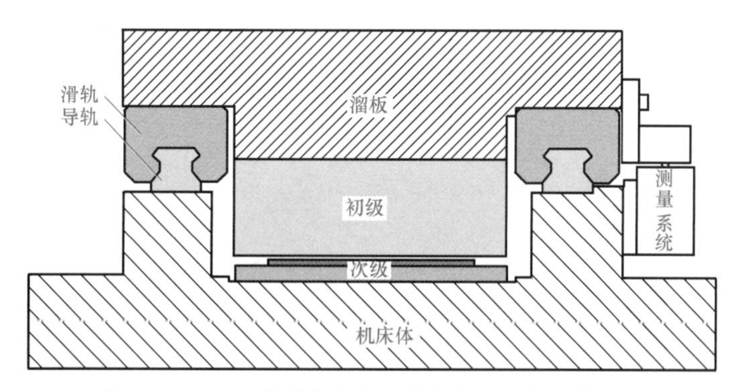

图 2-20 1FN3 系列直线电动机在机床上的安装方式

确冷却回路和次级冷却回路。直线电动机的冷却回路采用“三明治”式的冷却系统结构，保证电动机产生的热量不会传导到机床上。图 2-21 所示为直线电动机“三明治”式冷却系统的结构。

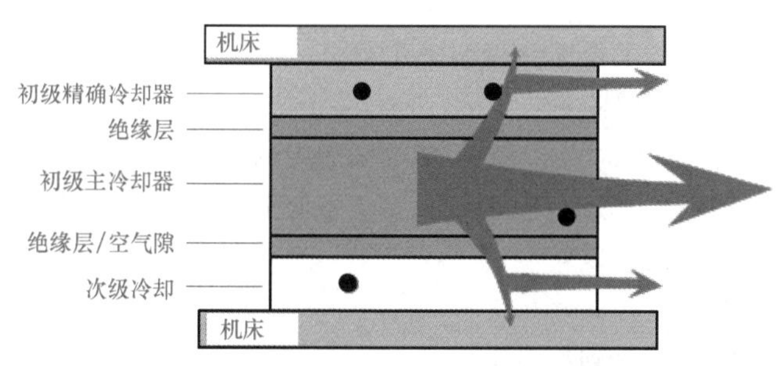

图 2-21 直线电动机“三明治”式冷却系统的结构

直线电动机的订货分为初级和次级两部分。图 2-22~图 2-25 所示分别为 1FN3、1FN6 系列直线电动机的订货号。

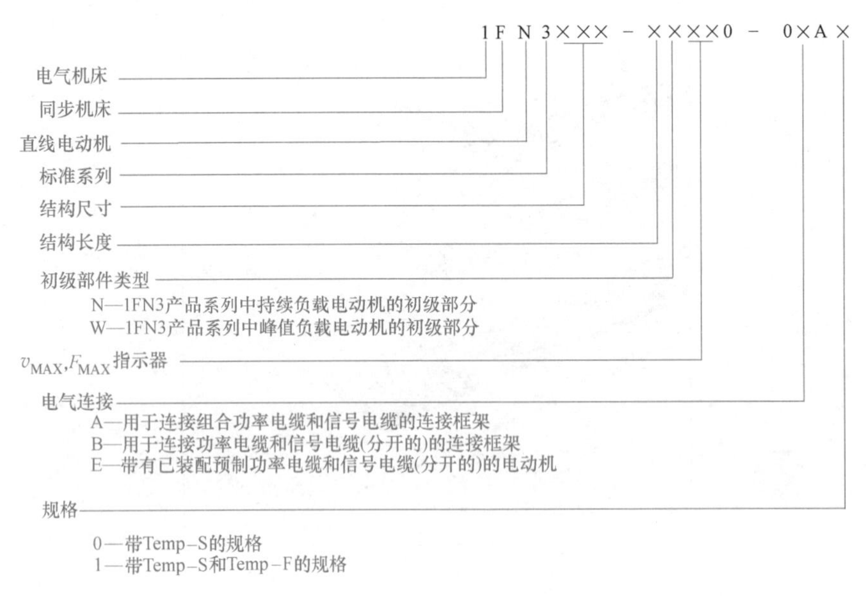

图 2-22　1FN3 初级的订货号

图 2-23　1FN3 次级的订货号

2.3.3　安装直线电动机的注意事项

由于直线电动机次级构芯的永磁体有一个强大的静态磁场和相当高的铁磁极力，因此装配过程中要求做到：

1）磁性材料距次级距离必须保证大于 100mm。

2）手表、磁性材料（磁卡、软盘等）要远离。

3）安装、维修、维护设备时要戴工作手套。

4）戴心脏起搏器的人员不得在此设备上工作。

5）不能将强磁体放在次级附近。

装配直线电动机时，为了应急，应最少准备两个高强度、非磁性材料制造的楔形物（如不锈钢扁铲），一把锤子（质量为 3kg），用于把吸到次级的零件分开。

6）装配前才能拆掉次级包装箱。

7）装配时至少有两人操作。

8）永远不能把初级直接放到次级上。

9）使用钢制工具时要握紧工具，从侧面接近次级。

10）次级装好后再做其他工作，要用厚度大于 20mm 的非金属材料（如木头）把次级盖好。

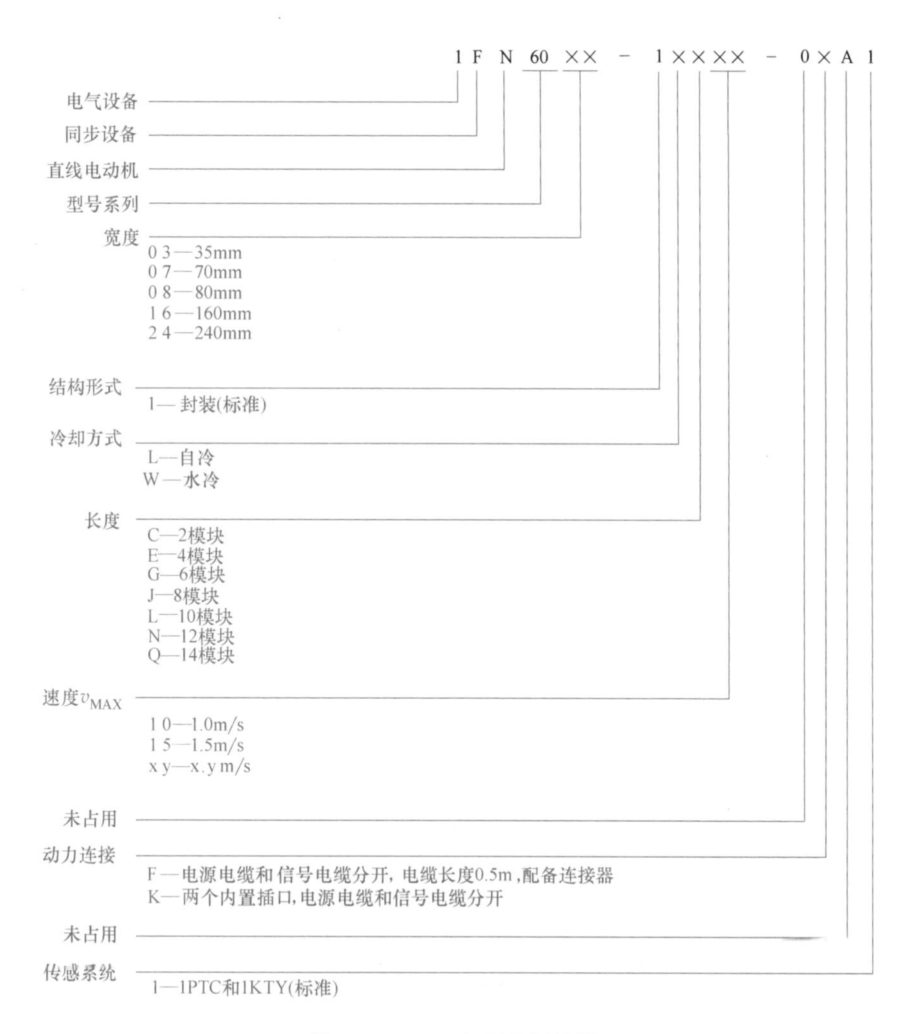

图 2-24 1FN6 初级的订货号

图 2-25 1FN6 次级的订货号

11）在直线导轨上装好初级和次级之后，要防止它们由于磁力作用在移动方向上移动。

12）安装时要使用专用工具和设备。

2.4 主轴电动机的特性及选型

2.4.1 主轴电动机的性能

1. 主轴电动机的特性

在描述主轴特性的参数中，有一个重要的参数——额定转速。图 2-26 所示为某型号主轴电动机的特性曲线。从特性曲线图中可以看出，当主轴的转速小于额定转速时，主轴工作在恒转矩区；当主轴的转速大于额定转速时，主轴工作在恒功率区。主轴的额定转速越低，表示主轴进入恒功率区的速度也越低。

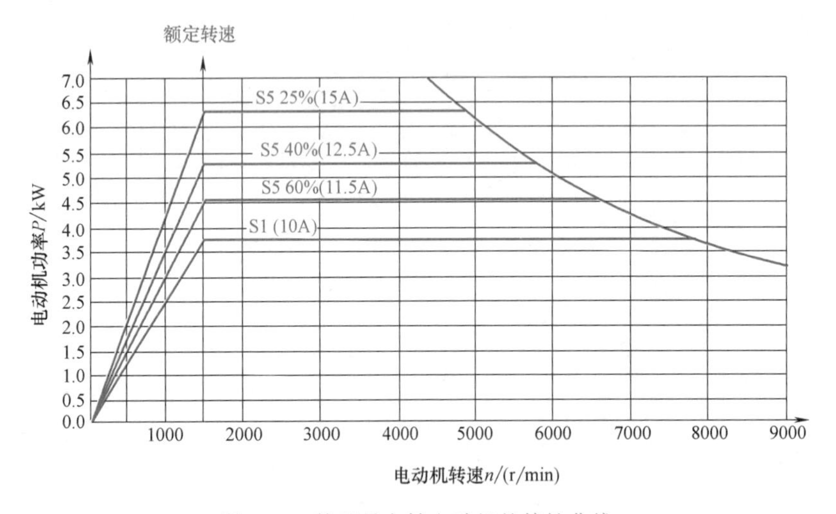

图 2-26　某型号主轴电动机的特性曲线

2. 主轴的工作点

在机床设计时，需要根据机床切削的指标定义机床的技术指标。其中主轴的输出功率和主轴的调速范围为关键的技术指标。比如主轴的输出功率为 3. 5kW，调速范围为 1500～8000r/min。

根据图 2-26 所示的主轴电动机的特性曲线可以看出，主轴与主轴电动机之间采用传动比为 1∶1 的直连方式，即可实现上述技术指标。虽然主轴电动机的速度可以在零速到标定的最高速度之间连续变化，但在额定输出功率下的调速范围为额定转速到最大转速。当主轴在低于额定转速下工作时，主轴的输出功率不能达到主轴电动机的额定功率。即使在低于额定转速的工作区主轴电动机可以在过载状态运行，输出更高的功率，甚至输出功率可高于额定功率，但在过载的状态下主轴是不能长时间工作的。

因此，在数控机床的设计阶段，必须明确主轴的输出功率和调速范围等技术指标，否则，用户在切削时可能出现由于主轴输出功率不够造成主轴“闷车”而不能完成用户加工程序中所要求的切削用量。以主轴与主轴电动机 1∶1 直连的机床为例，如果加工工艺要求主轴需要在 500r/min 时进行切削，根据主轴电动机的特性曲线，此时主轴的实际输出功率只有额定功率的 1/3。如果用户需要机床的主轴在 500r/min 下能够产生 3. 5kW 的功率输出，根据该主轴电动机的特性曲线，可确定在该转速下主轴电动机不能产生所需要的功率。这时就需要考虑更改机床的设计。方案之一是主轴机械结构不变，主轴与主轴电动机之间仍然采用传动比为 1∶1 的直连方式，而选择另一型号的主轴电动机，使其在 500r/min 下可以产生不小于 3.5kW 的输出功率。解决方案之二是改变主轴的机械结构，增加主轴减速机构，如采用传动比为 3∶1 的减速器，主轴电动机运转在 1500r/min 时就可以输出 3.5kW 的功率。但是减速器影响了主轴的最高速度。主轴电动机的最高转速为 9000r/min，增加传动比为 3∶1 的减速器后，主轴的最高转速只能达到 3000r/min。这时主轴的调速范围就变为 500～3000r/min。还有一种方案是采用主轴换挡机构，需要低速加工时采用 3∶1 挡，而需要高速加工时采取 1∶1 挡。这样不仅满足低速状态下可以产生足够的转矩，而且可以保证主轴的调速范围。

3. 过载能力

主轴电动机同样具有很强的过载能力。对于上面讨论的主轴工作点选择问题，有些错误的观点认为，在恒转矩区工作时，可通过主轴电动机的过载提高其输出功率。这种观点的错误之处是主轴不能长时间过载。伺服主轴所允许的过载只是短时的，特别是在主轴电流达到驱动器的最大设计电流时，所允许的驱动电流过载的时间就更短。

伺服主轴具有很强的过载能力。在使用过程中过载是允许的，但是过载时间是短暂的。在设计主轴性能指标时，一定要正确选择主轴的工作点。数控机床出厂时，应为用户提供主轴的功率特性，以指导用户正确地使用主轴。作为机床的使用者，也需要了解数控机床主轴的特性，以便在加工程序中正确地选择切削用量，保证主轴的输出功率得以充分利用。

4. 轴端受力

由于主轴轴承承载能力的限制，主轴电动机对于不同速度下作用在其轴端的悬臂力应有明确的要求。图 2-27 中的曲线描述了某型号主轴电动机在不同转速下所允许的最大悬臂力。如果施加在主轴电动机轴端的悬臂力大于允许值，必将影响主轴电动机轴承的使用寿命，甚至可能导致主轴电动机轴的断裂。因此，在主轴机械设计中要考虑主轴电动机的轴端悬臂

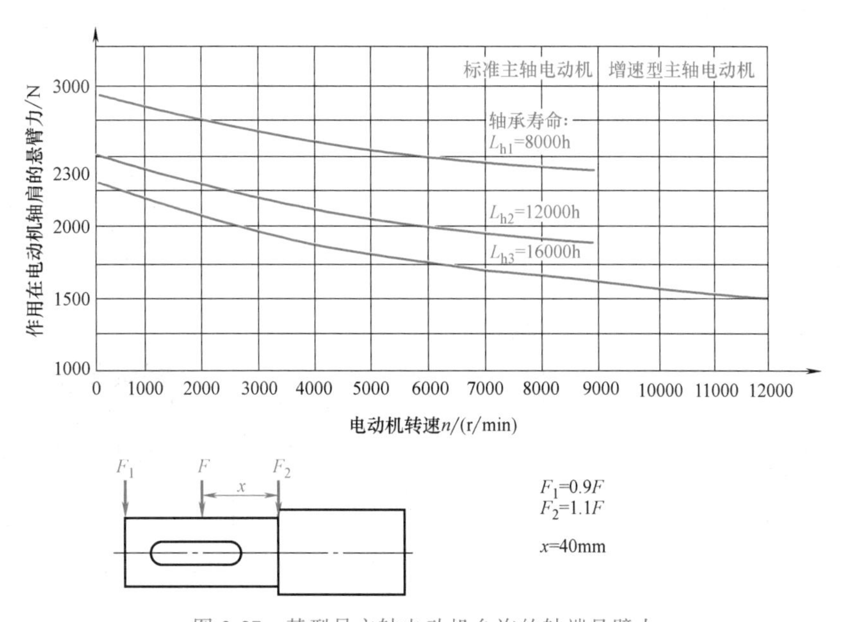

图 2-27　某型号主轴电动机允许的轴端悬臂力

力，并且在主轴电动机安装时，保证施加在主轴轴端的悬臂力不大于设计指标。如果某机床主轴的设计指标要求主轴电动机长期在高速下运行，则应考虑在采购主轴电动机时选用增速型主轴电动机。

5. 主轴总成的动平衡

主轴在高速加工时，如果其旋转部件不能做到动平衡，在高速旋转运动中就会产生振动，影响加工质量。主轴部件不平衡的原因来自其运动部件的机械结构、材料的不均匀性和加工及装配的不一致性。而对于主轴电动机来说，其不平衡的问题来自其轴的安装形式。带有光轴的主轴电动机，在出厂时已经进行了平衡的调整，可以达到动平衡；而带键轴的主轴电动机，在出厂前也进行了全键平衡和半键平衡的调整。也就是说，主轴电动机在出厂时已经具备了动平衡的特性。

当主轴电动机的轴与带轮连接在一起后，必须进行整体动平衡的调整，这样才能保证主轴电动机的轴在安装了带轮后仍然可以达到动平衡。如果主轴在高速运行时，如转速大于3000r/min 时，产生了高频的振动，其原因必然是动平衡的问题。动平衡的问题只能通过机械调整消除。

6. 惯量匹配

主轴电动机与主轴的惯量匹配影响主轴的加速特性。主轴的加速特性直接影响主轴的快速定向和高速攻螺纹加工等功能。如果主轴电动机通过减速器与主轴连接，在设计时也要考虑主轴电动机转子的惯量与负载（联轴器及减速器）之间的惯量匹配。

2.4.2 常规主轴与电主轴

主轴在结构上分为常规主轴和电主轴。常规主轴由刀具的装夹装置、轴承、冷却系统以及配套的主轴电动机、测量部件以及驱动部件等组成。而电主轴的特点是主轴电动机被集成到主轴的机械部件中，构成了一个整体结构的主轴系统。

用于电主轴的主轴电动机的供货商一般只提供主轴电动机的转子和定子，由机床制造厂根据自己主轴的机械结构将转子和定子以及松刀机构集成到主轴中，从而构成一个完整的电主轴。图 2-28 所示为常规主轴与电主轴示意图。

常规主轴
（电动机+外部驱动主轴）

带传动

气冷或液冷
齿轮箱
电动机
带轮
+
传动带
主轴
刀具释放机构
刀具夹紧

联轴器传动

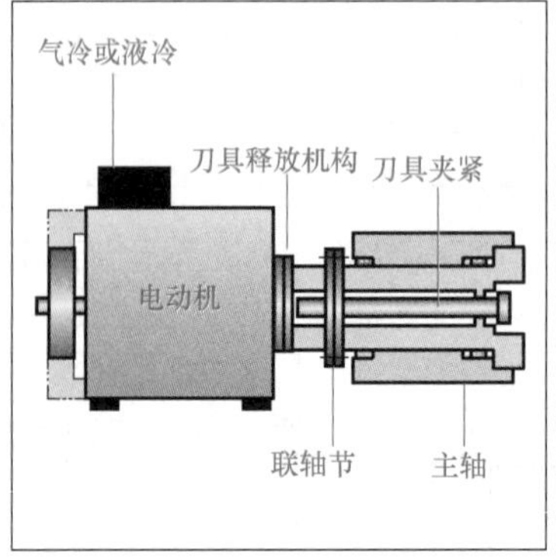

电主轴
直接驱动

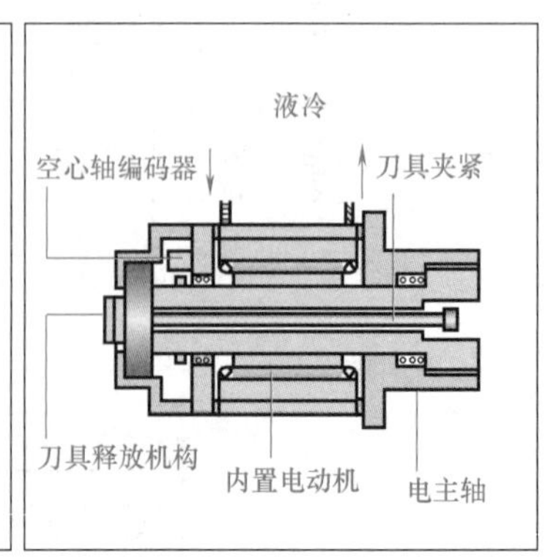

图 2-28 常规主轴与电主轴示意图

2.4.3 西门子常用主轴电动机的选型

西门子常规主轴电动机包括 1PH 系列和 1PM 系列，如图 2-29 所示。其中 1PH7 或 1PH4 电动机是带传动主轴的首选。这些异步电动机设计紧凑，具有高动态特征，且带有集成编码器和用于安装带轮的实心轴。1PH7 电动机的防护等级为 IP54/IP55，它是机床最常用的空气冷却型交流主轴电动机，为四极笼型异步电动机，额定功率为 3.7～300kW，转速最高可达 12000r/min；1PH4 电动机的防护等级为 IP55/IP65，采用水冷方式，这可使它们更适于在恶劣环境下或狭窄场地条件下工作，额定功率为 7.5～52kW，转速最高可达 12000r/min。

1PH7电动机

1PH4电动机

1PM6电动机

1PM4电动机

图 2-29 西门子常用主轴电动机实物图

1PM4 和 1PM6 为常用于联轴器传动主轴的电动机。1PM 电动机以空心轴为特点，切削液可通过空心轴从电动机后部，经过旋转单元，传送至内部来冷却刀具。电动机的冷却可以选择带强制风冷的 1PM6 电动机和带水冷/油冷的 1PM4 电动机。电动机功率范围为 3.7～27kW，最高转速可达 18000r/min，而应用范围更广泛。

1PH7 主轴电动机适用于小型而且结构紧凑的机床、复杂的加工中心及专用机床等。在选择主轴电动机时，除关心电动机的功率外，还要注意电动机的速度-功率曲线。表 2-2 给出了数控机床常用的 1PH7 系列主轴电动机的部分型号。图 2-30 所示为 1PH7 主轴电动机的订货号。

表 2-2 常用 1PH7 系列主轴电动机的部分型号

主轴电动机型号	额定转速/(r/min)	额定功率/kW	额定电流/A	额定转矩/N·m	转动惯量/kg·m^2
1PH7 103-NG-* * *	2000	7	16.2	33.4	0.017
1PH7 131-NF-* * *	1500	11	23.1	70	0.076
1PH7 133-ND-* * *	1000	12	28	114.06	0.076
1PH7 133-NG-* * *	2000	20	43	95.5	0.076
1PH7 137-ND-* * *	1000	17	40.7	162.3	0.109
1PH7 137-NG-* * *	2000	28	58.6	133.7	0.109
1PH7 163-ND-* * *	1000	22	52.7	210.1	0.19
1PH7 163-NF-* * *	1500	30	70.3	191	0.19
1PH7 167-NF-* * *	1500	37	77.8	235.5	0.23
1PH7 184-NE-* * *	1250	40	85	306	0.5

1 P H 7 . . . 2 N . 0 . - 0 C . 0

交流感应电动机，
主轴驱动

结构尺寸

编码器类型
N—带光学sin/cos增量编码器

额定速度
D — 1000 r/min
F — 1500 r/min
G — 2000 r/min

接线盒布置/出口方向
D—上部/右侧

结构类型
2 —IM B5 (IM V1, IM V3),标准提升形式(轴柄高度100 mm 和132 mm)
3 —IM B35 (IM V15, IM V36) (轴柄高度160 mm)

轴承设计，振动等级，轴和法兰精度

轴承设计	振动等级	轴和法兰精度
C — 联轴器/传动带输出	S	R

轴形式：冷却

	轴	空气流动方向	形式
A	配合键	DE ⇨ NDE	轴向
J	光轴	DE ⇨ NDE	轴向

防护等级
O IP55：风扇 IP54

图 2-30 1PH7 主轴电动机的订货号（仅适用于轴柄高度为 100～160mm 类型）

2.5 光电编码器

编码器又称编码盘或码盘，是一种旋转式测量元件，通常安装在被检测轴上，随被测轴一起转动，可将被测轴的机械角位移转换成增量脉冲形式或绝对式的代码形式。它具有精度高、结构紧凑和工作可靠等优点，常在半闭环伺服系统中作为角位移数字式检测元件。

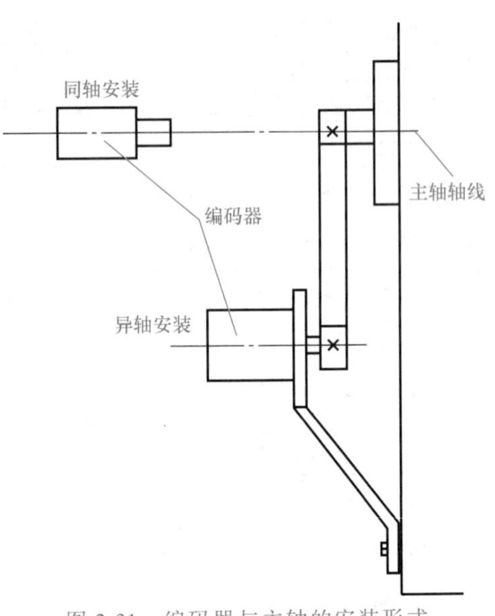

图 2-31 编码器与主轴的安装形式

图 2-31 所示为编码器与主轴安装的两种形式（即同轴安装和异轴安装），主要作用是当数控机床加工螺纹时，用编码器作为主轴位置信号的反馈元件，将发出的主轴转角位置变化信号输送给计算机，控制机床纵向或横向电动机运转，实现螺纹加工的目的。

编码器根据内部结构和检测方式可分为接触式编码器、光电编码器和电磁编码器三种形式，其中光电编码器的精度和可靠性都优于其他两种，因而广泛应用于数控机床上。另外，按照每转发出的脉冲数的多少又分为 2000 脉冲/r、2500 脉冲/r、3000 脉冲/r、4000 脉冲/r 等多种型号。图 2-32 所示为编码器实物图。根据数控机床滚珠丝杠的螺距来选用不同型号的编码器。

图 2-32 编码器实物图

2.5.1 光电编码器的结构

光电编码器是一种光电式非接触式转角检测装置。码盘用透明及不透明区域按一定编码构成。根据其编码方式的不同，可分为增量式光电编码器和绝对式光电编码器。

光电编码器利用光电原理把机械角位移变换成电脉冲信号，是数控机床最常用的位置检测元件。光电编码器按输出信号与对应位置的关系，通常分为增量式光电编码器、绝对式光电编码器和混合式光电编码器。

图 2-33 所示为光电脉冲编码器的结构。它由电路板、圆光栅、指示光栅、轴、光敏元件、光源和连接法兰等组成。

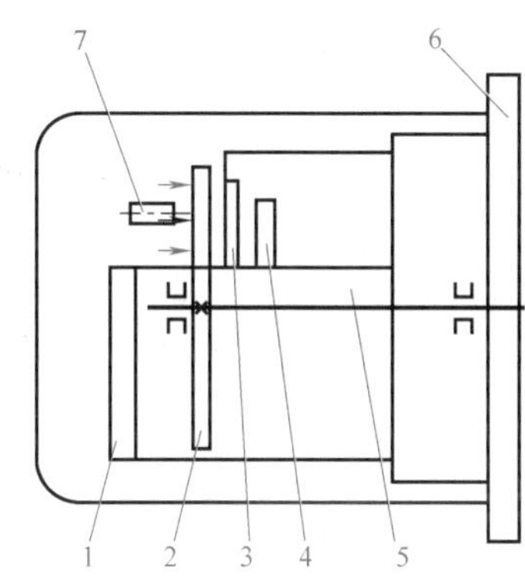

图 2-33 光电脉冲编码器的结构
1—电路板 2—圆光栅 3—指示光栅 4—光敏元件 5—轴 6—连接法兰 7—光源

其中，圆光栅是一个在周围刻有相等间距线纹的圆盘，分为透明和不透明的部分，圆光栅和工作轴一起旋转。与圆光栅相对平行地放置一个固定的扇形薄片，称为指示光栅，上面刻有相差 1/4 节距的两个狭缝和一个零位狭缝。光电编码器通过十字连接头或键与伺服电动机相连。它的法兰固定在电动机端面上，罩上防尘罩，构成一个完整的检测装置。

2.5.2 光电编码器的工作原理

1. 增量式光电编码器的工作原理

增量式光电编码器能够把回转件的旋转方向、旋转角度和旋转角速度准确地测量出来，然后通过光电转换将其转换成相应的脉冲数字量，然后由微机数控系统或计数器计数得到角位移或直线位移量。绝对式光电脉冲编码器可将被测转角转换成相应的代码来指示绝对位置而没有累计误差，是一种直接编码式的测量装置。

图 2-34 所示为增量式光电编码器测量系统。在码盘的边缘上设有间距相等的透光缝隙，码盘的两侧分别安装光源与光敏元件（如光电池、光敏晶体管等）。当码盘随被测轴一起旋

转时，每转过一个缝隙就有一次光线的明暗变化，投射到光敏元件上的光强就会发生变化，光敏元件把光线的明暗变化转变成电信号的变化。然后，经放大、整形处理后，输出脉冲信号。脉冲的个数就等于转过的缝隙数。如果将脉冲信号送到计数器中计数，就可以测出码盘转过的角度。测出单位时间内脉冲的数目，就可以求出码盘的旋转速度。

在图 2-34 中，因测得的角度值都是相对于上一次读数的增量值，所以是一种增量式角位移检测装置。其输出的信号是脉冲，通过计量脉冲的数目和频率，即可测出被测轴的转角和转速。

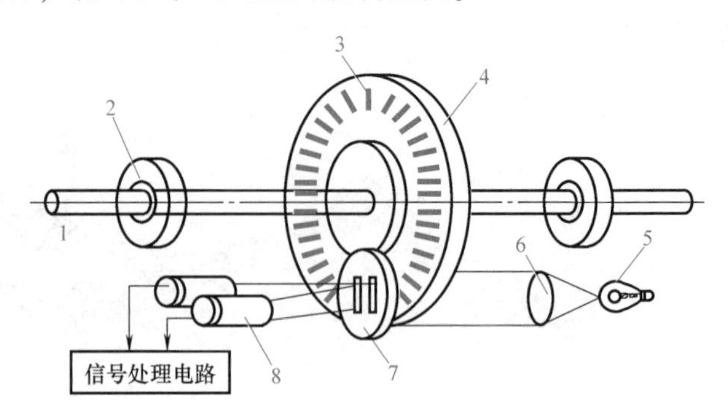

图 2-34　增量式光电编码器测量系统

1—旋转轴　2—滚珠轴承　3—透光夹缝　4—光电编码器　5—光源　6—聚光镜　7—光栏板　8—光敏元件

由于增量式光电编码器每转过一个分辨角就发出一个脉冲信号，因此可得出如下结论：

1）根据脉冲的数目可得出工作轴的回转角度，然后由传动比换算为直线位移距离。

2）根据脉冲的频率可得工作轴的转速。

3）根据光栏板上两条狭缝中信号的先后顺序（相位），可判别光电编码盘的正反转。

此外，在光电编码器的内圈还增加一条透光条纹，每转产生一个零位脉冲信号。在进给电动机所用的光电编码器上，零位脉冲用于精确确定机床的参考点，而在主轴电动机上，则可用于主轴准停以及螺纹加工等。

进给电动机常用增量式光电编码器的分辨率有 2000 脉冲/r、2024 脉冲/r、2500 脉冲/r 等。目前，光电编码器每转可发出数万至数百万个方波信号，因此可满足高精度位置检测的需要。

光电编码器的安装有两种形式：一种是安装在伺服电动机的非输出轴端，称为内装式编码器，用于半闭环控制；另一种是安装在传动链末端，称为外置式编码器，用于闭环控制。光电编码器的安装要保证连接部位可靠、不松动，否则会影响位置检测精度，使进给运动不稳定，并使机床产生振动。

2. 绝对式光电编码器的工作原理

绝对式光电编码器的光盘上有透光和不透光的编码图案，编码方式可以有二进制编码、二进制循环编码、二至十进制编码等。绝对式光电编码器通过读取编码盘上的编码图案来确定位置。

图 2-35a 所示为绝对式光电编码器的原理，图 2-35b 所示为其结构。在图 2-35a 中，码盘上有四条码道。码道就是码盘上的同心圆。按照二进制分布规律，把每条码道加工成透明和不透明相间的形式。码盘的一侧安装光源，另一侧安装一排径向排列的光电管，每个光电管对准一条码道。当光源照射码盘时，如果是透明区，则光线被光电管接收，并转变成电信号，输出信号为 1；如果不是透明区，光电管接收不到光线，则输出信号为 0。被测轴带动码盘旋转时，光电管输出的信息就代表了轴的相应位置，即绝对位置。

绝对式光电编码器转过的圈数由 RAM 保存，断电后由后备电池供电，保证机床的位置

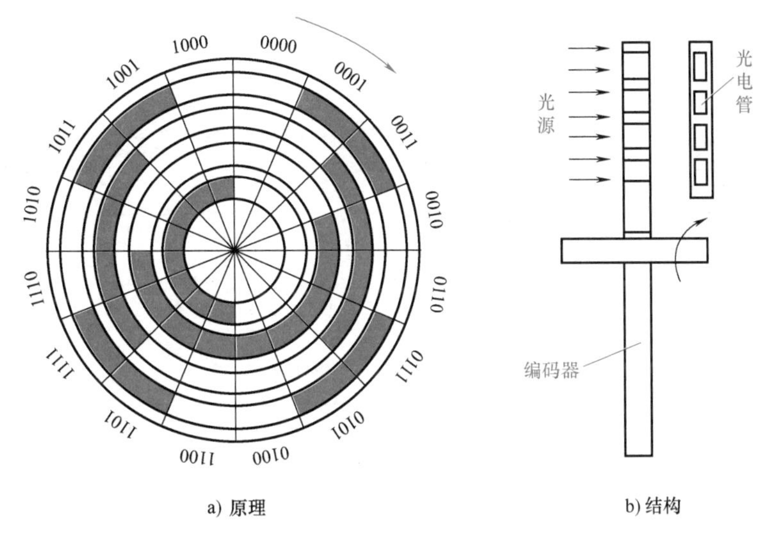

图 2-35　绝对式光电编码器

即使断电或断电后又移动过也能够正确地被记录下来。因此，采用绝对式光电编码器进给电动机的数控系统只要出厂时建立过机床坐标系，则以后就不用再做回参考点的操作，从而保证机床坐标系一直有效。绝对式光电编码器与进给驱动装置或数控装置通常采用通信的方式反馈位置信息。

3. 编码器正反转辨别

随着码盘的转动，光敏元件输出的信号不是方波，而是近似正弦波。为了测出转向，光栏板的两个狭缝距离应为 $m \pm p/4$（p 为码盘两个狭缝之间的距离即节距，m 为任意整数），使两个光敏元件的输出信号的相位相差 $\pi/2$，如图 2-36 所示。

为了判别码盘的旋转方向，可在码盘两侧再装一套光电转换装置，两套光电装置在圆周方向错开 $p/4$ 节距，它们分别用 A 和 B 表示。两套光电转换装置产生两组近似于正弦波的电流信号 I_A 和 I_B，两者相位相差 $\pi/2$，经放大和整形电路处理后变成方波，如图 2-36 所示。若电流 I_A 的相位超前于 I_B，对应电动机为正向旋转；若 I_B 相超前于 I_A 时，对应电动机为反向旋转。若以该方波的前沿或后沿产生计数脉冲，则可以形成代表正向位移和反向位移的脉冲序列。

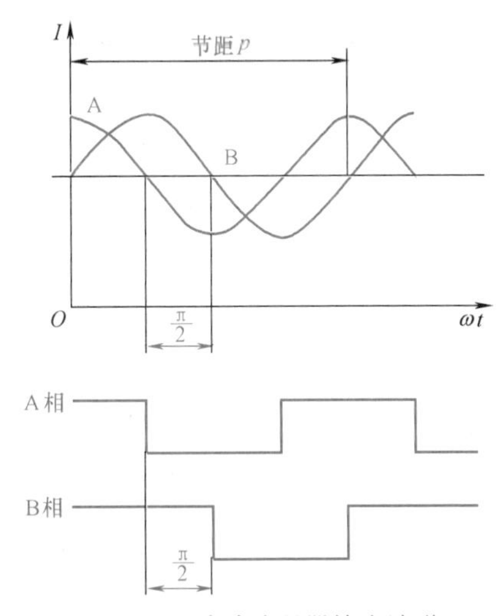

图 2-36　脉冲编码器输出波形

光电编码器的优点是没有接触磨损、码盘寿命长、允许转速高、精度较高；缺点是结构复杂、价格高、光源寿命短。

2.5.3　西门子常用编码器及性能指标

1. 西门子增量式编码器的主要性能指标

西门子增量式编码器有三种信号输出方式：RS422 差分信号输出、按 1Vpp 电压标准的正弦/余弦模拟信号输出以及 HTL（高电平晶体管逻辑电路）信号输出。表 2-3 给出了西门子增量式编码器的主要性能指标。

表 2-3　西门子增量式编码器的主要性能指标

参数	TTL(RS422)接口信号	正弦/余弦接口信号 1Vpp	HTL 接口信号
工作电压	DC 5×(1±10%)V 或 10~30V	5×(1±10%)V	DC 10~30V
分辨率	Min:500S/R Max:5000S/R	Min:1000S/R Max:2500S/R	Min:100S/R Max:2500S/R
精度	±10°（机械）×3600/分辨率		
输出信号电平	TTL	1Vpp 正弦波	HTL $U_H>21V$ $U_L<2.8V$
最大扫描频率	300kHz	≥450kHz	300kHz
最高机械转速	12000r/min	12000r/min	12000r/min
短路保护	有	有	有
工作温度	-40~100℃	-40~100℃	-40~100℃
电缆长度	100m	150m	100m

2. 西门子绝对式编码器主要性能指标

西门子绝对式编码器采用的编码为单步编码（格雷码），这种编码能够避免任何记录错误。编码器和控制器之间的数据传输可采用 EnDat 方式、同步串行接口（SSI）方式或 PROFIBUS-DP 总线方式。SSI 接口遵循 RS422 物理格式，PROFIBUS-DP 总线遵循 RS485 物理格式。在编码器使用较多的场合，为了减少接线费用，采用 PROFIBUS-DP 总线方式，以便利用程序进行控制。表 2-4 给出了西门子绝对式编码器的主要性能指标。

表 2-4　西门子绝对式编码器的主要性能指标

参数	SSI 接口信号	EnDat 接口信号	PROFIBUS-DP 接口信号
工作电压	DC 10~30V	5×(1±10%)V	DC 10~30V
分辨率	13 位，单圈：8192 25 位，多圈：8192×4095	13 位，单圈：8192 25 位，多圈：8192×4095	13 位，单圈：8192 27 位，多圈：8192×16384
精度	±60″	±60″	±79″
采样代码格式	格雷码	格雷码	格雷码
传输代码格式	格雷码	二进制	二进制
数据传输速率	100kHz~1MHz	100kHz~2MHz	12Mbit/s
最高机械转速	12000r/min 单圈 10000r/min 多圈	12000r/min 单圈 10000r/min 多圈	12000r/min 单圈 6000r/min 多圈
短路保护	有	有	有
工作温度	-40~85℃	-40~100℃	-40~70℃
电缆长度	50m(1MHz) 400m(400kHz)	50m(1MHz) 150m(300kHz)	100m(12Mbit/s) 1200m(93.75kbit/s)

3. 常用光电编码器

西门子伺服电动机常用的编码器见表 2-5。

表 2-5 西门子伺服电动机常用的编码器

编码器型号	配套电动机型号	编码器类型	安装方式
ERN1381/ERN1387	1PH4***_****_*N** 1PH6***_****_*N** 1PH7***_****_*N**	增量编码器 2048 S/R,SIN/COS 1Vpp	电动机内安装
ERN1387	1FT6***_****_*A** 1FK6***_****_*A**	增量编码器 2048 S/R,SIN/COS 1Vpp	电动机内安装
EQN1325	1FT6***_****_*E** 1FK6***_****_*E**	EnDat 绝对编码器 2048 S/R, 4096R SIN/COS 1Vpp	电动机内安装
EQN1324	1FK6***_****_*G**	EnDat 绝对编码器 2048 S/R, 4096R SIN/COS 1Vpp	电动机内安装
2 极旋转变压器	1FT6***_****_*T** 1FK6***_****_*T**	增量型	电动机内安装
4 极旋转变压器	1FT6***_4***_*S**	增量型	电动机内安装
6 极旋转变压器	1FT6***_4***_*S**	增量型	电动机内安装
8 极旋转变压器	1FT6***_4***_*S**	增量型	电动机内安装

2.6 光栅

光栅是一种最常见的测量装置，是在玻璃或金属基体上均匀刻划很多等节距的线纹而制成的。其制作工艺是在一块长方形玻璃上用真空镀膜的方法镀上一层不透光的金属膜，再涂上一层均匀的感光材料，然后用照相腐蚀法制成等节距的透光和不透光相间的线纹，这些线纹与运动方向垂直，线纹间的距离为栅距，而单位长度上的线纹数目称为线纹密度。

2.6.1 光栅的结构

光栅由标尺光栅和光栅读数头两部分组成。光栅读数头由光源、透镜、指示光栅、光敏元件和驱动线路组成。图 2-37a 所示为直线光栅实物图，图 2-37b 所示为垂直入射光栅读数头。

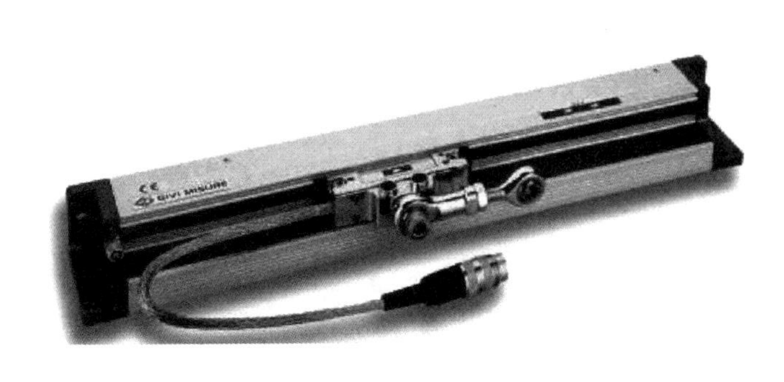

a) 直线光栅实物图例

b) 垂直入射光栅读数头

图 2-37 光栅

在光栅测量中，通常由一长一短两块光栅尺配套使用，其中，长的一块称为主光栅或标尺光栅，固定在机床的活动部件上，随运动部件移动，要求与行程等长。短的一块称为指示光栅，安装在光栅读数头中，光栅读数头安装在机床的固定部件上。两光栅尺上的刻线密度均匀且相互平行放置，并保持一定的间隙（0.05mm 或 0.1mm）。图 2-38 所示为光栅尺的简单示意图。

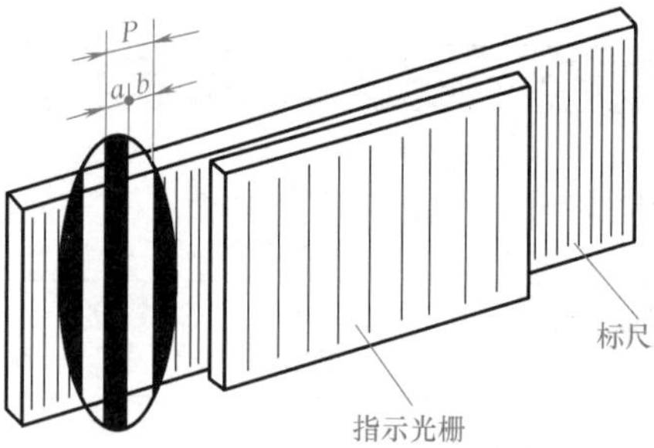

图 2-38　光栅尺简单示意图

两个光栅尺上均匀刻有很多条纹，从其局部放大部分来看，白的部分 b 为透光宽度，黑的部分 a 为不透光宽度，若 P 为栅距，则 $P=a+b$。通常情况下，光栅尺刻线的不透光宽度和透光宽度是一样的，即 $a=b$。

在图 2-37b 中，主光栅不属于光栅读数头，但它要穿过光栅读数头，且保证指示光栅有准确的位置对应关系。主光栅和指示光栅统称为光栅尺。栅距与线纹密度互为倒数，常见的直线光栅线纹密度为 50 条/mm、100 条/mm 和 200 条/mm。

2.6.2　光栅的工作原理

图 2-39 所示为莫尔条纹。在安装时，将两块栅距相同、黑白宽度相同的标尺光栅和指示光栅刻线面平行放置，将指示光栅在其自身平面内倾斜一个很小的角度，以便使它的刻线与标尺光栅的刻线间保持一个很小的夹角 θ。这样，在光源的照射下，就形成了光栅刻线几乎垂直的横向明暗相同的宽条纹，即莫尔条纹。由于光的干涉效应，在 a 线附近，两块光栅尺的刻线相互重叠，光栅尺上的透光狭缝互不遮挡，透光性最强，形成亮带；在 b 线附近，两块光栅尺的刻线互相错开，一块光栅尺的不透光部分刚好遮住另一光栅尺的透光部分，所以透光性最差，形成暗带。

图 2-40 所示为横向莫尔条纹参数间的关系。

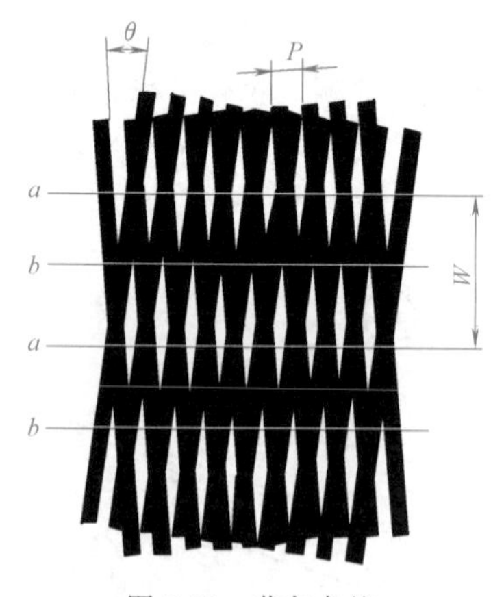

图 2-39　莫尔条纹

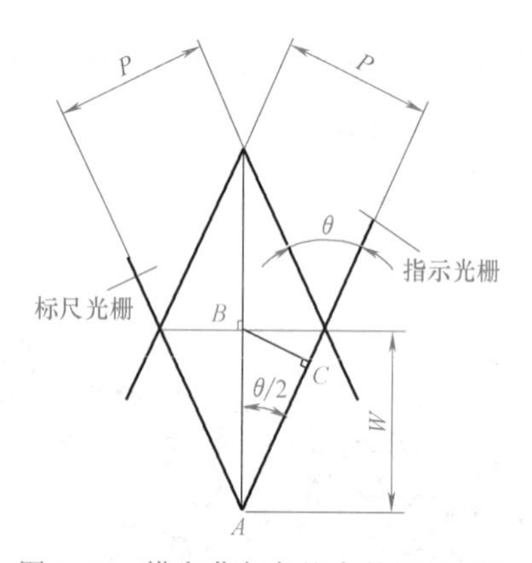

图 2-40　横向莫尔条纹参数间的关系

$$\overline{BC}=\overline{AB}\sin\frac{\theta}{2}$$

其中

$$\overline{BC}=\frac{P}{2},\quad \overline{AB}=W$$

因此

$$W=\frac{P}{2\sin\frac{\theta}{2}}$$

由于 θ 值很小，$\sin\frac{\theta}{2}\approx\frac{\theta}{2}$，故上式可简化为 $W=\frac{P}{\theta}$，式中 θ 的单位为 rad。

2.6.3 光栅的种类

光栅的种类繁多，可分为物理光栅、计量光栅、透射光栅和反射光栅等。

1. 物理光栅

物理光栅刻线细且密，节距很小（200~500 条/mm），主要是利用光的衍射现象。物理光栅常用于光谱分析和光波波长测定。

2. 计量光栅

计量光栅刻线较粗（25 条/mm、50 条/mm、100 条/mm 和 250 条/mm），主要是利用光的透射和反射现象。由于计量光栅应用莫尔条纹原理，因而所测的位置精度相当高，有很高的分辨率，很容易达到 0.1mm 的分辨率，最高分辨率可达 0.025mm。

计量光栅按形状可分为长光栅（测量直线位移）和圆光栅（测量角位移）。长光栅又称直线光栅，用于直线位移的测量。圆光栅是在玻璃圆盘的外环端面上，做成黑白间隔条纹，根据不同的使用要求，在圆周上的线纹数也不相同。圆光栅一般有三种形式：六十进制、十进制和二进制。

3. 透射光栅

在玻璃的表面上制成透明与不透明间隔相等的线纹，称为透射光栅。而玻璃透射光栅是在光学玻璃的表面上涂上一层感光材料或金属镀膜，再在涂层上刻出光栅条纹，用刻蜡、腐蚀、涂黑等办法制成光栅条纹。光栅的几何尺寸主要根据光栅线纹的长度和安装情况来具体确定。其特点是：光源可以采用垂直入射，光敏元件可直接接收光信号，因此，信号幅度大，读数头结构简单；每毫米上的线纹数多，一般常用的黑白光栅可做到 100 条/mm，再经过电路细分，可达到微米级的分辨率。

根据光栅的工作原理，玻璃透射光栅可分为莫尔条纹式光栅和透射直线式光栅两类。

（1）莫尔条纹式光栅　莫尔条纹式光栅应用很普遍。莫尔条纹具有以下特点：

1）起平均误差的作用。莫尔条纹是由若干光栅刻线通过光的干涉形成的，如 250 条/mm 光栅是指 1mm 宽的莫尔条纹由 250 条刻线组成。这样一来，栅距之间的误差就被平均化了。

2）放大作用。调整两光栅的倾斜角 θ，就可以改变放大倍数。

3）莫尔条纹的移动与栅距之间的移动成正比。当光栅移动时，莫尔条纹就沿着垂直于光栅的运动方向移动，并且光栅每移动一个栅距 P，莫尔条纹就准确地移动一个节距。只要测量出莫尔条纹的数目，从而可以知道光栅移动了多少个栅距，从而可以计算出光栅的移动距离。当光栅移动方向相反时，莫尔条纹的移动方向也相反。

（2）透射直线式光栅　透射直线式光栅由光源、长光栅（标尺光栅）、短光栅（指示光栅）、光敏元件组成。当两块光栅之间有相对移动时，由光敏元件把两光栅相对移动产生的变化转换为电流变化。当指示光栅的刻线与标尺光栅的透明间隔完全重合时，光敏元件接收到的光通量最弱；当指示光栅的刻线与标尺光栅的刻线完全重合时，则光敏元件接收到的光通量最强。光敏元件接收到的光通量忽强忽弱，产生近似于正弦波的电流，再由电子电路转变为以数字显示的位移量。

4. 反射光栅

在金属的镜面上制成全反射与漫反射间隔相等的线纹，称为反射光栅，也可以把线纹做成具有一定衍射角度的定向光栅。而金属反射光栅是在钢尺或不锈钢带的镜面上用照相腐蚀或用钻石刀直接刻划制作光栅条纹。其特点是标尺光栅的线膨胀系数很容易做到与机床材料一致；标尺光栅的安装和调整比较方便；安装面积较小；易于接长或制成整根的钢带长光栅；不易碰碎。目前常用的线纹数为 4 条/mm、10 条/mm、25 条/mm 和 40 条/mm。

2.6.4 光栅测量系统

1. 光栅测量的基本电路

光栅测量系统由光源、透镜、光栅、光敏元件和一系列信号处理电路组成，如图 2-41 所示。信号处理电路又包括放大电路、整形电路和鉴向倍频电路。通常情况下，除标尺光栅与工作台装在一起随工作台移动外，光源、透镜、指示光栅、光敏元件和信号处理均装在一个壳体内，做成一个单独部件固定在机床上，这个部件称为光栅读数头，其作用是将莫尔条纹的光信号转换成所需的电脉冲信号。读数头的结构形式按光路分有分光读数头、垂直入射读数头和反射读数头。

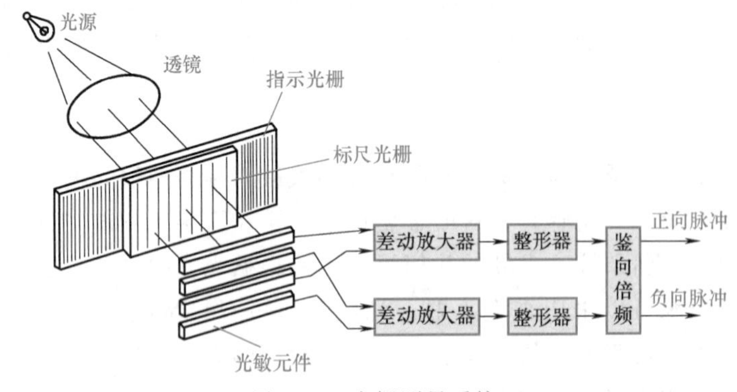

图 2-41 光栅测量系统

首先分析光栅移动过程中位移量与各转换信号的相互关系。当光栅移动一个栅距时，莫尔条纹便移动一个节距。通常，光栅测量中的光敏元件常使用硅光电池，它的作用是将近似正弦的光强信号变为同频率的电压信号。但由于硅光电池产生的电压信号较弱，因此需要经过差动放大器放大到幅值足够大的同频率正弦波，再经整形器变为方波。由此可以看出，每产生一个方波，就表示光栅移动了一个栅距。最后通过鉴向倍频电路中的微分电路变为一个窄脉冲。这样，就变成了由脉冲来表示栅距，而通过对脉冲计数便可得到工作台的移动距离。当然，鉴向倍频电路的作用不仅于此，它还起到辨别方向和细分的作用。

2. 鉴向倍频电路

在光栅检测装置中，将光源来的平行光调制后作用于光敏元件上，从而得到与位移成比例的电信号。当光栅移动时，从光敏元件上将获得一正弦电流。若仅用一个光敏元件检测光栅的莫尔条纹变化信号，只能产生一个正弦信号用作计数，不能分辨运动方向。为了辨别方向，至少要放置两个光敏元件，两者相距 1/4 个莫尔条纹节距，这样，当莫尔条纹移动时，将会得到两路相位相差 π/2 的波形。如图 2-42a 所示，光敏元件 2 上得到的波形信号 S_2 比光敏元件 1 上得到的波形信号 S_1 超前；反之，则滞后，如图 2-42b 所示。这两路信号经放大整形后送至鉴向倍频电路，由鉴向环节判别出其移动方向。

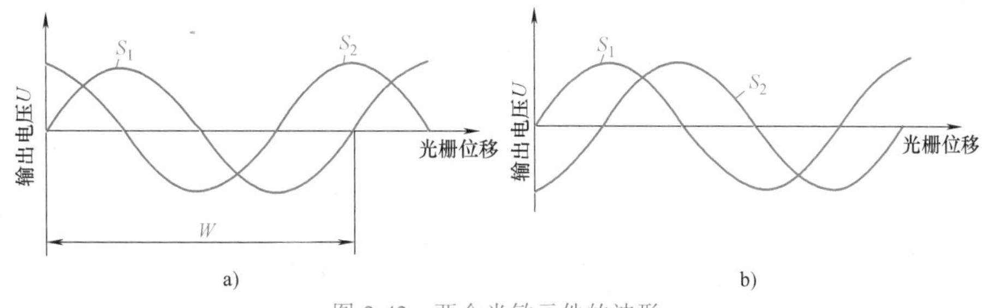

图 2-42 两个光敏元件的波形

为了提高光栅的分辨精度，除了增大刻线密度和提高刻线精度外，还可以用倍频的方法细分。倍频细分中有 4 倍频细分，所谓 4 倍频细分就是从莫尔条纹原来的一个脉冲信号变为在 0、π/2、π、3π/2 都有脉冲输出，从而使精度提高 4 倍。实现 4 倍频的方法是每隔 1/4 个莫尔条纹节距放置一个硅光电池。

2.7 实训 编码器的拆装

2.7.1 实训内容

编码器的拆卸与安装。

2.7.2 实训工具与设备

使用工具：米制内六方扳手 1 套，自制专用工具 1 个，十字槽螺钉旋具及一字槽螺钉旋具各 1 把，梅花槽螺钉旋具 6 件套，千分尺。

设备：1FK6、1FT6 或 1FK7 伺服电动机 1 台。

2.7.3 实训步骤

当电动机定子、转子、轴承有故障或其电动机内置编码器损坏时，都需要对编码器进行拆卸修理或更换。对主轴电动机来说，更换或安装编码器只要用专用工具将其安装到相应位置就可以试车了，不需要调整电动机轴或编码器的角度及位置。但对伺服电动机来说，则必须按照编码器的安装要求，严格执行安装步骤。只要安装过程中出一点差错，就会出现编码器方面的报警而不能起动机床或出现飞车事故，导致电动机报废或机械部件损坏。因此，正确安装编码器非常重要。

现以 1FK6、1FT6 或 1FK7 伺服电动机中配置的海德汉 ERN1387/EQN1325 系列编码器为例，说明其拆卸和安装的方法。

1. ERN1387/EQN1325 编码器的拆卸

1）电动机断电，拧下编码器盖上的螺钉，并取下编码器罩盖，如图 2-43 所示。

2）固定住电动机轴，使其静止不动，然后把中心螺钉 1 拧出来，此螺钉的作用是将编码器固定在电动机轴上。

3）把螺钉 2 从压板 3 上拧下。

4）把螺纹销钉 5（DIN913- M5×45）拧下。

5）把编码器用一个螺钉 4（M6×50）顶出来。

6）把编码器 6 取下来。

7）卸掉螺钉 4 和螺纹销钉 5。

8）拧下编码器盖上的螺钉 7。

9）取下编码器盖。

10）取出编码器连接端子，将编码器放置好。

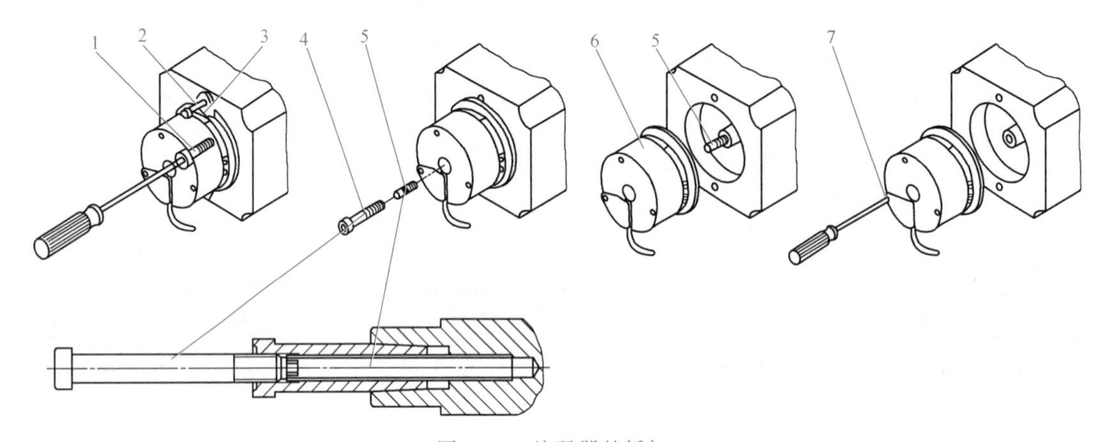

图 2-43　编码器的拆卸

1—中心螺钉　2、4、7—螺钉　3—压板　5—螺纹销钉　6—编码器

2. ERN1387/EQN1325 编码器的安装

1）先安装压板，并在压板与编码器之间放置一个距离保持器。

不同型号的电动机，其压板的外形也不一样，这由购买的备件提供。用小螺钉将压板安装到编码器的轴端。注意：确保压板盘面和编码器的底面间距符合安装要求，如图 2-44～图 2-48 所示。

2）对齐电动机轴的标志，对齐之后保持电动机轴固定不动，如图 2-49 和图 2-50 所示。

3）对齐编码器，把编码器上的标记对齐，如图 2-51 所示。

4）把编码器固定在电动机轴上，确保编码器的电缆线在正确的位置，如图 2-52 所示。

5）调整编码器，把编码器的中心螺钉拧好，固定压板并连接端子，然后固定编码器的金属护套，如图 2-53 所示。

6）使用千分表测量编码器的径向圆跳动，应小于 0.05mm。

7）验证波形，如图 2-54 和图 2-55 所示。

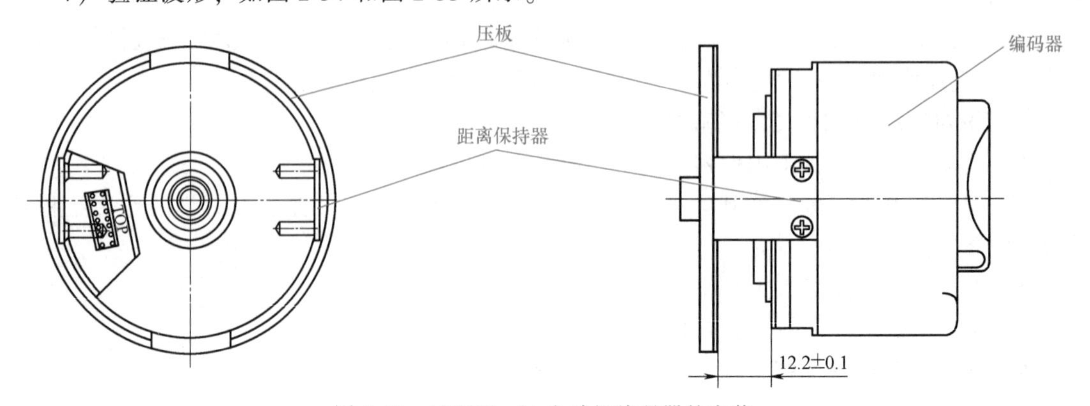

图 2-44　1FT603. -04 电动机编码器的安装

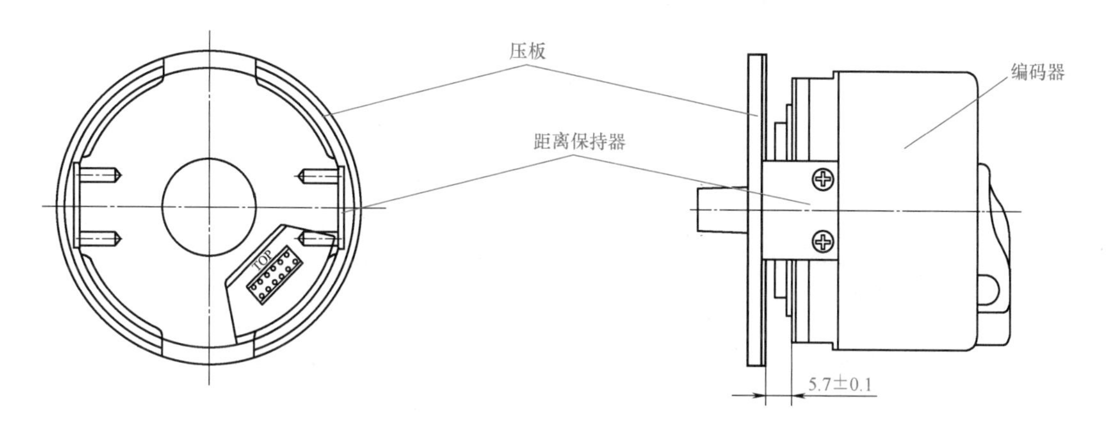

图 2-45　1FK604. 电动机编码器的安装

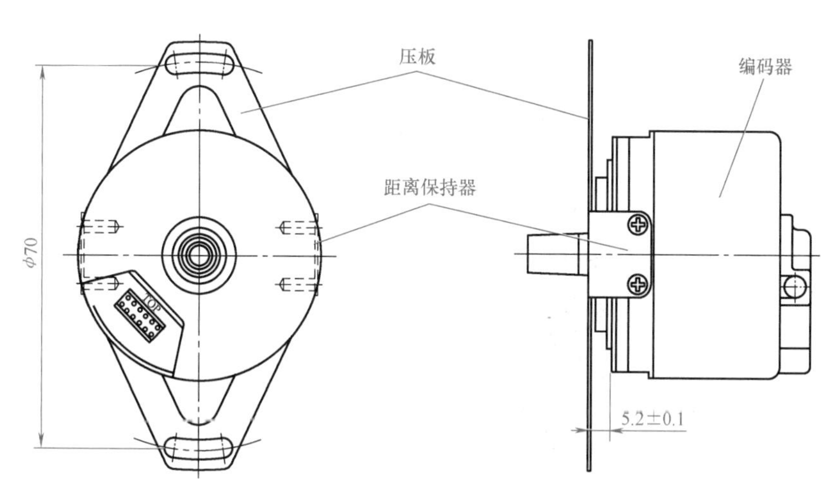

图 2-46　1FK704. 电动机编码器的安装

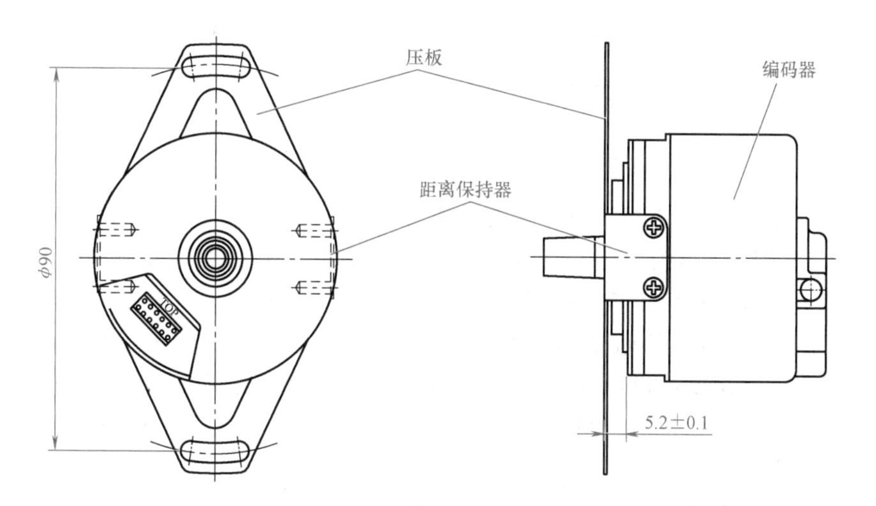

图 2-47　1FT606. -1FT613. /1FK606. -1FK610. /1FK706. -1FK710. 电动机编码器的安装

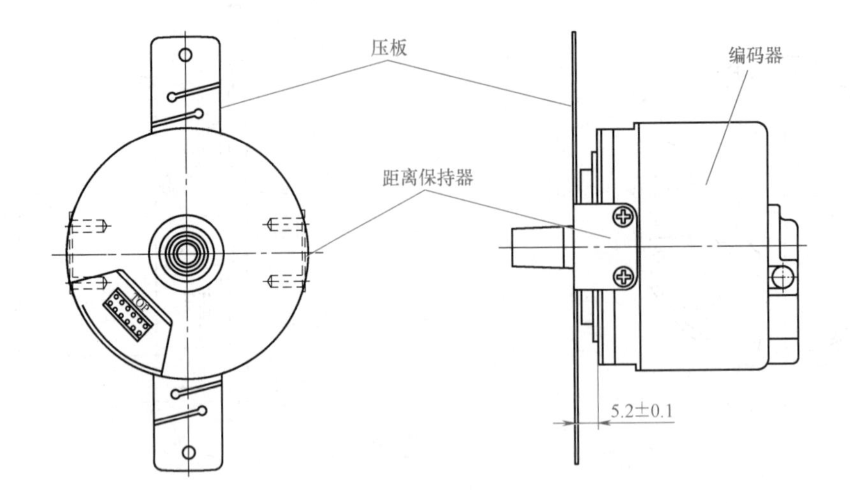

图 2-48　1PH410. -1PH416. /1PH610. -1PH616. /1PH710. -1PH716. 电动机编码器的安装

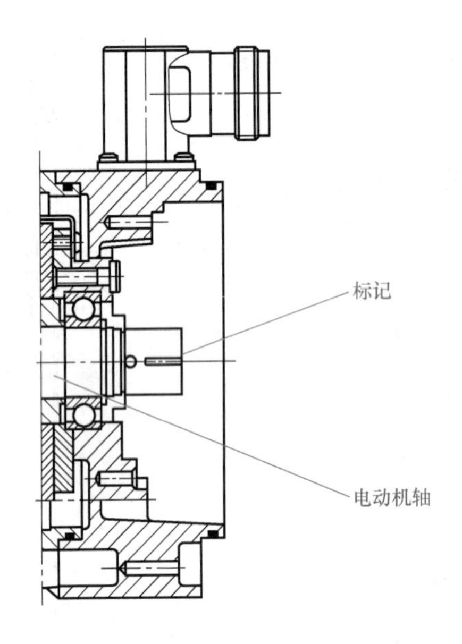

图 2-49　对齐电动机轴的标记

3. 操作中容易出现的错误及应注意的问题

1）安装压板时要确保压板盘面和编码器的底面保持平行，并注意其间距及公差范围；否则在旋转过程中容易损坏压板或编码器轴。

2）要注意电动机轴上的标记，这个标记随电动机型号不同，其所处的方向也不一样。在修理电动机时，一定要认识到这个标记的重要性，如果没仔细看电动机轴上的标记，就将编码器装上，在试验电动机时很可能出现飞车现象，此时一定要立即按下急停开关紧急停车，以防止造成电动机的损坏。

3）要注意编码器上的标记，对 ERN1387. 001/020 编码器来说，玻璃盘和电路板上的标

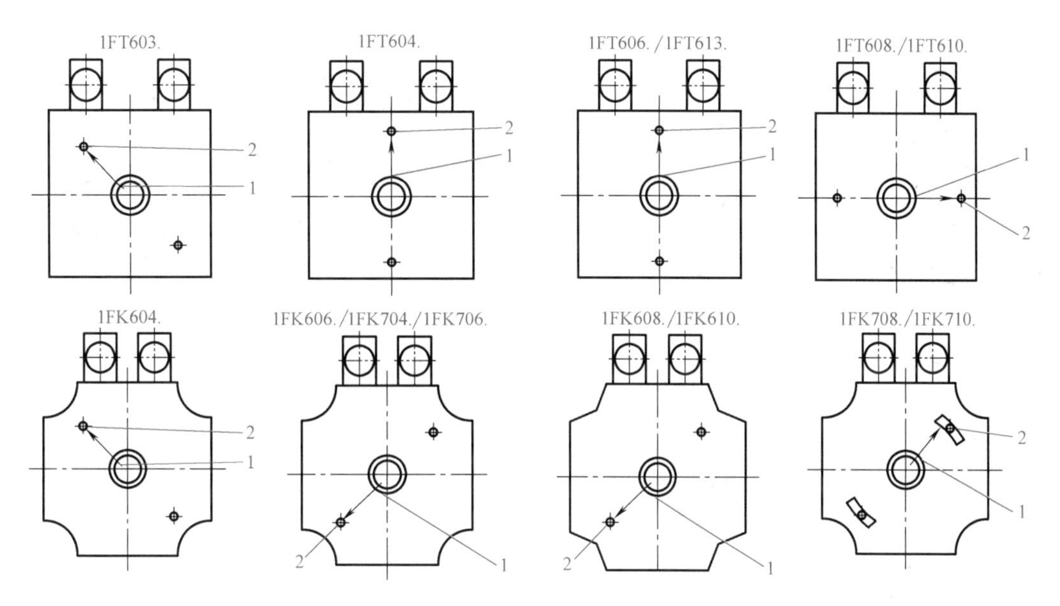

图 2-50 各种类型电动机的标记位置

1—标记 2—压板上的固定孔

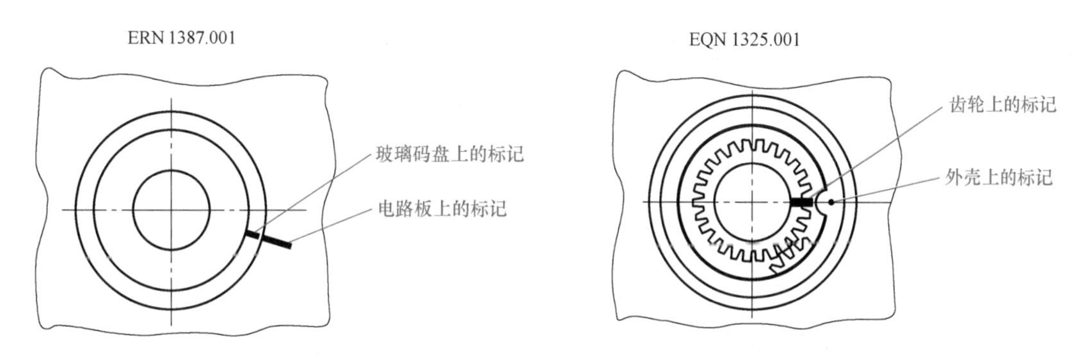

图 2-51 编码器标志对齐

记较清楚，也容易调整。而对编码器 EQN1325.001 来说，齿轮上的标记是一个小黑点，如果将标记对偏，将出现报警或飞车，飞车现象导致的后果较严重，必须引起足够的重视。常见的报警内容如下：

26020 axis x hardware fault during encoder initialization

300504 axis x drive fault of motor transducer

300505 axis x drive fault measuring system error in absolute track, code 00004H（对绝对编码器来说）

4）电动机在拆卸、搬动过程中，要轻拿轻放，防止碰撞，特别是编码器部位绝对不能用锤子敲击，否则很容易损坏编码器内部的光学元件和电动机的抱闸装置。

5）如果是垂直轴电动机，其内部有抱闸装置，无法用手转动电动机轴。这样在调整轴上的标记之前还需要给抱闸电源端子上通一个 24V 直流电源，并注意极性，使抱闸装置松开。若电源极性接反，抱闸装置将不能松开。

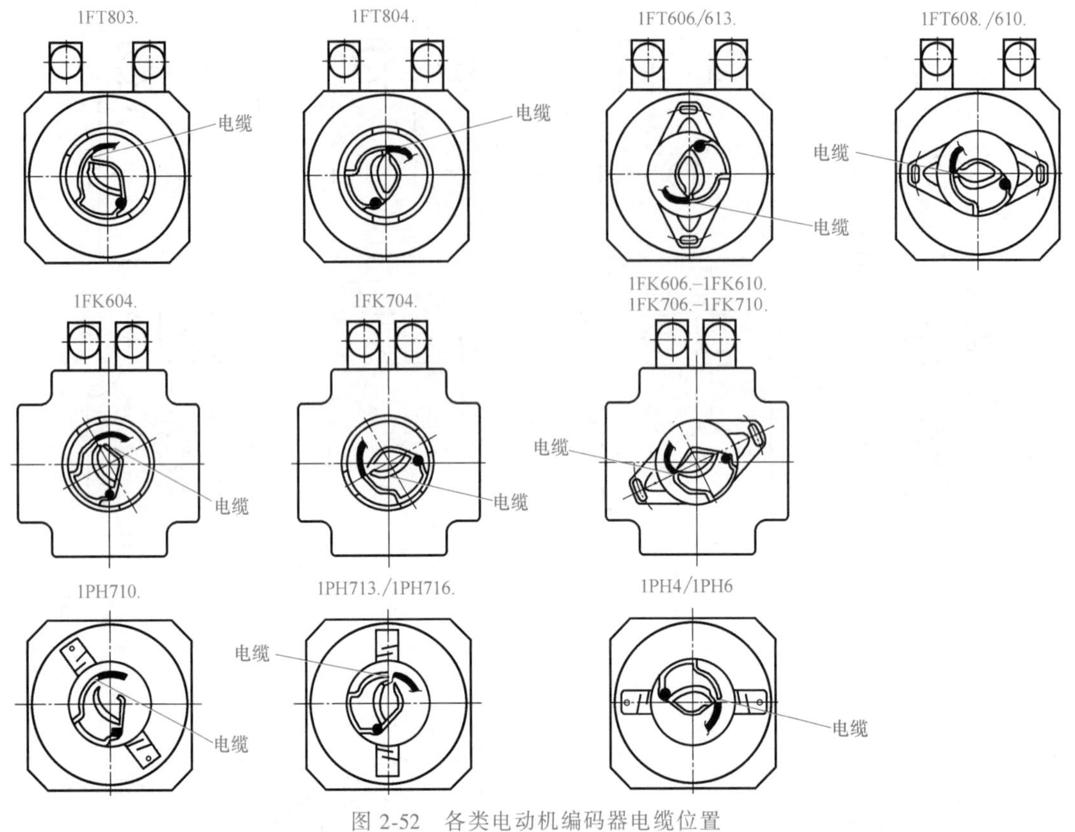

图 2-52　各类电动机编码器电缆位置

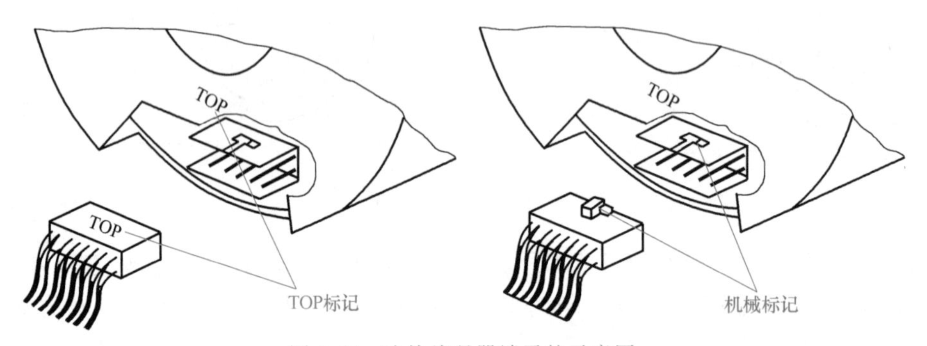

图 2-53　连接编码器端子的示意图

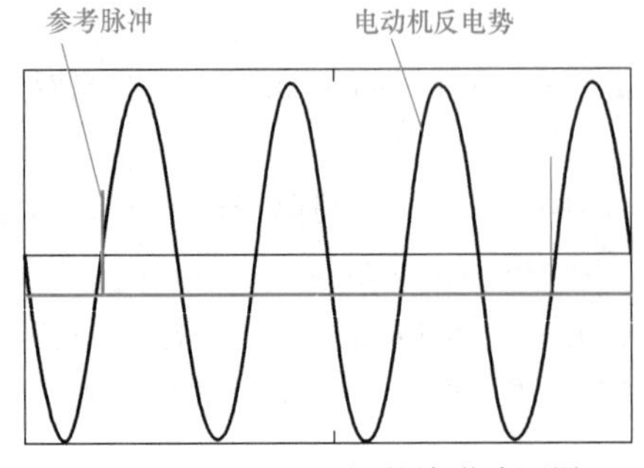

图 2-54　ERN1387 调整波形验证图

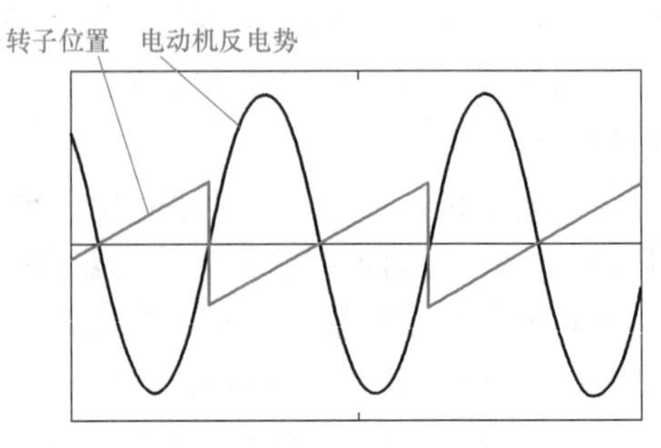

图 2-55　EQN1325 调整波形验证图

第 3 章 系统数据备份与恢复

在进行机床调试工作时，为了提高效率不做重复性工作，需要对所调试数据适时地做备份。在机床出厂前，为该机床所有数据留档，也需对数据进行备份。

SINUMERIK 840D/810D 的数据分为三种：NCK 数据、PLC 数据和 MMC 数据。其中 NCK 和 PLC 的数据是靠电池来保持的，它的丢失直接影响数控系统的正常运行，而 MMC 的数据是存放在 MMC 的硬盘（MMC103）或者是闪存里（MMC100.2），它的丢失在一般情况下仅能影响数控系统数据的显示和输入。

840D/810D 系统有以下两种数据备份方法。

1. 系列备份（Series Start-up）

系列备份的特点如下：

1）用于回装和启动同 SW 版本的系统。

2）包括的数据全面，文件个数少（*.arc）。

3）数据不允许修改，文件采用二进制格式（或称作 PC 格式）。

在不同系统上需要的系列备份文件如图 3-1 所示。

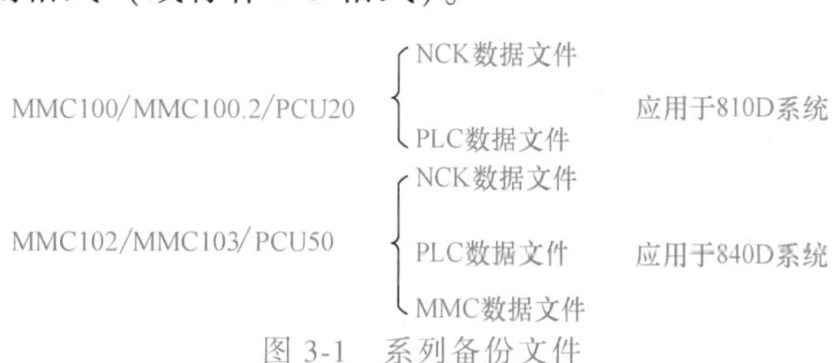

图 3-1　系列备份文件

NCK 数据、PLC 数据和 MMC 数据是系统的“启动数据”，也是数控机床工作的基本数据。NCK 数据、PLC 数据和 MMC 数据的详细分类如图 3-2 所示。

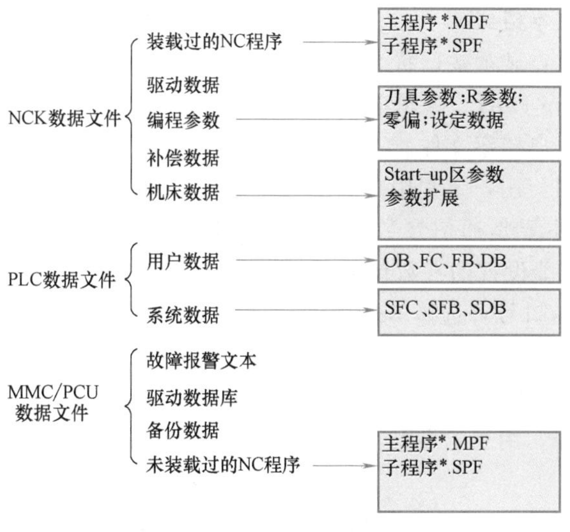

图 3-2　“启动数据”的详细分类

2. 分区备份

分区备份主要指 NCK 中各区域的数据（MMC103 中的 NC_ACTIVEDATA 和 MMC100.2 中的 DATA），例如零件程序、R 参数、补偿参数等，传递数据时只能一个一个地传送。

分区备份的特点如下：

1）用于回装不同 SW 版本的系统。

2）文件个数多（一类数据一个文件）。

3）可以修改，大多数文件用“纸带格式，即文本格式”。

840D/810D 系统做数据备份需要以下辅助工具：

1）WINPCIN 软件。

2）RS232C 串行通信电缆。

3）PG 740（或更高型号）或 PC。

3.1 WINPCIN 软件的安装与使用

WINPCIN 软件用于西门子数控系统与计算机之间数据文件的传输。西门子自带的通信软件有 PCIN 和 WINPCIN 两种，PCIN 是 MSDOS 下的软件，而 WINPCIN 是 Windows 版本软件。

在 WINPCIN 安装盘中，直接单击安装文件“setup.exe”进行安装，按照安装提示即可完成安装。启动 WINPCIN 后出现软件主界面，如图 3-3 所示，其各项显示菜单说明如下：

【RS232 Config】：通信接口参数设置。

【Receive Data】：接收数据，也就是数控系统向计算机传输数据。

【Send Data】：发送数据，也就是计算机向数控系统传输数据。

【Abort Transfer】：结束传输或中断传输。

【Edit File】：编辑数据文件。

【About】：有关 WINPCIN 的信息。

【Binary Format】：二进制格式。

【Text Format】：文本格式。

【Show V24 Status】：显示接口状态。

【Edit Single Archive File】：编辑单个档案文件。

【Split Archiv】：分离档案文件。

【USER1，USER2】：用户 1 和用户 2 的接口参数。

WINPCIN 的设置主要是通信参数的设置。单击【RS232 Config】按钮进入通信设置界面，如图 3-4 所示。主要设置的参数包括：

【Comm Port】通信口号：选择 RS232 通信接口 COM1 或 COM2，通常接口为 COM1。

【Baudrate】波特率：数据传输的速率，采用哪种波特率取决于传输设备、通信电缆及工作环境等因素。建议波特率不要选择得太高，通常选择 9600bit/s 即可。

【Parity】校验选择：用于检测传输错误，可以选择无奇偶检验、奇校验和偶校验，通常为无奇偶校验。

【Data bits】数据位：用于异步传输的数据位数，可以选择的数据位数有 7 位或 8 位，系统默认为 8 位。

图 3-3　WINPCIN 软件主界面

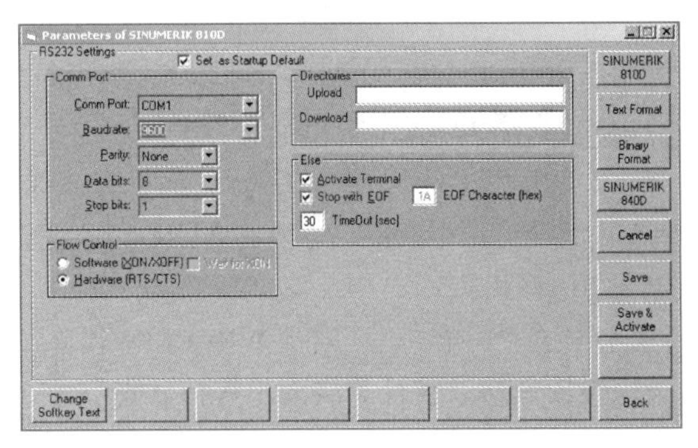

图 3-4　RS232 配置界面

【Stop bits】停止位：用于异步传输的停止位数，可以选择的停止位有 1 位或 2 位，系统默认为 1 位。

【Flow Control】传输流控制：其中【Software（XON/XOFF）】指的是软件传输控制。XON/XOFF 为接口设置的两种传输方式，数据接收等待 XON 字符和数据传输发送 XOFF 字符，如果选中【Wait for XON】，则传输等待 XON 字符开始。【Hardware（RTS/CTS）】指的是硬件传输控制。RTS 信号为请求发送信号，控制数据传输设备的发送方式。主动时，数据可以传输；被动时，CTS 信号（清除发送）为 RTS 的确认信号，确认传输设备准备发送数据。

【Upload】：设置输入文件的存放目录，默认为当前目录。

【Download】：设置输出文件所在目录。

完成参数设置后，要单击【Save】或【Save & Activate】按钮，保存或激活该组参数，否则新设置的参数不会生效。

【Else】选项保持默认设置即可。

3.2　系列备份

3.2.1　V.24 参数的设定

进行数据备份前，应首先确认接口数据设定，根据两种不同的备份方法，接口设定也只有两种，即 PC 格式与纸带格式，如图 3-5 所示。

1）PCU20 V.24 参数设定的操作步骤：

“[按钮]”（Switch-over 按钮）→“Service”→“V24 或 PG/PC”（垂直菜单）→“Settings”→用“[按钮]”按钮来切换选项。

2）PCU50 V.24 参数设定的操作步骤：

“[按钮]”（Switch-over 按钮）→“Service”→“V24 或 PG/PC”（垂直菜单）→“Interface”→用“[按钮]”按钮来切换选项。

810D/840D V.24 参数

设备	RTS CTS
波特率	9600
停止位	1
奇偶	None
数据位	8
XON	11
XOFF	13
传输结束	1a
XON 后开始	N
确认覆盖	N
CRLF 为段结束	N
遇 EOF 结束	N
测 DRS 信号	N
前后引导	N
磁带格式	N

a) PC(二进制)格式

810D/840D V.24 参数

设备	RTS CTS
波特率	9600
停止位	1
奇偶	None
数据位	8
XON	11
XOFF	13
传输结束	1a
XON 后开始	N
确认覆盖	N
CRLF 为段结束	Y
遇 EOF 结束	Y
测 DRS 信号	N
前后引导	N
磁带格式	Y

b) 纸带格式

图 3-5　810D/840D V.24 参数设定

3.2.2 PCU20 的系列备份

对 PCU20 做系列备份，一般是将数据传至外部计算机内。其具体操作步骤如下：

1）连接 PG/PC 至 PCU 的接口 X6。

2）在 PCU 上操作：“▭”（如已在主菜单，则无此步）→“Service”→“V24 或 PG/PC”（垂直菜单）→“Settings”，进行 V.24 参数设定并存储设定或激活（Active）（此步将 V.24 设定为 PC 格式）。

3）在 PG/PC 上，启动 WIN PCIN 软件，并选择“Data In”和给文件起名，同时确定目录，按回车键，使计算机处于等待状态（在此之前，PCIN 的 INI 中已设定为 PC 格式），如图 3-6 所示。

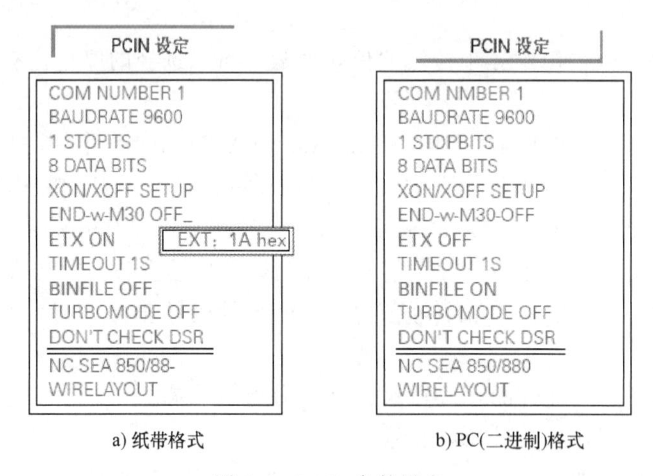

a) 纸带格式　　b) PC(二进制)格式

图 3-6　PCIN 参数设定

4）在 PCU 设定完 V.24 参数后，返回；接着选择“Data out”→移动光标至“Start-up Data”→“INPUT”键（黄色键，位于 NC 键盘上），移动光标选择“NCK”或“PLC”。

5）在 PCU 上按垂直菜单上的“Start”软键。

6）在传输时，会有字节数变化以表示正在传输中，可以用“Stop”软键停止传输。传输完成后可用“log”查看记录。

3.2.3 PCU50 的系列备份

由于 MMC103 可带软驱、硬盘、NC 卡等，因此其数据备份更加灵活，可选择不同的存储目标。下面以其为例介绍具体操作步骤：

1）主菜单中选择“Service”操作区，如图 3-7 所示。

2）按扩展软键“〉”→“Series Start-up”，选择存档内容 NC、PLC 或 MMC，并定义存档文件名，建议最好是 MMC，NCK 和 PLC 的数据分开备份，文件名最好用系统默认的文件名加上日期。

3）从垂直菜单中选择一个作为存储目标：

V.24——数据的备份通过 MMC 上的串口 COM1 和 COM2 实现，通过“Interface”软件进行端口设置。

PG——编程器（PG）。

Disk——MMC 所带的软驱中的软盘。

Archive——向 PCU50 硬盘中 Archive 文件夹下保存数据。

NC Card——将文件备份到 NCU 上的 NC 卡中（SW5.2 以上）。

其中，选择 V.24 和 PG 时，应按软键“Interface”，设定接口 V.24 的参数。

4）若选择备份数据到硬盘，则选择“Archive”（垂直菜单）→“Start”（软键）。

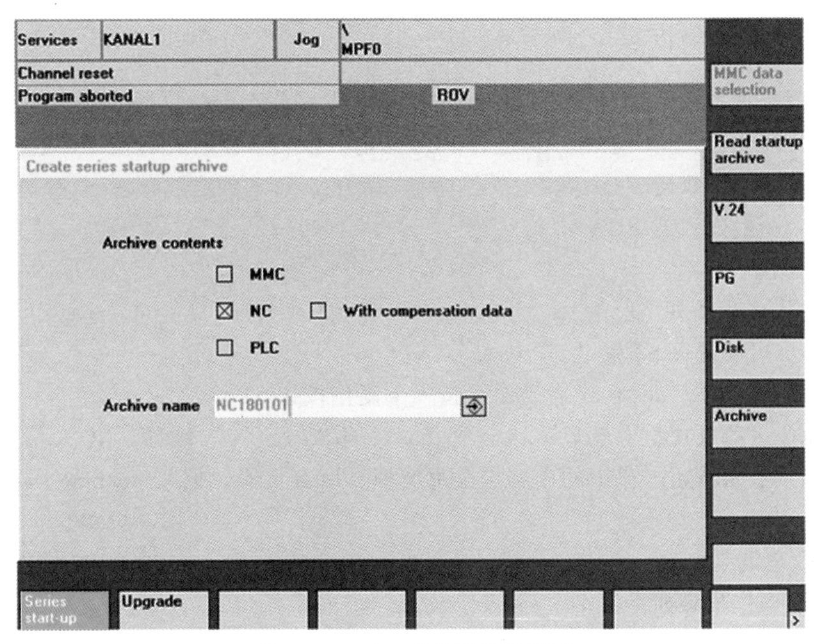

图 3-7 PCU50 的系列备份界面

3.3 分区备份

3.3.1 PCU20 的分区备份

对于 PCU20，与系列备份不同的是：第一步，V.24 参数设定为纸带格式；第二步，数据源不再是“Start-up data”，而是“Data”；其余各步操作均相同，具体操作如下：

1）连 PC/PG 到 PCU。

2）“Service”→“V24 PG/ PC”（垂直菜单）→“Settings”（设定 V.24 为纸带格式），分区。

3）启动 PCIN→“Data In”定目录，起文件名。

4）PCU 上“Data out”→移动光标至“Data”→“Input”软键→选择某一种要备份的数据。

5）PCU 上“Start”（垂直菜单）。

3.3.2 PCU50 的分区备份

对于 PCU50，与系列备份不同的是第二步无需按扩展软键，而直接按“Data Out”，具体步骤为：

1）“Service”。

2）“Data out”。

3）从垂直菜单选存储目标。

4）“Interface”设定接口参数为纸带格式。

5）“Start”（垂直菜单）。

6）确定目录，起文件名→“OK”（垂直菜单）。

备份成功后，在相应的目录中会找到备份的文件。

3.4 数据的清除与恢复

恢复数据是把备份数据通过计算机或磁盘等再装入系统。在数据恢复前，要进行NC或PLC总清，一般先进行NC总清，再进行PLC总清。恢复数据时先恢复NC数据，然后再恢复PLC数据和MMC数据。

3.4.1 NC总清和PLC总清

1. NC总清

NC总清操作步骤如下：

1）将NC启动开关S3置“1”位置。

2）重新启动NC，如NC已启动，可按一下复位按钮S1。

3）待NC启动成功，七端显示器显示“6”，将S3置“0”位置。NC总清执行完成。

NC总清后，SRAM内存中的内容被全部清掉，所有机器数据（Machine Data）被预置为默认值。

2. PLC总清

PLC总清操作步骤如下：

1）将PLC启动开关S4置“2”位置，PS灯会亮。

2）将S4置“3”位置，并保持3s等到PS灯再次亮，PS灯灭了又再亮。

3）在3s之内，快速地操作S4置于位置“2”→“3”→“2”。PS灯先闪，后又亮，PF灯亮（有时PF灯不亮）。

4）等PS和PF灯亮了，S4置“0”位置，PS和PF灯灭，而PR灯亮。PLC总清执行完成。

PLC总清后，PLC程序可通过STEP7软件传至系统，如PLC总清后屏幕上有报警可做一次NCK复位（热启动）。

3.4.2 数据恢复

恢复数据是指系统内的数据需要用存档的数据通过计算机或软驱等传入系统。它与数据备份是相反的操作。

1. PCU20（MMC100.2）的操作步骤

1）在PCU上进行以下操作。

① 连接PG/PC到系统PCU20。

② “Service”。

③ “Data In”。

④ “V24 PG/PC”（垂直菜单）。

⑤ “Settings”，设定V24参数，完成后返回。

⑥ “Start”（垂直菜单）。

2）在PC上进行以下操作：

① 启动 PCIN 软件。

② “Data Out”→选中存档文件并按回车键。

2. PCU50 的操作步骤（从硬盘上恢复数据）

① “Service”。

② 扩展键 “〉 ”。

③ “Series Start-up”。

④ “Read Start-up Archive” （垂直菜单）。

⑤ 找到存档文件，并选中 “OK”。

⑥ “Start” （垂直菜单）。

无论是数据备份还是数据恢复，都是在进行数据的传送。传送的原则：一是永远是准备接收数据的一方先准备好，处于接收状态；二是两端参数设定一致。

3.5 利用 GHOST 进行 840D 系统硬盘备份与回装

3.5.1 利用 PCU50 中 GHOST 进行系统硬盘备份

在 PCU50 硬盘中除了用户数据还包括 XP 操作系统、HMI_advanced 软件以及机床制造厂家的相关软件等，如果系统文件损坏，即便用户数据完好也无法正常工作。因此，对 PCU50 进行整盘备份是非常必要的，备份生成的镜像文件可以长期保存在外部介质中，如移动硬盘、光盘，以便恢复系统时使用。

利用 PCU50 中 GHOST 进行系统硬盘备份时，需要一条交叉网线将 840D 系统与 PC 相连接。整个备份过程分为 PC 设置和 PCU 操作两大部分。

1. PC 设置

1）【控制面板】→【用户账户】→【创建一个新账户】，例如名字为 AUDUSER，密码为 SUNRISE（可以不一样），如图 3-8 所示。

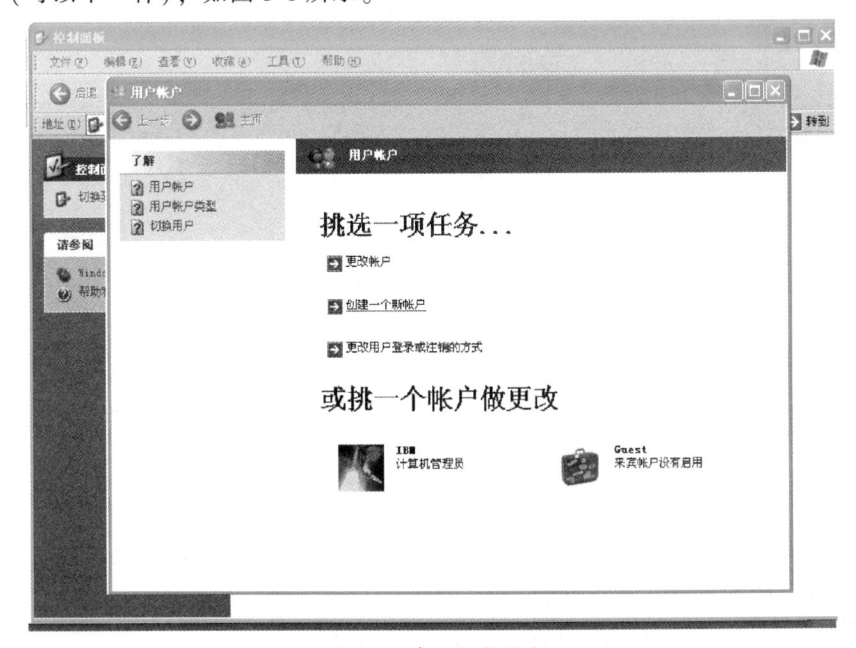

图 3-8 建立用户账户

2）进入【控制面板】→【Windows 防火墙】，关闭 PC 的防火墙，如图 3-9 所示。

图 3-9　关闭 PC 的防火墙

3）设置网络地址，TCP/IP 地址为 192.168.1.120，子网掩码为 255.255.255.0，如图 3-10 所示。

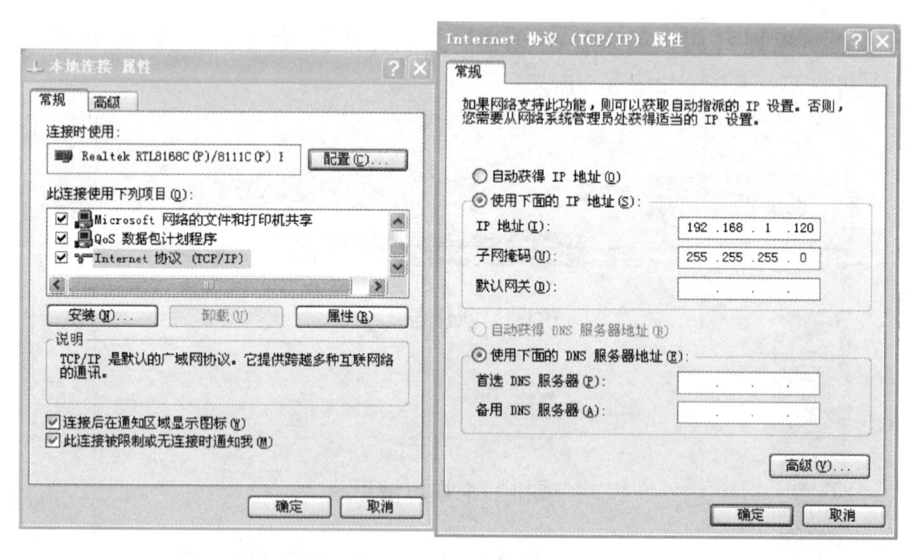

图 3-10　设置网络地址

4）在 PC/PG 上设置一个名字为 PCU50 的共享文件夹，将只读属性去掉，并允许网络用户更改这个文件夹，如图 3-11 所示。

设置好 PC 后，用交叉网线将 840D 系统与 PC 相连接。

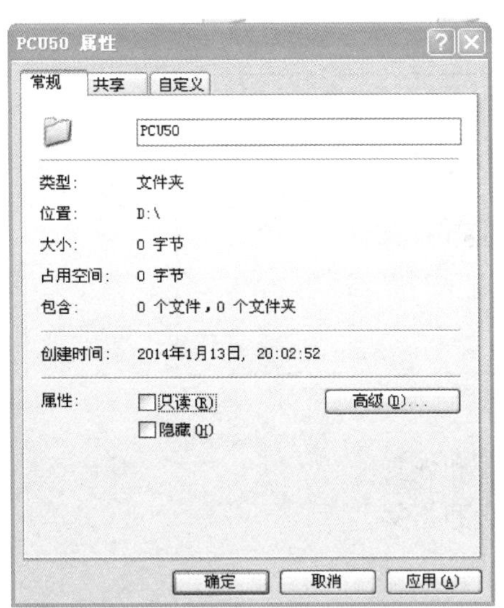

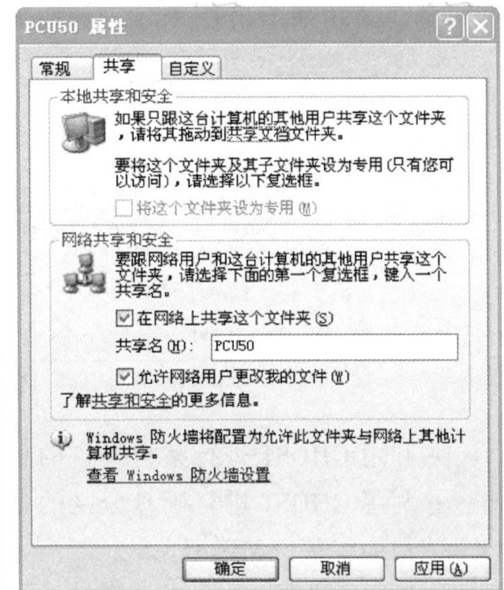

图 3-11　共享文件夹设置

2. PCU 操作

1）本书只针对操作系统为 Windows XP 版本的 PCU50。PCU50 启动硬件自检完后，出现图 3-12 所示界面时，按向下的软键，选取“SINUMERIK”选项下的隐藏选项，光标条停在“SINUMERIK”下方的空白处，按回车键，然后进入服务界面，如图 3-13 所示。

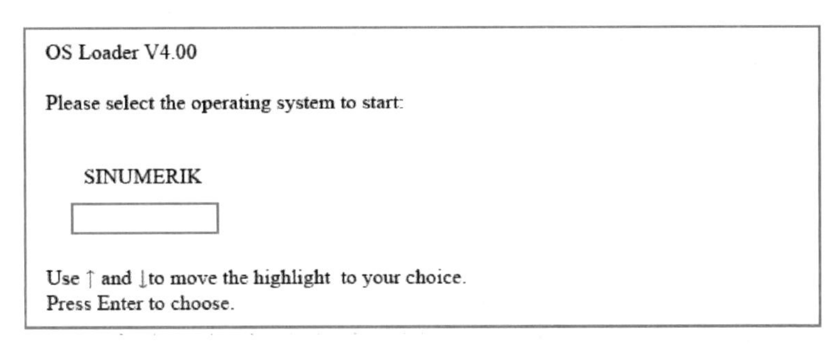

图 3-12　SINUMERIK 选项下的隐藏选项

2）在图 3-13 中，其中选项“7”就是 PCU50 的备份和恢复项，选择选项“7”（即按键盘上数字键 7），PCU 会提示输入密码，输入密码“SUNRISE”，如图 3-14 所示。

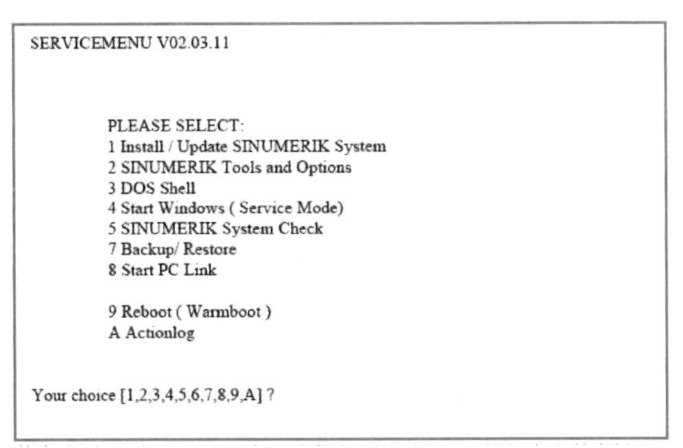

图 3-13　服务界面

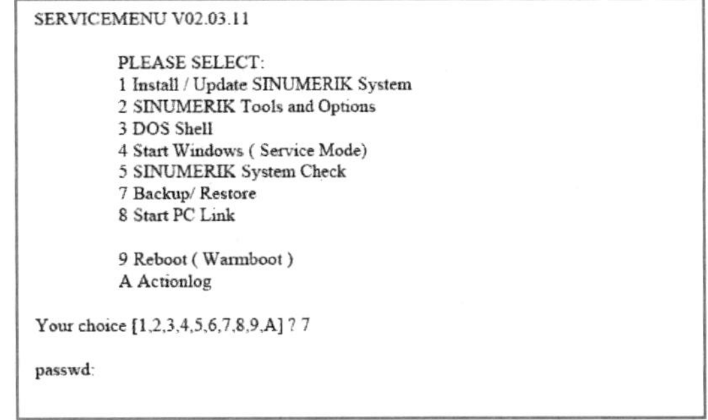

图 3-14　输入密码

按回车键后，显示如图 3-15 所示。说明如下：

```
GHOST-Support for Disks with more than 2GB

        PLEASE SELECT:

        1 Harddisk Backup/ Restore with GHOST
        4 Partitions Backup/ Restore with GHOST (locally)
        5 ADDM Backup/Restore

        9 Return to Main Menu

Your choice [1,4,9]?
```

图 3-15 选择备份方式

选项 1——利用 GHOST 进行整个硬盘的备份和恢复。

选项 4——利用 GHOST 进行硬盘分区的备份和恢复。

选项 5——ADDM 备份和恢复。

选项 9——返回主菜单。

选择选项“1”后，界面显示如图 3-16 所示。说明如下：

```
GHOST Connection Mode  : LOCAL/NETWORK
GHOST Version          : 7.5 (build=335)

        PLEASE SELECT:

        1 Configure GHOST Parameters
        2 Harddisk Backup to    C:\SINUBACK\PCU\MMC.GHO, Mode LOCAL/NETWORK
        3 Harddisk Restore from C:\SINUBACK\PCU\MMC.GHO, Mode LOCAL/NETWORK
        4 Switch to other Version of GHOST

        9 Return to Main Menu

Your choice [1,2,3,4,9]?
```

图 3-16 硬盘备份方式

选项 1——配置 GHOST 的参数。

选项 2——备份整个硬盘到本地的 C 盘。

选项 3——从本地的 C 盘上恢复硬盘数据。

选项 4——切换到其他版本的 GHOST。

选项 9——返回主菜单。

选择选项“1”，进入配置 GHOST 参数的界面，如图 3-17 所示。说明如下：

选项 1——将连接方式设为并口。

选项 2——将连接方式设为本地或网络。

选项 3——修改备份文件文件名。

选项 4——修改恢复文件文件名。

选项 5——修改机器名称。

选项 6——管理网络驱动器。

选项 7——是否拆分。

选项 8——装载其他驱动器。

选项 9——返回上级菜单。

```
GHOST Connection Mode  : LOCAL / NETWORK
Backup to Image File   : C:\SINUBACK\PCU\MMC.GHO
Restore from Image File : D:\SINUBACK \ PCU \ MMC.GHO
Split Mode             : SPLITTING (Split Size : 640MB )

        PLEASE SELECT:

        1 Set Connection Mode PARALLEL (LPT:)
        2 Set Connection Mode LOCAL / NETWORK
        3 Change Backup Image Filename
        4 Change Restore Image Filename
        5 Change Machine name (for Windows and DOS net)
        6 Manage Network Drives
        7 Change Split Mode
        8 Load additional drivers

        9 Back to previous Menu

Your choice [1,2,3,4,5,6,7,8,9] ? 9
```

图 3-17 配置 GHOST 参数界面

现在要将 PCU50 的硬盘备份到计算机

上，所以首先要建立网络驱动器，选择选项“6”，界面显示如图 3-18 所示。说明如下：

选项 1——建立网络驱动器连接。

选项 2——显示网络驱动器。

选项 3——断开网络驱动器。

选项 4——修改网络设置。

在建立网络驱动器前，要确认：计算机侧已经安装了协议；已知计算机名或 IP 地址；PCU50 和计算机之间已用对等网线连接；计算机侧已经共享了某个目录（如 PCU50）。

选择选项“4”，修改网络设置，如图 3-19 所示。

```
CURRENT NETWORK SETTINGS:
Machine Name          : SIEMENS-JE3AMFQ
User Name             : auduser
Transport Protocol    : TCPIP, get IP Addresses automatically via DHCP
Logon to domain       : No
Connected Network Drive:  - none -

PLEASE SELECT:

1 Connect to Network Drive
2 Show connected Network Drives
3 Disconnect from all Network Drives
4 change Network settings

9 Return to Main Menu

Your choice [1,2,3,9]?
```

图 3-18　网络设置界面

```
CURRENT NETWORK SETTINGS:
Machine Name          : SIEMENS-JE3AMFQ
User Name             : auduser
Transport Protocol    : TCPIP, get IP Addresses automatically via DHCP
Logon to domain       : No
Connected Network Drive:  - none -

PLEASE SELECT:

1 Change Machine Name (for DOS Net only)
2 Change User name
3 Toggle Protocol (NETBEUI or TCPIP)
4 Toggle logon to domain (Yes or No)
6 Change TCPIP settings

9 Return to Main Menu

Your choice [1,2,3,4,6,9]?
```

图 3-19　修改网络设置界面

现在，Windows XP 没有 NETBEUI 协议，所以选择 TCP/IP 协议，如果当前不是，可选择选项“3”切换成 TCP/IP 协议。

然后，选择选项“6”进行 TCP/IP 设置（注意这是在 DOS 下的设置，和 Windows 下的设置不同），如图 3-20 所示。

如果采用对等网的连接，则要设成手动设置 IP 地址。

选择选项“1”，然后选择选项“2”，输入 IP 地址，按回车键，如图 3-21 所示。

```
CURRENT TCPIP SETTINGS:

Get IP Address        : automatically via DHCP
Domain Name Server :  0 0 0 0
DNS Extension         :

PLEASE SELECT:

1 Toggle "Get IP addresses" ( automatically or manually)
2 Change IP Address
3 Change Subnet mask
4 Change Gateway
5 Change Domain Name Server
6 Change DNS Extension

9 Return to Main Menu

Your choice [1,2,3,4,5,6,9]?
```

图 3-20　选择手动设置

```
CURRENT TCPIP SETTINGS:

Get IP Address        : manually
My IP Address         : 192 168 1 130
Subnet mask           : 255 255 255 0
Gateway               : 0 0 0 0
Domain Name Server :  0 0 0 0
DNS Extension         :

PLEASE SELECT:

1 Toggle "Get IP addresses" ( automatically or manually)
2 Change IP Address
3 Change Subnet mask
4 Change Gateway
5 Change Domain Name Server
6 Change DNS Extension

9 Return to Main Menu

Your choice [1,2,3,4,5,6,9] 2
```

图 3-21　手动设置 IP 地址界面

子网掩码可不用改，若需要，则选择选项“3”修改子网掩码。

选择选项“9”，返回主菜单，如图 3-22 所示。

再选择选项“9”，返回主菜单，如图 3-23 所示。

```
CURRENT NETWORK SETTINGS:
Machine Name        : SIEMENS-JE3AMFQ
User Name           : auduser
Transport Protocol  : TCPIP, get IP Addresses manually
Logon to domain     : No
Connected Network Drive:  - none -

PLEASE SELECT:

1 Change Machine Name (for DOS Net only)
2 Change User name
3 Toggle Protocol (NETBEUI or TCPIP)
4 Toggle logon to domain (Yes or No)
6 Change TCPIP settings

9 Return to Main Menu

Your choice [1,2,3,4,6,9]?
```

图 3-22　返回主菜单界面（一）

```
CURRENT NETWORK SETTINGS:
Machine Name        : SIEMENS-JE3AMFQ
User Name           : auduser
Transport Protocol  : TCPIP, get IP Addresses manually
Logon to domain     : No
Connected Network Drive:  - none -

PLEASE SELECT:

1 Connect to Network Drive
2 Show connected Network Drives
3 Disconnect from all Network Drives
4 change Network settings

9 Return to Main Menu

Your choice [1,2,3,9]?
```

图 3-23　返回主菜单界面（二）

此时，选择选项“1”（建立网络驱动器），按回车键，出现图 3-24 所示界面。输入 SUNRISE，按回车键。默认网络驱动器为 G 盘，按回车键。输入计算机共享出的目录，格式为：\\计算机名\共享路径名。

选择选项“9”返回，按“Y”键确认存网络参数，如图 3-25 所示。

```
Defaulting to NIC found in slot 0x0009
PCI ID: 8086/1229/8086/3000/0008

Microsoft DOS TCP/IP Protocol Driver 1.0a
Copyright © Mircrosoft corporation, 1991. All rights reserved.
Copyright © Hewlett-Packard Corporation, 1985-1991. All rights reserved.
Copyright © 3Com corporation, 1985-1991. All rights reserved.
Microsoft DOS TCP/IP NEMM Driver 1.0
The command completed successfully.
MS-DOS LAN Manager v2.1 Netbind
Microsoft DOS TCP/IP 1.0a
Microsoft Domain Name Resolver Version 2.1
Copyright © Mircrosoft corporation, 1992-1993. All rights reserved.
Copyright © Hewlett-Packard Corporation, 1985-1991. All rights reserved.
Copyright © 3Com corporation, 1985-1991. All rights reserved.
(loaded in regular memory)
The command completed successfully.

Please type in the network password of the user "auduser"
When a password is requested

Type your password: *******
The command completed successfully.

Letter for Network Drive [G]: G
Directory to be mounted (e.g. \\r4711\dir66): \\Tony\PCU50
```

图 3-24　目录和密码输入

```
GHOST Connection Mode  : LOCAL / NETWORK
Backup to Image File     : C:\SINUBACK\PCU\MMC.GHO
Restore from Image File  : D:\SINUBACK \ PCU \ MMC.GHO
Split Mode               : SPLITTING (Split Size : 640MB )

PLEASE SELECT:

1 Set Connection Mode PARALLEL (LPT:)
2 Set Connection Mode LOCAL / NETWORK
3 Change Backup Image Filename
4 Change Restore Image Filename
5 Change Machine name (for Windows and DOS net)
6 Manage Network Drives
7 Change Split Mode
8 Load additional drivers

9 Back to previous Menu

Your choice [1,2,3,4,5,6,7,8,9] ? 9
```

图 3-25　返回并保存参数

选择选项“7”（是否拆分），如果备份文件过大，就无法刻成 CD 保存，此时可以选择拆分，即将备份时，自动分成指定文件大小的若干文件，如图 3-26 所示。说明如下：

选项 1——不拆分。

选项 2——拆分。

选择选项“2”，界面显示如图 3-27 所示。

```
A GHOST backup image can be split into  smaller portions
to fit on removable media (max. split size 2048 MB).

PLEASE SELECT:

1 NO splitting
2 Splitting

Your choice [1,2]?
```

图 3-26　拆分模式选择

```
A GHOST backup image can be split into  smaller portions
to fit on removable media (max. split size 2048 MB).

PLEASE SELECT:

1 NO splitting
2 Splitting

Your choice [1,2]?2

Old split Size (MB): 640
New Split Size (MB): 640
```

图 3-27　选择拆分

默认拆分的大小为 640MB，如果需要可修改，需要返回到以下界面，如图 3-28 所示。

选择选项“3”，修改备份文件名。在“New backup image filename”项输入“G：\MMC. GHO”，即将 PCU50 整个硬盘备份到计算机上，文件名为 MMC. GHO，如图 3-29 所示。选择选项“9”返回，并按“Y”键确认存储 GHOST 参数。

```
GHOST Connection Mode  : LOCAL / NETWORK
Backup to Image File   : C:\SINUBACK\PCU\MMC.GHO
Restore from Image File : D:\SINUBACK \ PCU \ MMC.GHO
Split Mode             : SPLITTING (Split Size : 640MB )

        PLEASE SELECT:

        1 Set Connection Mode PARALLEL (LPT:)
        2 Set Connection Mode LOCAL / NETWORK
        3 Change Backup Image Filename
        4 Change Restore Image Filename
        5 Change Machine name (for Windows and DOS net)
        6 Manage Network Drives
        7 Change Split Mode
        8 Load additional drivers

        9 Back to previous Menu

Your choice [1,2,3,4,5,6,7,8,9] ?
```

图 3-28 返回界面

```
Split Mode             : SPLITTING (Split Size : 640MB )

        PLEASE SELECT:

        1 Set Connection Mode PARALLEL (LPT:)
        2 Set Connection Mode LOCAL / NETWORK
        3 Change Backup Image Filename
        4 Change Restore Image Filename
        5 Change Machine name (for Windows and DOS net)
        6 Manage Network Drives
        7 Change Split Mode
        8 Load additional drivers

        9 Back to previous Menu

Your choice [1,2,3,4,5,6,7,8,9] ? 3

Attention!  GHOST connetion mode LOCAL/NETWORK is configured.

Don't use drives C:,D:,E:,or F: for the backup/restore image file,
Because they're the backup/restore drives themselves.

Old backup image filename: C:\SINUBACK\PCU\MMC.GHO
New backup image filename: G:\MMC.GHO
```

图 3-29 修改备份文件名

在图 3-30 中，选择选项“2”。

在图 3-31 中选择选项“1”，各选项说明如下：

选项 1——备份时不将 PCU50 硬盘上的映像文件加到新的备份文件中。

选项 2——备份时将 PCU50 硬盘上的映像文件也加到新的备份文件中。

```
GHOST Connection Mode : LOCAL/NETWORK
GHOST Version         : 7.5 (build=335)

      PLEASE SELECT:

      1 Configure GHOST Parameters
      2 Harddisk Backup to   G:\MMC.GHO,  Mode LOCAL/NETWORK
      3 Harddisk Restore from  C:\SINUBACK\PCU\MMC.GHO,  Mode LOCAL/NETWORK
      4 Switch to other Version of GHOST

      9 Return to Main Menu

Your choice [1,2,3,4,9]?
```

图 3-30 硬盘备份目录选择

```
There are local images on D:.
The backup can be performed with or without these images.

        PLEASE SELECT:

        1 Backup WITHOUT local Images
        2 Backup WITH local Images

Your choice [1,2] ?
```

图 3-31 PCU50 硬盘上的映像文件是否同时备份

在图 3-32 中按“Y”键确认后，开始备份并传输到计算机。

```
Image file for backup is G:PCU50NT.GHO
Please make sure the directory path exists on the target system!

Continue backup [Y, N] ?
```

图 3-32 开始备份并传输

等待直到进度条到 100%，备份就完成了。图 3-33 所示为 PC 备份进行中。

PCU50 硬盘的回装操作如下：

1）开机后选取“SINUMERIK”选项下的隐藏选项，进入服务菜单。

2）选择“3 Restore from G：\PCU50. GHO”选项。其他操作步骤同备份过程相似，这里不再详述。

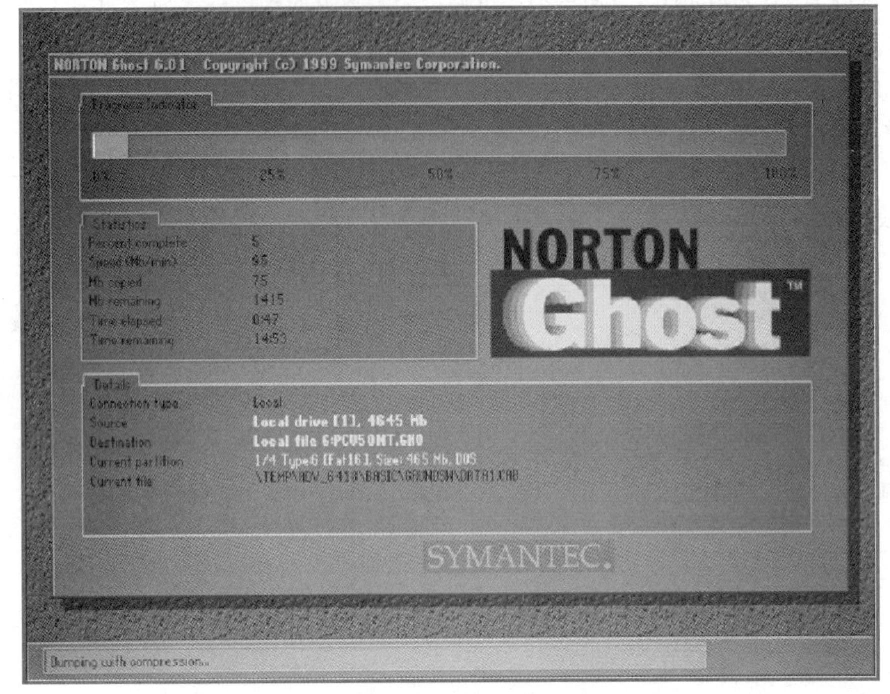

图 3-33 PC 备份进行中

3.5.2 利用外部 PC 中 GHOST 进行系统硬盘备份

1）关闭机床，将硬盘从数控机床 PCU50 中拆下。注意要小心地取下连接硬盘的排线，不要弄断硬盘供电的电缆线。

2）关闭一台装有 Windows 操作系统和 GHOST 软件的台式计算机。切断电源，打开机箱，将拆下的机床硬盘连接到 PC 机上，作为此 PC 机的第二主硬盘。

3）利用 GHOST 软件进行硬盘全盘备份。计算机开机后，运行 GHOST 软件，在“Local”中选择“DISK”磁盘分区选项的“To Image”选项，进行机床硬盘的全盘分区备份，按照提示依次选择源盘（即机床硬盘）和要备份的硬盘分区，再选择备份文件存储路径和文件名，保存在台式计算机中。在复制过程中出现“有坏语句是否继续”的提示框时，必须单击“YES”按钮，出现“忽视后面的坏语句”提示框时，必须单击“NO”按钮，然后计算机自动完成硬盘分区的数据复制，在计算机中生成一个扩展名为“GHO”的镜像文件。退出 GHOST 软件，关闭计算机，将机床硬盘重新安装回机床，整个备份工作完成。

使用 GHOST 软件进行硬盘分区数据恢复的步骤如下：

将机床硬盘拆下，正确连接到 PC 机中。在 PC 中启动 GHOST 软件，在“Local”中选择“Partition”磁盘分区选项的“From Image”选项，进行机床硬盘的 C 盘分区恢复还原，按照提示完成硬盘的恢复操作。退出 GHOST 软件，关闭计算机，将机床硬盘重新安装回机床。

3.6 实训一 系列备份

3.6.1 实训内容

系列备份（启动数据备份）。

3.6.2 实训设备

1）SINUMERIK 810D/840D 系统。

2）计算机（PC）及 RS232 串行通信电缆。

3.6.3 实训步骤

810D 数控系统上有一个 RS232 串行接口，可与外部设备（如 PC）进行数据通信。如用 PC 进行数据通信时，PC 侧应安装西门子公司的专用通信软件 PCIN 或 WINPCIN。RS232 标准通信电缆接线如图 3-34 所示。线长应控制在 10m 以内。

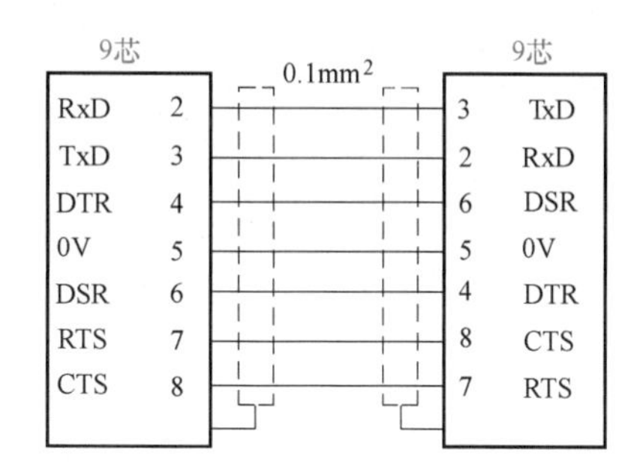

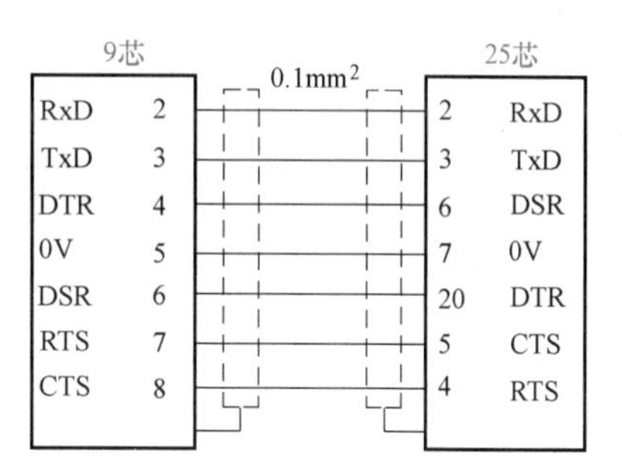

图 3-34　RS232 标准通信电缆接线

启动数据包括：机床数据、设定数据、R 参数、刀具参数、零点偏移、螺距误差补偿值、用户报警文本、PLC 用户程序、零件加工程序、固定循环等。

启动数据从数控系统输出至 PC 时要注意：PC 侧，打开 WINPCIN 软件，设置好接口数据（与 810D/840D 系统侧相对应），在“Receive Data”菜单下选择好数据要传至的目的地，按回车键输入开始，等待 810D/840D 的数据；810D/840D 系统侧，打开制造商口令（默认值：EVENING）。在主菜单下选择“通信”操作区域，设置好接口数据（与 PC 侧 WINPCIN 相对应），选择要输出的数据（启动数据），选择菜单“数据输出”后，试车数据从 810D 系统传输至 PC，作为外部数据保存。

步骤一　连接 RS232 标准通信电缆。

警告！

连接 RS232 电缆时严禁带电插拔！计算机与数控设备需同时将插头取下！

步骤二　按菜单选择键，进入系统操作区域。

步骤三　选择功能菜单软键“服务”。

步骤四　按垂直菜单软键“RS232 PG/PC”。

步骤五　进入通信接口参数设置界面，用光标向上▲键或光标向下▼键进行参数选择，通过“选择/转换”键改变参数设定值，按菜单软键“存储”。（此步设置 810D/840D 系统通信口参数）

步骤六　在计算机上启动 WINPCIN 软件，单击 Binary Format 按钮选择二进制格式，单击 RS232 Config 按钮设置接口参数，如图 3-35 所示。将接口参数设定为 PC 格式（非文本二进制格式），单击 Save & Activate 按钮保存并激活设定的通信接口参数，单击 Back 按钮返回接口配置设定功能（此步设置计算机通信接口参数）。

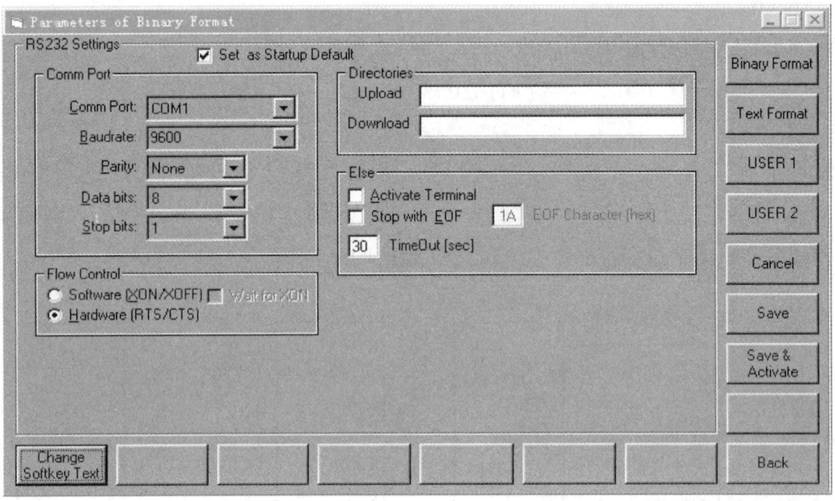

图 3-35　设置接口参数

步骤七　在 WINPCIN 软件中单击 Receive Data 按钮，出现选择接收文件名对话框，要求给文件起名后按同时键确定目录，如图 3-36 所示。输入文件名后按回车键后使计算机处于等待状态，如图 3-37 所示。

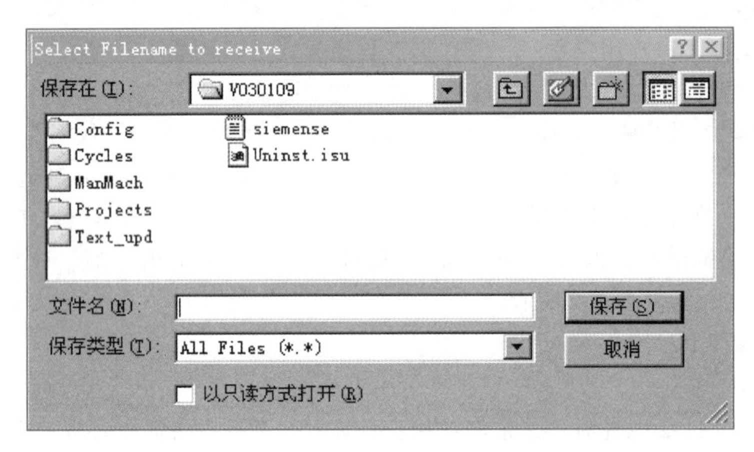

图 3-36　“选择接收文件名”对话框

步骤八　在 810D 系统上功能软键“服务”中通过上、下光标移动键选择至启动数据一行，选择“数据输出”选项后按软菜单键“启动”。

注意!

试车数据备份需要在有口令状态下进行。

步骤九　在传输时，在 810D/840D 上会有一个数据输出在进行中对话框弹出，并有传输字节数变化以表示正在传输进行中，可以按菜单软键“停止”停止传输。传输完成后可用菜单软键“错误登记”查看传输记录。在计算机 WINPCIN 中，会有字节数变化表示传输正在进行中，可以单击 Abort Transfer 按钮停止传输。

步骤十　在传输结束后，810D/840D 上对话框消失。在计算机 WINPCIN 中，有时会自

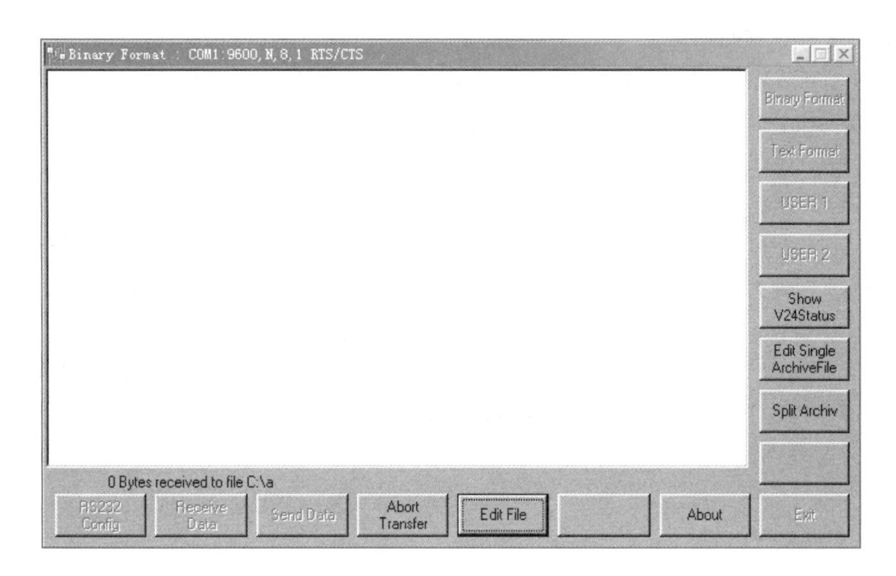

图 3-37　WINPCIN 处于接收等待状态

动停止，有时需单击 Abort Transfer 按钮停止传输。

3.7　实训二　系列备份数据回装

3.7.1　实训内容

系列备份数据回装。

3.7.2　实训设备

1）SINUMERIK 840D/810D 系统。

2）计算机（PC）及 RS232 串行通信电缆。

3.7.3　实训步骤

810D 系统侧，打开制造商口令（默认值：EVENING）。在“服务”操作区域，选择菜单软键“PG/PC”，在“设置”中设置好接口参数，并按“保存设置”按“数据输入”“启动”菜单后，等待数据读入，待读入试车数据后，系统需要操作确认一次。

PC 侧，打开 WINPCIN 软件，设置好接口数据，在“Send Data”菜单下选择好要输出的数据，按回车键输出开始。此时，数据从 PC 传输至 840D/810D 系统 SRAM 区。

恢复启动数据至 840D/810D 系统具体操作步骤：

步骤一　连接 RS232 标准通信电缆。

警告！

连接 RS232 电缆时严禁带电插拔！计算机与数控设备需同时将插头取下！

步骤二　在 840D/810D 上，设置系统通信接口参数，步骤同上。

步骤三　在 PC 上，启动 WINPCIN 软件，设定接口参数为二进制格式，步骤同上。

步骤四　在 810D 系统上选择“数据读入”功能，按菜单软键“启动”，数控系统处于等待数据输入状态。

步骤五　在 WINPCIN 软件中单击 Send Data 按钮，出现文件选择对话框，输入正确的系列备份数据文件名并按回车键。

步骤六 在传输时，数控系统出现警告文本框，会要求用户确认读入启动数据，按菜单软键“确认”后，传输继续，一般不要中途中止传输。在传输结束后，系统恢复标准通信接口设定，并关闭口令。

系列备份数据是系统的启动数据，用 PCU20 备份的数据包括两个启动数据文件 NCK 和 PLC，而 MMC103 和 PCU50 还多一个启动数据文件 MMC。选择要回装的系列备份数据时，其回装的顺序一般为 NCK、PLC。

回装 PLC 数据时，S4 一般置“2”位置，数据传输完毕，等待 1~2min，界面无任何提示后，把 S4 置为“0”位置，断电再通电或按下 S1 使系统复位。如果 LED 显示器显示“6”，且+5V、PR 灯亮，则表示 PLC 数据回装成功。

第4章
数控系统机床数据设置

机床数据的设置与调整在数控机床的调试、维修过程中经常用到。机床数据涉及的方面较多，如轴数据、驱动数据、监控数据、优化数据、回参考点数据等。在设置和调整机床数据前，一定要清楚所要修改数据的定义和作用。修改机床数据一定要谨慎，以防止对数控系统或机床造成损坏。机床数据的修改分为不同的保护等级，只有正确输入各个等级的保护口令，才能进行相应机床数据的修改。

4.1 数控系统机床数据的设置与调整

4.1.1 机床数据的保护等级

西门子840D/810D系统根据数据用途及作用将机床数据保护等级分成了8级（见表4-1），分别是0~7级。0级是最高级，7级是最低级。其中，0~3级为一类，需要输入口令密码；4~7级为一类，需要通过系统提供的钥匙进行控制。操作者只有通过特定的保护等级，才能修改相应等级以及该等级以下的机床数据。

表4-1 机床数据保护等级

保护等级	锁定	适用范围
0	密码	西门子厂家
1	密码:SUNRISE(默认)	机床制造商
2	密码:EVENING(默认)	服务/安装工程师
3	密码:CUSTOMER(默认)	用户的维修工程师
4	开关键位置3	编程和安装人员
5	开关键位置2	通过资格认证的操作者
6	开关键位置1	受过培训的操作人员
7	开关键位置0	一般操作人员

保护等级0~3要求输入密码。0等级的密码可以进入所有数据参数。密码激活后可以改变，但不推荐修改。如果忘记了密码，那么数控系统必须重新初始化。

保护等级4~7要求在机床控制面板上进行钥匙开关设置。有三种不同颜色的钥匙可供使用，每把钥匙分别可以进入特定的数据领域，见表4-2。

表4-2 钥匙位置的含义

钥匙颜色	开关位置	保护等级
不使用钥匙	0	7
使用黑钥匙	0和1	6、7
使用绿钥匙	0到2	5~7
使用红钥匙	0到3	4~7

840D/810D 系统中的机床数据具有不同的写/读保护等级，写/读保护等级是以 *i/j* 形式给出的，可以通过数控系统的手册查看每个机床数据的写/读保护等级。例如，MD10008 具有 2/7 保护等级，2 代表如果想改写该参数，操作者必须具有 2 级以上的口令；7 代表读取该参数的级别是 7 级，也就是最低等级，无需口令即可以读取该数据。

4.1.2 机床数据的设置和调整方法

机床数据的设置与调整操作步骤如下：

1）按【启动】软键，进入“启动”操作区域界面。

2）按【设定口令】软键，根据修改机床数据的级别输入相应的口令，然后确认。

3）按【机床数据】软键，进入机床数据界面，如图 4-1 所示，在水平菜单上将显示【通用机床数据】【通道机床数据】【轴机床数据】【驱动配置】【驱动机床数据】及【显示机床数据】等，按相应软键则进入相关数据区进行数据修改。

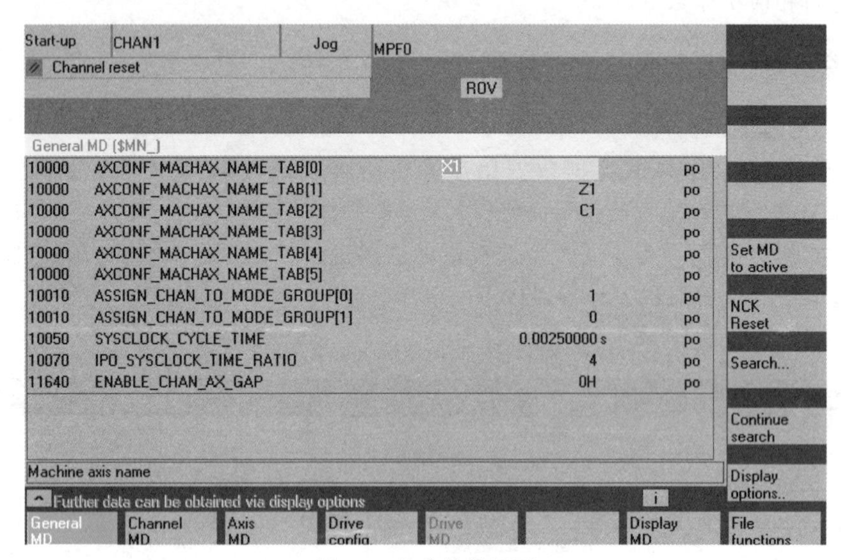

图 4-1 机床数据界面

4）利用【搜索】软键可以快速定位用户需要修改的数据。

5）数据修改完毕以后，根据数据行最右边的提示使机床数据生效。

如果用户的权限不足，则机床数据可能不被显示或者只能显示一部分。840D/810D 数控系统提供了显示过滤器的功能，可以将显示内容限制在自己需要的数据上。显示过滤功能的开启通过单击【Display options】软键开启，如图 4-2 所示。通过此图可以对参数进行选择性显示。

4.1.3 机床数据的生效方式

机床数据改变后，必须采用生效设置才能使修改的数据生效。每一个被修改的数据，在其数据行的最右端，显示了数据生效的方式，分别为：

po：重新上电（POWER ON），系统断电重新启动或按 NCU 模块面板上的“RESET”键使数据生效。

cf：新配置（NEW_ CONF），按 MMC 上的软键“Activate MD”使数据生效。

re：复位（RESET），按控制单元上的“RESET”键使数据生效。

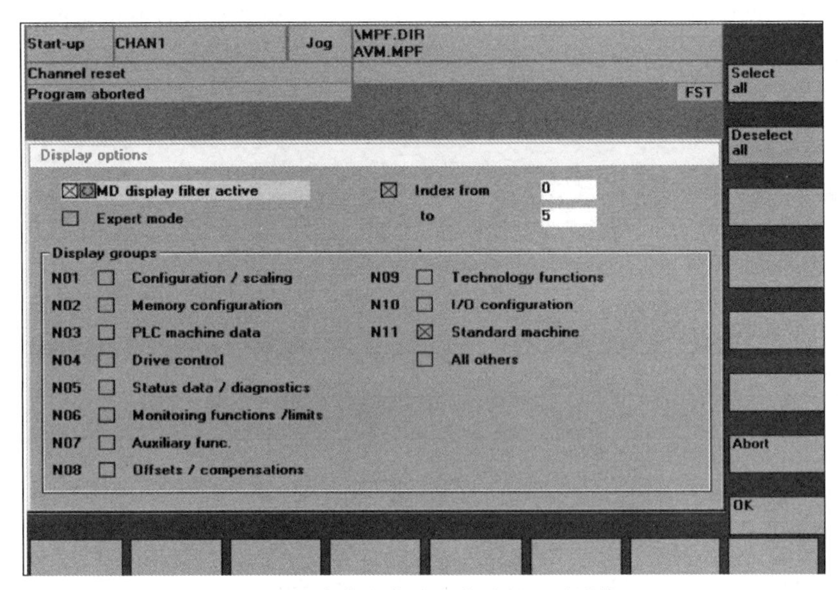

图 4-2　隐藏文件设置的选择显示屏幕

so：立即（IMMEDIATELY），值输入以后立即生效。

4.1.4　机床数据的分类

840D/810D 系统机床数据和设定数据的分类见表 4-3。

表 4-3　机床数据和设定数据的分类

区　域	说　明
从 1000 到 1799	驱动用机床数据
从 9000 到 9999	操作面板用机床数据
从 10000 到 18999	通用机床数据
从 19000 到 19999	预留
从 20000 到 28999	通道类机床数据
从 29000 到 29999	预留
从 30000 到 38999	轴类机床数据
从 39000 到 39999	预留
从 41000 到 41999	通用设定数据
从 42000 到 42999	通道类设定数据
从 43000 到 43999	轴类设定数据
从 51000 到 61999	编译循环用通用机床数据
从 62000 到 62999	编译循环用通道类机床数据
从 63000 到 63999	编译循环用轴类机床数据

4.2　数控系统常用机床数据

4.2.1　操作面板用机床数据

操作面板用机床数据主要用来设置屏幕的显示方式，刀具参数的写/读保护等级，R 参数的保护等级，用户变量的写/读保护等级，零件程序与循环程序的保护等级，其他数据的保护等级等，见表 4-4。

表 4-4　操作面板用机床数据

数据号	机床数据标识		数据名称说明	
默认值	最小值	最大值	生效方式	写/读保护等级
9000	LCD_CONTRAST		对比度	
7	0	15	Power On(重新上电)	3/4
9001	DISPLAY_TYPE		操作面板型号	
0	0	0		0/0
9002	DISPLAY_MODE(HMI EMB)		外部显示器(1:单色;2:彩色)	
0	0	2	Power On(重新上电)	3/4
9003	FIRST_LANGUAGE(HMI EMB)		默认语言	
1	1	2	Power On(重新上电)	3/4
9004	DISPLAY_RESOLUTION		显示分辨率	
3	0	5	Power On HMI-embedd. ,otherw. IMMEDIATELY(重新上电 HMI 嵌入;否则,立即)	3/4
9005	PRG_DEFAULT_DIR(HMI EMB)		程序目录基本设定	
1	1	5	IMMEDIATELY(立即)	3/4
9006	DISPLAY_BLACK_TIME(HMI EMB)		屏幕变黑时间	
0	0	60	Power On(重新上电)	3/4
9007	TABULATOR_SIZE(HMI EMB)		制表长度	
4	0	30	IMMEDIATELY(立即)	3/4
9008	KEYBOARD_TYPE		键盘型号(0:OP,1:MFII/传统键盘)	
0	0	1	Power On(重新上电)	3/4
9009	KEYBOARD_STATE		启动时键盘转移(0:单一,1:永久,2:CAPSLOCK)	
0	0	2	Power On(重新上电)	3/4
9010	SPIND_DISPLAY_RESOLUTION(HMI ADV)		显示主轴分辨率	
3	0	5	IMMEDIATELY(立即)	3/4
9011	DISPLAY_RESOLUTION_INCH		显示寸制测量系统的分辨率	
4	0	5	Power On HMI-embedd. , otherw. IMMEDIATELY(重新上电 HMI 嵌入;否则,立即)	3/4
9012	ACTION_LOG_MODE		为行程记录器设置作用模式	
255	0	0×ffff	Power On(重新上电)	2/2
9013	SYS_CLOCK_SYNC_TIME(HMI EMB)		TimMMC 定时器和 PLC 同步时间	
0	0	199	IMMEDIATELY(立即)	0/0
9014	USE_CHANNEL_DISPLAY_DATA		使用通道专用显示机床数据	

（续）

数据号	机床数据标识		数据名称说明	
默认值	最小值	最大值	生效方式	写/读保护等级
0	0	1	IMMEDIATELY（立即）	3/4
9015	DARKTIME_TO_PLC（OP 30）		传输信号：屏幕变暗-PLC	
0	0	1	IMMEDIATELY（立即）	3/4
9016	SWITCH_TO_AREA（OP 30）		可选的默认启动菜单	
10	10	79	IMMEDIATELY（立即）	3/4
9020	TECHNOLOGY		NC 编程和模拟技术	
0	0	2	IMMEDIATELY（立即）	3/4
9025	DISPLAY_BACKLIGHT		背景灯亮度级别（只用于 HT6）	
15	0	15	Power On（重新上电）	3/4
9026	TEACH_MODE		激活示教模式（只用于 HT6）	
1	0	65535	Power On（重新上电）	4/7
9027	NUM_AX_SEL		进给键的轴组数量（只使用 HT6）	
0	0	4	Power On（重新上电）	3/4
9032	HMI_MONITOR		为 HMI 屏幕信息定义 PLC 数据	
—	—	—	Power On（重新上电）	1/4
9033	MA_DISPL_INV_DIR_SPIND_M3（HMI ADV）		显示主轴旋转方向	
0x0000	0x0000	0x7FFFFFFF	IMMEDIATELY（立即）	3/4
9033	MA_DISPL_INV_DIR_SPIND_M3（HMI ADV）		显示主轴旋转方向	
0x0000	0x0000	0x7FFFFFFF	IMMEDIATELY（立即）	3/4
9050	STARTUP_LOGO		激活 OEM 启动屏	
0	0	1	Power On（重新上电）	2/4
9051	PLC_ADDR_FOR_USER_HD_TEXT		标题栏中用户文本的 PLC 数据	
0	—	—	Power On（重新上电）	1/4
9180	USER_CLASS_READ_TCARR（HMI EMB）		刀架偏移只读保护等级	
7	0	7	IMMEDIATELY（立即）	3/4
9181	USER_CLASS_WRITE_TCARR（HMI EMB）		刀架偏移可写保护等级	
7	0	7	IMMEDIATELY（立即）	2/4
9182	USER_CLASS_INCH_METRIC（HMI EMB）		米制/寸制转换存储等级	
7	0	7	Power On（重新上电）	3/4
9200	USER_CLASS_READ_TOA		刀具偏移读保护等级	
7	0	7	IMMEDIATELY（立即）	3/4
9201	USER_CLASS_WRITE_TOA_GEO		刀具几何写保护等级	
7	0	7	IMMEDIATELY（立即）	3/4
9202	USER_CLASS_WRITE_TOA_WEAR		刀具磨损数据写保护等级	

（续）

数据号	机床数据标识		数据名称说明	
默认值	最小值	最大值	生效方式	写/读保护等级
7	0	7	IMMEDIATELY(立即)	3/4
9204	USER_CLASS_WRITE_TOA_SC(HMI ADV)		改变刀具总偏移保护等级	
7	0	7	IMMEDIATELY(立即)	3/4
9205	USER_CLASS_WRITE_TOA_EC(HMI ADV)		改变刀具设定偏移保护等级	
7	0	7	IMMEDIATELY(立即)	3/4
9206	USER_CLASS_WRITE_TOA_SUPVIS(HMI ADV)		改变刀具极限监控保护等级	
7	0	7	IMMEDIATELY(立即)	3/4
9210	USER_CLASS_WRITE_ZOA		零偏移设定写保护等级	
7	0	7	IMMEDIATELY(立即)	3/4
9211	USER_CLASS_READ_GUD_LUD		读用户变量保护等级	
7	0	7	IMMEDIATELY(立即)	3/4
9212	USER_CLASS_WRITE_GUD_LUD		写用户变量保护等级	
7	0	7	IMMEDIATELY(立即)	3/4
9213	USER_CLASS_OVERSTORE_HIGH		存储扩展保护等级	
7	0	7	IMMEDIATELY(立即)	3/4
9214	USER_CLASS_WRITE_PRG_CONDIT		程序控制保护等级	
7	0	7	IMMEDIATELY(立即)	3/4
9215	USER_CLASS_WRITE_SEA		设定数据写保护等级	
7	0	7	IMMEDIATELY(立即)	3/4
9216	USER_CLASS_READ_PROGRAM(HMI EMB)		读零件程序保护等级	
7	0	7	IMMEDIATELY(立即)	3/4
9217	USER_CLASS_WRITE_PROGRAM(HMI EMB)		改变程序控制保护等级	
7	0	7	IMMEDIATELY(立即)	3/4
9218	USER_CLASS_SELECT_PROGRAM		程序选择保护等级	
7	0	7	IMMEDIATELY(立即)	3/4
9219	USER_CLASS_TEACH_IN		示教保护等级	
7	0	7	IMMEDIATELY(立即)	3/4
9220	USER_CLASS_PRESET		预设置保护等级	
7	0	7	IMMEDIATELY(立即)	3/4
9221	USER_CLASS_CLEAR_RPA		删除 R 变量保护等级	
7	0	7	IMMEDIATELY(立即)	3/4
9222	USER_CLASS_WRITE_RPA		写 R 变量保护等级	
7	0	7	IMMEDIATELY(立即)	3/4

（续）

数据号	机床数据标识		数据名称说明	
默认值	最小值	最大值	生效方式	写/读保护等级
9223	USER_CLASS_SET_V24(HMI EMB)		R232 接口配置保护等级	
7	0	7	IMMEDIATELY(立即)	3/4
9224	USER_CLASS_READ_IN(HMI EMB)		数据读入保护等级	
7	0	7	IMMEDIATELY(立即)	3/4
9225	USER_CLASS_READ_CST(HMI EMB)		标准循环保护等级	
7	0	7	IMMEDIATELY(立即)	3/4
9226	USER_CLASS_READ_CUS(HMI EMB)		用户循环保护等级	
7	0	7	IMMEDIATELY(立即)	3/4
9227	USER_CLASS_SHOW_SBL2(HMI EMB)		跳转单程序段 2(SBL2)	
7	0	7	IMMEDIATELY(立即)	3/4
9228	USER_CLASS_READ_SYF(HMI EMB)		选择路径 SYF 存取等级	
7	0	7	IMMEDIATELY(立即)	3/4
9229	USER_CLASS_READ_DEF(HMI EMB)		选择路径 DEF 存取等级	
7	0	7	IMMEDIATELY(立即)	3/4

4.2.2 通用机床数据

通用机床数据用于机床的一般设置，包括机床坐标轴名、刀具管理、系统 PLC 监控和响应等设置。通用机床数据见表 4-5。

表 4-5 通用机床数据

数据号	机床数据标识			数据名称说明	
硬件/功能	标准值	最小值	最大值	生效方式	保护等级
10000	AXCONF_MACHAX_NAME_TAB[n]			机床坐标轴名	
Always	X1, Y1, Z1, A1, B1,C1,U1,…	—	—	POWER ON(重新上电)	2/7
10008	MAXNUM_PLC_CNTRL_AXES			最大 PLC 控制轴数	
always	0	0	12(NCU572), 4 otherwise	POWER ON(重新上电)	2/7
10010	ASSIGN_CHAN_TO_MODE_GROUP [n]			方式组中有效通道	
always	1,0,0,0,0,0,0, 0,0,0,0,…	0	1	POWER ON(重新上电)	2/7
10050	SYSCLOCK_CYCLE_TIME			系统时钟循环	
NCU571	0.006	0.002	0.031	POWER ON(重新上电)	2/7
NCU572	0.004	0.000125	0.031	POWER ON(重新上电)	2/7
NCU573	—	0.000125	0.031	POWER ON(重新上电)	2/7
NCU573, >1channels	0.004	—	—	POWER ON(重新上电)	2/7

（续）

数据号	机床数据标识			数据名称说明	
硬件/功能	标准值	最小值	最大值	生效方式	保护等级
NCU573,>2 channels	0.008	—	—	POWER ON(重新上电)	2/7
810D	0.0025	0.000625	0.04	POWER ON(重新上电)	2/7
NCU573	0.0025	0.001	0.016	POWER ON(重新上电)	2/7
10061	POSCTRL_CYCLE_TIME			位置控制循环时间	
always	0.0	—	—	POWER ON(重新上电)	2/7
10062	POSCTRL_CYCLE_DELAY			位置控制循环偏移	
always	0.0	0.000	0.008	POWER ON(重新上电)	2/7
Profibus adpt.	0.0007	0.000	0.008	POWER ON(重新上电)	2/7
10100	PLC_CYCLIC_TIMEOUT			最大 PLC 循环时间	
HW-PLC	0.1	0.0	PLUS 正	POWER ON(重新上电)	2/7
10110	PLC_CYCLE_TIME_AVERAGE			最大 PLC 响应时间	
always	0.05	0.0	PLUS	POWER ON(重新上电)	2/7
10120	PLC_RUNNINGUP_TIMEOUT			PLC 上电监控时间	
HW-PLC	50.0	0.0	PLUS	POWER ON(重新上电)	2/7
10190	TOOL_CHANGE_TIME			模拟换刀时间	
Fct:模拟	0	—	—	POWER ON(重新上电)	2/7
10192	GEAR_CHANGE_WAIT_TIME			齿轮更换时间	
always	10.0	0.0	1.0e5	POWER ON(重新上电)	2/7
10240	SCALING_SYSTEM_IS_METRIC			米制基本系统	
always	1	0	1	POWER ON(重新上电)	2/7
10700	PREPROCESSING_LEVEL			编程预处理级	
always	1	0	31	POWER ON(重新上电)	2/7
10702	IGNORE_SINGLEBLOCK_MASK			在单程序块模式中防止到达特定程序块时的停止	
always	0	0	0×ffff	POWER ON(重新上电)	2/7
10704	DRYRUN_MASK			激活空转进给率	
always	0	0	1	POWER ON(重新上电)	2/7
10713	M_NO_FCT_STOPRE[n]			具有预处理停止的 M 功能	
always	-1,-1,-1,-1,-1,-1,-1,-1,-1,…	—	—	POWER ON(重新上电)	2/7
10715	M_NO_FCT_CYCLE [n]			调用刀具更改循环的 M 号	
always	-1,-1,-1,-1,-1,-1,-1,-1,-1,…	—	—	POWER ON(重新上电)	2/7
10716	M_NO_FCT_CYCLE_NAME[n]			M 功能的刀具更换循环名	

（续）

数据号	机床数据标识			数据名称说明	
硬件/功能	标准值	最小值	最大值	生效方式	保护等级
always	—	—	—	POWER ON(重新上电)	2/7
10717	T_NO_FCT_CYCLE_NAME			T 功能的刀具更换循环名	
always	—	—	—	POWER ON(重新上电)	2/7
10718	M_NO_FCT_CYCLE_PAR			用参数替代 M 功能	
always	-1	—	—	POWER ON(重新上电)	2/7
10720	OPERATING_MODE_DEFAULT[n]			重新上电后的模式的初始设定 0:自动模式　1:自动模式 2:MDA 模式　3:MDA 模式 4:MD 模式,子模式 TEACH IN 5:MDA 模式,子模式回参考点 6:JOG 模式 7:JOG 模式,子模式回参考点	
always	7,7,7,7,7,7,7,7,7,7	0	12	POWER ON(重新上电)	2/7
11100	AUXFU_MAXNUM_GROUP_ASSIGN			辅助功能组中分配的辅助功能数	
always	1	1	255	POWER ON(重新上电)	2/7
11110	AUXFU_GROUP_SPEC [n]:0 … 63			辅助功能组定义 位 0=1:输出时间 10B1 位 1=1:输出时间 1PLC 基本循环 位 2:— 位 3=1:接口处无输出 位 4:默认设置 位 5=1:移动前输出组 1=81H 位 6=1:移动时输出组 2=21H 位 7=1:程序末输出组 3~15=41H	
always	0x81, 0x21, 0x41, 0x41,0x41,0x41, …	—	—	POWER ON(重新上电)	2/7
11210	UPLOAD_MD_CHANGES_ONLY			只备份修改的机床数据	
always	0xFF	—	—	IMMEDIATELY(立即)	3/7
18080	MM_TOOL_MANAGEMENT_MASK			刀具管理(SRAM)逐步存储器保留 位 0=1:正载入刀具管理数据 位 1=1:正载入监控数据 位 2=1:正载入 OEM 和 CC 数据 位 3=1:考虑相邻位置的存储空间	
always	0x0	0	0×FFFF	POWER ON(重新上电)	1/7
18082	MM_NUM_TOOL			NCK 能够管理的刀具数量(SRAM)	
always	30	0	600	POWER ON(重新上电)	2/7
18084	MM_NUM_MAGAZINE			NCK 能够管理的刀库数量(SRAM)	
Fct.:刀具管理	3	0	32	POWER ON(重新上电)	2/7
18086	MM_NUM_MAGAZINE_LOCATION			NCK 能够管理的刀库位置数量(SRAM)	

（续）

数据号	机床数据标识			数据名称说明	
硬件/功能	标准值	最小值	最大值	生效方式	保护等级
Fct.：刀具管理	30	0	600	POWER ON(重新上电)	2/7
18088	MM_NUM_TOOL_CARRIER			最大可定义刀架数量	
always	0	0	99999999	POWER ON(重新上电)	2/7
18105	MM_MAX_CUTTING_EDGE_NO			D 号的最大值	
always	9	1	32000	POWER ON(重新上电)	2/7
18106	MM_MAX_CUTTING_EDGE_PERTOOL			每个刀具 D 号的最大数量	
always	9	1	12	POWER ON(重新上电)	2/7
18160	MM_NUM_USER_MACROS			宏的数量(SRAM)	
Fct.:NC 存储器宏	10	0.0	PLUS	POWER ON(重新上电)	2/7

4.2.3　基本通道机床数据

基本通道机床数据定义了某一个通道的机床配置情况，如通道名称、通道内轴的名称、其他一些辅助功能等。常用的基本通道机床数据见表 4-6。

表 4-6　常用的基本通道机床数据

数据号	机床数据标识			数据名称说明	
硬件/功能	标准值	最小值	最大值	生效方式	保护等级
20000	CHAN_NAME			通道名称	
always	通道 1,通道 2,通道 3,…	—	—	POWER ON(重新上电)	2/7
20050	AXCONF_GEOAX_ASSIGN_TAB [n]:0 … 2			指定几何轴到通道轴	
always	{1,2,3},{0,0,0},{0,0,…	0	10	POWER ON(重新上电)	2/7
20060	AXCONF_GEOAX_NAME_TAB [n]:0 … 2			通道中几何轴名	
always	{X,Y,Z},{X,Y,Z},{X,Y,…	—	—	POWER ON(重新上电)	2/7
20070	AXCONF_MACHAX_USED [n]			通道中有效的机床轴号	
always	{1,2,3,4,0,0,0,0,0,0,0,…	0	10	POWER ON(重新上电)	2/7
20080	AXCONF_CHANAX_NAME_TAB[n]			通道中的通道轴名称	
always	{X,Y,Z,A,B,C,U,…	0	1	POWER ON(重新上电)	2/7
20094	SPIND_RIGID_TAPPING_M_NR			转换到控制轴模式的 M 功能	
always	70,70,70,70,70,70,70,…	6	0x7FFF	POWER ON(重新上电)	2/7

（续）

数据号	机床数据标识			数据名称说明	
硬件/功能	标准值	最小值	最大值	生效方式	保护等级
20110	RESET_MODE_MASK			在上电和复位后基本控制设置定义 每个位=0:当前值保留 位 0 复位模式;位 1 刀具选择的辅助功能输出;位 4 当前平面;位 5 可设定 Z0;位 6 刀具长度补偿;位 7 转化;位 8 耦合动作;位 9 切线随动;位 10 同步主轴;位 11 旋转进给率;位 12 几何轴替换;位 13 主值耦合	
always	0x0, 0x0, 0x0, 0x0,0x0,…	0	0xFFFF	RESET	2/7
20112	START_MODE_MASK			在部分程序启动后定义基本控制设置 每个位=0:当前值保留 位 0 复位模式;位 1 刀具选择的辅助功能输出;位 4 当前平面;位 5 可设定 Z0;位 6 刀具长度补偿位;7 转化;位 8 耦合动作;位 9 切线随动;位 10 同步主轴;位 11 旋转进给率;位 12 几何轴替换位;13 主值耦合	
always	0x400,0x400, 0x400,	0	0x7FFF	RESET	2/7
20150	GCODE_RESET_VALUES [n]			G 组的初始设定 选择一些 G 组 [0] 1=G0,2=G01(Std) [5] 1=G17(Std),2=G18,3=G19 [7] 1=G500(Std),2=G54,3=G55,4=G56,5=G57 [9] 1=G60(Std),2=G64,3=G641 [11] 1=G601(Std),2=G602,3=G603 [12] 1=G70,2=G71(Std) [13] 1=G90(Std),2=G91 [14] 1=G93,2=G94(Std),3=G95 [20] 1=BRISK(Std),2=SOFT [22] 1=CDOF(Std),2=CDON [23] 1=FFWOF(Std),2=FFWON [28] 1=DIAMOF(Std),2=DIAMON 更详细的信息,见程序指南 G 代码定义取决于 MD 20110 与 MD 20112	
always	{2,0,0,1,0,1,1,1,…	0.0	PLUS	RESET	2/7
22000	AUXFU_ASSIGN_GROUP[n]:0 … 254			辅助功能组	
always	{1,1,1,1,1,1,1,1,1 …	1	64	POWER ON(重新上电)	2/7

（续）

数据号	机床数据标识			数据名称说明	
硬件/功能	标准值	最小值	最大值	生效方式	保护等级
22010	AUXFU_ASSIGN_TYPE[n]:0 … 254			辅助功能类型	
always	—	—	—	POWER ON(重新上电)	2/7
22020	AUXFU_ASSIGN_EXTENSION[n]:0 … 254			辅助功能扩展	
always	{0,0,0,0,0,0,0,0,0,…	0	99	POWER ON(重新上电)	2/7
22030	AUXFU_ASSIGN_VALUE[n]:0 … 254			辅助功能值	
always	{0,0,0,0,0,0,0,0,0,…	—	—	POWER ON(重新上电)	2/7
22550	TOOL_CHANGE_MODE			M 功能的新刀具补偿	
always	{0,0,0,0,0,0,0,0,0,…	0	1	POWER ON(重新上电)	2/7
22560	TOOL_CHANGE_M_CODE			刀具交换的 M 功能	
always	6,6,6,6,6,6,6,6,6,6,6,…	0	99999999	POWER ON(重新上电)	2/7
22562	TOOL_CHANGE_ERROR_MODE			对刀具交换出错的反应	
always	0x0, 0x0, 0x0, 0x0,0x0,…	0	0x7F	POWER ON(重新上电)	2/7
27860	PROESSTIMER_MODE			激活程序运行时间计量	
always	0x00,0x00, 0x00,…	0	0x07F	RESET	2/7
27880	PART_COUNTER			激活工作件计数	
always	0x0, 0x0, 0x0, 0x0,0x0,…	0	0x0FFFF	RESET	2/7
27882	PART_COUNTER_MCODE[n]:0 … 2			使用用户定义 M 指令的计算工件	
always	{2,2,2},{2,2, 2},{2,2,…	0	99	POWER ON(重新上电)	2/7
28050	MM_NUM_R_PARAM			通道专用 R 参数数(SRAM)	
always	100, 100, 100, 100,100,…	0	32535	POWER ON(重新上电)	2/7
28080	MM_NUM_USER_FRAMES			可设定框架数(SRAM)	
always	5,5,5,5,5,5,5,5,5,5,…	5	100	POWER ON(重新上电)	2/7

4.2.4 轴类机床数据

轴类机床数据是机床调试与维修人员应当熟悉掌握的数据。该类机床数据主要包括进给轴/主轴的硬件配置数据、编码器等测量元件配置用数据、系统补偿数据、常用机床监控数据等。

1. 轴配置机床数据（见表 4-7）。

表 4-7 轴配置机床数据

数据号	机床数据标识			数据名称说明	
硬件/功能	标准值	最小值	最大值	生效方式	保护等级
30110	CTRLOUT_MODULE_NR[n]:0 … 0			设定值指定:驱动器号/模块号	
always	1	1	10	POWER ON(重新上电)	2/7
30130	CTRLOUT_TYPE[n]:0 … 0			设定值输出类型	
always	0	0	3	POWER ON(重新上电)	2/7
30132	IS_VIRTUAL_AX[n]:0 … 0			轴是虚拟轴	
always	0	0	1	POWER ON(重新上电)	2/7
30134	IS_UNIPOLAR_OUTPUT[n]:0 … 0			轴是虚拟轴	
Profibus adpt.	0	0	2	POWER ON(重新上电)	2/7
30200	NUM_ENCS			编码器数	
always	1	0	1	POWER ON(重新上电)	2/7
30220	ENC_MODULE_NR [n]			实际值指定:驱动器号/测量电路号	
always	1	1	10	POWER ON(重新上电)	2/7
30240	ENC_TYPE [n]			实际值传感类型(实际位置值) 0:模拟 1:原信号发生器,高分辨率 2:方波编码器,标准编码器(脉冲一式四份) 3:步进电动机的编码器 4:带 EnDat 接口的绝对编码器 5:带 SSI 接口的绝对编码器(FM-NC)	
always	0,0	0	5	POWER ON(重新上电)	2/7
810DI	0,0	0	4	POWER ON(重新上电)	2/7
810D. 1	0,0	0	4	POWER ON(重新上电)	2/7
30242	ENC_IS_INDEPENDENT [n]			编码器是独立的	
always	0,0	0	3	NEW CONF(新配置)	2/7
30250	ACT_POS_ABS [n]			断电时的绝对编码器位置	
always	0. 0,0. 0	—	属性:ODLD	POWER ON(重新上电)	2/7
30260	ABS_INC_RATIO [n]			绝对编码器:绝对分辨率和增量分辨率间的比率	
always	4	0. 0	PLUS	POWER ON(重新上电)	2/7
30300	IS_ROT_AX			旋转轴/主轴	
always	0	0	1	POWER ON(重新上电)	2/7
30310	ROT_IS_MODULO			旋转轴/主轴的模数转化	
always	0	0	1	POWER ON(重新上电)	2/7
30320	DISPLAY_IS_MODULO			旋转轴和主轴的系数 360°显示	
always	0	0	1	POWER ON(重新上电)	2/7

（续）

数据号	机床数据标识			数据名称说明	
硬件/功能	标准值	最小值	最大值	生效方式	保护等级
30330	MODULO_RANGE			模数范围大小	
always	360.0	1.0	360000000.0	RESET	2/7
30340	MODULO_RANGE_START			模数范围起始位置	
always	0.0	—	—	RESET	2/7
30350	SIMU_AX_VDI_OUTPUT			模拟轴的轴信号输出	
always	0	0	1	POWER ON(重新上电)	2/7
30600	FIX_POINT_POS [n]			带 G75 的轴固定值位置	
always	0.0,0.0	—	—	POWER ON(重新上电)	2/7
30800	WORKAREA_CHECK_TYPE			检查工作区域界限类型	
always	0	0	1	NEW CONF(新配置)	2/7

2. 编码器配置机床数据（见表 4-8）

表 4-8 编码器配置机床数据

数据号	机床数据标识			数据名称说明	
硬件/功能	标准值	最小值	最大值	生效方式	保护等级
31000	ENC_IS_LINEAR[n]			直接测量系统(电子尺)	
always	0	0	1	POWER ON(重新上电)	2/7
31010	ENC_GRID_POINT_DIST[n]			电子尺的分割点	
always	0.01,0.01	0.0	PLUS	POWER ON(重新上电)	2/7
31020	ENC_RESOL[n]			每转的编码器脉冲数	
always	2048	0.0	PLUS	POWER ON(重新上电)	2/7
31030	LEADSCREW_PITCH			丝杠螺距	
always	10.0	0.0	PLUS	POWER ON(重新上电)	2/7
31040	ENC_IS_DIRECT [n]			编码器直接安在机床上	
always	0	0	1	POWER ON(重新上电)	2/7
31050	DRIVE_AX_RATIO_DENOM[n]:0 … 5			负载变速箱分母	
always	1	1	2147000000	POWER ON(重新上电)	2/7
31060	DRIVE_AX_RATIO_NUMERA[n]:0 … 5			负载变速箱分子	
always	1	-2147000000	2147000000	POWER ON(重新上电)	2/7
31070	DRIVE_ENC_RATIO_DENOM[n]			测量变速箱分母	
always	1	1	2147000000	POWER ON(重新上电)	2/7
31080	DRIVE_ENC_RATIO_NUMERA[n]			测量变速箱分子	
always	1	1	2147000000	POWER ON(重新上电)	2/7
31090	JOG_INCR_WEIGHT[n]			带 INC/手轮的增量计算	
always	0.001,0.00254	—	—	RESET	2/7

3. 闭环控制机床数据

闭环控制机床数据主要包括伺服增益、轴最大速度、点动速度、阻尼及滤波器等参数的设置，见表 4-9。

表 4-9　闭环控制机床数据

数据号	机床数据标识			数据名称说明	
硬件/功能	标准值	最小值	最大值	生效方式	保护等级
32000	MAX_AX_VELO			最大轴速率	
always	10000.	0.0	PLUS	NEW CONF(新配置)	2/7
32010	JOG_VELO_RAPID			在点动模式下的快速移度	
always	10000.	0.0	PLUS	RESET	2/7
32020	JOG_VELO			点动轴速率	
always	2000.	0.0	PLUS	RESET	2/7
32040	JOG_REV_VELO_RAPID			带快速进给修调的电动中的旋转进给率	
always	2.5	0.0	PLUS	RESET	2/7
32050	JOG_REV_VELO			点动中的旋转进给率	
always	0.5	0.0	PLUS	RESET	2/7
32060	POS_AX_VELO			定位轴速率的初始设定	
功能:定位轴	10000.	0.0	PLUS	RESET	2/7
32070	CORR_VELO			手轮修调的轴速率,外部 ZO,控制车削,位移控制	
always	50.0	0.0	PLUS	RESET	2/7
32074	FRAME_OR_CORRPOS_NOTALLOWED			旋转轴固定进给率	
always	0	0	0x3FF	POWER ON(重新上电)	2/7
32080	HANDWH_MAX_INCR_SIZE			所选取增量的限制	
always	0.0	0.0	PLUS	RESET	2/7
32084	HANDWH_STOP_COND			考虑手轮的 VDI 信号控制 位意义: 位=0:中断及/或获取手轮通道位移 位=1:中止进给运行,无获取 位 0:进给率修调 位 1:主轴修调 位 2:进给停止/主轴停止 位 3:定位过程运行 位 4:伺服使能 位 5:脉冲使能 对于机床轴: 位 6=0 对于手轮行程在 MD JOG_VELO 中的最大进给率 位 6=1 对于手轮行程在 MD MAX_AX_VELO 中的最大进给率 位 7=0 修调对手轮行程有效 位 7=1 修调独立于开关对手轮行程 100%有效,而开关 0%有效	

（续）

数据号	机床数据标识			数据名称说明	
硬件/功能	标准值	最小值	最大值	生效方式	保护等级
always	0xFF	0	0x3FF	RESET	2/7
32090	HANDWH_VELO_OVERLAY_FACTOR			JOG 速率对手轮速率的比率(DRF)	
always	0. 5	0. 0	PLUS	RESET	2/7
32100	AX_MOTION_DIR			移动方向(无控制方向)	
always	1	-1	1	POWER ON(重新上电)	2/7
32110	ENC_FEEDBACK_POL [n]			实际值符号(控制方向)	
always	1	-1	1	POWER ON(重新上电)	2/7
32200	POSCTRL_GAIN[n]			伺服增益系数	
always	1	0	2	NEW CONF(新配置)	2/7
32250	RATED_OUTVAL[n]			额定输出电压	
always	80. 0	0. 0	PLUS	NEW CONF(新配置)	2/7
Profib. , not 611D	0. 0	0. 0	PLUS	NEW CONF(新配置)	2/7
32260	RATED_VELO[n]			额定电动机速度	
always	3000	0. 0	PLUS	NEW CONF(新配置)	2/7
32300	MAX_AX_ACCEL			轴加速度	
always	1	0	* * *	NEW CONF(新配置)	2/7
32400	AX_JERK_ENABLE			轴向突变限制	
always	0	0	1	NEW CONF(新配置)	2/7
32440	LOOKAH_FREQUENCY			前馈的平滑频率	
always	10.	0. 0	PLUS	NEW CONF(新配置)	2/7
32940	POSCTRL_OUT_FILTER_TIME			在位置控制器输出的低通滤波器时间常量	
always	0. 0	0. 0	PLUS	NEW CONF(新配置)	2/7
32950	POSCTRL_DAMPING			伺服回路阻尼	
always	0. 0	—	—	NEW CONF(新配置)	2/7
32960	POSCTRL_ZERO_ZONE[n]			位置控制器的零速区域	
always	0. 0	0. 0	PLUS	NEW CONF(新配置)	2/7
32990	POSCTRL_DESVAL_DELAY_INFO[n]:0 … 2			实际需要的位置延迟	
always	0. 0	—	—	NEW CONF(新配置)	2/7
33000	FIPO_TYPE			精细插补器类型(1:微分 FIPO,2:立方 FIPO)	
always	2	1	3	POWER ON(重新上电)	2/7

4. 系统补偿用机床数据（见表4-10）

表4-10 系统补偿用机床数据

数据号	机床数据标识			数据名称说明	
硬件/功能	标准值	最小值	最大值	生效方式	保护等级
32450	BACKLASH[n]			丝杠反向间隙	
always	0	—	—	NEW CONF 新配置	2/7
32452	BACKLASH_FACTOR[n]:0 … 5			丝杠反向间隙补偿加权因数	
always	1.0	0.01	100.0	NEW CONF 新配置	2/7
32490	FRICT_COMP_MODE[n]			摩擦力补偿类型 0:无补偿 1:带恒定注入值的补偿 2:通过中间程序段获得的特性补偿(选件)	
always	1	0	2	POWER ON(重新上电)	2/7
810D.1	1	0	1	POWER ON(重新上电)	2/7
32500	FRICT_COMP_ENABLE			摩擦力补偿有效	
always	0	0	1	NEW CONF(新配置)	2/7
32510	FRICT_COMP_ADAPT_ENABLE[n]			自适应摩擦力补偿有效	
always	0	0	1	NEW CONF(新配置)	2/7
32520	FRICT_COMP_CONST_MAX[n]			最大摩擦力补偿值	
always	0.0	0.0	PLUS	NEW CONF(新配置)	2/7
32530	FRICT_COMP_CONST_MIN[n]			最小摩擦力补偿值	
always	0.0	0.0	PLUS	NEW CONF(新配置)	2/7
32540	FRICT_COMP_TIME[n]			摩擦力补偿时间常量	
always	0.015	0.0	PLUS	NEW CONF(新配置)	2/7
32610	VELO_FFW_WEIGHT[n]			速度前馈控制的进给系数	
always	1.0	0.0	PLUS	NEW CONF(新配置)	2/7
32620	FFW_MODE			前馈控制类型 0:无前馈控制 1:速度前馈控制 2:速度和转矩前馈控制	
always	1	0	4	RESET	2/7
32630	FFW_ACTIVATION_MODE			从程序激活前馈控制	
always	1	—	—	RESET	2/7
32700	ENC_COMP_ENABLE[n]			插补补偿	
always	0	0	1	NEW CONF(新配置)	2/7
32710	CEC_ENABLE			使能垂度补偿	
always	0	0	1	NEW CONF(新配置)	2/7
32711	CEC_SCALING_SYSTEM_METRIC			垂度补偿的测量系统	

（续）

数据号	机床数据标识			数据名称说明	
硬件/功能	标准值	最小值	最大值	生效方式	保护等级
Fct.:CEC	1	0	1	NEW CONF(新配置)	2/7
32720	CEC_MAX_SUM			垂度补偿的最大补偿值	
Fct.:CEC	1.0	0	10.0	NEW CONF(新配置)	2/7
Fct.:CEC embg.	—	0	1.0	NEW CONF(新配置)	2/7
32730	CEC_MAX_VELO			参考至 MD32000 的垂度补偿的最大变化值	
Fct.:CEC	10.0	0	100.0	NEW CONF(新配置)	2/7
32750	TEMP_COMP_TYPE			温度补偿类型	
Fct.:CEC	0	0	1	NEW CONF(新配置)	2/7

5. 回参考点用机床数据（见表 4-11）

表 4-11　回参考点用机床数据

数据号	机床数据标识			数据名称说明	
硬件/功能	标准值	最小值	最大值	生效方式	保护等级
34000	REFP_CAM_IS_ACTIVE			坐标轴有返回参考点挡块开关	
always	1	0	1	RESET	2/7
34010	REFP_CAM_DIR_IS_MINUS			负方向回参考点	
always	0	0	1	RESET	2/7
34020	REFP_VELO_SEARCH_CAM			回参考点速率	
always	5000.0	0.0	PLUS	RESET	2/7
34030	REFP_MAX_CAM_DIST			到挡块开关的最大位移	
always	10000.0	0.0	PLUS	RESET	2/7
34040	REFP_VELO_SEARCH_MARKER[n]			爬行速率	
always	300.0	0.0	PLUS	RESET	2/7
34050	REFP_SEARCH_MARKER_REVERSE[n]			反向到参考点挡块开关	
always	0	0	1	RESET	2/7
34060	REFP_MAX_MARKER_DIST[n]			到参考标记的最大位移 到 2 个参考标记的最大位移 用于位移编码测量系统	
always	20.0	0.0	PLUS	RESET	2/7
34070	REFP_VELO_POS			参考点定位速率	
always	10000.0	0.0	PLUS	RESET	2/7
34080	REFP_MOVE_DIST[n]			参考点位移	
always	-2.0	—	—	RESET	2/7
34090	REFP_MOVE_DIST_CORR[n]			参考点偏移/绝对位移编码偏移	
always	0.0	—	—	RESET	2/7

（续）

数据号	机床数据标识			数据名称说明	
硬件/功能	标准值	最小值	最大值	生效方式	保护等级
34092	REFP_CAM_SHIFT[n]			带等距离零标记的增量系统的电子凸轮偏移	
always	0.0	0.0	PLUS	RESET	2/7
34093	REFP_CAM_MARKER_DIST[n]			电子挡块与零标记间的距离	
always	0.0	—	—	RESET	2/7
34100	REFP_SET_POS[n]:0 … 3			参考点的设定位置值	
always	0.0	45000000	45000000	RESET	2/7
34110	REFP_CYCLE_NR			在通道专用参考点的轴顺序 -1:对 NC 启动无必须参考点 0:无通道专用回参考点 1~15:通道专用中回参考点的顺序	
always	1	-1	10	RESET	2/7
34200	ENC_REFP_MODE[n]			参考点模式 0:不回参考点;若绝对编码器存在:接受 REFP_SET_POS 1:零脉冲(在编码器跟踪时) 2:BERO 3:位移编码参考标记 4:带双边沿的 Bero 5:BERO 凸轮 6:参考点编码器的测量系统校准 7:带主轴的带 conf. 速度的 BERO	
always	1	0	7	POWER ON(重新上电)	2/7
34210	ENC_REFP_STATE[n]			状态绝对编码器 0:编码器没调整 1:使能编码器调整 2:编码器已调整	
always	0	0	2	IMMEDIATELY(立即)	2/7
34220	ENC_ABS_TURNS_MODULO[n]			旋转编码器的绝对值编码器范围	
always	4096	1	100000	POWER ON(重新上电)	2/7
34230	ENC_SERIAL_NUMBER[n]			编码器序列号	
always	0	—	—	POWER ON(重新上电)	2/7

6. 主轴设置用机床数据

主轴设置用机床数据主要包括主轴转速、主轴换挡、主轴控制等数据，见表 4-12。

表 4-12　主轴设置用机床数据

数据号	机床数据标识			数据名称说明	
硬件/功能	标准值	最小值	最大值	生效方式	保护等级
35000	SPIND_ASSIGN_TO_MACHAX			指定主轴到机床轴	
always	0	0	10	POWER ON(重新上电)	2/7
35010	GEAR_STEP_CHANGE_ENABLE			主轴齿轮级变化有效	
always	0	0	2	RESET	2/7
35020	SPIND_DEFAULT_MODE			初始主轴设置 0/1:无/带位置控制的速度模式 2:定位模式 3:轴模式	
always	0	0	3	RESET	2/7
35030	SPIND_DEFAULT_ACT_MASK			初始主轴设定有效时的时间 0:重新上电 1:程序开始 2:复位(M2/M30)	
always	0x00	0	0x03	RESET	2/7
35032	SPIND_FUNC_RESET_MODE			单个主轴功能的复位反应	
always	0x00	0	0x01	POWER ON(重新上电)	2/7
35035	SPIND_FUNCTION_MASK			主轴功能	
always	0x100	0	0x137	RESET	2/7
35040	SPIND_ACTIVE_AFTER_RESET			主轴复位后自动恢复	
always	0	0	1	POWER ON(重新上电)	2/7
35100	SPIND_VELO_LIMIT			最大主轴速度	
always	10000	0.0	PLUS	POWER ON(重新上电)	2/7
35110	GEAR_STEP_MAX_VELO[n]			齿轮换挡的最大速度	
always	500	0.0	PLUS	NEW CONF(新配置)	2/7
35120	GEAR_STEP_MIN_VELO[n]			齿轮换挡的最小速度	
always	50	0.0	PLUS	NEW CONF(新配置)	2/7
35130	GEAR_STEP_MAX_VELO_LIMIT[n]			主轴各挡最高转速限制	
always	500	0.0	PLUS	NEW CONF(新配置)	2/7
35140	GEAR_STEP_MIN_VELO_LIMIT[n]			主轴各挡最低转速限制	
always	5	0.0	PLUS	NEW CONF(新配置)	2/7
35150	SPIND_DES_VELO_TOL			主轴速度公差	
always	0.1	0.0	1.0	RESET	2/7
35160	SPIND_EXTERN_VELO_LIMIT			PLC 上的主轴速度限制	
always	1000	0.0	PLUS	NEW CONF(新配置)	2/7
35200	GEAR_STEP_SPEEDCTRL_ACCEL[n]			在速度控制模式下的加速度	
always	30	2	* * *	NEW CONF(新配置)	2/7

（续）

数据号	机床数据标识			数据名称说明	
硬件/功能	标准值	最小值	最大值	生效方式	保护等级
35210	GEAR_STEP_POSCTRL_ACCEL[n]			在位置控制模式下的加速度	
always	30	2	* * *	NEW CONF(新配置)	2/7
35220	ACCEL_REDUCTION_SPEED_POINT			减小的加速度的速度	
always	1.0	0.0	1.0	RESET	2/7
35230	ACCEL_REDUCTION_FACTOR			减小的加速度的因子	
always	0.0	0.0	0.95	RESET	2/7
35240	ACCEL_TYPE_DRIVE			加速度类型	
功能:步进电动机	0	0	1	RESET	2/7
35242	ACCEL_REDUCTION_TYPE			加速度减小类型	
功能:步进电动机	1	0	2	RESET	2/7
35300	SPIND_POSCTRL_VELO			位置控制接通速度	
always	500	0.0	PLUS	NEW CONF(新配置)	2/7
35310	SPIND_POSIT_DELAY_TIME[n]			定位延迟时间	
always	0.0, 0.05, 0.1, 0.2,0.4,0.8	0.0	PLUS	NEW CONF(新配置)	2/7
35350	SPIND_POSITIONING_DIR			在定位时的旋转方向	
always	3	3	4	RESET	2/7
35400	SPIND_OSCILL_DES_VELO			摆动速度	
always	500	0.0	PLUS	NEW CONF(新配置)	2/7
35410	SPIND_OSCILL_ACCEL			摆动过程中的加速度	
always	16	2	* * *	NEW CONF(新配置)	2/7
35430	SPIND_OSCILL_START_DIR			摆动过程中的起始方向 0~2:作为旋转最终方向(零速度 M3) 3:M3 方向 4:M4 方向	
always	0	0	4	RESET	2/7
35440	SPIND_OSCILL_TIME_CW			M3 方向的摆动时间	
always	1.0	0.0	PLUS	NEW CONF(新配置)	2/7
35450	SPIND_OSCILL_TIME_CCW			M4 方向的摆动时间	
always	0.5	0.0	PLUS	NEW CONF(新配置)	2/7
35500	SPIND_ON_SPEED_AT_IPO_START			在设置范围主轴的进给率使能	
always	1	0	2	RESET	2/7
35510	SPIND_STOPPED_AT_IPO_START			主轴停止后的进给率使能	
always	0	0	1	RESET	2/7
35590	PARAMSET_CHANGE_ENABLE			参数设定可改变	
always	0	0	2	POWER ON(重新上电)	2/7

7. 监控用机床数据

监控用机床数据主要包括定位数据、软限位、速度监控、轮廓监控等数据，见表 4-13。

表 4-13 监控用机床数据

数据号	机床数据标识			数据名称说明	
硬件/功能	标准值	最小值	最大值	生效方式	保护等级
36000	STOP_LIMIT_COARSE			精确粗准停	
always	0.04	0.0	PLUS	NEW CONF(新配置)	2/7
36010	STOP_LIMIT_FINE			精确精准停	
always	0.01	0.0	PLUS	NEW CONF(新配置)	2/7
36012	STOP_LIMIT_FACTOR[n]:0 … 5			精确精/粗准停和零速度的系数	
always	1.0	0.001	1000.0	NEW CONF(新配置)	2/7
36020	POSITIONING_TIME			精准停延迟时间	
always	1.0	0.0	PLUS	NEW CONF(新配置)	2/7
36030	STANDSTILL_POS_TOL			零速公差	
always	0.2	0.0	PLUS	NEW CONF(新配置)	2/7
36040	STANDSTILL_DELAY_TIME			零速度控制延迟	
always	0.4	0.0	PLUS	NEW CONF(新配置)	2/7
36042	FOC_STANDSTILL_DELAY_TIME			带有效扭矩或力限制的零速监控延迟时间(FOC)	
always	0.4	0.0	PLUS	NEW CONF(新配置)	2/7
36050	CLAMP_POS_TOL			夹紧公差	
always	0.5	0.0	PLUS	NEW CONF(新配置)	2/7
36052	STOP_on_CLAMPING			带夹紧轴的特殊功能	
always	0	0	0×07	NEW CONF(新配置)	2/7
36060	STANDSTILL_VELO_TOL			最大速率/速度“轴/主轴停止”	
always	5.0	0.0	PLUS	NEW CONF(新配置)	2/7
36100	POS_LIMIT_MINUS			第一软件限位开关负	
always	-100000000	—	—	NEW CONF(新配置)	2/7
36110	POS_LIMIT_PLUS			第一软件限位开关正	
always	100000000	—	—	NEW CONF(新配置)	2/7
36120	POS_LIMIT_MINUS2			第二软件限位开关负	
always	-100000000	—	—	NEW CONF(新配置)	2/7
36130	POS_LIMIT_PLUS2			第二软件限位开关正	
always	100000000	—	—	NEW CONF(新配置)	2/7
36200	AX_VELO_LIMIT[n]:0 … 5			速率监控门槛值	
always	11500	0.0	PLUS	NEW CONF(新配置)	2/7
36210	CTRLOUT_LIMIT[n]:0 … 0			最大速度设定值	

（续）

数据号	机床数据标识			数据名称说明	
硬件/功能	标准值	最小值	最大值	生效方式	保护等级
always	110.0	0	200	NEW CONF(新配置)	2/7
36220	CTRLOUT_LIMIT_TIME[n]:0 … 0			速度设定值监控延迟时间	
always	0.0	0.0	PLUS	NEW CONF(新配置)	2/7
36300	ENC_FREQ_LIMIT[n]			编码器极限频率	
always	300000	0.0	PLUS	POWE ON(重新上电)	2/7
36400	CONTOUR_TOL			轮廓监控公差带	
always	1.0	0.0	PLUS	NEW CONF(新配置)	2/7
36500	ENC_CHANGE_TOL			位置实际值转换的最大公差	
always	0.1	0.0	PLUS	NEW CONF(新配置)	2/7
36510	ENC_DIFF_TOL			测量系统同步的公差	
always	0.0	0.0	PLUS	NEW CONF(新配置)	2/7
38000	MM_ENC_COMP_MAX_POINTS[n]			插补补偿的中间点号(SRAM)	
always	0	0	5000	POWE ON(重新上电)	2/7
38010	MM_QEC_MAX_POINTS[n]			带中间程序段的象限错误补偿的值数	
功能:QEC	0	0	1040	POWE ON(重新上电)	2/7

4.2.5 机床设定数据

机床设定数据可以根据实际的机床情况进行调整。对机床数据的修改可以通过零件程序的方法进行，也可以通过机床操作面板上的参数调整区进行。通常需要调整的机床数据见表 4-14～表 4-16。

1. 通用设定数据（见表 4-14）

表 4-14 通用设定数据

数据号	机床数据标识	数据名称说明	标准值
41010	JOG_VAR_INCR_SIZE	JOG 可变增量的大小	0
41050	JOG_CONT_MODE_LEVELTRIGGRD	JOG 连续:(1)Jog 方式/(0)连续操作	1
41100	JOG_REV_IS_ACTIVE	JOG 模式:(1)旋转进给率/(0)进给率	0
41110	JOG_SET_VELO	JOG 中的轴速率	0
41120	JOG_REV_SET_VELO	JOG 方式下的轴旋转进给率	0
41130	JOG_ROT_AX_SET_VELO	JOG 方式下旋转轴的轴速率	0
41200	JOG_SPIND_SET_VELO	主轴 JOG 方式的速度	0
41300	CEC_TABLE_ENABLE [n]	补偿表的默认选择	0
41310	CEC_TABLE_WEIGHT [n]	补偿表的默认系数选择	1

2. 通道专用设定数据（见表 4-15）

表 4-15　通道专用设定数据

数据号	机床数据标识	数据名称说明	标准值
42000	THREAD_START_ANGLE	螺纹的起始角	0
42010	THREAD_RAMP_DISP [n]	攻螺纹时坐标轴加速度性能	-1
42100	DRY_RUN_FEED	空运行进给率	5000
42101	DRY_RUN_FEED_MODE	测试运行速率模式	0
42110	DEFAULT_FEED	路径进给默认值	0
42140	DEFAULT_SCALE_FACTOR_P	地址 P 的默认比例系数	1
42150	DEFAULT_ROT_FACTOR_R	地址 R 的默认旋转系数	0
42160	EXTERN_FIXED_FEEDRATE_F1_F9 [n]:0 … 9	F1～F9 的固定进给率	0
42162	EXTERN_DOUBLE_TURRET_DIST	双刀架刀具位移	0
42300	COUPLE_RATIO_1 [n]:0 … 1	同步主轴模式的速度比率,分子(0), 分母(1)	0
42400	PUNCH_DWELLTIME	单冲和步冲的暂停时间	1
42402	NIBPUNCH_PRE_START_TIME	G603 的延时(单冲/步冲)	0.02
42404	MINTIME_BETWEEN_STROKES	两次冲击间的最小时间	0
42440	FRAME_OFFSET_INCR_PROG	增量编程的零偏移移动	1
42442	TOOL_OFFSET_INCR_PROG	增量编程的零偏移移动	1
42444	TARGET_BLOCK_INCR_PROG	计算查询运行后的结束方式	1
42450	CONTPREC	轮廓精度	0.1
42460	MINFEED	CPRECON 的最小路径进给率	1
42465	SMOOTH_CONTUR_TOL	平滑时的最大轮廓公差	0.05
42466	SMOOTH_ORI_TOL	平滑时的最大角度公差刀具定向	0.05
42470	CRIT_SPLINE_ANGLE	主轴和多项式插补的临界角度	36
42480	STOP_CUTCOM_STOPRE	带刀具半径补偿和预处理停止的报警反应	1
42490	CUTCOM_G40_STOPRE	预处理停止时的 TRC 退回性能	0
42494	CUTCOM_ACT_DEACT_CTRL	刀具半径补偿的接近和退回性能	2222
42500	SD_MAX_PATH_ACCEL	最大通路径加速度	10000
42600	JOG_FEED_PER_REV_SOURCE	JOG 中的控制旋转进给率	0.0
42800	SPIND_ASSIGN_TAB [n]:0 … 5	主轴变频器	0
42900	MIRROR_TOOL_LENGTH	带镜像加工的刀具长度符号变化	0
42910	MIRROR_TOOL_WEAR	带镜像加工的刀具磨损符号变化	0
42920	WEAR_SIGN_CUTPOS	取决于刀具点方向的刀具磨损符号	0
42930	WEAR_SIGN	磨损符号	0
42960	TOOL_TEMP_COMP [n]:0 … 2	刀具温度补偿	0
42990	MAX_BLOCKS_IN_IPOBUFFER	在 IPO 缓冲器中的数据块最大号	-1

3. 轴专用设定数据（见表 4-16）

表 4-16 轴专用设定数据

数据号	机床数据标识	数据名称说明	标准值
43200	SPIND_S	由 VDI 启动的主轴速度	0
43202	SPIND_CONSTCUT_S	由 VDI 启动的主轴恒定切削速度	0
43210	SPIND_MIN_VELO_G25	编程主轴速度限制 G25	0
43220	SPIND_MAX_VELO_G26	编程主轴速度限制 G26	1000
43230	SPIND_MAX_VELO_LIMS	主轴速度限制 G96	100
43240	M19_SPOS	用 M19 定位主轴的主轴位置	0
43250	M19_SPOSMODE	用 M19 定位主轴的主轴位置逼近方式	0
43300	ASSIGN_FEED_PER_REV_SOURCE	定位轴/主轴的旋转进给率	0
43340	EXTERN_REF_POSITION_G30_1	用 G30.1 的参考点位置	0
43400	WORKAREA_PLUS_ENABLE	在正方向的工作区域限制有效	0
43410	WORKAREA_MINUS_ENABLE	在负方向工作区域限制有效	0
43420	WORKAREA_LIMIT_PLUS	工作区域限制正	10000000
43430	WORKAREA_LIMIT_MINUS	工作区域限制负	-10000000
43500	FIXED_STOP_SWITCH	选择移动到固定停止	0
43510	FIXED_STOP_TORQUE	固定停止夹紧扭矩	5
43520	FIXED_STOP_WINDOW	固定停止监视窗口	1
43600	IPOBRAKE_BLOCK_EXCHANGE	“制动斜坡”程序段改变准则	0
43700	OSCILL_REVERSE_POS1	摆动反转点 1	0
43710	OSCILL_REVERSE_POS2	摆动反转点 2	0
43720	OSCILL_DWELL_TIME1	摆动反转点 1 的保持时间	0
43730	OSCILL_DWELL_TIME2	在摆动反转点 2 的保持时间	0
43740	OSCILL_VELO	互换轴进给率	0
43760	OSCILL_END_POS	互换轴终端位置	0
43770	OSCILL_CTRL_MASK	摆动顺序控制屏幕格式	0
43780	OSCILL_IS_ACTIVE	打开摆动动作	0
43900	TEMP_COMP_ABS_VALUE	位置无关的温度补偿值	0
43910	TEMP_COMP_SLOPE	位置相关的温度补偿系数	0
43920	TEMP_COMP_REF_POSITION	位置相关温度补偿的参考位置	0

4.3 编码器的数据匹配

为了使 840D/810D 系统上各轴显示的位置与实际位置一致，必须要做编码器的匹配工作，这是数控机床基本精度的来源。

旋转编码器匹配的相关机床数据见表 4-17。

表 4-17　旋转编码器匹配的相关机床数据

机床参数	线性轴		旋转轴	
	电动机上的编码器	机床上的编码器	电动机上的编码器	机床上的编码器
30300:IS-ROT-AX	0	0	1	1
31000:ENC-IS-LINEAR	0	0	0	0
31040:ENC-IS-DIRECT	0	1	0	1
31020:ENC-RESOL	标记/r	标记/r	标记/r	标记/r
31030:LEADSCREW-PITC	mm/r	mm/r	—	—
31080:DRIVE-ENC-RATI-O-NUMERA	电动机转速	负载转速	电动机转速	负载转速
31070:DRIVE-ENC-RATI-O-DENOM	编码器转速	编码器转速	编码器转速	编码器转速
31060:DRIVE-AX-RATI-O-NUMERA	电动机转速	电动机转速	电动机转速	电动机转速
31050:DRIVE-AX-RATI-O-DENOM	主轴转速	主轴转速	负载转速	负载转速

表 4-17 中各机床参数的含义如下：

MD30300：是旋转轴。

MD31000：编码器是线性的。

MD31040：编码器直接安装在机床上。

MD31020：编码器每转的脉冲数，标准的是 2048。

MD31030：丝杠螺距。

MD31080：编码器变速箱分子。

MD31070：编码器变速箱分母。

MD31060：负载变速箱分子。

MD31050：负载变速箱分母。

上面的这些机床参数根据表 4-17 中的四种情况分别有不同的含义。在系统配置时，要输入下面两个传动比。

传动比 1：MD31060/ MD31050

传动比 2：MD31080/ MD31070

这两个传动比的分子、分母的具体含义有以下四种情况。

1. 旋转编码器安装在电动机上的直线轴

如图 4-3 所示，参数 MD30300=0；MD31000=0；MD31040=0。

2. 旋转编码器安装在机床上的直线轴

如图 4-4 所示，参数 MD30300=0；MD31000=0；MD31040=1。

3. 旋转编码器安装在电动机上的旋转轴

如图 4-5 所示，参数 MD30300=1；MD31000=0；MD31040=0。

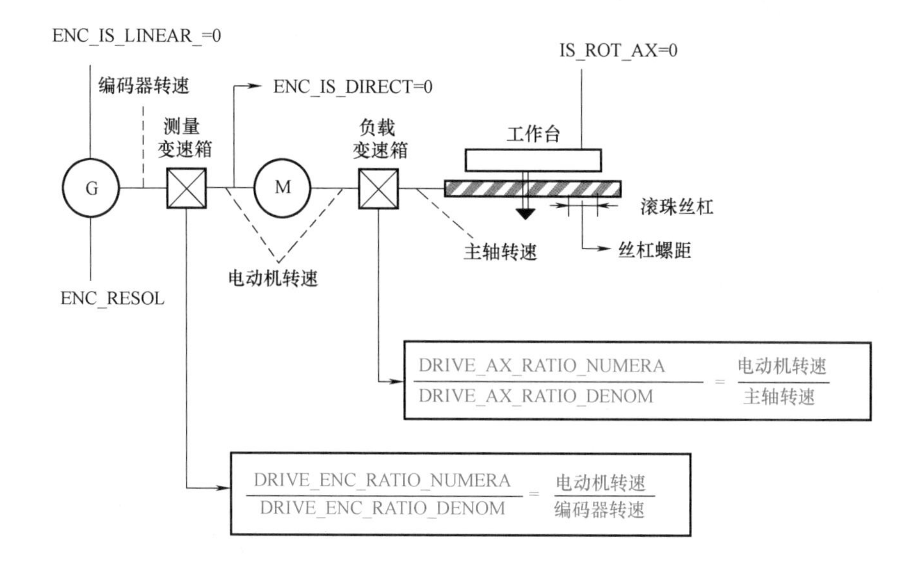

图 4-3　旋转编码器安装在电动机上的直线轴

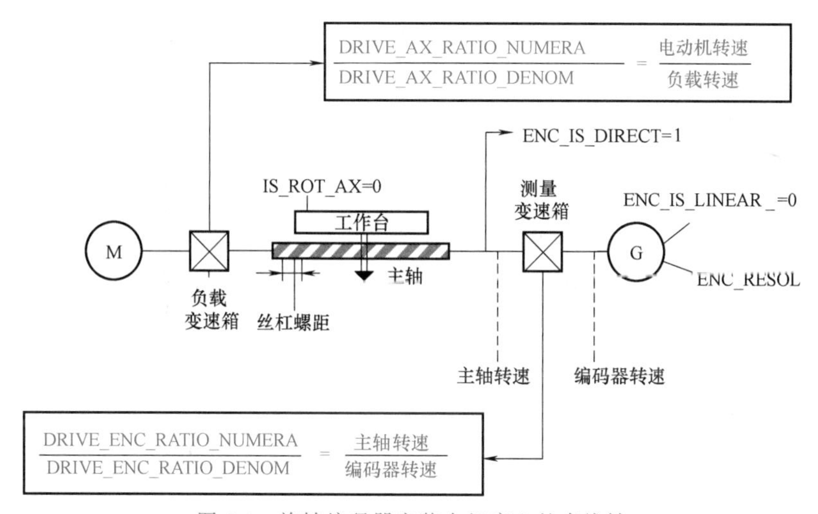

图 4-4　旋转编码器安装在机床上的直线轴

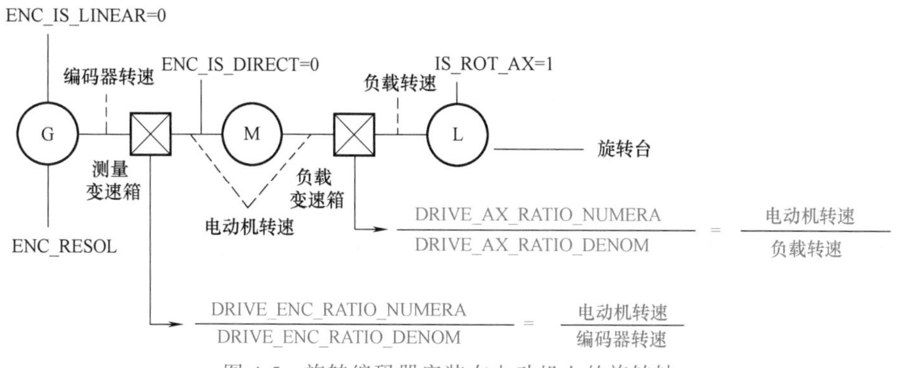

图 4-5　旋转编码器安装在电动机上的旋转轴

4. 旋转编码器安装在机床上的旋转轴

如图 4-6 所示，参数 MD30300 = 1；MD31000 = 0；MD31040 = 1。

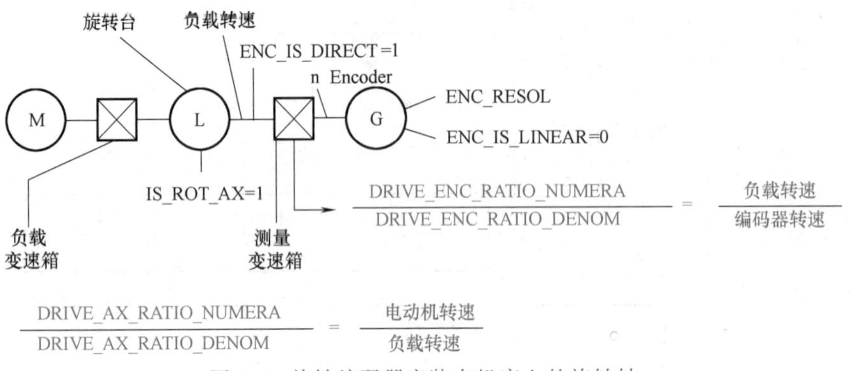

图 4-6 旋转编码器安装在机床上的旋转轴

4.4 机床参考点调整

在西门子 840D/810D 数控系统中，回参考点的方式可以有通道回参考点，即通道内的轴以规定的次序依次执行回参考点动作；也可以轴回参考点，即每个轴独立回参考点。执行回参考点操作时，可以带有参考点挡块，也可以没有参考点挡块。执行回参考点操作过程中，可以是点动方式，也可以是连续方式。

4.4.1 回参考点用机床数据

840D/810D 中与参考点有关的机床数据及其含义如下：

MD11300 按【+/-】键回参考点的模式

MD20700 不回参考点禁止启动 NC 加工程序

MD34000 回参考点有/无减速开关选择

MD34010 用正/负方向运行键回参考点

MD34020 寻找减速开关的速度

MD34030 寻找减速开关的最大距离（与机床的行程有关）

MD34040 寻找零脉冲的速度

MD34050 减速开关信号正逻辑/负逻辑

MD34060 寻找零脉冲的最大距离（一般要大于一个丝杠螺距）

MD34070 参考点定位速度（指系统比较完零脉冲的上升下降沿后，奔向参考点的速度）

MD34080 参考点零脉冲位置的偏移

MD34090 参考点的偏移量（指将零脉冲定位的参考点偏移一个位置）

MD34100 参考点的位置值（指参考点在机床坐标系中的位置，回参后此值被显示在屏幕上）

4.4.2 增量式回参考点

通常由于价格成本的原因，大多数数控机床都采用带增量型编码器的伺服电动机。编码器采用光电原理将角位置进行编码，在编码器输出的位置编码信息中，还有一个零脉冲信号，编码器每转产生一个零脉冲。采用增量式编码器时，必须进行返回参考点的操作，数控系统才能找到参考点，从而确定机床各轴的原点。

1. 有挡块回参考点

通常机床回参考点使用的是增量式有挡块回参考点方式。有挡块回参考点过程分为寻找减速挡块（阶段 1）、与零脉冲同步（阶段 2）和寻找参考点（阶段 3）三个阶段，如图 4-7 所示。若不带减速挡块时，阶段 1 省略。

阶段 1：寻找减速挡块

在回参考点方式 REF 下，按下轴移动键，如果坐标轴位于参考点挡块的前面，则坐标轴自动地按 MD34020 设定的回参考点速度，向 MD34010 设定方向移动，通常为坐标轴的正方向，寻找参考点挡块。如果坐标轴位于挡块之上，将不需要执行寻找参考点挡块的过程。当找到参考点减速挡块后，一方面坐标轴在减速信号控制下减速，并移动一段距离后停止，这段距离与设置的回参考点速度和最大加速度有关；另一方面通过“参考点接近延迟”接口信号 DB31～D61. DBX12. 7 通知系统，已经找到参考点挡块，阶段 1 工作结束，进入阶段 2。

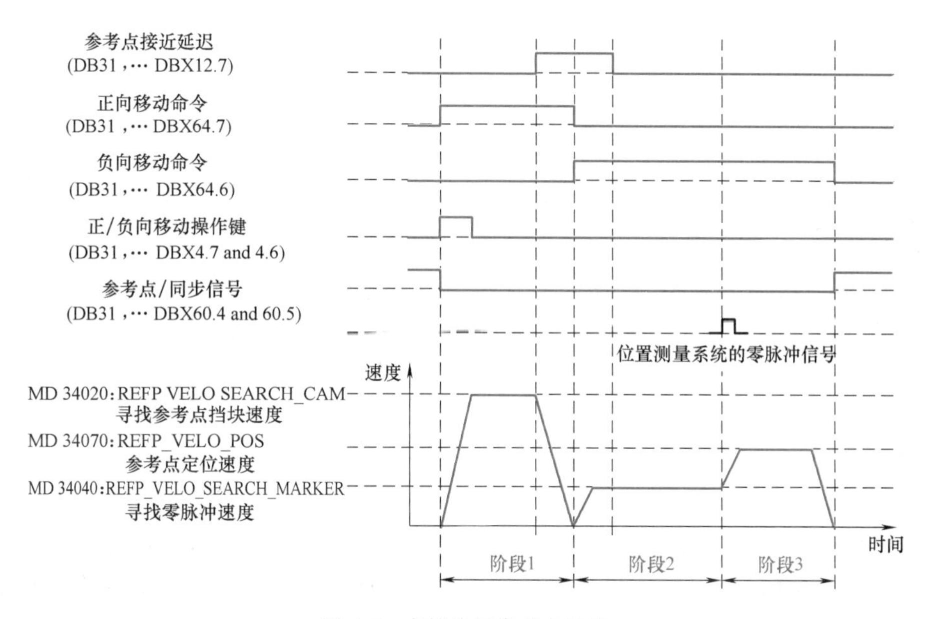

图 4-7　有挡块回参考点过程

阶段 2：与零脉冲同步

该阶段的任务为寻找零脉冲信号，依据参数 MD34050 的设置将其控制方式分为两类。

类型一　MD34050＝0 以参考点挡块信号的下降沿为基准

坐标轴从静止状态加速到机床数据 MD34040 设定的寻找零脉冲速度，向 M034010 规定的相反方向移动，寻找零脉冲信号。当离开参考点挡块时，即参考点挡块信号的下降沿出现，“参考点接近延迟”接口信号复位，系统与脉冲编码器的第一个零脉冲信号同步，如图 4-8 所示。

类型二　MD34050＝1 以参考点挡块信号的上升沿为基准

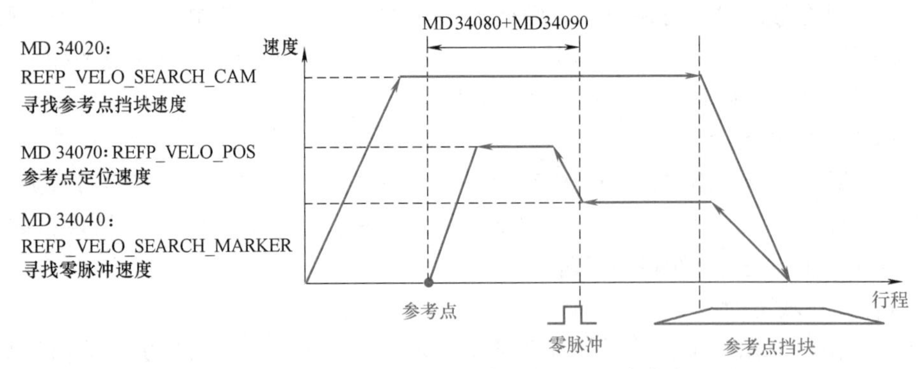

图 4-8　参考点挡块信号的下降沿为基准回参考点过程

坐标轴会从静止状态加速到机床数据 MD34020 设定的寻找参考点挡块速度，向 MD34010 规定的相反方向移动。当离开参考点挡块时，“参考点接近延迟”接口信号复位，坐标轴减速停止，然后再加速到寻找零脉冲 MD34040 的速度，向相反方向移动；当再次接触到参考点挡块时，即参考点挡块信号的上升沿出现，“参考点接近延迟”接口信号使能，系统与脉冲编码器的第一个零脉冲信号同步，如图 4-9 所示。

无论哪一种情况，只要找到了第一个零脉冲信号，阶段 2 即结束。

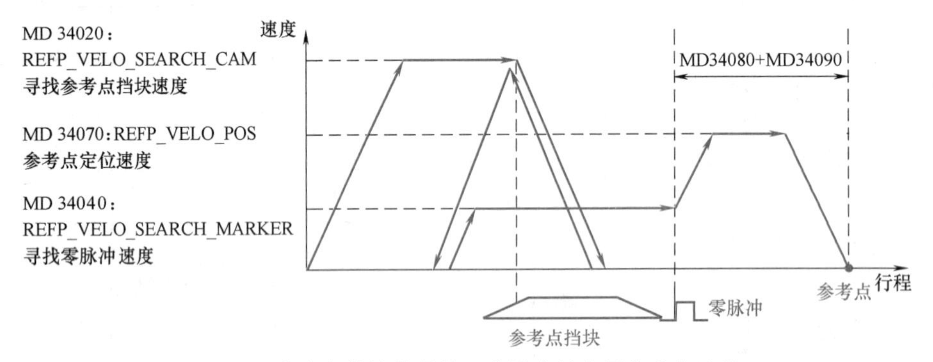

图 4-9　参考点挡块信号的上升沿为基准回参考点过程

阶段 3：寻找参考点

在找到零脉冲信号并且无报警发生时，进入阶段 3。由于在寻找到零脉冲后，坐标轴加速到机床数据 MD34070 设定的回参考点定位速度，移动到参考点停止。从零脉冲上升沿或下降沿到参考点的移动距离，由机床数据 MD34080 和 MD34090 决定，这段距离就是两数据之和，如图 4-8 和图 4-9 所示。在坐标轴到达参考点之后，通过“参考点值”接口信号 DB31 ~ DB61. DBX2. 4 ~ DBX2. 7 的选择，把机床数据 MD34100 中的设定值赋给参考点，此时，参考点/同步接口信号 DB31 ~ DB61. DBX60. 4 ~ DBX60. 5 使能，位置测量系统与控制系统同步有效，整个回参考点过程结束。

在实际应用中，参考点挡块通常设置在轴的一端，为了设计方便，一般在靠近坐标轴硬限位挡块的位置，这时要求参考点挡块与硬限位挡块之间的轴向距离应该小于或等于零，如图 4-10 所示，其目的是保证任何时候机床的坐标轴都不能停留在参考点挡块和硬限位挡块之间。否则数控机床通电后，由于坐标轴的当前位置已经超过了参考点挡块，数控系统在执行回参考点操作时，找不到参考点挡块而直接碰到硬限位挡块，假如硬限位挡块的长度不够，坐标轴就有可能冲过硬限位挡块，损坏机床的机械部件。

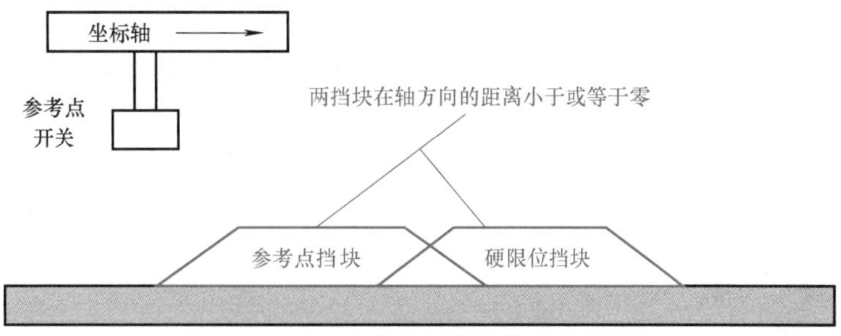

图 4-10 参考点挡块与硬限位挡块的关系

2. 无挡块回参考点

如果把 MD34000 设置为 0，则回参考点方式将是不带参考点挡块，这时的同步脉冲信号是编码器的零脉冲或接近开关信号 BERO。启动回参考点，坐标轴将以 MD34040 设置的速度移动，寻找同步脉冲信号。一旦找到同步脉冲，就以参考点 MD34070 规定的定位速度移动到参考点，移动的距离等于机床数据 MD34080 和 MD34090 之和，如图 4-11 所示。

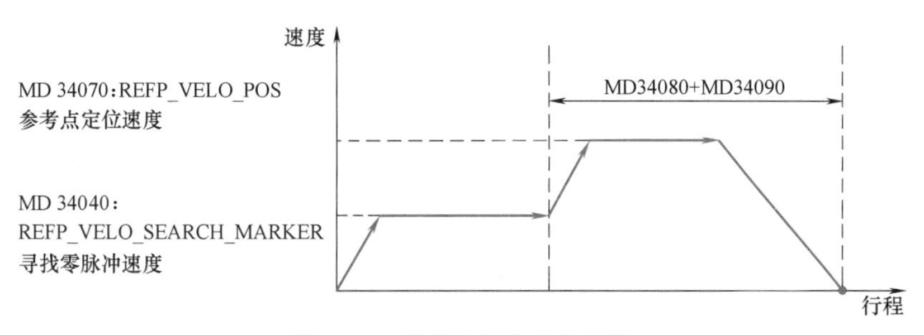

图 4-11 无挡块回参考点过程

4.4.3 带距离编码的线性测量系统回参考点

840D/810D 数控系统采用的带距离编码的线性测量系统是直线光栅，这种线性测量系统回参考点不需要参考点挡块，利用光栅尺上相邻的参考标记就能确定参考点位置，如图 4-12 所示。从第 1 个参考标记起，相邻奇数参考标记间的距离是 20mm，从第 2 个参考标记起，相邻偶数参考标记间的距离是 20. 02mm，连续两个参考标记间的距离按一定规律变化，如参考标记 1、2 间的距离是 10. 02mm，参考标记 3、4 间的距离是 10. 04mm，以此类

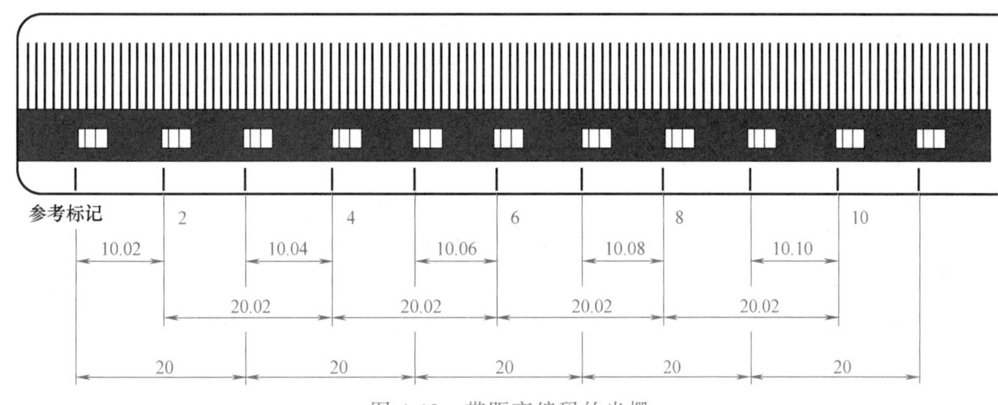

图 4-12 带距离编码的光栅

推，其变化量为 0.02mm，设置在机床数据 MD34310 中。系统在执行回参考点操作时，无论是正向移动还是反向移动，只需移动量跨过两个参考标记，系统根据相邻两个参考标记之间的变化量就可以确定机床各坐标轴的位置，完成返参考操作，建立机床坐标系统。

采用带距离编码光栅尺的闭环控制系统回参考点过程分为两个阶段，如图 4-13 所示，第一阶段是寻找光栅尺上两个相邻参考标记，作为系统的同步信号；第二阶段是确定参考点，建立机床坐标系。

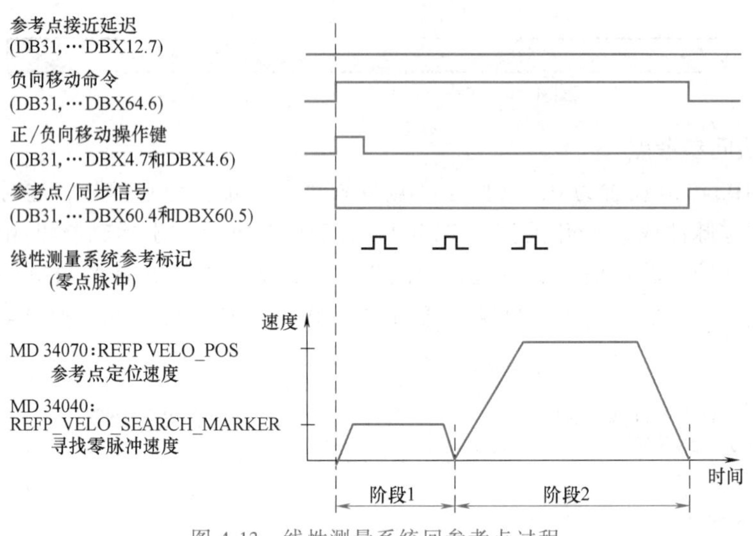

图 4-13　线性测量系统回参考点过程

1）在回参考点操作方式下，按坐标轴移动键（正向或反向），由接口信号 DB31～DB61.DBX4.7 或 DBX4.6，启动系统寻找同步参考标记，同时参考点/同步信号 DB31～DB61.DBX60.4～DBX60.5 被复位，通道返参考点信号 DB21.DBX36.2 也被复位。坐标轴移动穿过两个相邻参考标记的过程中，如果移动的距离超过了机床数据 MD34300 的两倍，系统会以 MD34040 规定的一半速度向相反方向继续寻找两个参考标记。

2）坐标轴穿过两个参考标记，而又没发生任何报警，就自动进入第二步回参考点过程，移动到一个固定点，以便定位参考点。由于两个连续参考标记的距离按一定值变化，系统能精确地识别参考标记和坐标轴在光栅上的实际位置，这个位置仅相对于光栅的第一个参考标记。为了设置参考点，需要在机床数据 MD34090 中输入机床原点与光栅上第一个参考标记间的距离，也称绝对偏移量。绝对偏移量的计算与测量系统相对于机床坐标系的方向（相同或相反）有关：方向相同时，等于所测得的位置加上显示的实际位置；方向相反时，等于所测得的位置减去显示的实际位置。

通过操作面板获得机床轴的实时位置，测量当前机床轴相对于机床零点的偏置值，计算出绝对偏移量并输入 MD34090 中，然后重新启动机床回参考点。系统会自动根据坐标轴在光栅尺上的位置和绝对偏移量确定参考点的值。如果在 MD34330 中设置的是无目标点方式，当穿过两个参考标记后坐标轴停止，同时也就确定了参考点的位置，参考点/同步信号置 1，回参考点过程结束。如果选择了带目标点方式，坐标轴加速到 MD34070 中设定的速度，移动到 MD34100 设定的位置停止，参考点/同步信号置 1，回参考点过程结束。

注意：轴反方向移动后，如果检测到的距离仍大于机床数据 MD34300 的两倍，坐标轴将停止移动并产生 20003 号测量系统错误报警。坐标轴运动的距离达到了 MD34060 规定的数值而没有发现两个参考标记，回参考点过程中止，产生 20004 号参考标记丢失报警信息。

4.4.4 绝对式回参考点

由于绝对编码器的编码与进给轴的位置是唯一对应的，在数控系统上电时且相应进给轴被识别后，系统自动执行回参考点功能，接收绝对编码器当前位置而不发生轴移动。自动回参考点必须满足两个前提条件：进给轴使用绝对编码器控制位置；绝对值编码器已校正（M034210=2）。

绝对编码器回参考点，移动待校正的进给轴到达给定位置，然后设定实际值，其调整的一般步骤为：

1）设定 MD34200（绝对编码器）的值为 0 和 MD34210（编码器未调整）的值为 0。

2）在 JOG 方式下，手动按照定义的方向，使轴缓慢地进给到已知的位置，确保该位置不被驱动系统中的间隙抵消，进给的方向必须符合 MD34010 中的规定。

3）在 MD34100 输入需到达位置的实际值。该值可以是特定值（如固定停止），或者使用测量系统计算。

4）设定 MD34210 的值为 1，表示编码器使能“校正”功能。

5）按复位键，使修改后的机床数据生效。

6）切换到“JOG-REF”方式。

7）按下运行键，将当前偏移值设定到 MD34090 中，并将 MD34210 的值设定为 2，即编码器已经调整。

8）如果按了相应的进给键，进给轴不能移动，则 MD34100 中输入的值将在进给轴实际位置中显示。

9）退出“JOG-REF”方式，轴校正完毕。

通过校正计算出机床零点和编码器零点之间的偏移量，并将它存储在机床的存储器中。通常，只需在初次开机调试时进行一次校正，然后系统知道该值并可以在任何时候通过编码器绝对值计算出绝对机床位置。可以通过设定 MD34210=2 来标识该状态。偏移量保存在 MD34090 中。

必须在出现以下情况时重复校正过程：

1）拆装或更换绝对编码器或更换内部装有绝对编码器的电动机。

2）带有绝对编码器的电动机与负载间的变速换挡改变。

3）绝对编码器和负载间的连接被断开且还未重新连接。

4.5 实训 机床回参考点参数设置

4.5.1 实训内容

1）了解全功能数控机床回参考点功能与建立机床坐标系的概念。

2）掌握 SINUMERIK 840D/810D 数控系统的回参考点功能调整。

4.5.2 实训步骤

1）完成一次回参考点操作，仔细观察机床的运动，并叙述轴回参考点的全过程，注意行程开关与挡块的撞击过程。

2）记录各轴的回参考点相关参数值，填入表 4-18。

表 4-18　回参考点相关参数值

参数号	参数说明	X轴	Y轴	Z轴
MD11300	按【+/-】键回参考点的模式			
MD34000	回参考点减速开关生效			
MD34010	寻找减速开关方向			
MD34020	寻找减速开关的速度			
MD34030	寻找减速开关的最大距离			
MD34040	寻找零脉冲的速度			
MD34050	反向寻找零脉冲			
MD34060	寻找零脉冲的最大距离			
MD34070	回参考点时的定位速度			
MD34080	参考点与零脉冲位置的位移			
MD34090	参考点移动距离偏置			
MD34100	参考点位置值			

3）启动 NC 系统，将坐标轴移至合适的位置。然后将机床工作方式置于回参考点 REF 方式，逐一修改表 4-18 中的参数，观察机床回参考点的效果，并说明原因。修改参数过程中一定要注意采取安全措施。

4）观察图 4-14 所示回参考点运行过程，说明该机床采用了哪种回参考点方式。

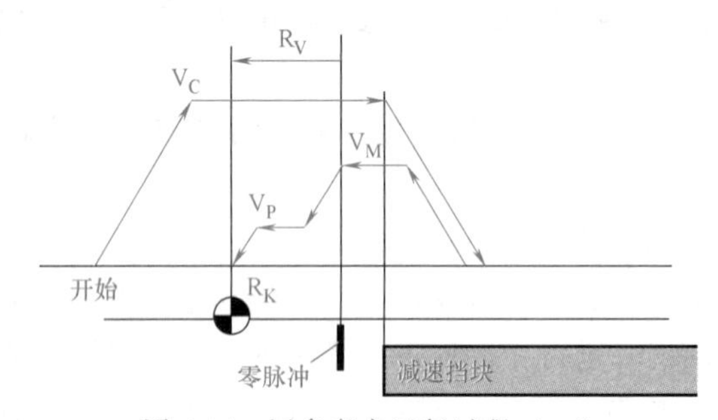

图 4-14　回参考点运行过程（一）

请仔细考虑，改变哪些参数可使轴回参考点的运行过程如图 4-15 所示。

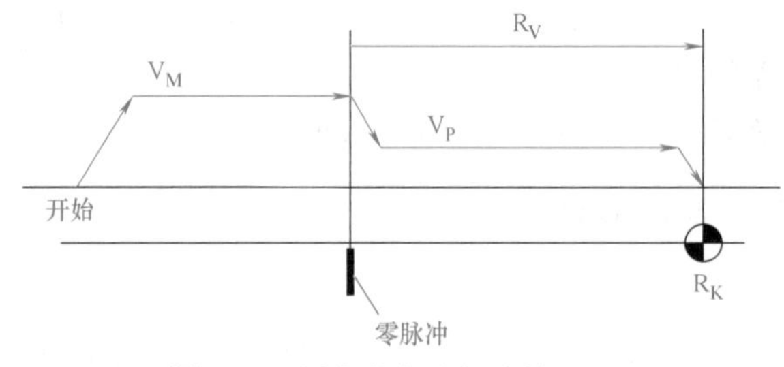

图 4-15　回参考点运行过程（二）

4.5.3　思考题

1）在回参考点过程中，若减速开关出现故障，会有什么危险？

2）请描述无挡块回参考点的过程。

3）回参考点用机床数据有哪些？

第 5 章 数控系统调试与优化

数控系统调试的主要内容为匹配机床数据（Machine Data）。对于 NC 数据的设定，可大致分为两大块：一块是系统关于机床及其轴的数据；另一块是驱动的数据。在机床调试时，首先配置通道数据，然后配置机床硬件（驱动、电动机、测量元件等）。配置完硬件后，驱动、电动机的默认数据被装载。这些数据是在不考虑负载情况下的一种安全值，往往是不适合加工要求的。

机床各轴的驱动、电动机数据（速度、加速度、位置环增益等）直接影响轴的动态运行性能。如果这些参数设置不当，就会导致机床运行过程中的振动，伺服电动机的啸叫，使加工无法进行，甚至会导致丝杠和导轨的损坏。为了达到良好的零件加工精度，对驱动参数进行优化是一项必不可少的工作。驱动的优化在 MMC100.2 上必须借助于 IBN-TOOL 软件进行，而 MMC103 可以在系统上直接优化。

5.1 机床轴的基本配置

840D/810D 系统的轴分为三种类型：机床轴、几何轴和附加轴。机床轴是指机床所有存在的轴，它包括几何轴和附加轴；几何轴是指在用于笛卡儿直角坐标系中具有插补关系的轴，通常如 *X* 轴、*Y* 轴、*Z* 轴；附加轴是指无几何关系的轴、如旋转轴、位置主轴等。

840D/810D 系统的轴配置时可按 3 种等级配置：机床轴级、通道轴级和编程轴级。

1. 机床轴级

机床轴级参数如下：

1）MD20000：设定通道名，如 CHAN1。

2）MD10000：AXCONF_ MACHAX_ NAME_ TAB [n]，此参数设定机床所有物理轴，如 X1，X 代表轴名，1 代表通道号。该数据定义了机床的轴名。例如：

车床

配置 *X* 轴、*Z* 轴、*C* 轴（主轴）

MD 10000	X1	Z1	C1		
Index[0..4]	0	1	2	3	4

铣床

配置 *X* 轴、*Y* 轴、*Z* 轴、主轴和 *C* 旋转轴

X1	Y1	Z1	A1	C1
0	1	2	3	4

对于铣床 MD 10000 参数配置如下：

AXCONF_ MACHAX_ NAME_ TAB [0] = X1

AXCONF_ MACHAX_ NAME_ TAB [1] = Y1

AXCONF_ MACHAX_ NAME_ TAB [2] = Z1

AXCONF_ MACHAX_ NAME_ TAB [3] = A1

AXCONF_ MACHAX_ NAME_ TAB [4] = C1

2. 通道轴级

通道轴级参数如下：

1）MD 20070：AXCONF_ MACHAX_ USED [0...7]，设定对于此机床存在的轴的轴序号。例如：

车床

MD 20070	1	2	3	0	0
Index [.]	0	1	2	3	4

铣床

MD 20070	1	2	3	4	5
Index [.]	0	1	2	3	4

铣床配置：

AXCONF_ MACHAX_ USED [0] =1

AXCONF_ MACHAX_ USED [1] =2

AXCONF_ MACHAX_ USED [2] =3

AXCONF_ MACHAX_ USED [3] =4

AXCONF_ MACHAX_ USED [4] =5

2）MD 20080：AXCONF_ CHANAX_ NAME_ TAB [0...7]，设定通道内该机床编程用的轴名。例如：

MD 20080	X	Z	C		
Index [.]	0	1	2	3	4

MD 20080	X	Y	Z	A	C
Index [.]	0	1	2	3	4

铣床配置：

AXCONF_ CHANAX_ NAME_ TAB [0] =X

AXCONF_ CHANAX_ NAME_ TAB [1] =Y

AXCONF_ CHANAX_ NAME_ TAB [2] =Z

AXCONF_ CHANAX_ NAME_ TAB [3] =A

AXCONF_ CHANAX_ NAME_ TAB [4] =C

3. 编程轴级

编程轴级参数如下：

1）MD 20050：AXCONF_ GEOAX_ ASSIGN_ TAB [0...4]，设定机床所用几何轴序号。几何轴为组成笛卡儿坐标系的轴，该机床数据定义了激活使用的几何轴。例如：

MD 20050	1	0	2		
Index [.]	0	1	2	3	4

MD 20050	1	2	3		
Index [.]	0	1	2	3	4

铣床配置：

AXCONF_ GEOAX_ ASSIGN_ TAB [0] =1

AXCONF_ GEOAX_ ASSIGN_ TAB [1] =2

AXCONF_ GEOAX_ ASSIGN_ TAB [2] =3

2）MD 20060：AXCONF_ GEOAX_ NAME_ TAB [0...4] 设定所有几何轴名。例如：

MD 20060	X	Y	Z		
Index [.]	0	1	2	3	4

MD 20060	X	Y	Z		
Index [.]	0	1	2	3	4

铣床配置：

AXCONF_ GEOAX_ NAME_ TAB [0] =X

AXCONF_ GEOAX_ NAME_ TAB [1] =Y

AXCONF_ GEOAX_ NAME_ TAB [2] =Z

5.2 数控系统调试

对于 NC 数据的设定，可大致分为两大块：一块是系统关于机床及其轴的数据；另一块是驱动的数据。

5.2.1 机床数据设定

关于数控机床数据的意义，请参照相关资料的功能介绍。这里仅就一般情况进行说明：

（1）通用（General）MD

MD10000：此参数设定机床所有物理轴。

（2）通道（Channel Specific）MD

MD20000：设定通道名 CHAN1。

MD20050 [n]：设定机床所用几何轴序号。几何轴为组成笛卡儿坐标系的轴。

MD20060 [n]：设定所有几何轴名。

MD20070 [n]：设定对于此机床存在的轴的轴序号。

MD20080 [n]：设定通道内该机床编程用的轴名。

以上参数设定后，应做一次 NCK 复位。

（3）轴相关（Axis-specific）MD

MD30130：设定轴指令端口=1。

MD30240：设定轴反馈端口=1。

如果这两个参数为“0”，则该轴为仿真轴。

此时，再做一次 NCK 复位。这时系统会出现 300007 报警。

5.2.2 驱动数据设定

由于驱动数据较多，对于 MMC100.2 必须借助“SIMODRIVE 611D START-UP TOOL”软件，也称 IBN-TOOL 软件，而 MMC103 可直接在操作面板上进行。对于 810D，由于其内置 611 功率模块，故可能在模块显示内容上与 840D 不一样。但大致需要对以下几种参数设定：

Location：设定驱动模块的位置。

Drive：设定此轴的逻辑驱动号。

Active：设定是否激活此模块。

配置完成并有效后，需存储一下（SAVE）→OK。

此时再做一次 NCK 复位。启动后显示 30070 报警。

这时原为灰色的 FDD、MSD 变为黑色，可以选电动机了，操作步骤如下：

FDD→Motor Controller→Motor Selection→按电动机铭牌选相应电动机→OK→OK→Calculation。

用 Drive+或 Drive-切换配置下一轴：

MSD→Motor Controller→Motor Selection→按电动机铭牌选相应电动机→OK→OK→Calculation。

最后→Boot File→Save Boot File→Save All，再做一次 NCK 复位。

至此，驱动配置完成，NCU（CCU）正面的 SF 红灯应熄灭，这时各轴应可以运行。

最后，如果将某一轴设定为主轴，则操作步骤如下：

1）先将该轴设为旋转轴：

MD30300=1

MD30310=1

MD30320=1

做 NCK 复位。

2）再找到轴参数，用 AX+、AX-找到该轴：

MD35000=1　设为主轴

MD35100=XXXX
MD35110 [0]
MD35110 [1]
MD35130 [0]　} 设定相关速度参数
MD35130 [1]
MD36200 [0]
MD36200 [1]

再做 NCK 复位。

启动后，在 MDA 下输入 SXXM3，主轴即可运转。

所有关键参数配置完成以后，可让轴适当运行以下，可在 JOG、手轮、MDA 灯方式下改变轴运行速度，观察轴运行状态。

5.3 利用 IBN-TOOL 软件配置驱动数据

因为 810D 系统通常配置 MMC100.2，所以驱动数据的配置必须借助 IBN-TOOL 软件。而 840D 通常配置 MMC103，因此驱动数据可直接在操作面板上进行。IBN-TOOL 软件不但可以用于 840D/810D 驱动系统参数的设置，而且可以用于系统的优化。840D/810D 驱动系统参数的设置基本相同，本节以 810D 系统配置为例进行介绍。

对 810D 系统进行驱动设置前，首先要在计算机上安装 IBN-TOOL 软件，并将 MPI 电缆连接到 NCU 和 PC 之间。当初次打开 IBN-TOOL 软件时，它初始默认显示的是 840D 连接界面，所以要将它修改为 810D 连接调试界面。具体操作步骤如下：

1）通过程序菜单或桌面图标打开 Start-up Tool 软件，弹出图 5-1 所示界面。

2）单击【Password】按钮，进入图 5-2 所示界面。

3）单击【Set password】按钮，进入图 5-3 所示界面。

4）输入密码“EVENING”或“SUNRISE”后，单击【OK】按钮，进入图 5-4 所示界面。该界面提示“无法和 NC 通信”。

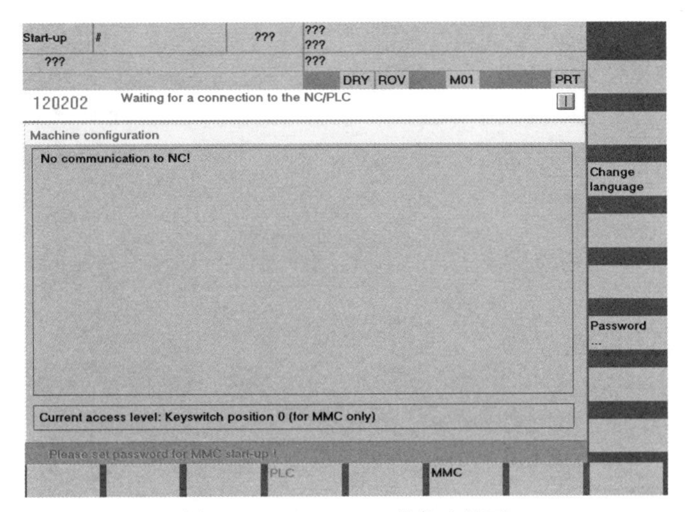

图 5-1　Start-up Tool 软件主界面

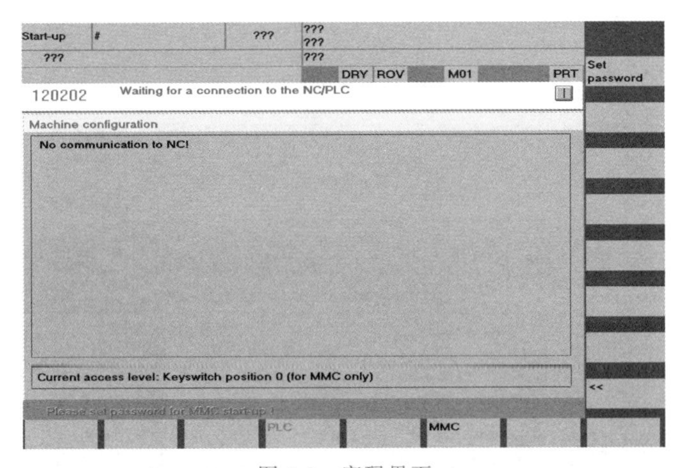

图 5-2　密码界面

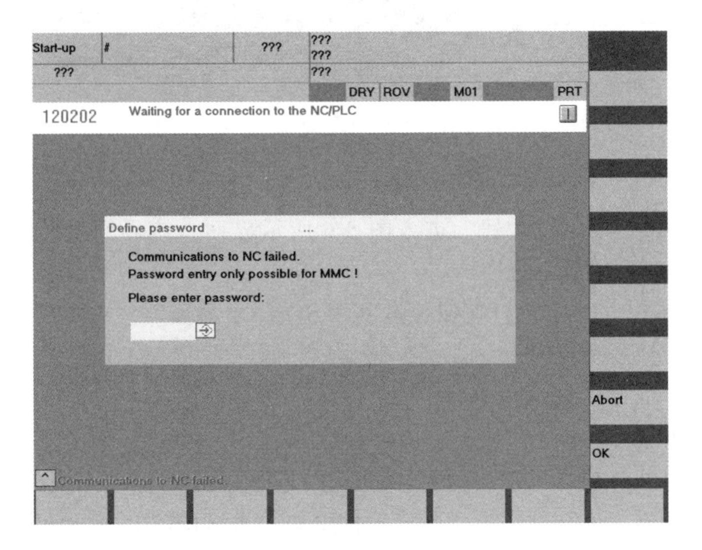

图 5-3　输入密码界面

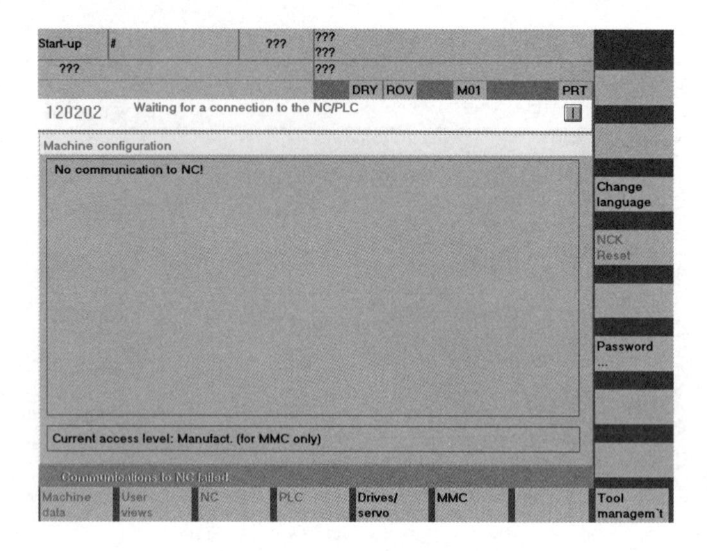

图 5-4 通信错误界面

5）单击【MMC】按钮，进入图 5-5 所示界面。

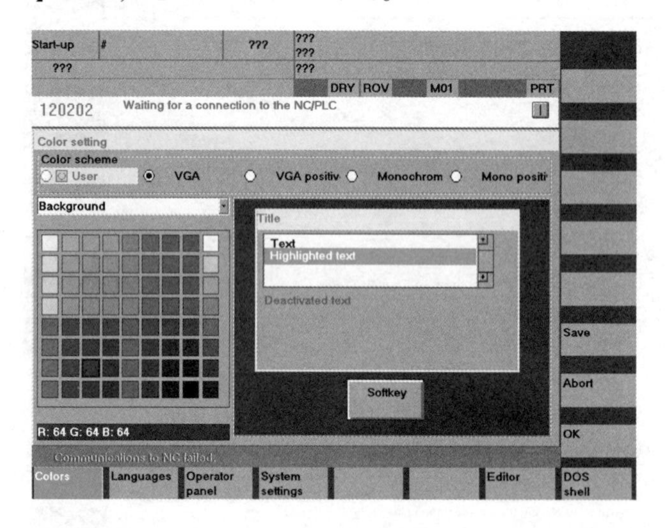

图 5-5 MMC 界面

6）单击【Operator panel】按钮，进入图 5-6 所示界面。该界面显示的是 840D 总线系统，需要将其改为 810D 总线系统。

7）单击【Standard addresses】按钮，进入图 5-7 所示界面。

8）单击【Yes】按钮，进入图 5-8 所示界面，并将“Bus”选项选定为“MPI（187.5Kbaud）”。

9）单击【OK】按钮，此时就将 840D 总线系统改为 810D 总线系统，按键盘上的 <F10>键后，再单击图 5-9 所示界面中的【EXIT】按钮，退出 IBN-TOOL 软件。

10）重新启动 IBN-TOOL 软件后，弹出软件菜单，进入图 5-10 所示界面。

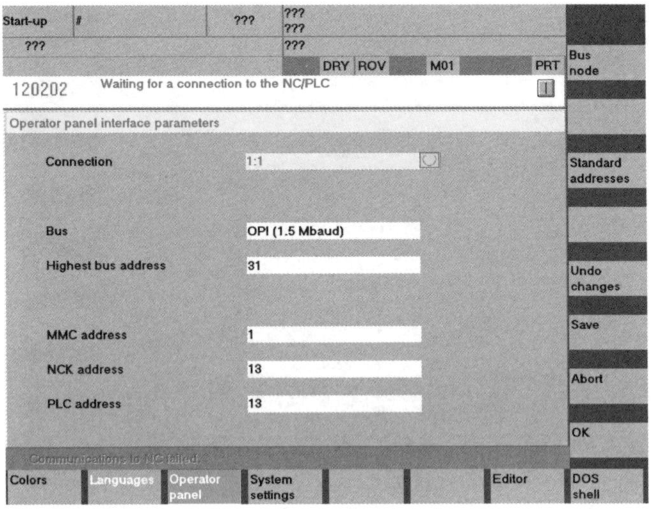

Start-up # ??? ???
???
???
??? ???
DRY ROV M01 PRT
120202 Waiting for a connection to the NC/PLC
Operator panel interface parameters
Connection 1:1
Bus OPI (1.5 Mbaud)
Highest bus address 31
MMC address 1
NCK address 13
PLC address 13
Communications to NC failed.
Bus node
Standard addresses
Undo changes
Save
Abort
OK
Colors
Languages
Operator panel
System settings
Editor
DOS shell

图 5-6 地址配置界面

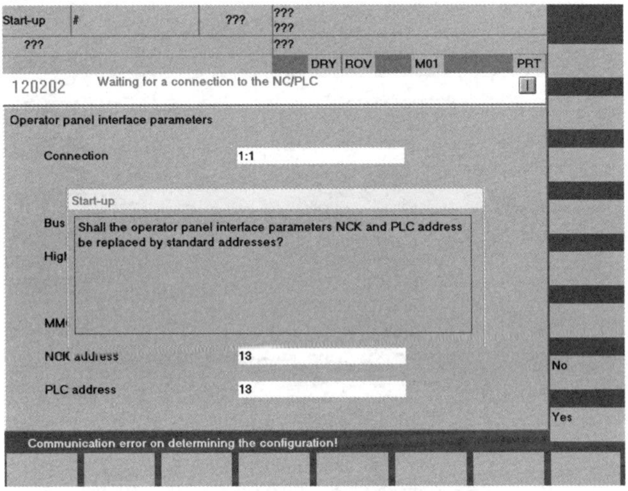

Start-up # ??? ???
???
???
??? ???
DRY ROV M01 PRT
120202 Waiting for a connection to the NC/PLC
Operator panel interface parameters
Connection 1:1
Start-up
Shall the operator panel interface parameters NCK and PLC address be replaced by standard addresses?
Bus
Higl
MM
NCK address 13
PLC address 13
Communication error on determining the configuration!
No
Yes

图 5-7 标准地址界面

Start-up CHAN1 MDI \SYF.DIR
OSTORE1.SYF
Channel reset
ROV
600408 0000
Operator panel interface parameters
Connection 1:1
Bus MPI (187.5 Kbaud)
Highest bus address 31
MMC address 0
NCK address 3
PLC address 2
Bus node
Standard addresses
Undo changes
Save
Abort
OK
Colors
Languages
Operator panel
System settings
Printer selection
Editor
DOS shell

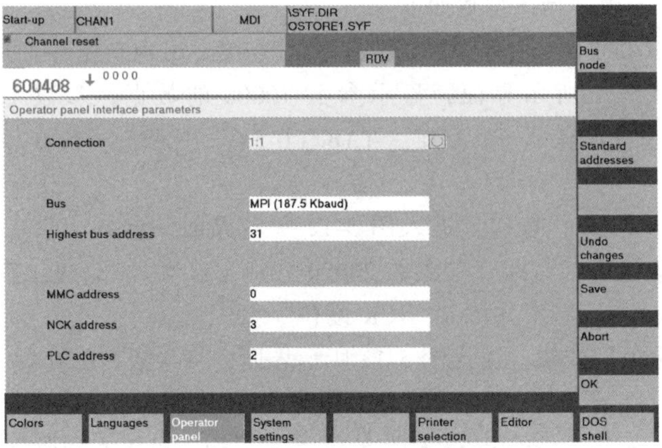

图 5-8 MPI 总线选择界面

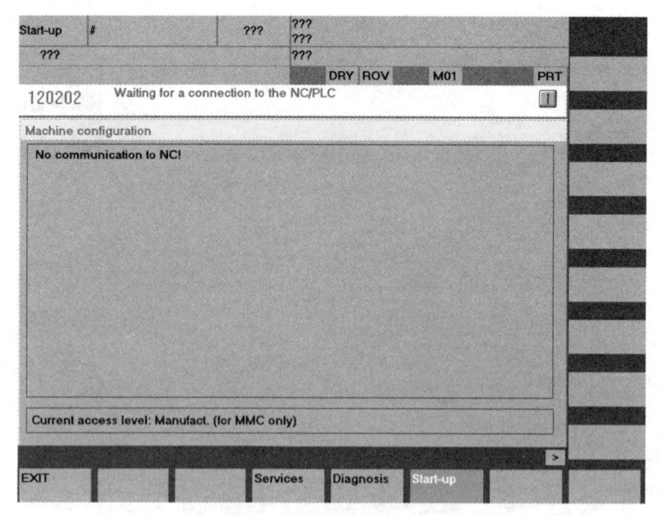

图 5-9　退出软件界面

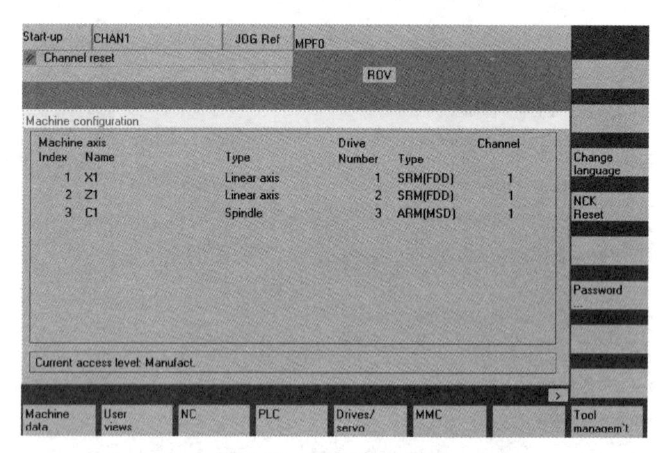

图 5-10　重新启动界面

图 5-10 中显示出当前系统配置了两个线性进给轴 *X*、*Z*，以及一个主轴 *C* 轴。

下面以两个进给轴（*X* 轴、*Z* 轴）和一个主轴（*C* 轴）为例介绍如何进行 810D 数控系统的参数设定与驱动配置。具体步骤如下：

1）打开 IBN-TOOL 软件，并与 NC 建立正确的连接。出现初始界面后，单击【Machine data】按钮，进入图 5-11 所示界面，显示参数 10000 的数据，参数 10000 为几何轴名：MD10000：AXCONF_ MACHAX_ NAME_ TAB（0-5）。在此，把轴 0 设为 X1，轴 1 设为 Z1，轴 2 设为 C1。

2）单击【Channel MD】按钮，进入图 5-12 所示界面，参数 20050 分别设置为 1、0、2，参数 20060 分别设置为 X、Y、Z，参数 20070 分别设置为 1、2、3，参数 20080 分别设置为 X、Z、C。以上参数设定后，做一次 NCK 复位。

3）单击【Axis MD】按钮，进入图 5-13 所示界面，将参数 30130 设为 1，将参数 30240 数据设置为 1。以上参数设定后，做一次 NCK 复位。

4）单击【Drive config】按钮，进入图 5-14 所示界面，可以看到驱动配置是空的。

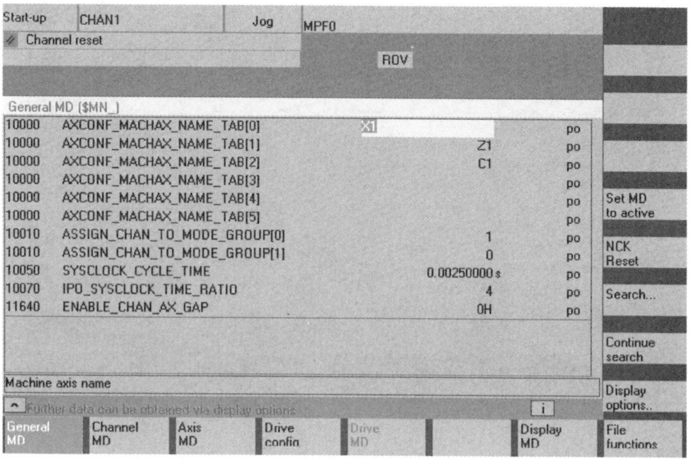

Start-up CHAN1 Jog MPF0
Channel reset
ROV
General MD ($MN_)
10000 AXCONF_MACHAX_NAME_TAB[0] X1 po
10000 AXCONF_MACHAX_NAME_TAB[1] Z1 po
10000 AXCONF_MACHAX_NAME_TAB[2] C1 po
10000 AXCONF_MACHAX_NAME_TAB[3] po
10000 AXCONF_MACHAX_NAME_TAB[4] po
10000 AXCONF_MACHAX_NAME_TAB[5] po
10010 ASSIGN_CHAN_TO_MODE_GROUP[0] 1 po
10010 ASSIGN_CHAN_TO_MODE_GROUP[1] 0 po
10050 SYSCLOCK_CYCLE_TIME 0.00250000 s po
10070 IPO_SYSCLOCK_TIME_RATIO 4 po
11640 ENABLE_CHAN_AX_GAP 0H po
Machine axis name
Further data can be obtained via display options
Set MD to active
NCK Reset
Search...
Continue search
Display options..
General MD
Channel MD
Axis MD
Drive config.
Drive MD
Display MD
File functions

图 5-11 通用 MD 设置

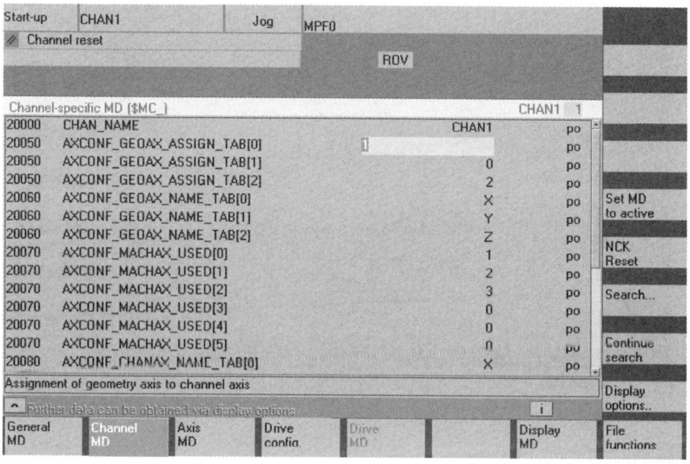

Start-up CHAN1 Jog MPF0
Channel reset
ROV
Channel-specific MD ($MC_) CHAN1 1
20000 CHAN_NAME CHAN1 po
20050 AXCONF_GEOAX_ASSIGN_TAB[0] 1 po
20050 AXCONF_GEOAX_ASSIGN_TAB[1] 0 po
20050 AXCONF_GEOAX_ASSIGN_TAB[2] 2 po
20060 AXCONF_GEOAX_NAME_TAB[0] X po
20060 AXCONF_GEOAX_NAME_TAB[1] Y po
20060 AXCONF_GEOAX_NAME_TAB[2] Z po
20070 AXCONF_MACHAX_USED[0] 1 po
20070 AXCONF_MACHAX_USED[1] 2 po
20070 AXCONF_MACHAX_USED[2] 3 po
20070 AXCONF_MACHAX_USED[3] 0 po
20070 AXCONF_MACHAX_USED[4] 0 po
20070 AXCONF_MACHAX_USED[5] 0 po
20080 AXCONF_CHANAX_NAME_TAB[0] X po
Assignment of geometry axis to channel axis
Further data can be obtained via display options
Set MD to active
NCK Reset
Search...
Continue search
Display options..
General MD
Channel MD
Axis MD
Drive config.
Drive MD
Display MD
File functions

图 5-12 通道 MD 设置

Start-up CHAN1 Jog MPF0
Channel reset
ROV
Axis-specific MD ($MA_) X1 1
30110 CTRLOUT_MODULE_NR[0] 1 po
30130 CTRLOUT_TYPE[0] 1 po
30220 ENC_MODULE_NR[0] 1 po
30230 ENC_INPUT_NR[0] 1 po
30240 ENC_TYPE[0] 1 po
30242 ENC_IS_INDEPENDENT[0] 0 cf
30280 ENC_ASSIGN_ACTIVE_DRIVE[0] 0 po
30300 IS_ROT_AX 0 po
30310 ROT_IS_MODULO 0 po
30320 DISPLAY_IS_MODULO 0 po
31000 ENC_IS_LINEAR[0] 0 po
31010 ENC_GRID_POINT_DIST[0] 0.01000000 mm po
31020 ENC_RESOL[0] 2048 po
31030 LEADSCREW_PITCH 4.00000000 mm po
Setpoint assignment: Drive number/module no.
Further data can be obtained via display options
Axis +
Axis -
Direct selection
Set MD to active
NCK Reset
Search...
Continue search
Display options..
General MD
Channel MD
Axis MD
Drive config.
Drive MD
Display MD
File functions

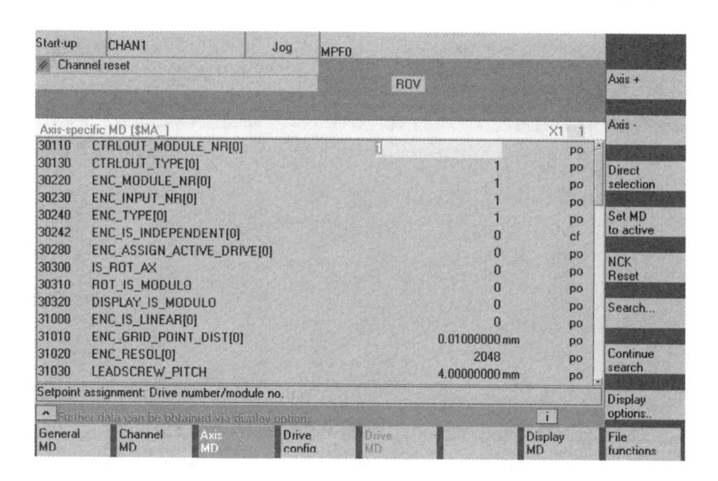

图 5-13 轴相关 MD 设置

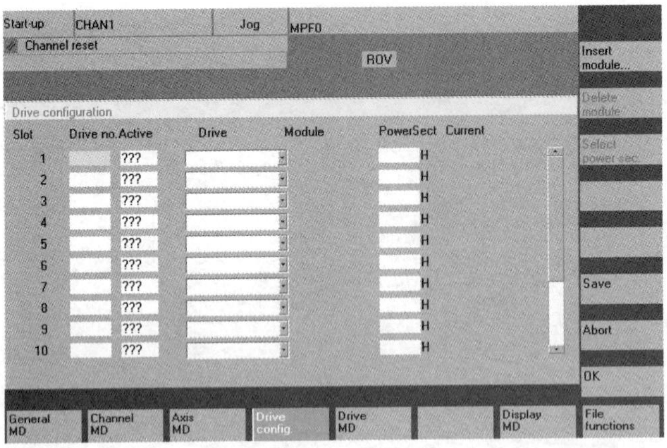

图 5-14　驱动器设置

5）单击【Insert module】按钮，进入图 5-15 所示界面。

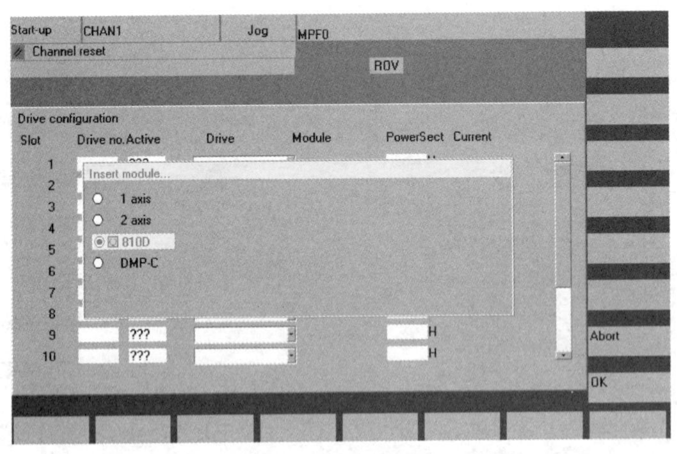

图 5-15　插入模块

6）选中“810D”选项，单击【OK】按钮，进入图 5-16 所示界面，将数据 Slot1、2、3 对应的 Drive no. 分别设为 3、1、2。

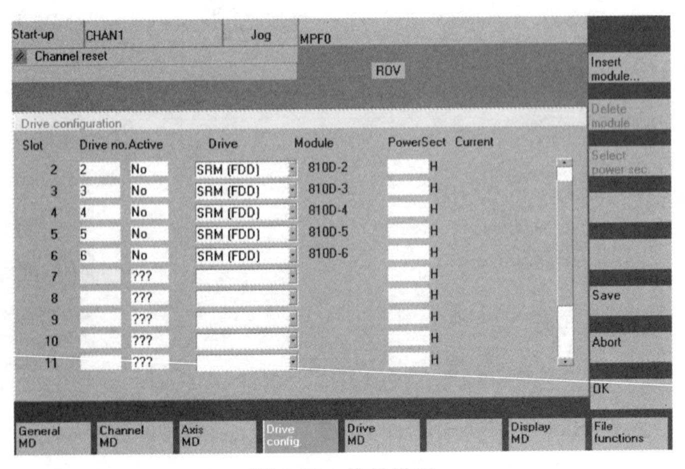

图 5-16　槽号设置

7）单击【Select power sec.】按钮，再选择“3-axis”选项，如图 5-17 所示。

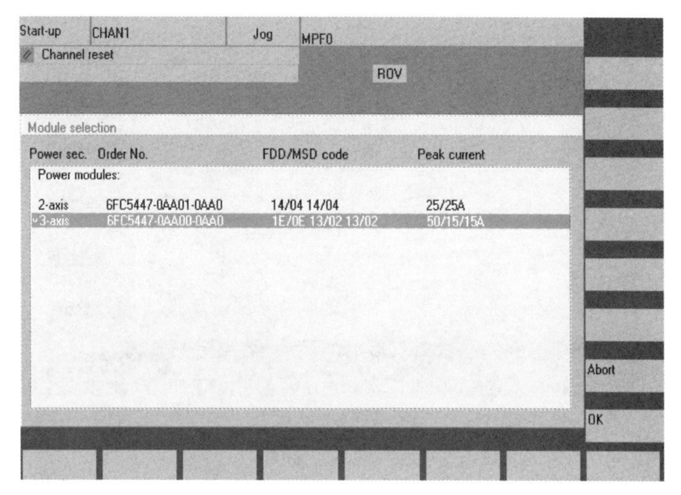

图 5-17　电源模块选择

8）单击【OK】按钮，进入图 5-18 所示界面，选择“ARM（MSD）”选项进行配置。配置完成后的界面如图 5-19 所示。

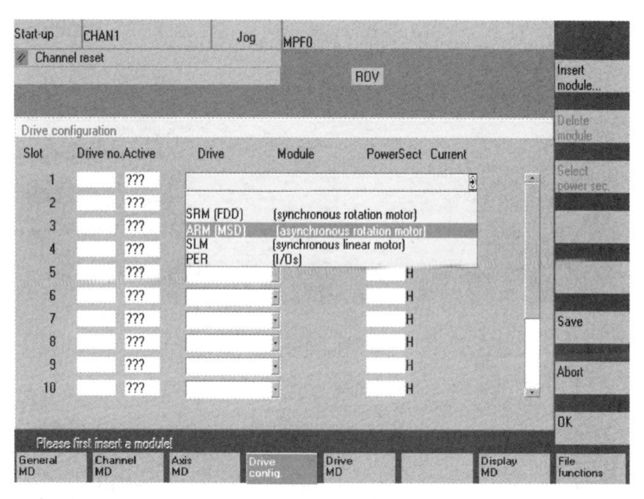

图 5-18　电动机配置

Drive configuration

Slot	Drive no.	Active	Drive	Module	PowerSect		Current
1	E	No	ARM (MSD)	810D-1	0E	H	24/32/40A
2	1	No	SRM (FDD)	810D-2	13	H	6/12A
3	2	No	SRM (FDD)	810D-3	13	H	6/12A
4	4	No	SRM (FDD)	810D-4	16	H	18/36A
5	5	No	SRM (FDD)	810D-5	16	H	18/36A
6	6	No	SRM (FDD)	810D-6	14	H	9/18A
7		???				H	
8		???				H	
9		???				H	
10		???				H	

Delete module
Select power sec.
Save
Abort
OK
General MD | Channel MD | Axis MD | Drive config. | Drive MD | Display MD | File functions

图 5-19　配置完成

9）将 Active 的数据 1、2、3 设为 Yes，激活相应模块，如图 5-20 所示。

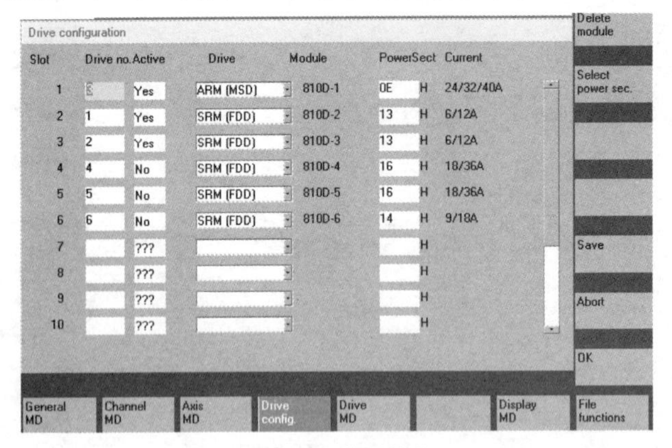

图 5-20　激活模块

10）配置完成后，需存储一下（Save），单击【OK】按钮，此时再做一次 NCK 复位，界面如图 5-21 所示。

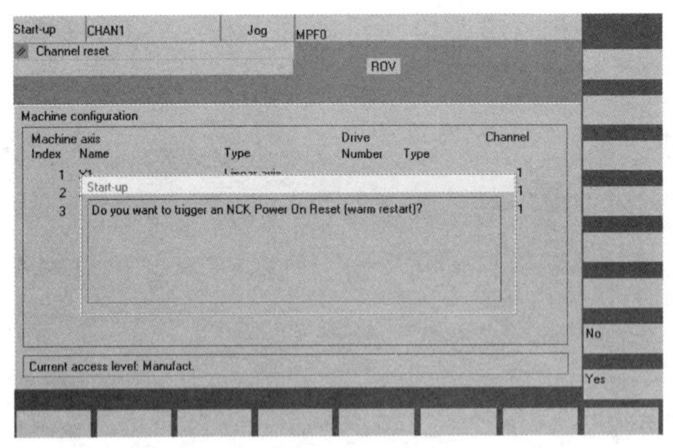

图 5-21　NCK 复位

11）重新启动 NC 后，出现报警，如图 5-22 所示。

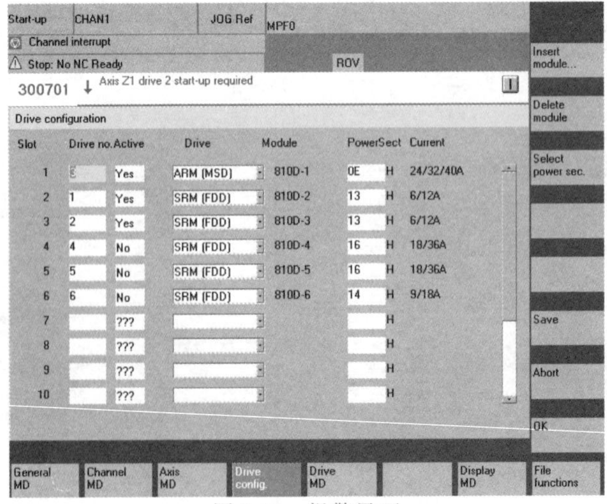

图 5-22　报警界面

12）这时原为灰色的 FDD、MSD 变为黑色，就可以选电动机了。

依次单击【Drive MD】→【FDD】→【Motor/controller】→【Motor selection】→按 X 轴电动机铭牌选相应电动机→OK→OK→Calculation，配置 X 轴进给电动机，如图 5-23 所示。

用 Drive + 或 Drive-切换进行 Z 轴配置：

依次单击【Drive MD】→【FDD】→【Motor/controller】→【Motor selection】→按 Z 轴电动机铭牌选相应电动机→OK→OK→Calculation，配置 Z 轴进给电动机，如图 5-24 所示。

用 Drive + 或 Drive-切换进行主轴配置：

依次单击【Drive MD】→【MSD】→【Motor/controller】→【Motor selection】→按主轴电动机铭牌选相应电动机→OK→OK→Calculation，配置主轴电动机，如图 5-25 所示。

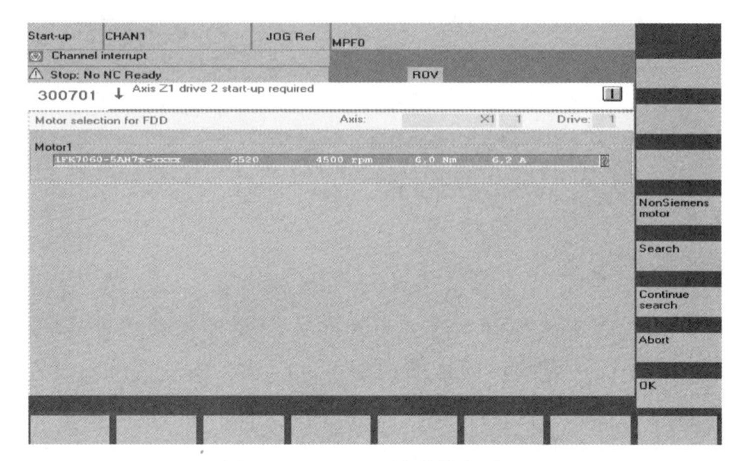

图 5-23 配置 X 轴进给电动机

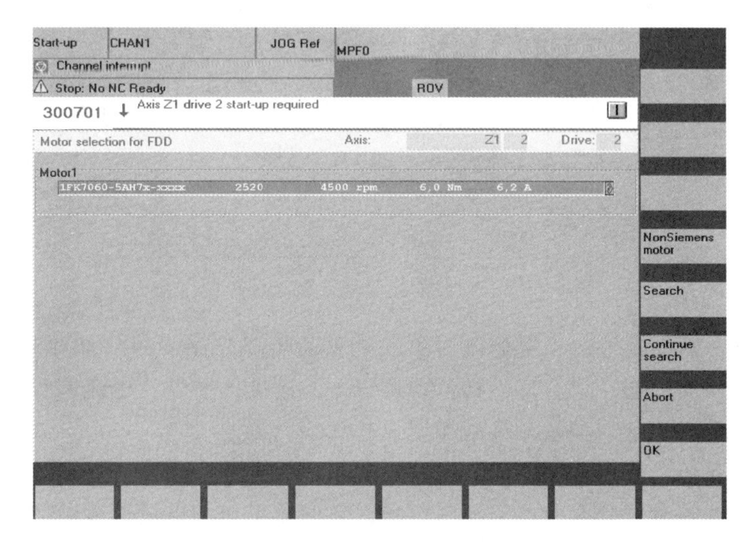

图 5-24 配置 Z 轴进给电动机

13）最后依次单击【Boot file】→【Save boot file】→【Save all】，再做一次 NCK 复位。至此，驱动配置完成，NCU（CCU）正面的 SF 红灯应熄灭。这时，各轴应可以运行。这样的配置只是最基本的配置过程，读者在实际应用中，还需要根据具体的情况对相应

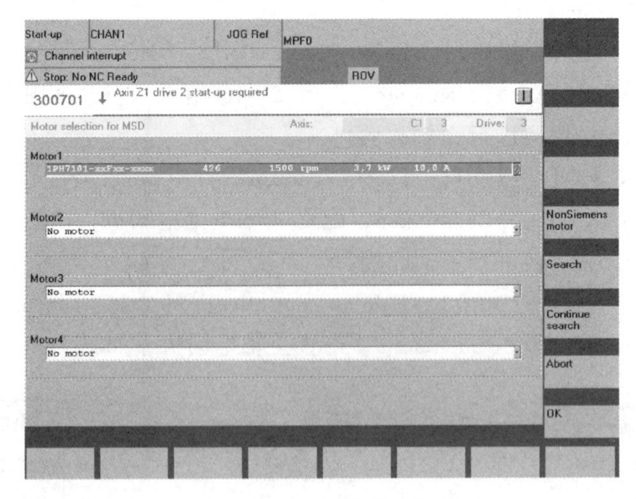

图 5-25 配置主轴电动机

轴参数进行设置。

5.4 驱动系统的数据设置

840D/810D 系统为全数字式控制系统，不存在像模拟控制系统那样需要多个电位器调整某些控制参数，仅需要修改相应的机床数据即可。因此，驱动系统的设置与调整的重点就是通过对驱动系统数据的设置，达到优化驱动系统的目的。而 611D 驱动模块的核心是驱动系统的数字闭环控制单元，闭环控制回路包括电流环、速度环和位置环，如图 5-26 所示。

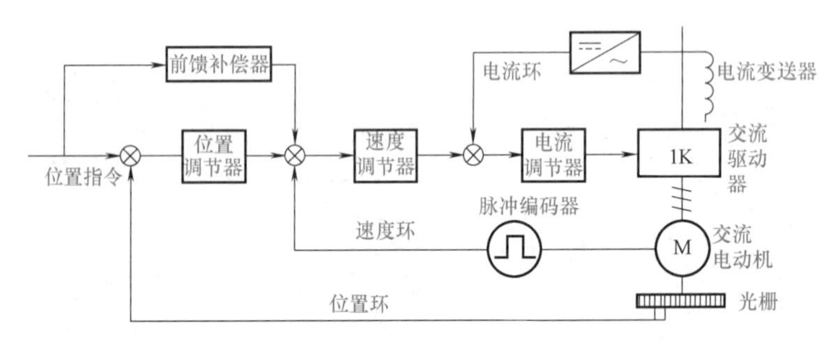

图 5-26 611D 驱动模块的数字闭环控制单元

位置环是整个驱动系统的重要控制回路，是驱动闭环控制回路的外环，其次为速度环，电流环又在速度环的内部。位置环包括位置调节器、速度调节器、电流调节器、交流驱动器及前馈补偿器，采用的反馈测量元件是光栅或脉冲编码器。

速度环的主要环节是速度调节器，它控制交流电动机的转动速度，达到指令速度要求。速度调节器的输入来自位置调节器的控制信号，它的输出作为电流调节器的输入，通常采用脉冲编码器作为速度环的反馈元件。

电流环的主要作用是把输入电流调节器的电流信号，转换为交流电动机的输出功率，达到控制进给电动机和主轴的目的。引入电流反馈环节可以改善交流驱动器的电气特性，提高驱动器的动态性能，增强系统的稳定性。电流环的重要环节是电流调节器，其作用是为了减小系统在大电流下的开环放大倍数，加快电流环的响应速度，缩短系统启动过程，并减小低速轻载时电流的断续对系统稳定性的影响。

5.4.1 电流环数据设置

驱动系统的电流控制环如图 5-27 所示，电流环包括电流设定值滤波器、电流调节器及功率驱动器。电流设定值滤波器由 4 个低通滤波器或带阻滤波器组成，主要作用是抑制机床的振动。电流设定值滤波器的机床数据见表 5-1。

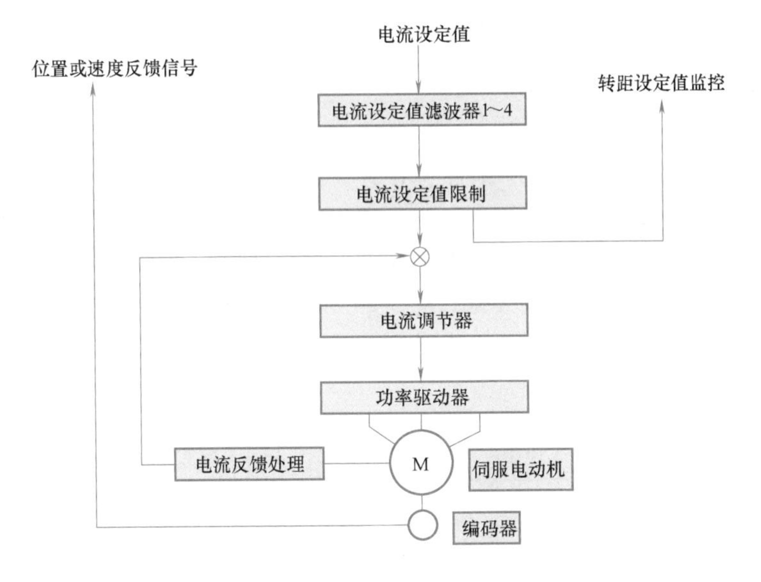

图 5-27 驱动系统的电流控制环

表 5-1 电流设定值滤波器的机床数据

组别	机床数据	意义	类别
滤波器 4	1208 CURRENT_FILTER_4_FREQUENCY	频率宽度	低通滤波器
	1209 CURRENT_FILTER_4_DAMPING	阻尼系数	
	1219 CURRENT_FILTER_4_SUPPR_FREQ	中心频率	带阻滤波器
	1220 CURRENT_FILTER_4_BANDWIDTH	作用频率带宽	
	1221 CURRENT_FILTER_4_BW_NUM	陷波深度	
滤波器 3	1206 CURRENT_FILTER_3_FREQUENCY	频率宽度	低通滤波器
	1207 CURRENT_FILTER_3_DAMPING	阻尼系数	
	1216 CURRENT_FILTER_3_SUPPR_FREQ	中心频率	带阻滤波器
	1217 CURRENT_FILTER_3_BANDWIDTH	作用频率带宽	
	1218 CURRENT_FILTER_3_BW_NUM	陷波深度	
滤波器 2	1204 CURRENT_FILTER_2_FREQUENCY	频率宽度	低通滤波器
	1205 CURRENT_FILTER_2_DAMPING	阻尼系数	
	1213 CURRENT_FILTER_2_SUPPR_FREQ	中心频率	带阻滤波器
	1214 CURRENT_FILTER_2_BANDWIDTH	作用频率带宽	
	1215 CURRENT_FILTER_2_BW_NUM	陷波深度	

（续）

组别	机床数据	意义	类别
滤波器 1	1202 CURRENT_FILTER_1_FREQUENCY	频率宽度	低通滤波器
	1203 CURRENT_FILTER_1_DAMPING	阻尼系数	
	1210 CURRENT_FILTER_1_SUPPR_FREQ	中心频率	带阻滤波器
	1211 CURRENT_FILTER_1_BANDWIDTH	作用频率带宽	
	1212 CURRENT_FILTER_1_BW_NUM	陷波深度	

机床数据 MD1200 决定哪一个滤波器被激活生效，机床数据 MD1201 决定该滤波器是低通滤波器还是带阻滤波器。MD1201 设置为 0 时为低通滤波器，设置为 1 时为带阻滤波器。如果系统尖峰出现时的频率点并不固定，且与固定频率无关，而是随着不同的条件飘移，则最好使用低通滤波器，滤掉可能产生尖峰的频率。使用低通滤波器需要设置滤波器的频宽和阻尼系数，频宽必须大于速度环的频宽。图 5-28 所示为低通滤波器的幅频及相频特性曲线，其频宽为 500Hz，三条曲线的阻尼系数分别为 0. 2、0. 5 和 1。

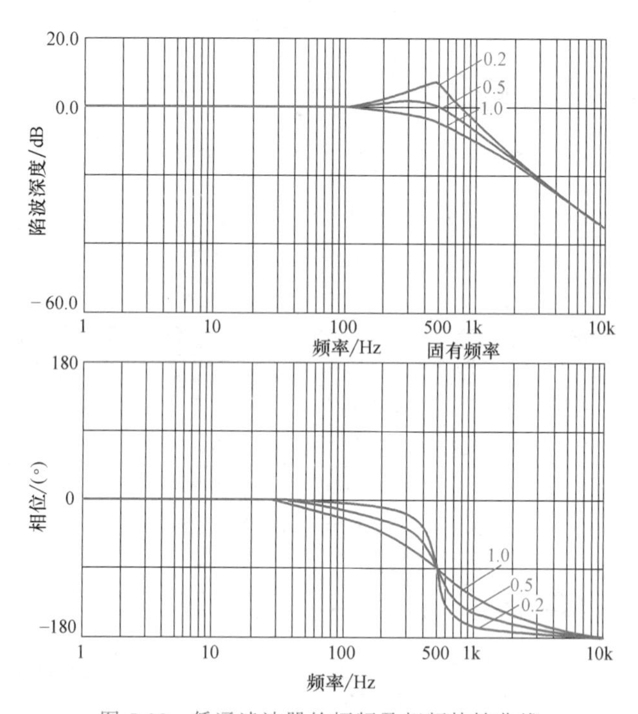

图 5-28　低通滤波器的幅频及相频特性曲线

带阻滤波器具有局部特性，对某特定频率范围内的信号有滤波作用，有利于抑制机床的共振频率。带阻滤波器需要设置中心频率、频宽和陷波深度，用于消除电流调节器在某一固定频率点的噪声。图 5-29 所示为某带阻低通滤波器的幅频及相频特性曲线，中心频率 1kHz，频宽 500Hz，陷波深度-57dB。这里的频宽是指幅频特性曲线在中心频率两边，下降 3dB 时的频率宽度。

电流调节器把电流设定值转换成电压指令，输入功率驱动器，直接驱动电动机工作。驱动电路产生的输出电流被反馈到电流调节器，与给定的电流指令做比较，并由电流调节器调

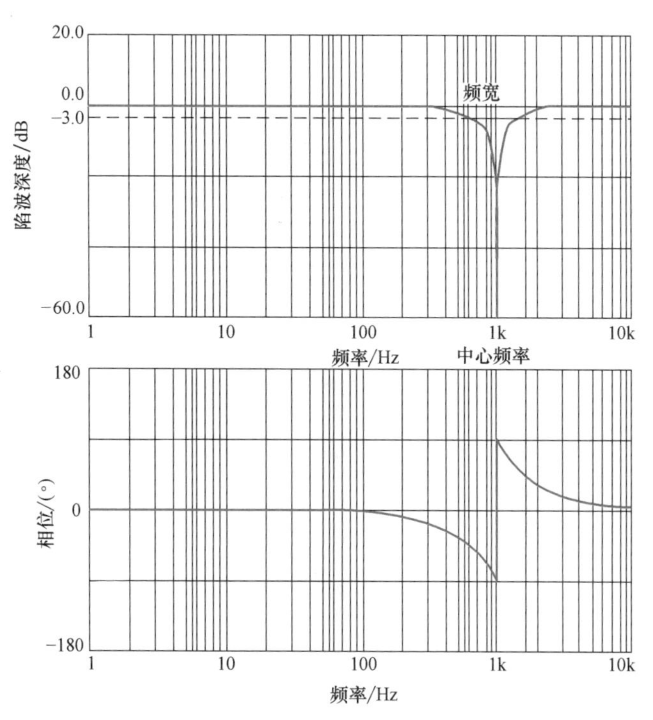

图 5-29　某带阻低通滤波器的幅频及相频特性曲线

节两者间的误差。MD1120 为电流调节器的比例增益，MD1121 为电流调节器的积分时间常数。应正确设置电流调节器的比例增益和积分时间常数，当电流设定值与输出电流之间存在误差时，利用比例-积分调节器可达到消除误差的目的。若把电流调节器的积分时间设置为 0，相当于关闭其积分功能。

电流环有两个重要的时间数据：MD1000 是驱动系统电流环计算周期，对于多轴控制系统，各轴的计算周期的设置必须一致；MD1101 为电流回路的计算延迟时间。所谓电流回路的计算延迟时间，是指电流环中的电流指令转换为电压指令所需的计算时间，此数据在输入驱动类型的时候，默认值会自动装入。MD1101 数据的作用包含在电流环中，其设定值必须小于电流环的整个计算周期。

电流环滤波器主要用于对电流的滤波调节，电流滤波器 1 最接近电动机，一般情况下，为了防止电流的不稳定对电动机造成影响，滤波器 1 都设置为低通滤波器。电流滤波器 2~4 的参数主要针对速度环控制器频域响应中的波峰进行调节，目的是为了防止该波峰对机床加工的影响。因此，电流滤波器 2~4 一般都设为带阻滤波器。

5.4.2　速度环数据设置

用位置调节器输入速度环的指令速度与反馈的实际速度相比较，可以求出速度误差。速度环的主要作用是利用速度误差信号求出转矩信号和电流信号，控制伺服电动机运动，最终消除速度误差。驱动系统的速度环如图 5-30 所示。速度环包括速度设定值滤波器、速度调节器、转矩调节器及转矩-电流转换器等。速度环的主要环节是速度调节器，通过速度调节器把速度指令信号转换为转矩信号，再通过转矩-电流转换器转换为电流指令信号，进入电流环。速度环的主要机床数据见表 5-2。

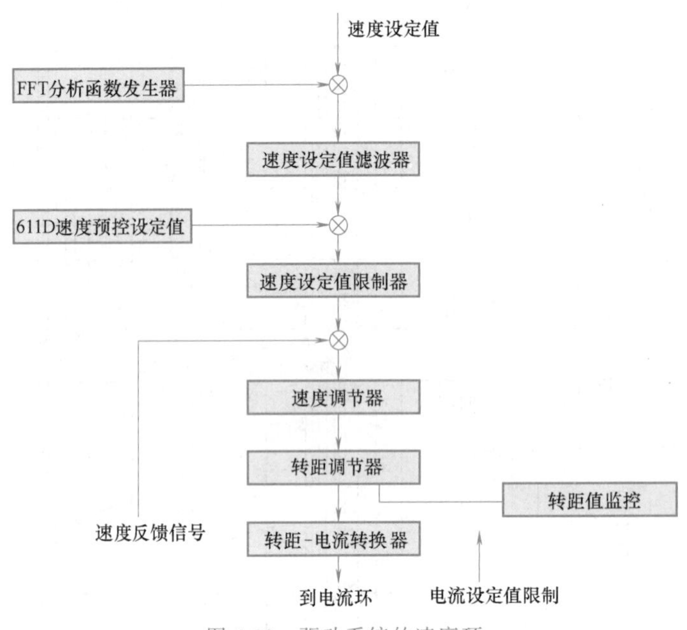

图 5-30 驱动系统的速度环

表 5-2 速度环的主要机床数据

组别	机床数据	意 义
自适应切换数据	1413 SPEEDCTRL_ADAPT_ENABLE	自适应的速度调节器切换功能
	1412 SPEEDCTRL_ADAPT_SPEED_2	适应速度 2,高速下限
	1411 SPEEDCTRL_ADAPT_SPEED_1	适应速度 2,低速上限
速度设定值滤波器	1500 NUM_SPEED_FILTERS	速度设定值滤波器
	1502 SPEED_FILTER_1_TIME	速度设定值滤波器 1 的时间常数
	1503 SPEED_FILTER_2_TIME	速度设定值滤波器 2 的时间常数
速度设定值限制	1405 MOTOR_SPEED_LIMIT	电动机速度限制监控
	1420 MOTOR_MAX_SPEED_SETUP	设置的最大速度
速度调节器积分时间	1409 SPEEDCTRL_INTEGRATOR_TIME_1	速度调节器积分时间常数 1
	1410 SPEEDCTRL_INTEGRATOR_TIME_2	速度调节器积分时间常数 2
速度调节器比例增益	1407 SPEEDCTRL_GAIN 1[n]	速度调节器比例增益常数 1
	1408 SPEEDCTRL_GAIN_2[n]	速度调节器比例增益常数 2
积分反馈	1421SPEEDCTRL_INTEGRATOR_FEEDBK[n]	时间常数积分反馈
转矩设定值限制	1725 MAXIMAL_TORQUE_FROM_NC	最大转矩设定
	1230 TORQUE_LIMIT_1	转矩限制 1
	1233 TORQUE_LIMIT_GENERATOR	重新产生限制转矩
	1235 POWER_LIMIT_1	功率限制 1
	1237 POWER_LIMIT_GENERATOR	重新产生功率限制
	1145 STALL_TORQUE_REDUCTION (MSD)	停止转矩降低系数
	1239 TORQUE_LIMIT_FOR_SETUP	设置时的转矩限值

速度设定值滤波器和速度设定值限制器的作用，是对来自位置调节器的速度指令进行预处理。速度设定值滤波器是一阶低通滤波器，主要目的是平滑速度指令，去掉干扰噪声。由于速度反馈中有干扰信号，或者由微分造成速度指令的不连续，都需要速度设定值滤波器将速度指令平滑。滤波器输出的速度指令经由速度设定值限制器处理，最终可得到速度环的速度指令。

速度调节器是比例-积分调节器，必须为它设置合适的比例增益与积分时间常数，以便调节速度指令与实际速度输出之间的误差。由于机床在实际工作过程中，驱动系统会与负载连接，因此速度调节器的相关数据的设定，也就必须根据实际情况进行优化，以便使伺服系统达到最佳控制效果。在机床数据 MD1407 中设置比例增益，在机床数据 MD1409 中设置积分时间常数。机床数据 MD1413 主要决定是否开启速度调节器的数据切换功能。所谓数据切换功能是指速度调节器的数据，可以随着不同的速度范围自动选择不同的控制数据。由于驱动系统在不同的速度范围内有不同的特性，建议开启数据切换功能。MD1413 设置为 0，代表关闭，则不管速度在哪个范围内，速度调节器的比例增益和积分时间常数分别由 MD1407 与 MD1409 决定。MD1413 设置为 1，代表开启数据切换功能，在低速范围内，即速度小于 MD1411 中设置的低速范围上限值，比例增益与积分时间常数数据分别由 MD1407 与 MD1409 决定；在高速范围内，即速度大于 MD1412 中设置的高速范围下限值，速度调节器的比例增益由 MD1408 决定，积分时间常数由 MD1410 决定。

如图 5-31 所示，MD1401 为设置的电动机最高速度，MD1405 为电动机速度限制控制。在低速 MD1411 与高速 MD1412 之间的过渡区，它的比例增益 K_p 和积分时间 T_n 则由低速范围的设定值 MD1407 和 MD1409 与高速范围的设定值 MD1408 和 MD1410，利用线性内插的方式求得。

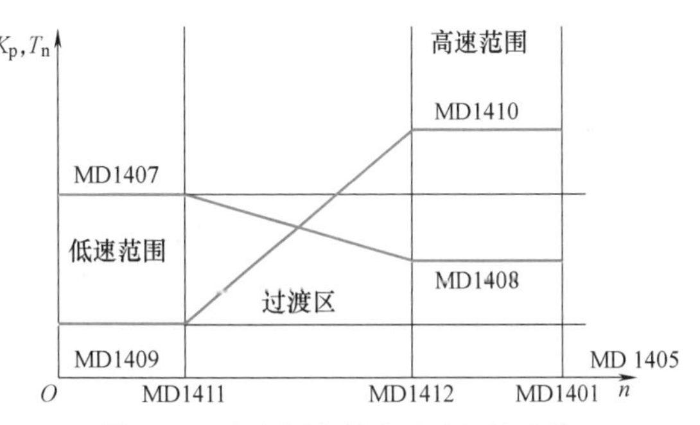

图 5-31 速度调节器自适应切换功能

5.4.3 位置环数据设置

位置环内包含速度环和电流环，在速度环和电流环设置完成后，位置环的设置变得相对简单，只需要完成位置调节器的设置即可。位置调节器是一个比例调节器，虽然只有伺服增益因子 MD32200 一个数据，但它的作用不容忽视，与系统的控制性能直接相关，主要影响系统的跟随误差。

在进给速度一定时，跟随误差与伺服增益因子成反比，应尽可能使用较大的伺服增益因子，但是太大的伺服增益因子又会导致系统的不稳定或造成系统超调。要达到提高增益的目的，除了速度环与电流环的动态响应要快外，结构的刚性、共振的消除、位置环的周期时间都有影响。为了减小位置环的控制误差，可以利用系统提供的各种补偿功能。

5.5 驱动系统的数据优化

了解和掌握数控机床的动态性能，有利于对它的动态性进行优化，使驱动系统达到尽可能高的动态响应。提高驱动系统的动态特性，维修调试人员所能做的工作，就是通过调整驱动系统数据，使其达到与机械传动系统之间的最佳匹配。由于位置环数据较少，只有一个伺服增益因子需要调整，因而驱动系统的优化主要针对速度环中的速度调节器和电流控制环中的电流调节器，寻找调节器的最佳比例增益和积分时间常数，改善它的动态性能。在对驱动系统进行优化时，一般先进行电流环的优化，再进行速度环的优化，最后进行位置环的数据优化。

驱动优化的目的是增加比例增益和降低时间常数，而优化过程是通过伯德图的形式找到驱动的一些共振点，通过增加电子滤波器的方法来消除这些共振点，最终为增加增益和降低时间常数创造条件。在优化之前，确认系统的性能对驱动的优化很有用。由于现在的数控系统都是数字控制系统，因而这些数字控制元件的性能好坏直接影响驱动性能的好坏。对于 840D 系统而言，下面几个参数直接影响驱动性能的好坏。

MD10050——系统周期，即系统的主频，系统的所有的工作都在这个频率下工作。

MD10070——系统插补周期，系统在插补运行时的时间周期。

这两个参数直接影响位置环响应的快慢，位置环响应越快，对系统性能的提高越有好处，但同时会增加系统的负担。当调整完上面的参数以后，要到诊断界面下选择系统资源，确认一下系统负载的大小。一般情况下，系统的负载在静止状态下不宜超过 40%；否则系统容易死机。

840D/810D 系统具有自动优化功能，由驱动系统在负载状态下自动测试和分析调节器的频率特性，确定调节器的比例增益和积分时间常数。如果自动优化的结果不够理想，达不到机床的最佳控制效果，则需要再进行手工优化。

对 840D/810D 驱动系统进行优化，既可以在时域中进行，也可以在频域中进行，主要根据选择的测量信号类型而定。注意，在速度环的伯德图中最大可允许超调到 3dB，但位置环的伯德图则必须保持在 0dB 以下，因为位置环的超调会导致精度问题。

数控系统的驱动优化需要相应的软件。对 PCU50 而言，驱动优化软件已经集成在 HMI ADVANCED 里；而对 PCU20 来说，需要在计算机上安装运行专门的驱动调试软件 Start-up Tool。

5.5.1 驱动优化的原理

驱动轴由电流环、速度环和位置环组成。一般来说，位置环是一个简单的比例调节器，因而调节起来比较简单；速度环和电流环由比例-积分调节器组成，是驱动的核心部分，同时速度环又是驱动优化的调整重点。驱动优化的关键是提高速度环的动态特性，而提高动态特性的关键又在于提高速度环比例环节的增益和降低积分环节的时间常数。找出驱动部分的共振频率是提高系统动态特性的首要条件。

让电动机端输出一个涵盖很宽频率的噪声信号，再检查输出端的应答信号，根据它们的关系绘制一个输入和输出的关系图。为了计算方便，一般用伯德图的方式来表示。伯德图的上半部分是表示输出和输入信号的幅值比，下半部分是输出和输入信号的相位差。理想的情况是输出信号的幅值等于输入信号的幅值，并且没有相位差，但实际中的图形都会有偏差。图 5-32 所示为实际伯德图。

从图 5-32 中可以看出，图形的低频部分输入和输出信号的幅值比在 0dB 附近，大于 0dB 表示输入信号的幅值小于输出的幅值，也就是有点超调，当达到 3dB 时，超调值接近 40%，系统有振荡的危险。幅值比小于 0dB 表示输出被衰减，当为−10dB 时，衰减幅度达到 70%，这时的输出基本被抑制。同时输入信号的相位也被滞后，当滞后的值接近 180°时，这

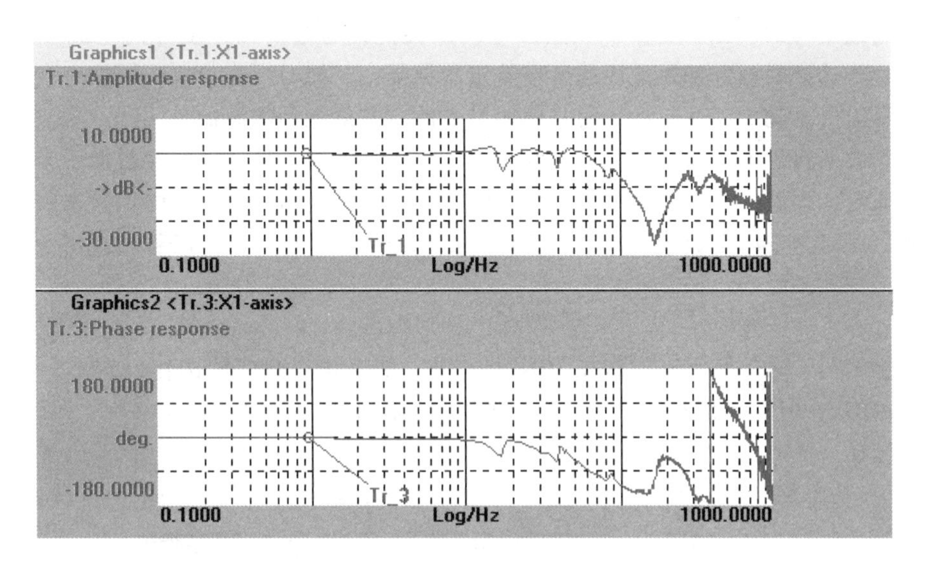

图 5-32 实际伯德图

个频率的信号接近被完全抑制。驱动轴正常工作时，根据电动机的速度可以推算出输出到电动机的电源的频率，一般都较低，在几十到几百赫兹。但在系统加减速过程中，输出到电动机的电源频率会有很宽的范围，一般能到千赫兹左右。在伯德图中，当幅值比从 0dB 往下降且相位滞后接近 180°时，这个频率称为拐点频率。这个频率越高，驱动的动态特性越好，反之越低。

驱动优化的过程就是尽量让拐点频率提高，让幅值比的线更接近于 0dB。增加速度环的增益会使伯德图线往上翘，如图 5-33 所示。但同时原来在 0dB 下面的小尖峰超过了 3dB，系统会振荡，电动机有时会发出啸叫。这时如果能采取相应的办法把尖峰去掉，就能达到既增加速度环增益又不影响系统稳定的目的。数控系统可通过添加相应的电子滤波器的方法来实现。

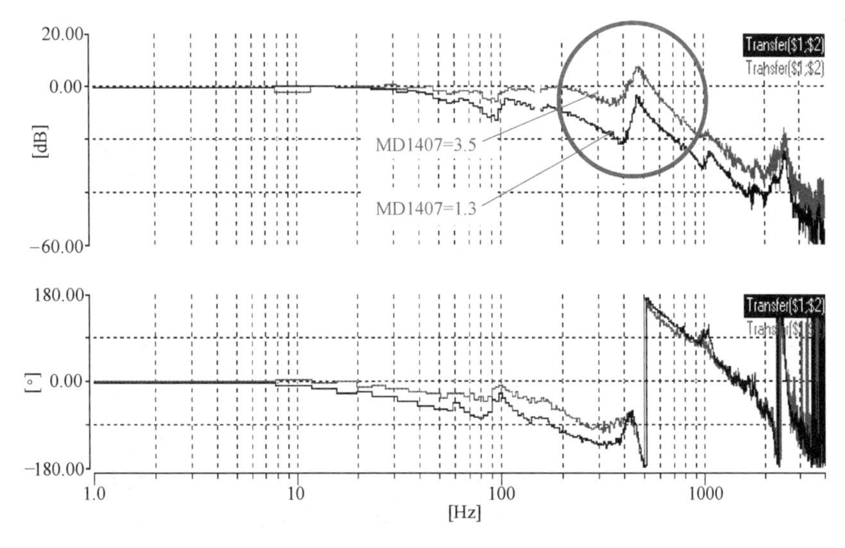

图 5-33 速度环增益调整伯德图

为提高速度环的特性，需要优化速度环内的性能，通过增加速度环内电流环给定滤波器，就能达到这个目的。如果采用速度环给定滤波器，只能对提高位置环性能有效果，而对速度环本身没有影响。因而驱动优化时使用最多的就是电流环滤波器。

电子滤波器按性能分为两种：低通滤波器和带阻滤波器。低通滤波器对低于某一频率的波形予以通过，而对高于这个频率的波形则阻断。带阻滤波器只对某一固定频率附近的波形予以阻断，而对其他频率的波形则予以通行。在驱动优化时用得最多的就是采用一些带阻滤波器来平抑一些尖峰信号。

5.5.2 自动优化方法

在优化之前，必须使机床工作在 JOG 方式下。如果是在其他的工作方式下，那么在运行“SIMODRIVE 611D START-UP TOOL”软件后，将弹出一个错误提示界面，如图 5-34 所示。可以选择“Without PLC”选项，这样在优化的过程中 PLC 不生效。如果在该界面使用“With PLC”方式时，必须要有 PLC 的使能信号。此处选择“Without PLC”方式。

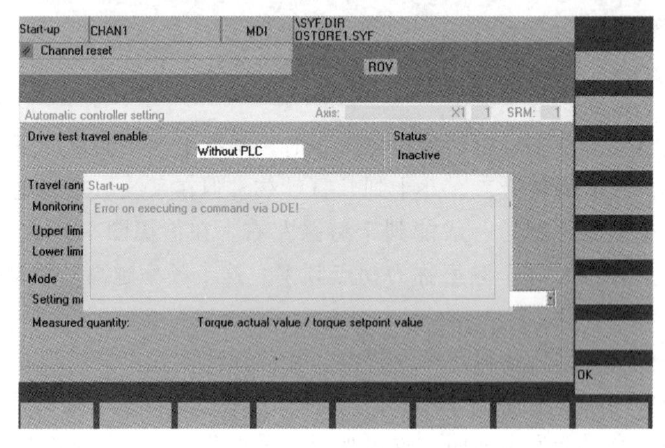

图 5-34　错误提示界面

自动优化的具体步骤如下：

1）用适配器将 611D 驱动器和计算机相连接，启动计算机和系统。

2）在计算机上运行“SIMODRIVE 611D START-UP TOOL”软件，弹出图 5-35 所示启动界面。

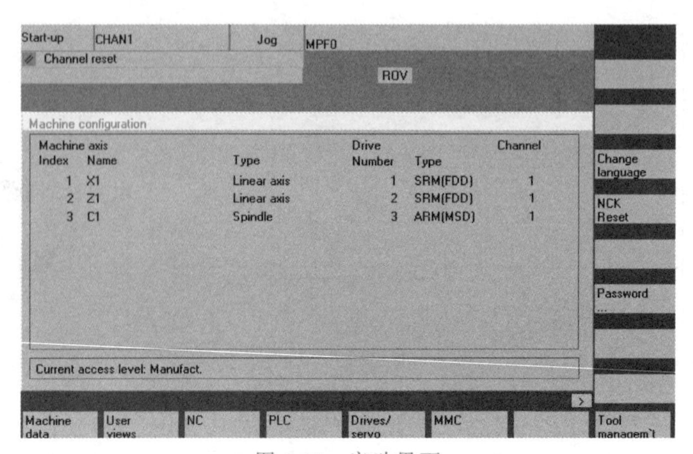

图 5-35　启动界面

3）单击【Drives/servo】按钮，进入图 5-36 所示界面。在该界面中提醒用户的是轴配置信息，包括有轴类型、驱动类型、驱动号、槽号、电流控制器周期、速度控制器周期和位置控制器周期等。

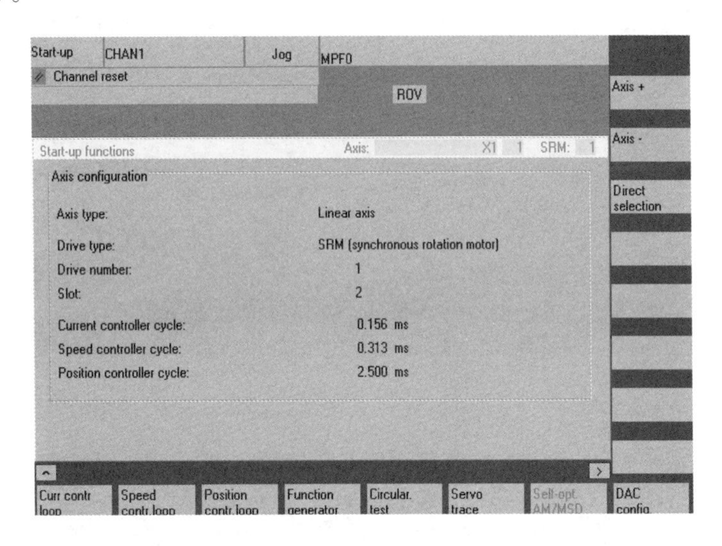

图 5-36　Drives/servo 界面

4）单击界面右下角扩展【>】按钮，进入图 5-37 所示界面。

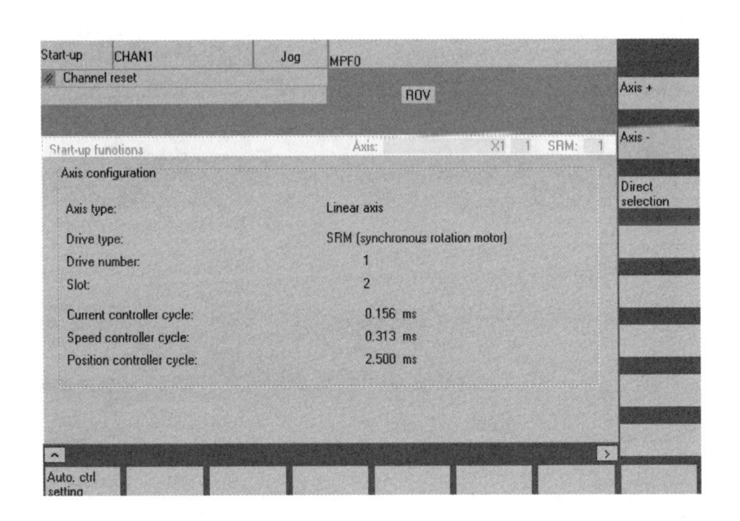

图 5-37　Drives/servo 扩展界面

5）单击【Auto. ctrl setting】按钮，进入图 5-38 所示界面。在该界面中重点要注意驱动测试是否监控轴行程，在该优化过程中选用“Inactive”，即不监控状态，行程开关处于无效状态。这时要特别注意在优化过程中工作台移动时有可能与进给电动机发生碰撞。

6）单击【Start】按钮，进入图 5-39 所示界面。

7）单击【OK】按钮，进入图 5-40 所示界面。

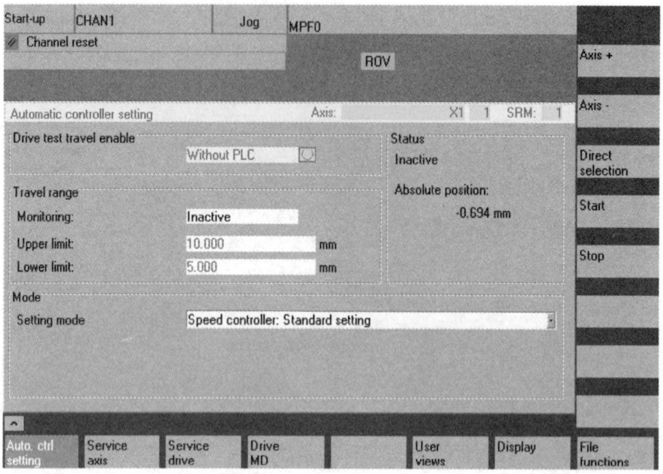

Start-up | CHAN1 | Jog | MPF0
Channel reset
ROV
Automatic controller setting　Axis:　X1　1　SRM:　1
Drive test travel enable　Without PLC
Status　Inactive
Travel range
Monitoring:　Inactive
Upper limit:　10.000　mm
Lower limit:　5.000　mm
Absolute position:　-0.694 mm
Mode
Setting mode　Speed controller: Standard setting
Axis +　Axis -　Direct selection　Start　Stop
Auto. ctrl setting　Service axis　Service drive　Drive MD　User views　Display　File functions

图 5-38　Auto. ctrl setting 界面

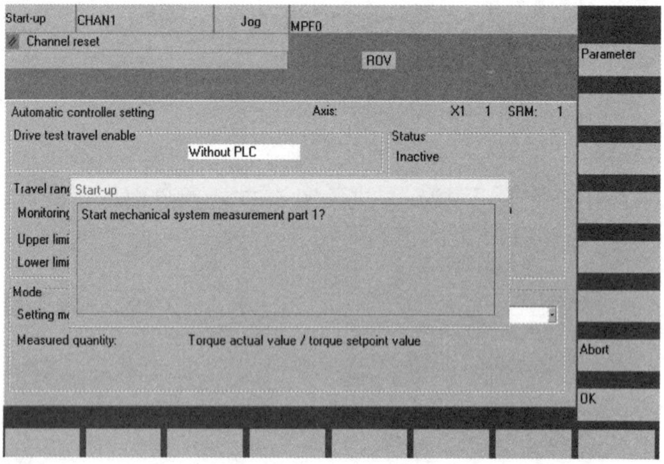

Start-up | CHAN1 | Jog | MPF0
Channel reset
ROV
Automatic controller setting　Axis:　X1　1　SRM:　1
Drive test travel enable　Without PLC
Status　Inactive
Travel ran　Start-up
Monitorin　Start mechanical system measurement part 1?
Upper limi
Lower limi
Mode
Setting m
Measured quantity:　Torque actual value / torque setpoint value
Parameter　Abort　OK

图 5-39　启动界面

Start-up | CHAN1 | Jog | MPF0
Channel reset
ROV
Automatic controller setting　Axis:　X1　1　SRM:　1
Drive test travel enable　Without PLC
Status　Inactive
Travel range
Monitoring:　Inactive
Upper limit:　10.000　mm
Lower limit:　5.000　mm
Absolute position:　-0.694 mm
Mode
Setting mode　Speed controller: Setting with critical dyn. response
Measured quantity:　Torque actual value / torque setpoint value
Axis +　Axis -　Direct selection　Start　Stop
Please press NC START !
Auto. ctrl setting　Service axis　Service drive　Drive MD　User views　Display　File functions

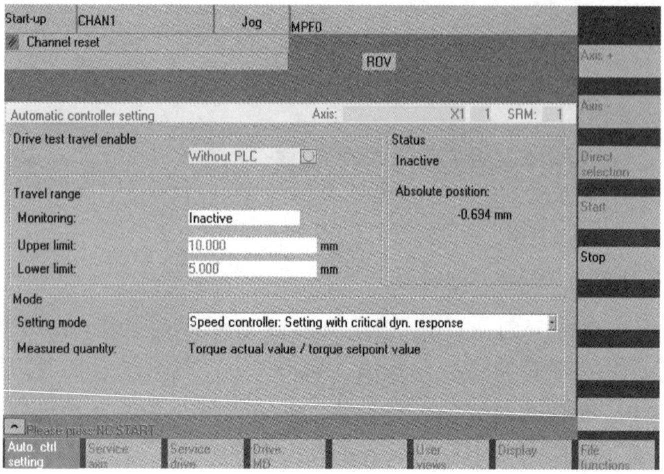

图 5-40　参数选择界面

8）按机床上的【NC Start】键，此时 X 轴进给电动机为正转状态优化，在优化完成后出现图 5-41 所示界面。

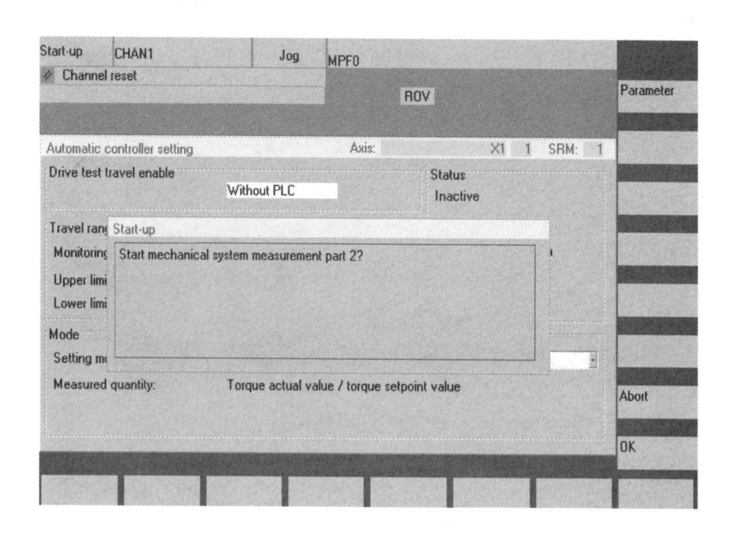

图 5-41　NC 启动界面

9）单击【OK】按钮，此时 X 轴进给电动机为反转状态优化，在优化完成后出现图 5-42 所示界面。

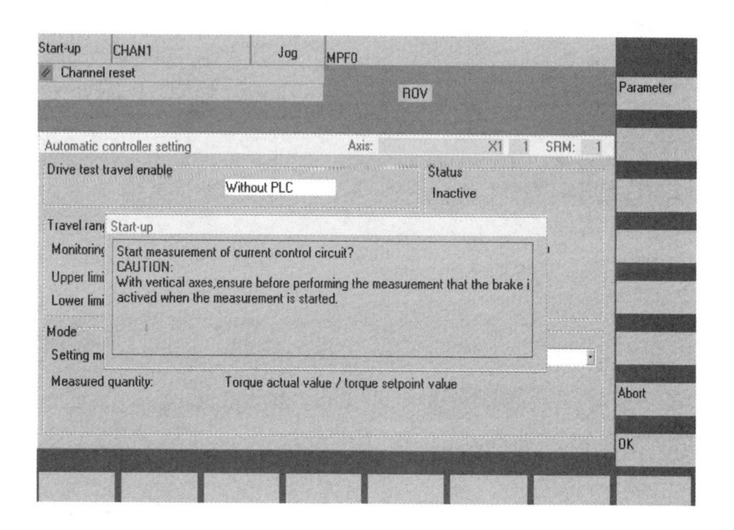

图 5-42　优化初步完成界面

10）再次单击【OK】按钮，再按机床上的【NC Start】键后，进入图 5-43 所示界面。

11）单击【OK】按钮后，出现图 5-44 所示界面。在该界面中，系统提示用户是否想保存驱动 1 的根文件。

12）单击【Yes】按钮，此时弹出图 5-45 所示启动速度环测量界面。

13）单击【OK】按钮后，同时再按机床上的【NC Start】键，出现图 5-46 所示界面。

图 5-43　控制器参数计算

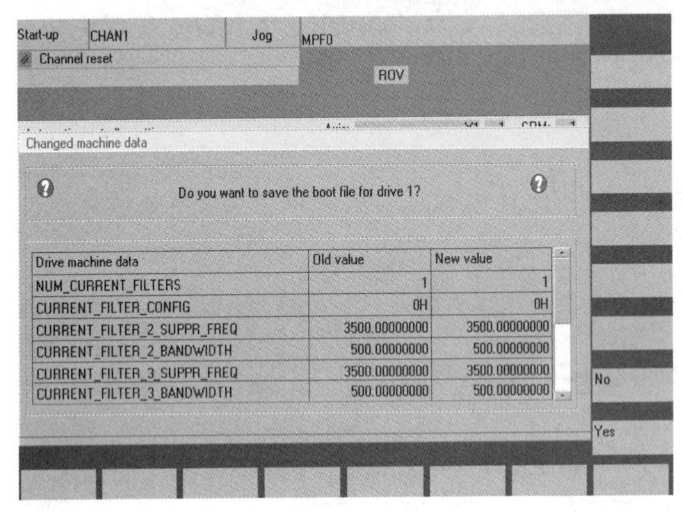

图 5-44　驱动文件保存界面

图 5-45　启动速度环测量界面

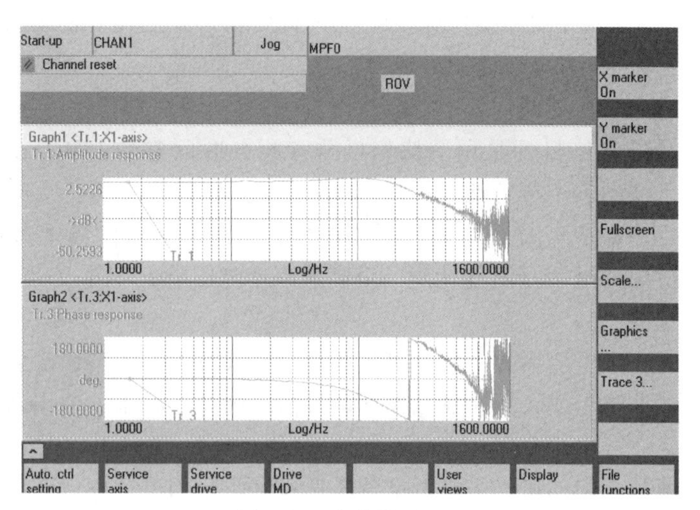

图 5-46　优化结果界面

至此，对机床 X 轴的自动优化就完成了。自动优化的结果并不一定是一个理想的结果，大部分情况下要进行手动调整。

5.5.3　手动优化

手动优化时，需要分别优化电流环、速度环和位置环。通过手动设定必要的测量参数，然后开始测量。测量结果可以通过显示菜单来查看幅值响应和相位响应。反复地修改参数，直到得到一个理想的幅值响应和相位响应。手动优化过程中需要进行一些测试来提供参数调整的方向和依据，表 5-3 中列出了相应的伺服参数优化测试项目。

表 5-3　伺服参数优化测试项目

优化测试项目		描　述	工作方式
电流环	Ref. frequency response（参考频率响应）	用于优化电流环控制器的比例增益和积分时间常数	JOG
速度环	Ref. frequency response（参考频率响应）	用于优化速度环控制器的比例增益和积分时间常数，以及电流设定点滤波器	JOG
	Setpoint step change（设定点阶跃响应）	用于分析速度控制器对阶跃的响应	JOG
	Disturbance step change（干扰阶跃响应）	用于测量速度控制器对“负载”突变的响应	JOG
	Mechanical frequency（机械频率）	测量机械的固有频率（只适用于直接测量系统）	JOG
	Speed control system（速度控制系统）	用于测量机械的开环频率响应，确定共振频率	JOG
位置环	Ref. frequency response（参考频率响应）	用于优化位置控制器的比例增益	JOG
	Circularity test（圆测试）	检查两轴的插补特性	MDA/Auto
	Servo trace（伺服跟踪）	借助系统内部四通道示波器测量选择的信号	JOG/MDA/ Auto

手动优化需要有丰富的调试经验。一般是先利用自动优化功能，由驱动系统自动测试和分析调节器的频率特性，确定调节器的比例增益和积分时间常数。如果自动优化的结果不够理想，达不到机床的控制效果，再在此基础上进行手动优化。由于有了自动优化的基础，手

动优化能够更好地确定调节器的比例增益和积分时间常数。最后还要根据测量的结果设定各种滤波器控制数据，以消除驱动系统的共振点。

1. 电流环手动优化

电流环手动优化的最终目标是调节比例增益和积分时间常数。MD1120 设定电流环增益，反映轴运动的电流动态调节特性。MD1121 设定电流环积分时间，反映电流调节的时间特性。利用“参考频率响应”优化电流控制器参数，反复地调整这两个参数的值，然后进行测量，使幅值响应图 0dB 段尽可能达到一个高的频率范围（此频率受循环时间限制），此环节一般不做大的调整。

电流环优化的另一个重要内容，就是寻找各个电流滤波器的频率设定值。电流滤波器由带阻滤波器和低通滤波器组成，用来衰减速度调节器中的共振频率，即用来衰减超出运行范围的共振点。

如果使用的是西门子电动机，当在调试阶段选择好驱动和电动机后或之后任何时间单击“Calculate controller data”按钮后，电流控制器的比例增益会自动填入 MD1120。虽然此值对大多数应用都是适合的，但仍建议检查电流环增益的设定。当所使用的电动机与功率部件为第三方产品时，必须对电流调节回路进行优化。

在使用“Reference frequency response”工具优化电流环比例增益时，应使幅频曲线 0dB 段尽量延伸到更高的频率，相频曲线的-180°点应在 1000Hz 以上。幅频曲线中不能出现高于 0dB 线的情况。

注意：在使用此工具前，必须考虑安全预防措施，此时的电动机力矩最小，垂向轴如果没有支承，可能会滑落。

电流环手动优化的具体步骤（在优化之前必须使机床工作在 JOG 方式下）如下：

1）用适配器将驱动器和计算机相连接，启动计算机和数控系统。

2）在计算机上运行“SIMODRIVE 611D START-UP TOOL”软件，弹出图 5-47 所示界面（假设已经做完了自动优化）。

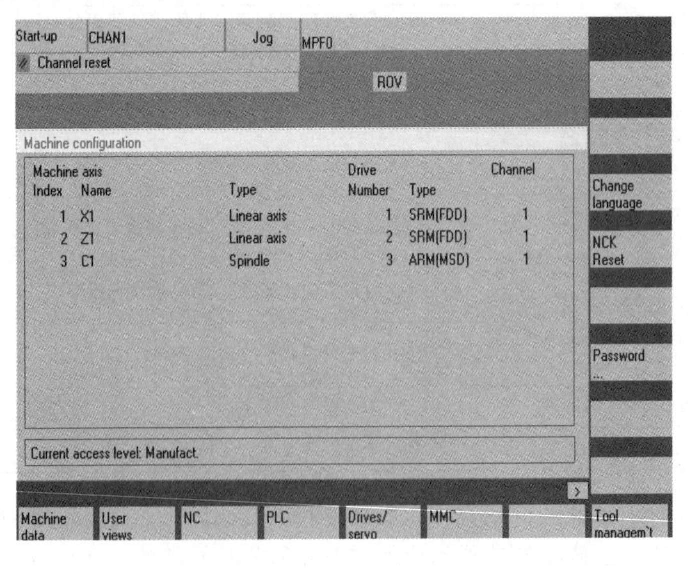

图 5-47 START-UP TOOL 主界面

3）单击【Drives/servo】按钮，进入图 5-48 所示界面。

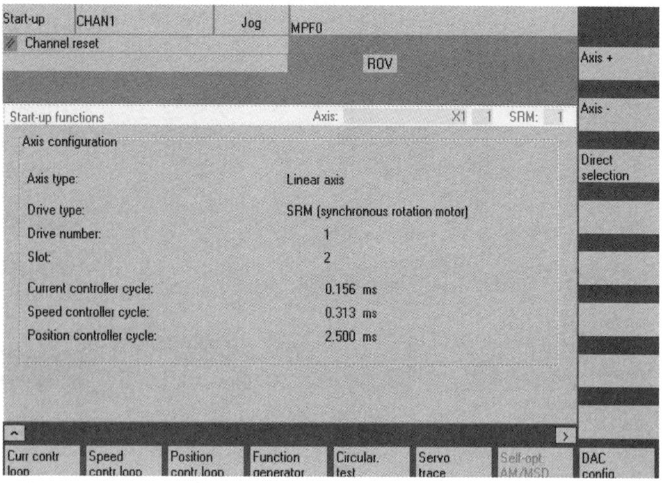

图 5-48　Drives/servo 界面

4）单击【Curr contr loop】按钮，进入图 5-49 所示界面。在该界面中，选择“Axis+/Axis-”可以进行轴的切换过程。

5）在图 5-49 所示界面中，在“Drive test travel enable”选项中选择“Without PLC”，在“Travel range”选项中选择“Inactive”。在“Type of measurement”选项中选择“Ref. frequency respo”。

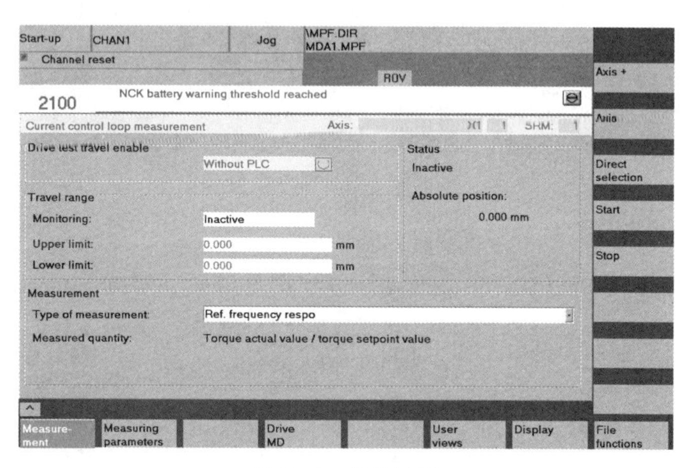

图 5-49　参数选择

6）单击【Measuring parameters】按钮，进入图 5-50 所示界面。在图 5-50 中，Amplitude 表示输入功率部分最大电流的百分数，通常为 1%~5%；Bandwidth 表示频宽，一般 810D 系统应为 0.8kHz，840D 系统应为 4kHz；Averaging 表示平均次数，此参数可以提高测量的准确性，次数越多越精确，设置为 20 较为合适；Settling time 表示建立时间，输入测量信号和偏移到记录测量数据间的时间。

7）单击【Drive MD】按钮，进入图 5-51 所示界面，设置参数 MD1120 和 MD1121。

8）单击【Measurement】按钮，再单击【Start】按钮，然后按下机床控制面板上的

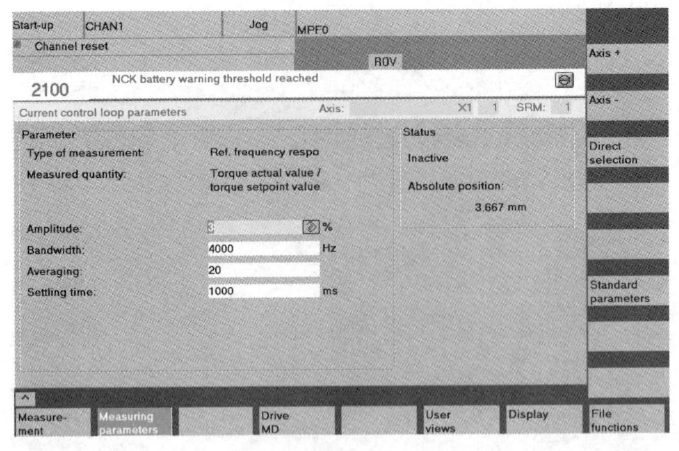

图 5-50 测量参数设置

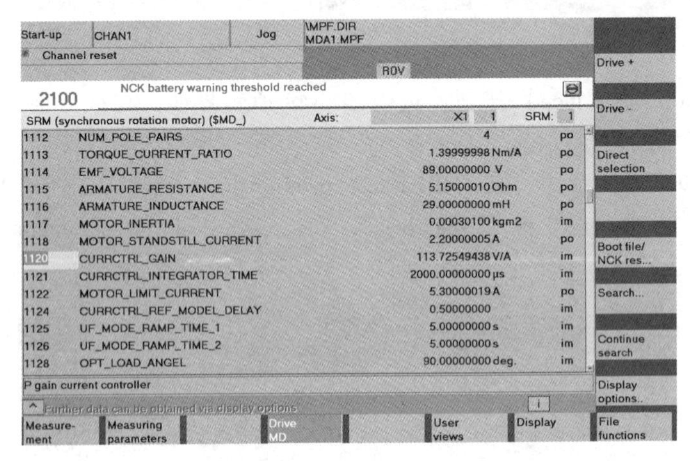

图 5-51 Drive MD 设置

【NC Start】键，启动测量。

9）测量完成后，单击【Display】按钮，弹出图 5-52 所示界面，根据测试图形，反复选

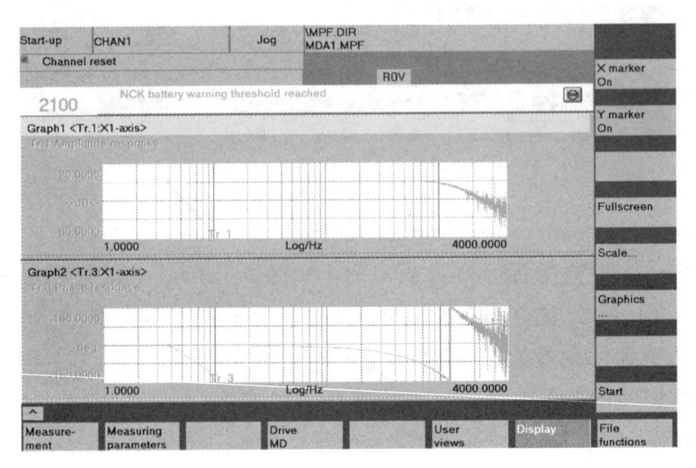

图 5-52 测量结果

择 MD1120 和 MD1121，直到满足需要为止。

2. 速度环手动优化

速度控制器比例增益（K_p，MD1407）的默认值是基于电动机的型号。速度控制器的积分时间常数（T_n，MD 1409）默认值是 10ms。增益 K_p 和积分时间常数 T_n 都是在调试阶段选择好驱动和电动机后或之后任何时间单击“Calculate Controller data”按钮后自动装载到相应参数的。此默认值能够保证在大多数机械状况下，驱动上电后，电动机不会“嗡嗡叫”。

速度环的优化主要是优化速度调节器。优化比例增益与积分时间常数两个数据，先确定它的比例增益，再优化积分时间常数。如果把速度调节器的积分时间常数（MD1409）调整到 500ms，积分环节实际上处于无效状态，这时比例-积分速度调节器转化为比例调节器。为了确定比例增益的初值，可从一个较小的值开始，逐渐增加比例增益，直到机床发生共振，可听到伺服电动机发出啸叫声，将这时的比例增益乘以 0.5，作为首次测量的初值。

速度环参数调节是驱动参数调节的重点，有时在电动机的标准机床数据的情况下，电动机可能会产生噪声。这种情况下，应先减小速度环的增益值，标识出共振点，设置带阻滤波器抑制共振；如果共振点飘移，应该设置低通滤波器消除漂移。然后再增加控制器的增益值。使用“参考点频率响应”工具来设置速度增益和积分时间常数。

参考频率响应是 K_p 和 T_n 优化的最重要的方法。在幅频曲线图中 0dB 表示实际速度和设定速度值具有相同的幅值，0 相位则表明实际速度和设定值具有最小的相位延时。在此环节中，要达到理想的结果，往往需要设置滤波器来平滑速度环。优化的最终目标就是使频率特性的幅值在 0dB 处保持尽可能宽的范围，而不出现不稳定的振荡情况。在满足性能要求的前提下，希望 K_p 尽可能地大，这样可以提高机床的响应速度和跟踪精度；希望 T_n 尽可能地小，这样可以提高机床的抗扰动能力。

速度环手动优化过程：先使用“参考频率响应”测试调整 K_p 和 T_n，并确定是否需要设置滤波器；然后使用“阶跃响应”和“扰动阶跃响应”分别检验确定的 K_p 和 T_n 是否满足要求，若不满足再做调整。

优化前使用系统默认参数，具体过程如下：

（1）频率响应测试

1）选择速度环：选择【Start-up】→【Drives/Servo】→【Speed contrl loop】。

2）单击【Measurement】按钮，进入图 5-53 所示界面。在该界面中，选择“Axis+/Axis-”可以进行轴的切换过程。设置 PLC 使能逻辑与运行范围监控如图 5-53 所示，并在“Type of measurement”下拉列表中选择“Ref. frequency respo”选项。

3）单击【Measuring parameters】按钮，进入图 5-54 所示界面。在图 5-54 中，Amplitude 表示给待优化轴设置一个速度，此值不能太高；Bandwidth 表示带宽；Averaging 表示平均次数，次数越多越精确，通常是 20；Settling time 表示建立时间，推荐值为 200ms~1s；Offset 表示偏置量，必须大于振幅的值，是振幅的 2~3 倍。

4）单击【Drive MD】按钮，进入图 5-55 所示界面，设置参数 1409 和参数 1407。首先将速度调节器的积分时间常数 MD1409 调整到 500ms，使积分环节处于无效状态，然后将 MD1407 设置为 1.20000017，此值可任意设置，但不能太大。

5）单击【Measurement】按钮，进入图 5-56 所示界面。再单击【Start】按钮，弹出图 5-57 所示界面，在该界面中系统提示，机床参数 MD1500 应设置为 0，即要关闭速度设定点滤波器，它不会影响速度环的稳定性。

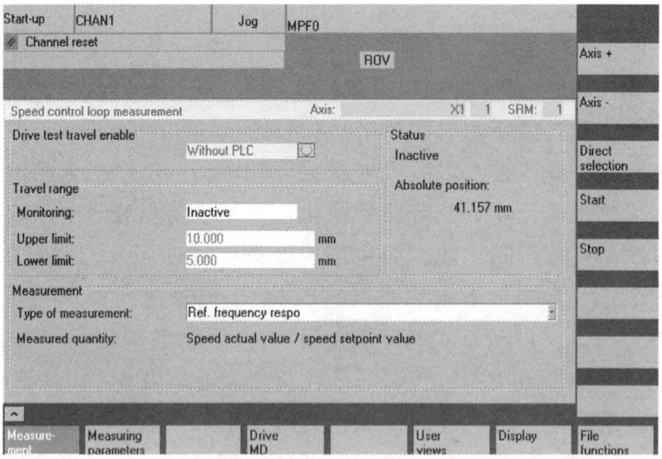

Start-up
CHAN1
Jog
MPF0
Channel reset
ROV
Axis +
Axis -
Speed control loop measurement
Axis:
X1
1
SRM:
1
Drive test travel enable
Without PLC
Status
Inactive
Direct selection
Absolute position:
41.157 mm
Travel range
Start
Monitoring:
Inactive
Upper limit:
10.000
mm
Stop
Lower limit:
5.000
mm
Measurement
Type of measurement:
Ref. frequency respo
Measured quantity:
Speed actual value / speed setpoint value
Measure-ment
Measuring parameters
Drive MD
User views
Display
File functions

图 5-53　频率响应选择

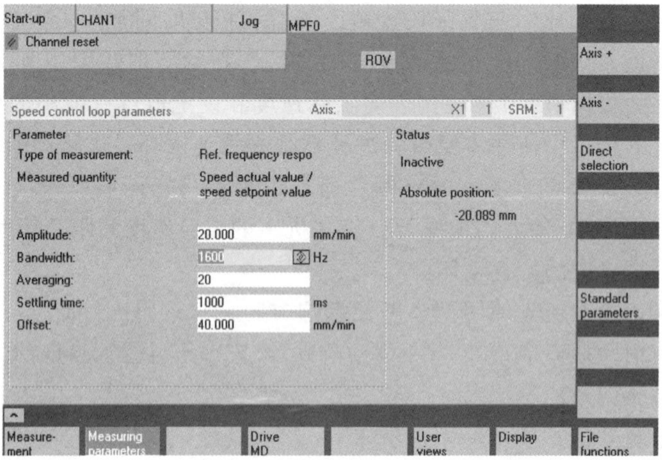

Start-up
CHAN1
Jog
MPF0
Channel reset
ROV
Axis +
Axis -
Speed control loop parameters
Axis:
X1
1
SRM:
1
Parameter
Status
Type of measurement:
Ref. frequency respo
Inactive
Measured quantity:
Speed actual value / speed setpoint value
Direct selection
Absolute position:
-20.089 mm
Amplitude:
20.000
mm/min
Bandwidth:
1600
Hz
Averaging:
20
Settling time:
1000
ms
Standard parameters
Offset:
40.000
mm/min
Measure-ment
Measuring parameters
Drive MD
User views
Display
File functions

图 5-54　测量参数配置

Start-up
CHAN1
Jog
MPF0
Channel reset
ROV
Drive +
Drive -
SRM (synchronous rotation motor) ($MD_)
Axis:
X1
1
SRM:
1
1407 SPEEDCTRL_GAIN_1[0] 1.20000017 Nm*s/rad im
1409 SPEEDCTRL_INTEGRATOR_TIME_1[0] 500.00000000 ms im
2407 SPEEDCTRL_GAIN_1_M2[0] 0.30000001 Nm*s/rad im
2409 SPEEDCTRL_INTEGR_TIME_1_M2[0] 10.00000000 ms im
3407 SPEEDCTRL_GAIN_1_M3[0] 0.30000001 Nm*s/rad im
3409 SPEEDCTRL_INTEGR_TIME_1_M3[0] 10.00000000 ms im
4407 SPEEDCTRL_GAIN_1_M4[0] 0.30000001 Nm*s/rad im
4409 SPEEDCTRL_INTEGR_TIME_1_M4[0] 10.00000000 ms im
Direct selection
Boot file/ NCK res...
Search...
Continue search
Reset time speed controller
Display options...
Further data can be obtained via display options
Measure-ment
Measuring parameters
Drive MD
User views
Display
File functions

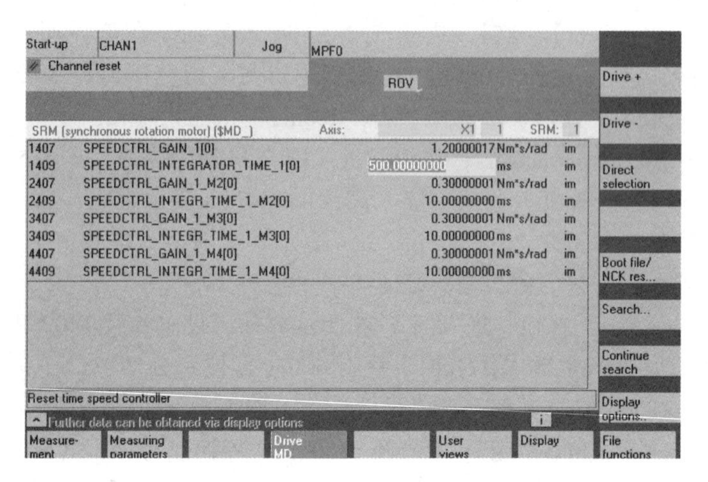

图 5-55　Drive MD 设置

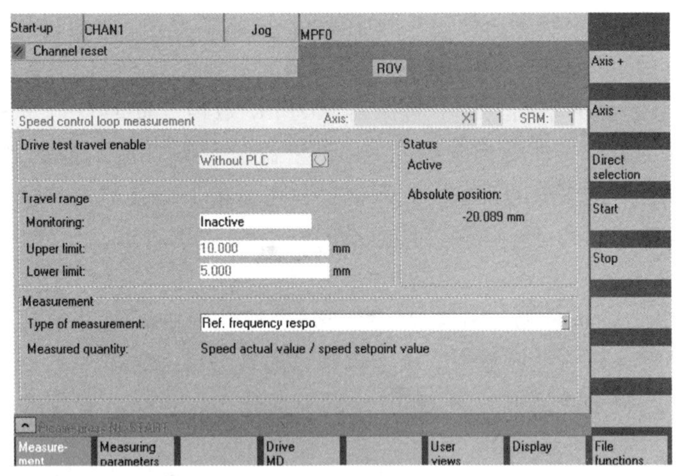

图 5-56 测量界面

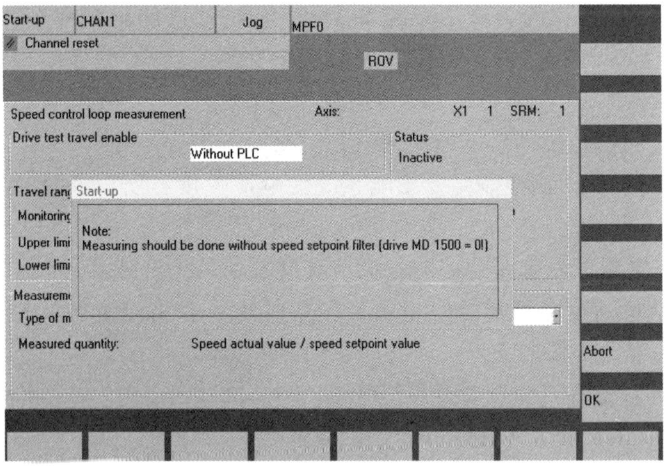

图 5-57 提示界面

6）单击【OK】按钮，再按机床上的【NC Start】键，开始优化。优化之后，单击【Display】按钮出现图 5-58 所示界面。初次优化，MD1407 选择较小，机床不会发生共振现象。

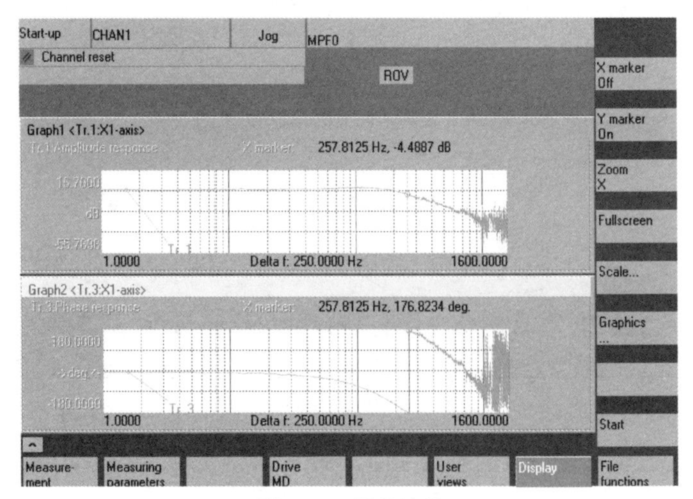

图 5-58 测量结果

7）尝试从小到大依次调整比例增益 MD1407，按照步骤 6）进行优化，直到机床发生共振，可听到伺服电动机发出啸叫声，将这时的比例增益乘以 0.5，作为首次测量的初值。

8）在首次测量初值的基础上，不断提高 MD1407 数值，此时从伯德图中可以看出，系统的频宽得到增加，响应特性得到改善。当比例增益增大到一定数值后，将会出现幅频特性曲线幅值超过 0dB，频宽变窄的现象。在测试过程中，请做好参数值记录。反复调节，直到完成 MD1407 最佳数值的选择。幅频特性曲线的幅值在 0dB 附近，允许幅值变化几个分贝，最大 3dB。

9）逐步减小积分时间常数 MD1409，直到频率特性中的幅值开始超过 0dB，一般允许 3dB 以内。积分时间常数的设定范围取决于机械，通常为 2~20ms。

经过大量地、反复多次地调整 MD1407，以及优化 MD1409 之后，可以得到系统的优化结果。

在增大 K_p 的过程中，系统伯德图可能会出现幅频特性曲线中带宽频率之后原本在 0dB 线下的尖峰超过 0dB，这样的尖峰如果超过 3dB，系统就可能出现共振，这就限制了 K_p 的增大，实际机床上经常出现这样的现象。如果想继续增大 K_p，就需要使用带阻形式的电流滤波器将这个尖峰滤掉。

（2）阶跃响应测试与扰动阶跃响应测试

1）阶跃响应测试。比例控制主要影响系统的响应速度，所以通过这项测试来检验已经确定的 K_p 值。为了更好地检验 K_p，先将 T_n 值记录后，然后置零（不能用于垂直轴），启动速度控制器阶跃响应测试。阶跃响应曲线应该具有较快的上升速度、较小的超调量和振荡次数。较大的 K_p，响应速度会增加，但超调量和振荡次数会相应增加，需要在这些性能指标中做折中考虑。其测试步骤如下：

① 选择速度环：选择【Start-up】→【Drives/Servo】→【Speed contrl loop】。

② 单击【Measurement】按钮，进入图 5-59 所示界面。在该界面中，选择“Axis +/Axis-”可以进行轴的切换过程。

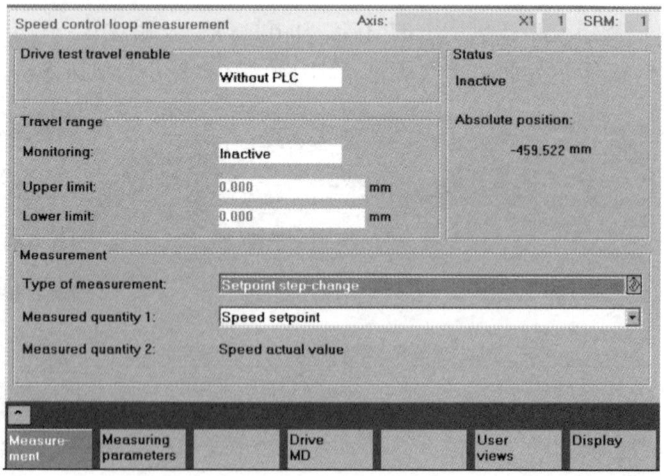

图 5-59　测量画面

设置 PLC 使能逻辑与运行范围监控如图 5-59 所示，并在“Type of measurement”下拉列表中选择“Setpoint step-change”。

③ 单击【Measuring parameters】按钮，进入图 5-60 所示界面。在图 5-60 中，按图中所示设置参数。

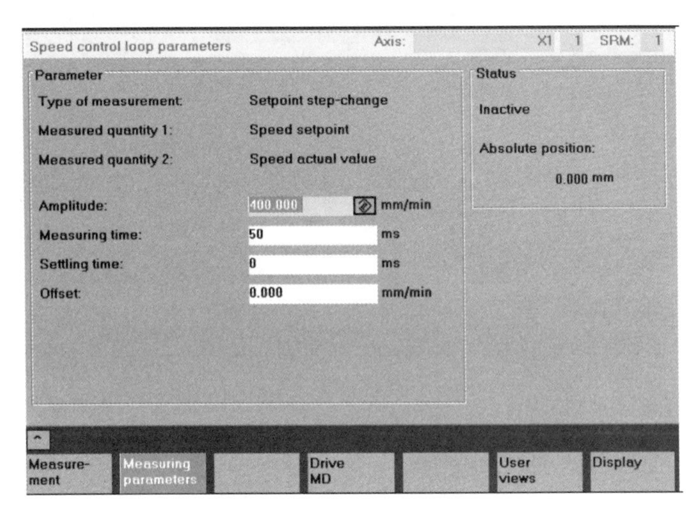

图 5-60　测量参数配置

④ 单击【OK】按钮，再按机床上的【NC Start】键，开始测试。测试完成之后，单击【Display】按钮，出现图 5-61 所示界面。观察测试结果，调整增益 MD1407 使得在上升段没有过冲。

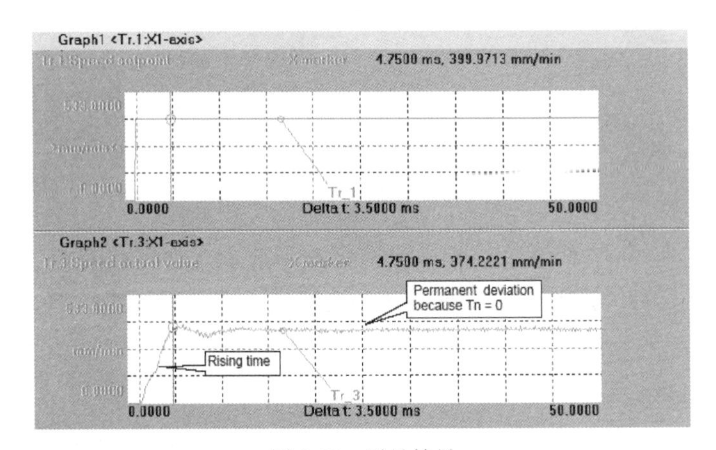

图 5-61　测量结果

⑤ 较大的 K_p，响应速度会增加，但超调量和振荡次数会相应增加，如图 5-62 所示。较小的 K_p，响应速度会变慢，但超调量和振荡次数会相应减少，如图 5-63 所示。阶跃响应曲线应该具有较快的上升速度、较小的超调量和振荡次数，因此需要在这些性能指标中做折中考虑。

2）扰动阶跃响应。积分控制影响系统的抗干扰能力，因此通过这项测试来验证已经确定的 T_n。这时应该把 T_n 恢复到原来的值，在扰动阶跃响应曲线中，主要观察下降侧曲线形状。T_n 越小，下降侧曲线下降得越快，但若是过小，则会在下降侧引起超调和振荡。合适的 T_n 值会使下降侧曲线下降速度快，且有较小的超调。其测试过程如下：

① 选择速度环：选择【Start-up】→【Drives/Servo】→【Speed contrl loop】。

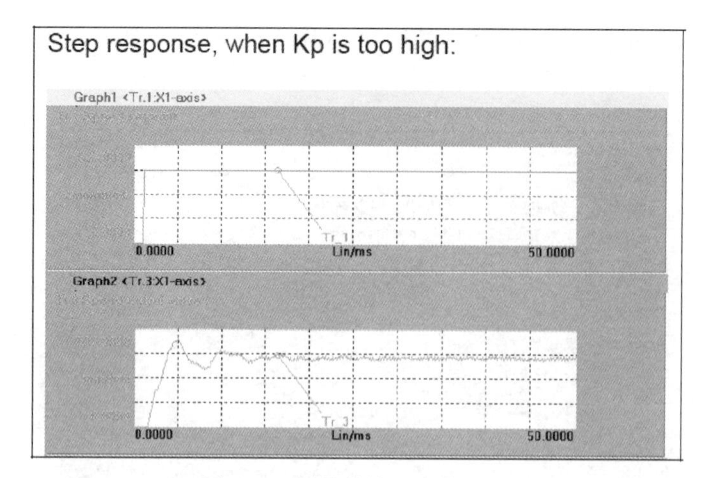

Step response, when Kp is too high:
Graph1 <Tr.1:X1-axis>
Tr.1
0.0000
Lin/ms
50.0000
Graph2 <Tr.3:X1-axis>
Tr.3
0.0000
Lin/ms
50.0000

图 5-62　测量结果（K_p 较大）

Step response, when Kp is too low:
Graph1 <Tr.1:X1-axis>
Tr.1
0.0000
Lin/ms
50.0000
Graph2 <Tr.3:X1-axis>
Tr.3
0.0000
Lin/ms
50.0000

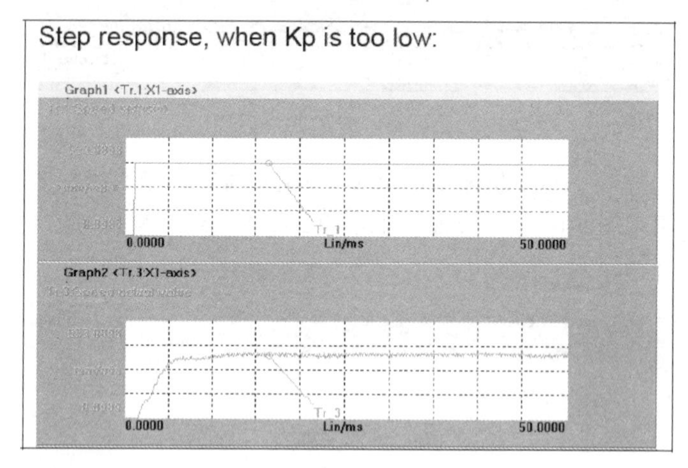

图 5-63　测量结果（K_p 较小）

② 单击【Measurement】按钮，进入图 5-64 所示界面。在该画面中，选择 Axis+/Axis- 可以进行轴的切换过程。设置 PLC 使能逻辑与运行范围监控如图 5-64 所示，并在“Type of

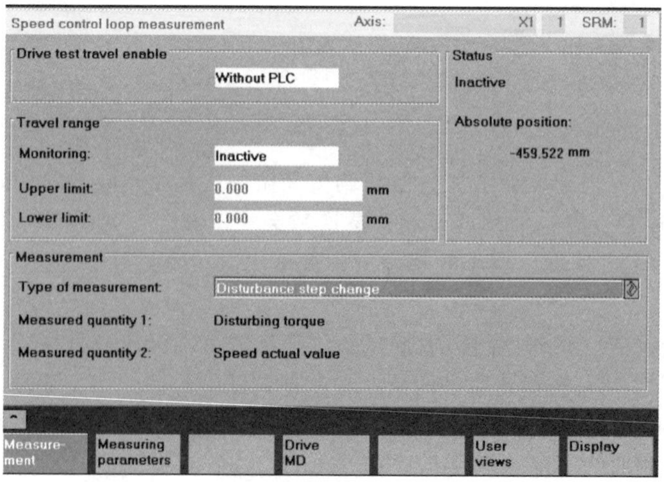

Speed control loop measurement
Axis:
X1
1
SRM:
1
Drive test travel enable
Without PLC
Status
Inactive
Travel range
Absolute position:
Monitoring:
Inactive
-459.522 mm
Upper limit:
0.000
mm
Lower limit:
0.000
mm
Measurement
Type of measurement:
Disturbance step change
Measured quantity 1:
Disturbing torque
Measured quantity 2:
Speed actual value
Measure-ment
Measuring parameters
Drive MD
User views
Display

图 5-64　扰动阶跃响应选择

measurement”下拉列表中选择“Disturbance step change”。

③ 单击【Measuring parameters】按钮，进入图 5-65 所示界面。在图 5-65 中，按图中所示设置参数。

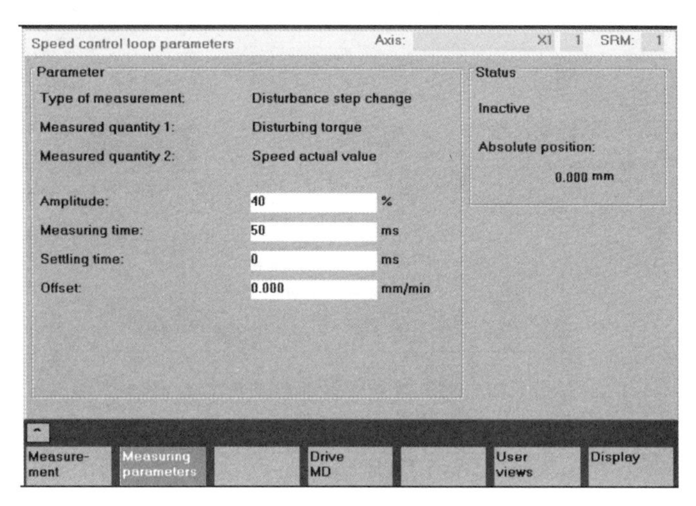

图 5-65　测量参数配置

④ 单击【OK】按钮，再按机床上的【NC Start】键，开始测试。测试完成之后，单击【Display】按钮，出现图 5-66 所示界面。观察测试结果，调整增益 MD1409 使得在下降段没有过冲。

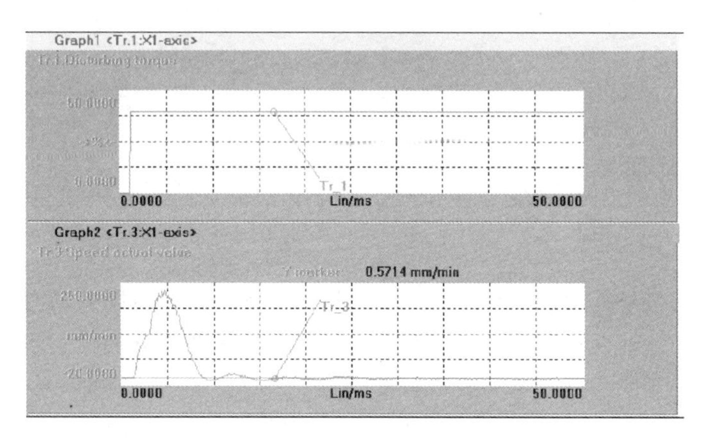

图 5-66　测量结果

⑤ T_n 越小，下降侧曲线下降得越快，但若是过小，则会在下降侧引起超调和振荡，如图 5-67 所示。T_n 过大，则会出现如图 5-68 所示的现象。合适的 T_n 值会使下降侧曲线下降速度快，且有较小的超调。

3. 位置环手动优化

由于数控机床各个坐标轴具有不同的机械特性和不同的跟随特性，各个坐标轴就会有不同的跟随误差，其结果导致联动坐标轴合成的轨迹发生畸变。例如，数控车床在加工圆球时，由于 X 轴与 Z 轴的跟随误差不同，使得合成的轨迹本应是圆，实际结果变成了椭圆。减小跟随误差可以从以下几方面考虑：

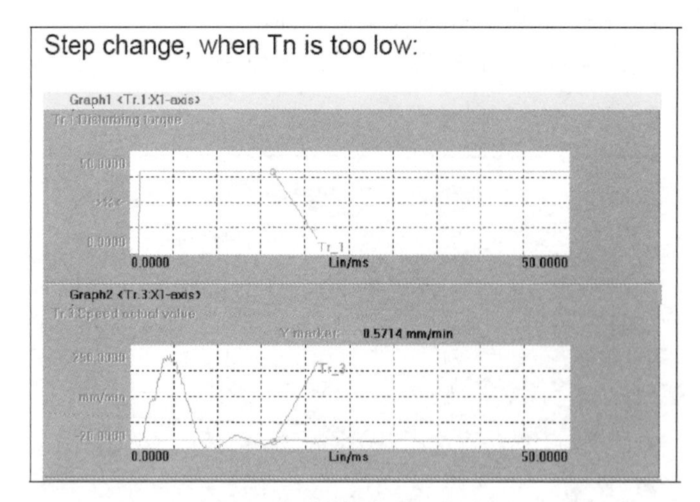

图 5-67　测量结果（T_n 过小）

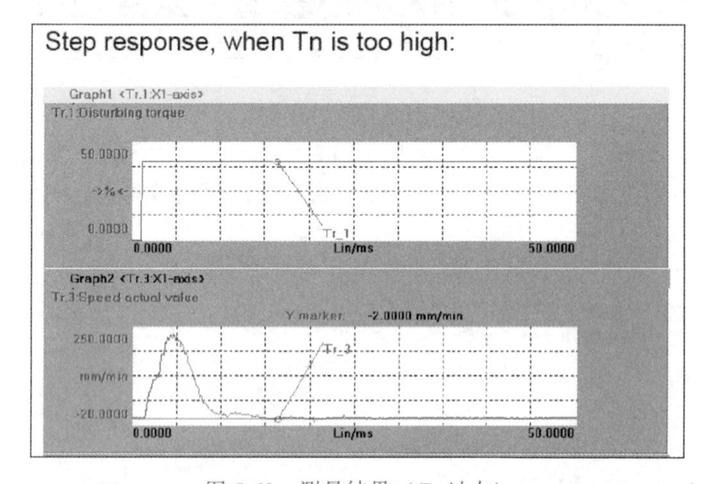

图 5-68　测量结果（T_n 过大）

1）尽可能减小各坐标轴之间机械特性的差异，使其有基本相同的动态响应。

2）为不同的坐标轴设置不同的控制数据，特别是位置调节器的伺服增益因子。

3）通过摩擦补偿或前馈补偿功能进行补偿。

位置环的优化主要是位置调节器的优化。位置调节器的优化仅对控制数据设置而言，影响位置调节器的主要控制数据是它的伺服增益因子，因为系统的跟随误差与它有着密切的关系。调整位置调节器伺服增益因子的前提条件是速度调节器有较高的比例增益，因此速度调节器的优化是位置调节器特性调整的基础。如果不首先对速度调节器进行优化，而直接对位置调节器特性进行调整，就不可能达到较好的调整效果。

调整伺服增益因子的目标，应使系统跟随误差达到最小。增加位置调节器的伺服增益因子可以减少系统的跟随误差，但是伺服增益因子不能调得太大，否则会导致系统超调，甚至出现振荡现象。跟随误差不仅与伺服增益因子有关，还与进给速度有关，在伺服增益因子相同的情况下，进给速度越快，位置跟随误差就越大，这就要求在一定速度范围内优化伺服增益因子。如果速度调节器的特性较软，则即便增大位置调节器的增益，实际的跟随误差也不会有明显的降低。一般情况下，为了获得较高的轮廓加工精度，应尽可能增大位置调节器的伺服增益因子。位置调节器伺服增益因子在机床数据 MD32200 中设置。

位置环手动优化过程：先要检查 IPO 和位置控制周期；然后进行位置环手动优化；优化后可以采用伺服跟踪与圆测试进行验证，如果不满足则继续进行优化。

（1）检查 IPO 和位置控制周期　位置环优化时要检查 IPO 和位置控制周期，其中涉及的机床参数如下：

MD10050：SYSCLOCK_CYCLE_TIME

MD10070：IPO_SYSCLOCK_TIME_RATIO

MD10071：IPO_CYCLE_TIME（interpolater cycle）

系统时钟周期 MD 10050 间接地设定了位置控制更新周期。在机械限制的范围内，MD10050 值越小（即系统时钟周期越短），位置控制器增益越高。在优化位置环前要先将 MD10050 设置值减小，MD10050 最小可设成 1ms。

MD10070 设置的是插补器更新周期，这个时间是完成所有 CNC 任务允许的时间（程序段处理时间）。

$$\text{IPO 更新周期} = \text{MD10050[sec]} \times \text{MD10070} \times 1.11$$

缩短插补更新周期可以在处理器不过载的情况下，使程序段处理时间最快，但不会影响位置控制器增益。

MD10050 和 MD10070 的默认值取决于 NCU 类型，并且要考虑功能比较复杂的工况。通常，通过调整可以得到比默认值设定更高的动态性能。但是在优化 MD10050 和 MD10070 前，需要配置好所有的驱动模块，并激活需要的 CNC 选件，以达到处理器实际负荷。

下面的测试程序是一个连续执行 10000 段程序，以产生最恶劣的工作情况。每一段直线或旋转插补轴运动都是 0.001 mm（0.001°），同时使用增量方式（G91）、加速度限制（SOFT）和连续路径方式（G64）。最终直线运动是 10mm。在程序的开始处，将当前时间存入 R10；在程序的结束处，将当前时间再存入 R11；程序段运行的时间经计算后存入 R12。

```
G64
SOFT
G91
R10 = $A_HOUR * 3600+ $A_MINUTE * 60+ $A_SECOND
N1 G01 X0.001 Y0.001 Z0.001 A0.001 C0.001 F10000
N2 G01 X0.001 Y0.001 Z0.001 A0.001 C0.001 F10000
N3 G01 X0.001 Y0.001 Z0.001 A0.001 C0.001 F10000
……
N9998 G01 X0.001 Y0.001 Z0.001 A0.001 C0.001 F10000
N9999 G01 X0.001 Y0.001 Z0.001 A0.001 C0.001 F10000
N10000 G01 X0.001 Y0.001 Z0.001 A0.001 C0.001 F10000
R11 = $A_HOUR * 3600+ $A_MINUTE * 60+ $A_SECOND
R12 = R11-R10
M30
```

程序执行最长允许的时间 $T_{max} = (10000 \times T_{IPO}) \times 1.11$，如果实际执行时间超过了（即

$T_{R12}>T_{max}$)，那么 IPO 的周期就要延长，也就是要增大 MD10050 或 MD10070。

在测试的同时，还要查看服务界面中插补缓冲区的利用率（Filling level of interpolator buffer)，在程序执行时，该缓冲区不能空，如图 5-69 所示。

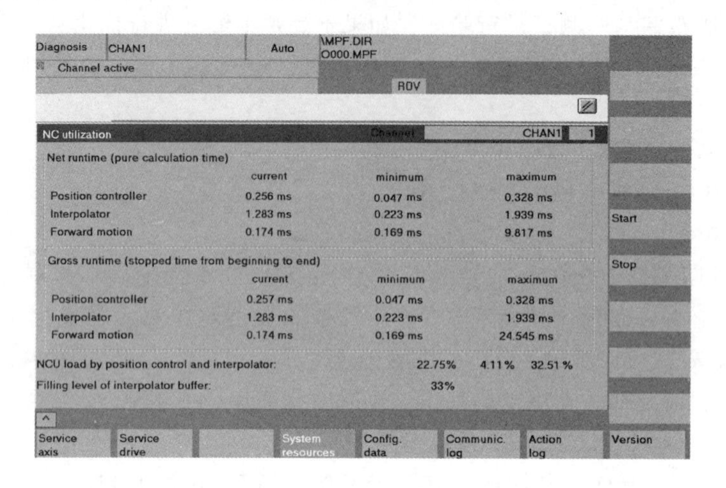

图 5-69 系统资源

如果 MD10050 和 MD10070 的设定小于优化的数值，那么在执行“IPO 测试”程序的时候，系统会有“120200 MBDDE Display Editing Suppressed”的提示信息，这个信息的含义是系统没有时间处理低优先级的屏幕刷新任务，所以出现此信息就要延长 MD10070 设定的周期。

（2）手动优化位置环 通过“ref. frequency respo”（参考频率响应）工具优化位置环增益 K_v，如果需要，可以设置速度设定点滤波器平滑响应特性。

位置环增益（K_v，MD32200）确定了位置控制器的响应，并影响跟随误差和轮廓精度。位置环增益默认值为 1，提高 K_v，跟随误差会成比例地下降。典型机床应用的最终 K_v 值设定大多在 1~10 之间。

为了保证轮廓精度，进行插补的各轴的 K_v 应该相同。若某个轴的特性差，K_v 低，那么其他各轴也要降到相同的 K_v 数值。如果需要各轴的 K_v 增益不同，那么需要用动态匹配功能补偿各轴的跟随误差。

注意：在设置 K_v 和加速度参数时，必须考虑诸如最大工件和夹具的重量等机械限制条件。如果优化时无负载，那么当加上一定重量时，会出现过冲和不稳定。为了避免这种情况，建议在工作台上加最大重量后进行优化。

位置环精度可达到的结果取决于机床机械和用于位置反馈闭环的类型。在测试前，要保证测试参数 Offset 足够大（≈300mm/min），从而保证摩擦不会影响位置环频率响应的测试。Offset 太小会扭曲频率响应的测试结果。

调整位置环比例增益 K_v 后，要通过伺服跟踪曲线来检验在之前确定的 K_v、系统的跟踪精度和超调量。一般情况下，通过 NC 程序让伺服轴跟踪一段方波序列信号。伺服跟踪时，K_v 越大，跟踪精度会越高，但是过大的 K_v 会引起超调。如果在测试时跟踪曲线出现振荡，可以降低加速度限制值。

优化位置调节器最简便的方法是观察它的跟随特性。当伺服增益系数改变时，除在操作面板上可以看到跟随误差的变化外，还可以采用测量仪器测量出系统的速度响应曲线，从中判断伺服增益系数是否达到最佳，如图 5-70 所示。其中，图 5-70a 是设置的伺服增益系数过大，出现了超调和振荡；图 5-70b 是设置的伺服增益系数太小，跟随性能差，跟随误差大；伺服增益系数正确设置后，其响应曲线如图 5-70c 所示。

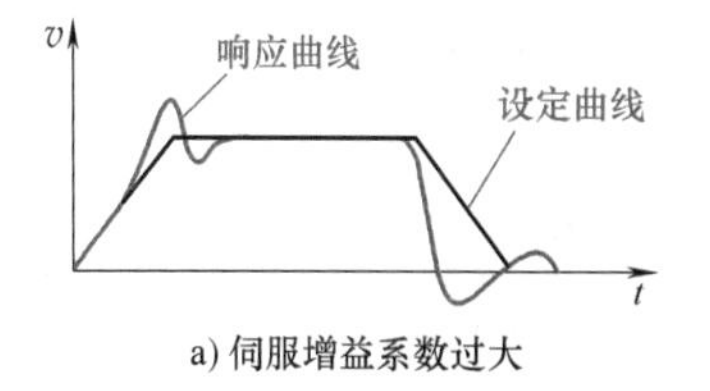

a) 伺服增益系数过大

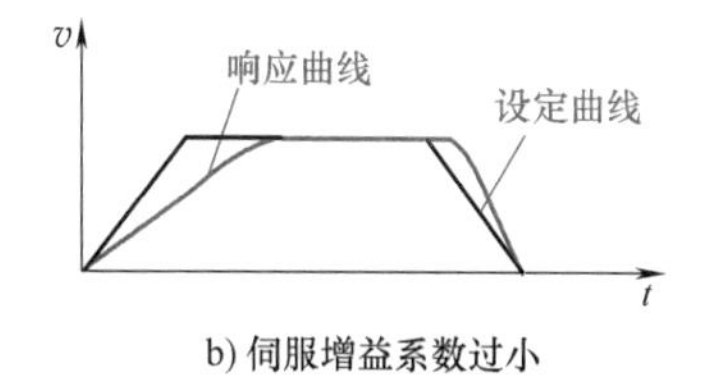

b) 伺服增益系数过小

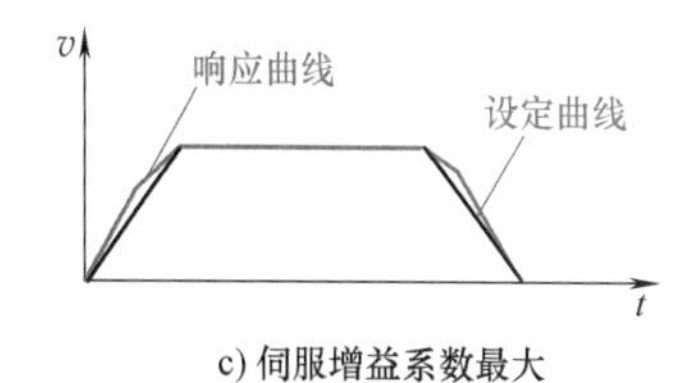

c) 伺服增益系数最大

图 5-70 伺服增益系数的优化

通过对速度环、电流环、位置环的调试，发现对机床参数的调整是一件复杂而繁琐的工作，由于参数之间是相互影响的，需要反复地调试确定，参数的优化结果好坏决定加工效果。机床机械性能对参数有很大的影响，但参数的调整原理是类似的。

在完成了以上三环参数的优化后，可以进一步通过伺服跟踪和圆测试调节前馈参数和摩擦补偿参数，以进一步提高工件加工精度。

4. 测试与验证

伺服系统优化结束后，需要进行测试与验证，其过程如下：

1）利用阶跃响应和“Servo trace”（伺服跟踪）工具可以检查过冲和稳定性。

2）采用圆测试检查轮廓精度。

3）圆测试后，还需要再重新测试“ref frequency respo”（参考频率响应），以确保幅频曲线不超过 0dB。

圆测试的具体应用参见相关文献，本节只对伺服跟踪进行描述。

（1）伺服跟踪功能的介绍　西门子 840D 系统的伺服跟踪是启动区测量的功能之一，其所测的结果以不同颜色的曲线显示在图表中。

伺服跟踪功能是记录伺服或驱动信号数据和测量时间之间的关系，包括测量系统激活、跟随误差、轮廓误差、控制模式、控制误差、输入控制的加速度值等的测试，用户可以自行选择测量信号和设置需要的测量参数等。

（2）伺服跟踪功能的使用

1）伺服跟踪功能的使用方法。

① 打开“START-UP TOOL”软件，单击【Drives/servo】按钮，再单击【Servo trace】按钮，出现图 5-71 所示伺服跟踪测量界面。

② 在图 5-71 所示界面中，其有两部分，分别为“Signal selection”和“Meas. parameters”，即信号选择和测量参数。在“Signal selection”部分，有 4 路示波器“Trace1”“Trace2”“Trace3”“Trace4”，每一路都有“轴号”和“信号选择”两个，其中“信号选择”栏选择的是用户所期望的物理量，如轴的实际位置或位移等。在“Meas. parameters”部分，“Meas. time”指的是测量时间，它不能测量太长的时间，因为它与系统内存大小有关。“Triggertime”指的是触发时间（触发后延时记录数据）；“Trigger”指的是触发形式，用户

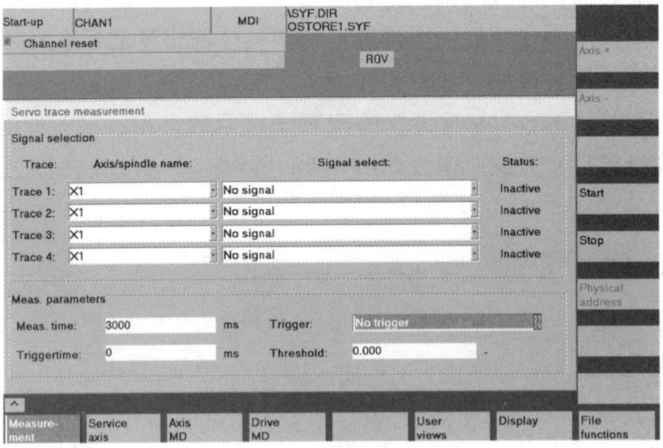

图 5-71 伺服跟踪测量界面

可以根据自己所期望的来选择；“Threshold”指的是触发阈值，它只能由第一路信号触发。

2）伺服跟踪功能的举例说明。如果测量 X 轴，需要使其从 60mm 运行到 66mm，观察其跟随误差和实际位移变化。

① 其程序在 MDA 方式下为

G500 G90 G0 X60

G01 F200 X66

M02

打开“START-UP TOOL”软件，进入伺服跟踪测量界面，设置参数如图 5-72 所示，然后单击【Start】按钮，再按操作面板上的程序启动按钮【CYCLE START】。

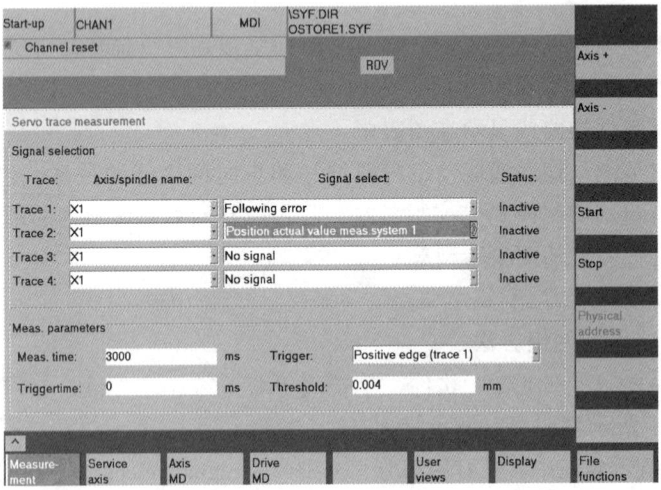

图 5-72 参数设置

此时可看见 X 轴被启动工作。待 X 轴运行结束后，单击软件中的【Display】按钮，会出现图 5-73 所示伺服跟踪功能测量界面所示的结果。

从上述的测试试验中可以看出，机床从 60mm 位置运行至 66mm 位置的过程中跟随误差

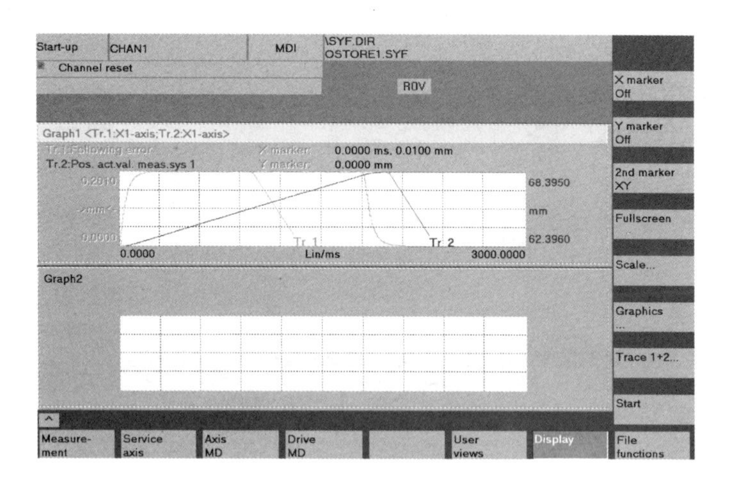

图 5-73　伺服跟踪功能测量

和实际位移变化。

② 伺服跟踪功能在程序方式中运行以下程序：

AN：

G500 G90 G0 X60

$ AA_SCTRACE[X]=1

G01 F200 X66

GOTO B　AN

M02

该程序为循环的可执行程序，因而直接运行此程序，且设置参数如图 5-74 所示，单击【Start】按钮，测量开始。待测量结束，单击【Display】按钮，出现图 5-75 所示伺服跟踪功能测量界面。

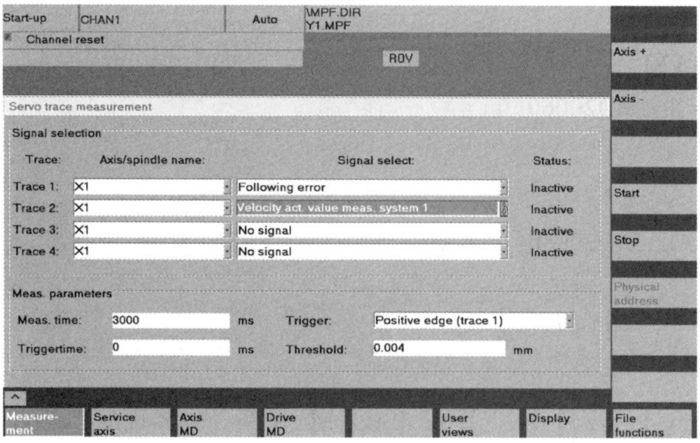

图 5-74　参数设置

从上述的测试试验中可以看出，机床从 60mm 位置运行至 66mm 位置的过程中，跟随误差和实际速度的变化曲线。

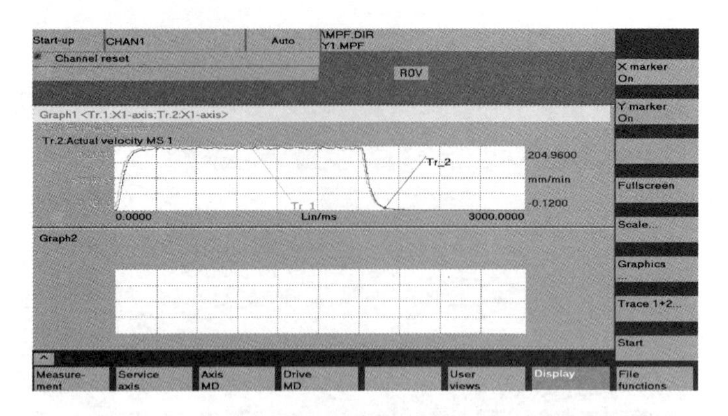

图 5-75 伺服跟踪功能测量

总之，机床优化需要有丰富的实践经验，有时甚至还需要有切削加工等方面的知识，只有这样才能得到好的加工效果。

5.6 实训一 810D 数控系统的配置与调试

5.6.1 实训内容

SINUMERIK 810D 2AX+1SP 系统的配置与调试。

5.6.2 实训步骤

准备：S3→1，S1 Reset（load 标准 MD）；S3→0。

1）【Start up】→【Set password】→SUNRISE→【OK】→【Machine Data】。

2）【General】

MD10000[0]=X1

MD10000[1]=Z1

MD10000[2]=C1

3)【Channle specific】

MD20000=CHAN1

MD20050[0]=1	MD20060[0]=X
[1]=0	[1]=Y
[2]=2	[2]=Z
MD20070[0]=1	MD20080[0]=X
[1]=2	[1]=Z
[2]=3	[2]=C

▼ NCK-Reset!

4）【Axis-specific】（用【Axis+】或【Axis-】切换各轴界面）

MD30130[0]=1(设 0=模拟轴)

MD30240[0]=1(……)

NCK-Reset!（300007 报警共 3 条）

5）（配置驱动）【Drive config.】（MMC100 请用 IBN-TOOL 软件）

	Location	Drive	Active
(A1)	1	3	Yes
(A2)	2	1	Yes
(A3)	3	2	Yes

【SAVE】→【OK】。

▼ NCK-Reset!（300701 报警共 3 条）

6）【FDD】→【Motor controller】→【Motor selection】→按电动机铭牌选相应代号的电动机→【OK】。

用【Drive+】或【Drive-】切换配置下一轴（步骤同上）。

【MSD】→……（同上）。

【<< 】→【Boot file】→【Save Boot file 】→【 Save all】。

▼ NCK-Reset!

成功后 NCU 上的红色 SF LED 灯灭，3 个轴可转动。

7）（设定主轴）【Start-up】→【Machine Data】→【Axis specific】，注意第 3 轴。

MD30300=1（报警 4070 数据的单位将由 mm→°）

MD30310=1

MD30320=1

▼ NCK-Reset!

8）【Start-up】→【Machine Data】→【Axis specific】，注意第 3 轴！

MD35000=1

MD35100=9000

MD35110 [0]=9000（主轴以进给方式运行时的限速值）

MD35110 [1]=9000（主轴第 1 挡运行时的限速值）

MD35130 [0]=9500（报警极限）

MD35130 [1]=9500

MD36200 [0]=9000

MD36200 [1]=9000

▼ NCK-Reset!

成功后在 MDA 下输入“S500 M3”，主轴应可以运转。

必要时可检查 MD20700 = 0（不返回参考点可以执行“NC Start”）以及【Setting Data】→【SP Data】速度限制值是否合适。

至此，操作完毕。

5.7 实训二 840D 数控系统的配置与调试

5.7.1 实训内容

SINUMERIK 840D 2AX+1SP 系统的配置与调试。

5.7.2 实训步骤

准备：S3→1，S1 Reset（load 标准 MD）；S3→0。

1）【Start up】→【Set password】→SUNRISE→【OK】→【Machine Data】。

2）【General】（注意：用【Display Options】取消 Filter 功能）

MD10000[0]=X1

MD10000[1]=Z1

MD10000[2]=C1

……

MD10000[5]=W1(名称不重复即可)

3)【Channel specific】

MD20050[0]=1　MD20060[0]=X

MD20050[1]=0　MD20060[1]=Y

MD20050[2]=2　MD20060[2]=Z

MD20070[0]=1　MD20080[0]=X

MD20070[1]=2　MD20080[1]=Z

MD20070[2]=3　MD20080[2]=C

MD20070[3]=0　……

MD20080[5]=W(名称不重复即可)

▼ NCK-Reset!

4）【Axis-specific】（用【Axis+】或【Axis-】切换各轴界面）

MD30130[0]=1(设 0=模拟轴)

MD30240[0]=1(设 0=模拟轴)

▼ NCK-Reset!

5）（配置驱动)【Drive config.】

【Insert module】根据模块实际情况选 1 axis 或 2 axis（用【U】→【OK】)。

【Select power sec.】根据模块订货号选择。

设定完毕应符合下表（根据培训设备的情况)：

Location	Drive	Active	Drive(type)	Power sec.	Current
1	3	Yes	MSD	06H	24/32/32A
2	1	Yes	FDD	14H	9/18A
3	2	yes	FDD	14H	9/18A

【SAVE】→【OK】。

▼ NCK-Reset!（30071 报警共 3 条）

6）（选电动机)【FDD】→【Motor controller】→【Motor selection】→按电动机铭牌选相应代号的电动机（或用【Search】)→【OK】→【OK】。

用【Drive+】/【Drive-】切换配置下一轴（步骤同上)。

【MSD】→ ……(同上)。

【< <】→【Boot file】→【Bootfile/NCK res.】→【Save Boot file】→【Save all】。

▼ NCK-Reset!

成功后 611D 各模块上的红色 LED 灯灭，3 个轴可转动。

7）（设定主轴)【Start-up】→【Machine Data】→【Axis specific】，注意第 3 轴。

MD30300 = 1

MD30310 = 1

MD30320 = 1

▼ NCK-Reset!

8) 【Start-up】→【Machine Data】→【Axis specific】, 注意第 3 轴。

MD35000 = 1

MD35100 = 9000

MD35110[0] = 9000(主轴转换为进给轴时的最高速度)

MD35110[1] = 9000(主轴第 1 挡的最高速度)

MD35130[0] = 9090(报警极限)

MD35130[1] = 9090

MD36200[0] = 9000

MD36200[1] = 9000

▼ NCK-Reset!

成功后在 MDA 下输入 "S500 M3", 在 MCP 上按【NC-Start】键, 主轴应可以运转。必要时可检查 MD20700 = 0 (不回参考点可以执行 "NC Start") 以及【Setting Data】→【SP Data】速度限制值是否合适。

至此, 操作完毕。

5.8 实训三 实际轴转换成虚拟轴

5.8.1 实训内容

在 SINUMERIK 840D/810D 系统中, 把实际轴转换成虚拟轴。

5.8.2 实训步骤

系统在启动时, 要对硬件进行检测, 若电动机或电缆损坏, 将不能通过硬件检测, 机床不能运动, 此时可将实际轴转换成虚拟轴。步骤如下:

1) 将控制输出禁止输出到端口。

MD30130 CTRLOUT_TYPE = 0

2) 将位置和速度反馈设为模拟反馈和无编码器。

MD 30200 NUM_ENCS = 0

MD 30240 ENC_TYPE = 0

3) 驱动配置中屏蔽控制模块。

在驱动配置界面中, 将相应的轴控制激活状态改为 "No"。

至此, 设置完毕。

第6章 STEP 7 编程软件的安装与使用

STEP 7 是 S7-300/400 系列 PLC 应用设计软件包，所支持的 PLC 编程语言非常丰富。该软件的基础版支持 STL（语句表）、LAD（梯形图）及 FBD（功能块图）三种基本编程语言，并且在 STEP 7 中可以相互转换。专业版附加对 Graph（顺序功能图）、SCL（结构化控制语言）、HiGraph（图形编程语言）、CFC（连续功能图）等编程语言的支持。不同编程语言供不同知识背景的人员采用。对于 840D/810D 数控系统 PLC 程序设计而言，主要采用 STL（语句表）和 LAD（梯形图）。

6.1 STEP 7 软件的安装

6.1.1 软件和硬件安装要求

1. 硬件要求

1）能够运行所需操作系统的编程器（PG）或者 PC。PG 是专门为在工业环境中使用而设计的计算机。它已经预装了包括 STEP 7 在内的用于 SIMATIC PLC 组态、编程所需的软件。

2）CPU：主频 600MHz 以上。

3）RAM：128MB 内存以上。

4）剩余硬盘空间：300~600MB（视安装选项不同而定）。

5）显示设备：支持 1024×768 分辨率，32 位色。

6）具有 PC 适配器、CP5611 或 MPI 卡。

2. 软件要求

STEP 7 V5.3 可以安装在下列操作系统平台上：

1）Windows 2000（SP3 补丁）。

2）Windows XP 专业版（SP1 补丁），注意该软件不支持 Windows XP 家庭版。

上述操作系统需要安装 Microsoft Internet Explorer 6.0（或以上）版本。

6.1.2 安装 STEP 7 软件

1）在 Windows 2000/XP 操作系统中必须具有管理员（Administrator）权限才能进行 STEP 7 的安装。运行 STEP 7 安装光盘上的 Setup.exe 文件开始安装。STEP 7 V5.3 的安装界面同大多数 Windows 应用程序相似。在整个安装过程中，安装程序一步一步地指导用户如何进行。安装过程中，有一些选项需要用户选择。安装语言选择，选择英语，如图 6-1 所示。

2）选择需要安装的程序，如图 6-1 所示。

①【Acrobat Reader 5.0】：PDF 文件阅读器，如果用户的计算机上已经安装了该软件，可不必选择。

②【STEP 7 V5.3】：STEP 7 V5.3 集成软件包。

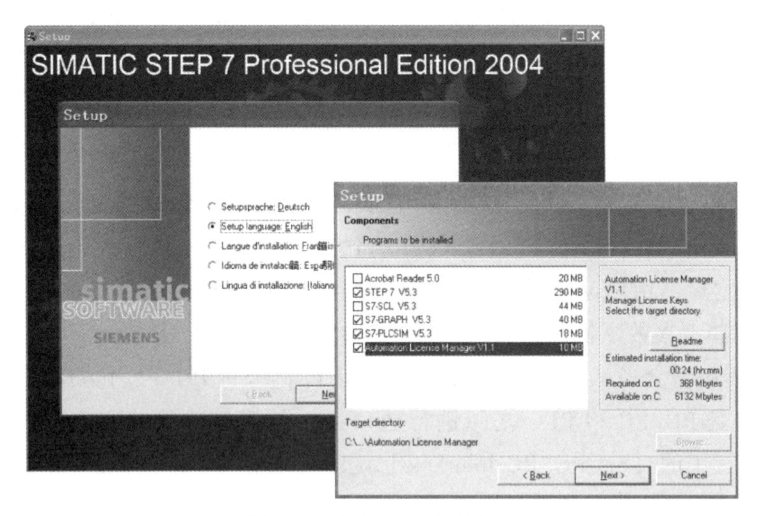

图 6-1　安装程序选择窗口

③【S7-SCL V5.3】：西门子 S7-300/400 系列 PLC 结构化编程语言编辑器。

④【S7-GRAPH V5.3】：西门子 S7-300/400 系列 PLC 顺序控制图形编程语言编辑器。

⑤【S7-PLCSIM V5.3】：西门子 S7-300/400 系列 PLC 仿真调试软件。

⑥【Automation License Manager V1.1】：西门子公司自动化软件产品的授权管理工具。

3）如图 6-2 所示，在 STEP 7 的安装过程中，有以下三种安装方式可选。

① 典型安装【Typical】：安装所有语言、应用程序、项目示例和文档。对于初学者建议采用该安装方式。

② 最小安装【Minimal】：只安装一种语言和 STEP 7 程序，不安装项目示例和文档。

③ 自定义安装【Custom】：用户可选择希望安装的程序、语言、项目示例和文档。

4）在安装过程中，安装程序将检查硬盘上是否有授权（License Key）。如果没有发现授权，会提示用户安装授权。可以选择在安装程序的过程中就安装授权，如图 6-3 所示，或者稍后再执行授权程序。在前一种情况中，应插入授权软盘。

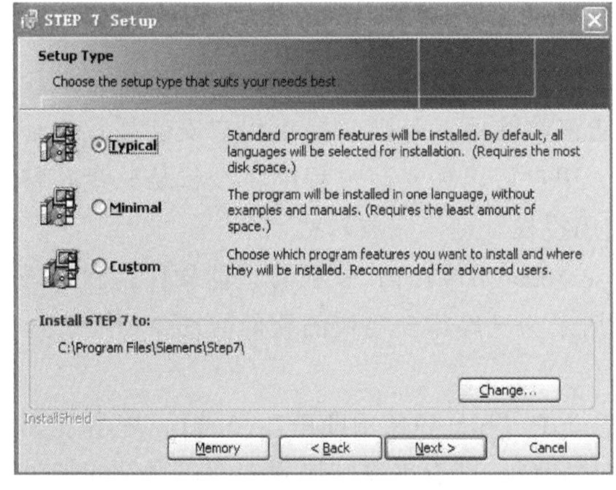

图 6-2　安装方式

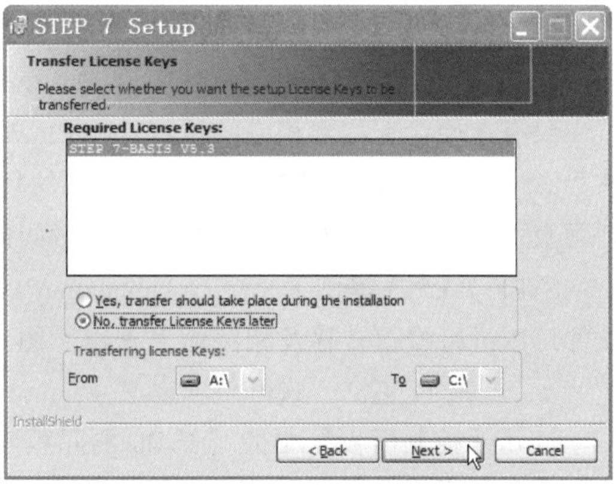

图 6-3　授权安装

5）安装结束后，会出现一个对话框，如图 6-4 所示，提示用户为存储卡配置参数。

① 如果用户没有存储卡读卡器，则选择【None】。

② 如果使用内置读卡器，请选择【Internal programming device interface】。该选项仅针对 PG，对于 PC 来说是不可选的。

③ 如果用户使用的是 PC，则可选择用于外部读卡器【External prommer】。此时，用户必须定义哪个接口用于连接读卡器（例如，LPT1）。

在安装完成之后，用户可通过 STEP 7 程序组或控制面板中的【Memory Card Parameter Assignment】（存储卡参数赋值），修改这些设置参数。

6）安装过程中，会提示用户设置【PG/PC 接口】（Set PG/PC Interface），如图 6-5 所示。PG/PC 接口是 PG/PC 和 PLC 之间进行通信连接的接口。安装完成后，通过 SIMATIC 程序组或控制面板中的【Set PG/PC Interface】随时可以更改 PG/PC 接口的设置。在安装过程中可以单击【Cancel】按钮忽略这一步骤。

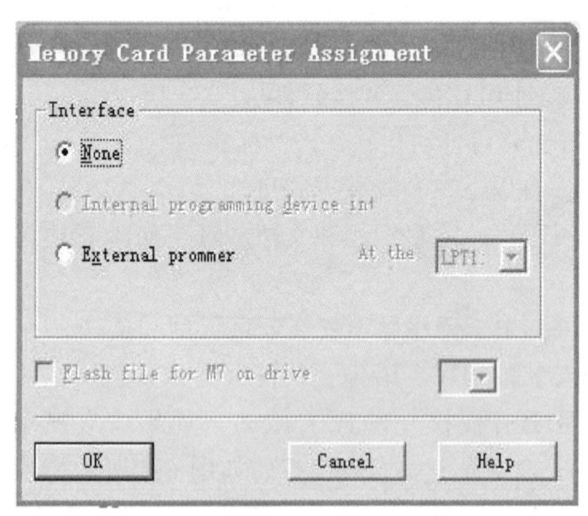

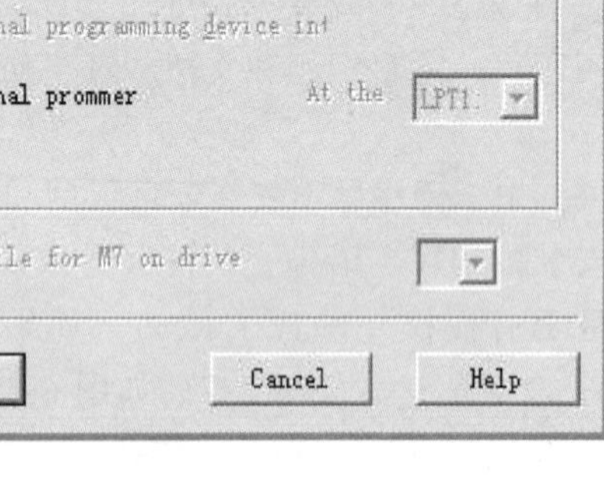

图 6-4　存储卡参数配置

图 6-5　PG/PC 接口设置

6.1.3　安装 STEP 7 授权管理软件

只有在硬盘上找到相应的授权，STEP 7 才能正常使用，否则会提示用户安装授权。在购买 STEP 7 软件时会附带一张包含授权的软盘。用户可以在安装过程中将授权从软盘转移到硬盘上，也可以在安装完成后的任何时间内使用授权管理器完成转移。

STEP 7 V5.3 提供了一个（Automation License Manager V1.1）授权管理器软件，利用该软件可以进行授权转移及相关信息查看。图 6-6 所示为已经得到授权的软件信息。

6.1.4　卸载 STEP 7 软件

打开【控制面板】中的【添加/删除程序】，选中【SIMATIC STEP 7 V5.3】，单击【删除】按钮，根据提示即可完成卸载。如果需要完全卸载，则应更改注册表中的信息，详细过程可在西门子网站“服务与支持”页面中找到。

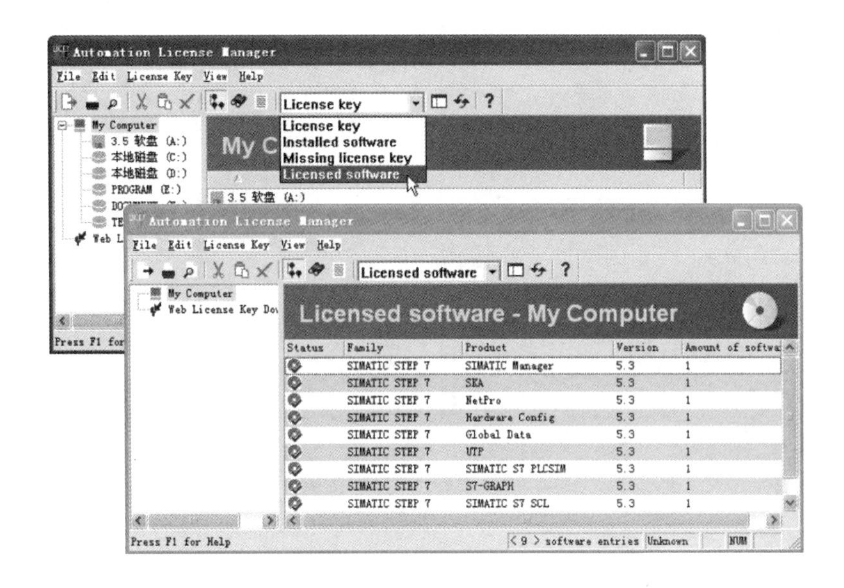

图 6-6 授权管理器软件

6.1.5 设置 PG/PC 接口

PG/PC 接口是 PG/PC 和 PLC 之间进行通信连接的接口。PG/PC 支持多种类型的接口，每种接口都需要进行相应的参数设置（如通信波特率）。因此，要实现 PG/PC 和 PLC 设备之间的通信连接，必须正确地设置 PG/PC 接口。

STEP 7 在安装过程中，会提示用户设置 PG/PC 接口的参数。在安装完成之后，可以通过以下几种方式打开 PG/PC 接口设置对话框：

1）Windows 的【控制面板】→【Set PG/PC Interface】。

2）在【SIMATIC Manager】中，通过菜单项【Options】→【Set PG/PC Interface】。

设置 PG/PC 接口的对话框如图 6-7 所示。在【Interface Parameter Assignment】（接口参数集）的列表中显示了所有已经安装的接口，选择所需的接口类型，单击【Properties】（属性）按钮，在弹出的对话框中对该接口的参数进行设置。不同的接口有各自的属性对话框，以 PC Adapter（MPI）接口为例，其属性对话框如图 6-8 所示。

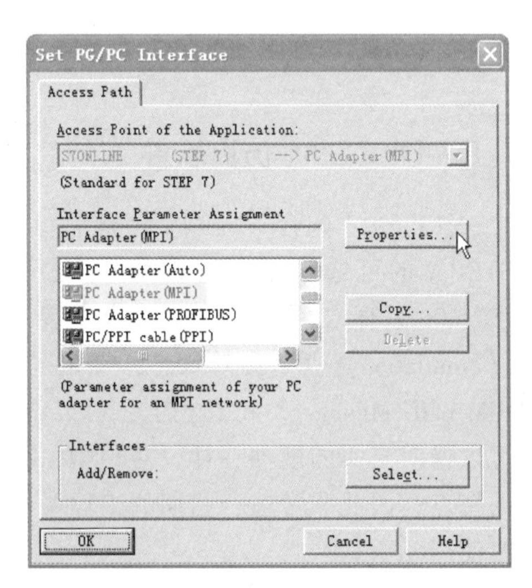

图 6-7 PG/PC 接口设置对话框

在【Interface Parameter Assignment】的列表中如果没有所需的类型，可以通过单击【Select】按钮，在图 6-9 所示得对话框内单击【Install】按钮，安装相应的模块或协议；也可以单击【Uninstall】按钮，卸载不需要的协议和模块。

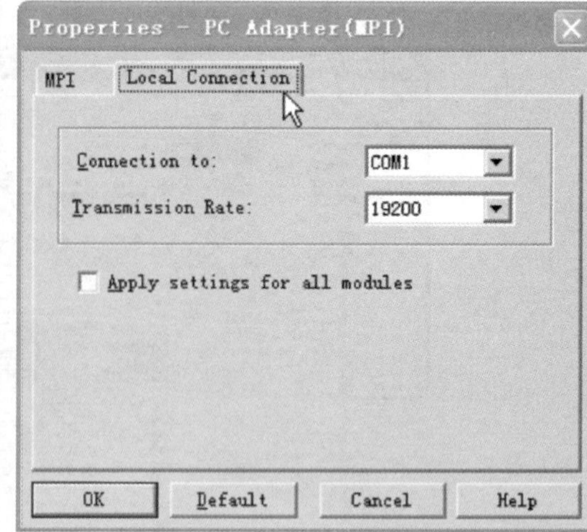

图 6-8 PC Adapter（MPI）接口属性对话框

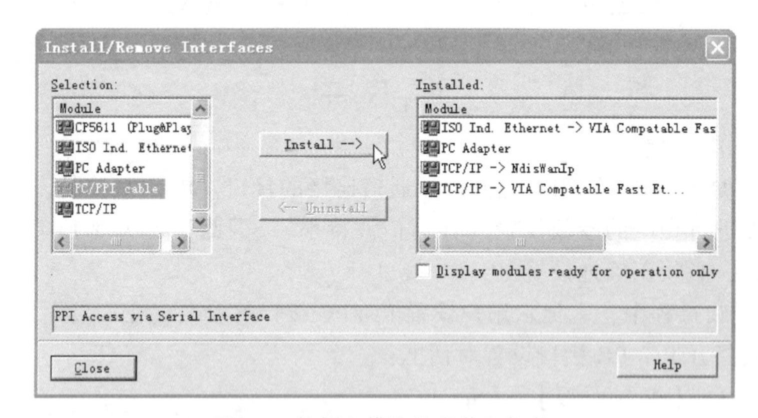

图 6-9 协议和模块的安装和卸载

6.2 S7-PLCSIM 仿真软件

6.2.1 PLCSIM 简介

STEP 7 的可选软件工具 PLCSIM 是一个 PLC 仿真软件，它能够在 PG/PC 上模拟 S7-300、S7-400 系列 CPU 运行。如果未安装该软件，则【SIMATIC Manager】工具栏中的模拟按钮【Simulation】处于失效状态；安装了 PLCSIM 之后，该软件会集成到 STEP 7 环境中。在【SIMATIC Manager】工具栏上，可以看到模拟按钮变为有效状态。

可以像对真实的硬件一样，对模拟 CPU 进行程序下载、测试和故障诊断，具有方便和安全的特点，因此非常适合前期的工程调试。另外，PLCSIM 也可供不具备硬件设备的读者学习时使用。

6.2.2 PLCSIM 的使用

在【SIMATIC Manager】中，单击工具栏上的【Simulation on/off】按钮，即可启动 PLCSIM。启动 PLCSIM 后，出现图 6-10 所示界面。该界面中有一个【CPU】窗口，它模拟了 CPU 的面板，具有状态指示灯和模式选择开关。

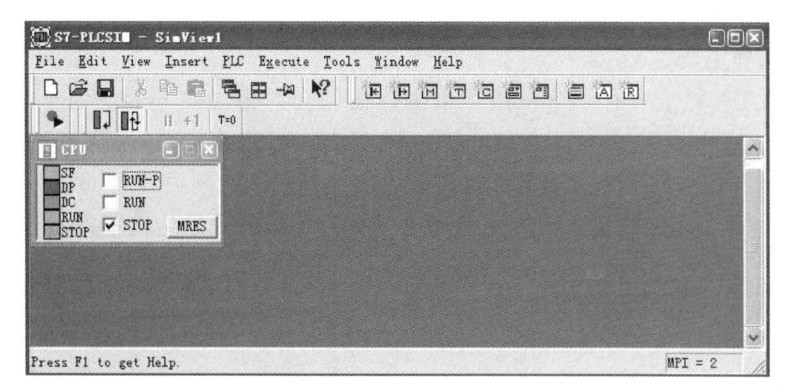

图 6-10 PLCSIM 主界面

1. 显示对象工具栏

通过显示对象工具栏中的按钮，可以显示或修改各类变量的值，各按钮的含义如图 6-11 所示。

单击其中的按钮，就会出现一个窗口，在该窗口中可以输入要监视、修改的变量名称。图 6-12 是这些窗口的使用示例。以输入变量窗口为例，在变量地址中输入，在显示格式中选择 Bits，则通过单击下方的 8 个选择框，就可以模拟数字量信号的输入。

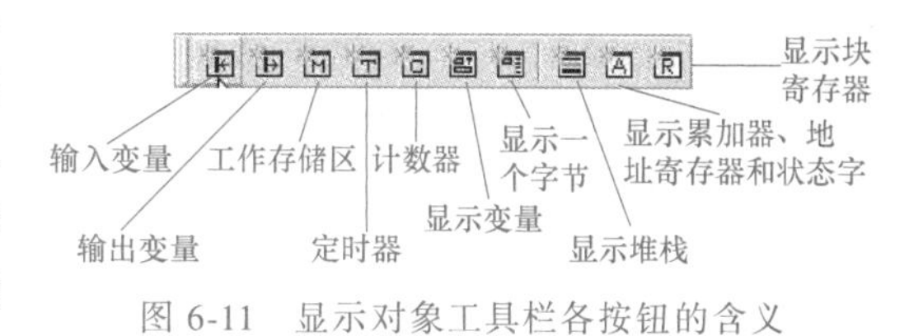

图 6-11 显示对象工具栏各按钮的含义

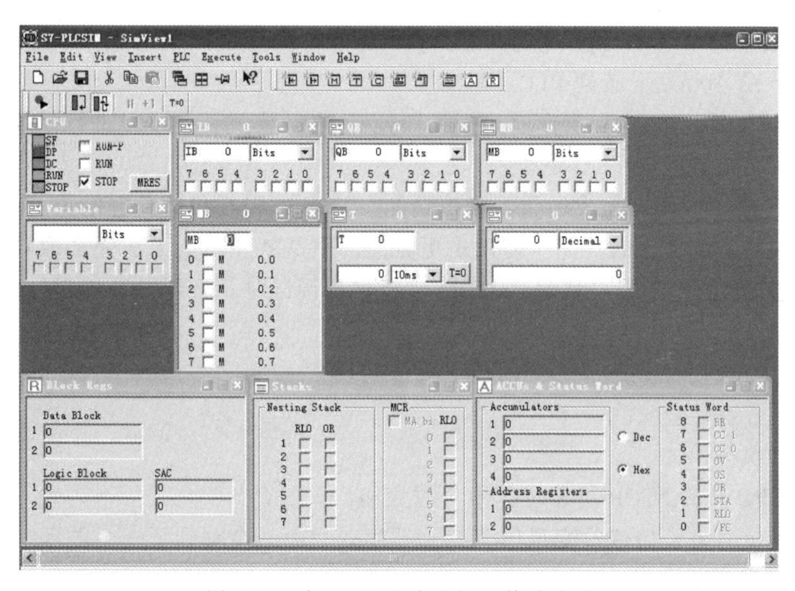

图 6-12 在 PLCSIM 中监视、修改变量

2. CPU 模式工具栏

CPU 模式工具栏可以选择 CPU 中程序的执行模式，各按钮的含义如图 6-13 所示。

连续循环模式与实际 CPU 正常运行状态相同；单循环模式下，模拟 CPU 只执行一个扫描周期，用户可以通过单击按钮进行下一次循环。无论在何种模式下，用户都可以通过单击按钮暂停程序的执行。

3. 录制/回放工具栏

录制/回放工具栏上只有一个按钮，单击该按钮会弹出如图 6-14 所示的“录制/回放”对话框。该对话框中提供了类似“录音机”的界面，可以把 CPU 运行过程中的时间全部“录制”下来，并保存为一个文本文件，还可以将录制好的时间通过“回放”重现出来。在回放过程中通过调整回放速度，可以更清晰地观察程序运行中发生的事件。

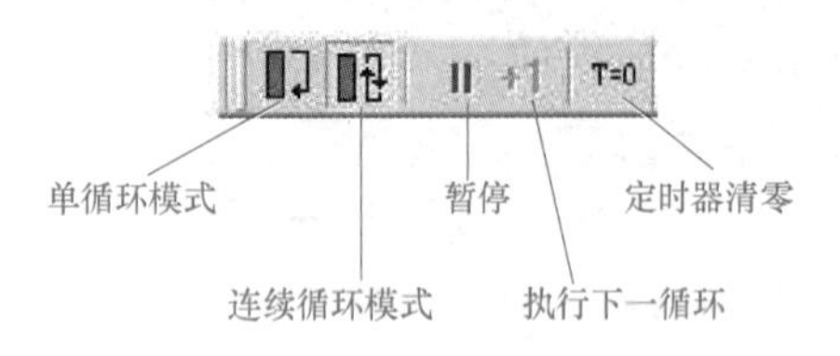

图 6-13 CPU 模式工具栏各按钮的含义

图 6-14 录制/回放工具栏

6.2.3 下载程序及模块信息

为了测试所完成的 PLC 设计项目，必须将程序和模块信息下载到 PLC 的 CPU 模块。要实现编程设备与 PLC 之间的数据传送，首先应正确安装 PLC 硬件模块，然后用编程电缆（如 USB-MPI 电缆、PROFIBUS 总线电缆）将 PLC 与 PG/PC 连接起来。具体步骤如下：

1）启动 SIMATIC Manager，并打开一个项目。

2）单击仿真工具按钮 ，启动 S7-PLCSIM 仿真程序。

3）将 CPU 工作模式开关切换到 STOP 模式。

4）在项目窗口内选中要下载的工作站 。

5）执行菜单命令【PLC】→【Download】，或右击执行快捷菜单命令【PLC】→【Download】，将整个 S7-300 站下载到 PLC。

6）下载完成后，将 CPU 工作模式开关切换到 RUN 模式，就可以进行模拟仿真了。

6.2.4 PLCSIM 与真实 PLC 的差别

PLCSIM 提供了方便、强大的仿真模拟功能。与真实 PLC 相比，它的灵活性更高，提供了许多 PLC 硬件无法实现的功能，使用也更方便。但是软件毕竟无法完全取代真实的硬件，不可能实现完全的仿真。用户利用 PLCSIM 进行模拟调试时，必须要了解它与真实 PLC 系统的差别。

1）PLCSIM 的下列功能在真实 PLC 上无法实现：

① 程序暂停/继续功能。

② 单循环执行模式。

③ 模拟 CPU 转为 STOP 状态时，不会改变输出。

④ 通过显示对象窗口修改变量值，会立即生效，而不会等到下一个循环。

⑤ 定时器手动设置。

⑥ 过程映像区和直接外设是同步动作的，过程映像 I/O 会立即传送到外设 I/O。

2）PLCSIM 无法实现下列实际 PLC 具备的功能：

① 少数实际系统中的诊断信息 PLCSIM 无法仿真，例如电池错误。

② 当从 RUN 模式变为 STOP 模式时，I/O 不会进入安全状态。

③ 不支持特殊功能模块。

④ PLCSIM 只模拟单机系统，不支持 CPU 的网络通信模拟功能。

6.3 SIMATIC Manager 开发环境

SIMATIC Manager 提供了 STEP 7 软件包集成统一的界面。在 SIMATIC 管理器中进行项目的编程和组态，每一个操作所需的工具均由 SIMATIC Manager 自动运行，用户不需要分别启动各个不同的工具。

6.3.1 主界面

启动 SIMATIC Manager，运行界面如图 6-15 所示。SIMATIC Manager 中可以同时打开多个项目，每个项目的视图由两部分组成：左侧视图显示整个项目的层次结构，右视图显示左侧视图当前选中的目录下所包含的对象。

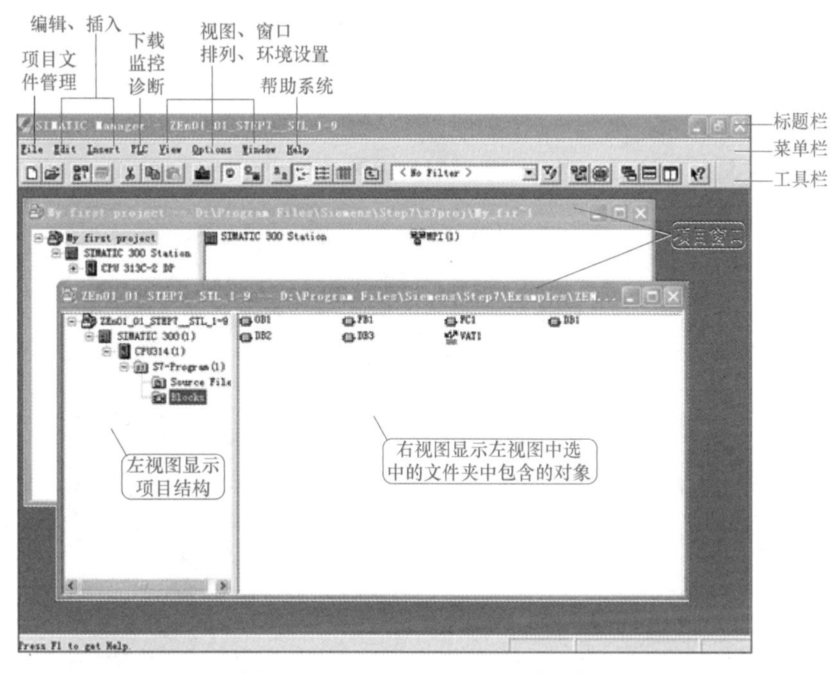

图 6-15　SIMATIC Manager 运行界面

SIMATIC Manager 的菜单主要实现以下几类功能：

① 项目文件的管理。

② 对象的编辑和插入。

③ 程序下载、监控、诊断。

④ 视图、窗口排列、环境设置选项。

⑤ 在线帮助。

6.3.2 HW Config 硬件组态界面

该界面可为自动化项目的硬件进行组态和参数设置，可以对 PLC 导轨上的硬件进行配置，设置各种硬件模块的参数，如图 6-16 所示。

6.3.3 LAD/STL/FBD 编程界面

该工具集成了梯形逻辑图 LAD（Ladder Logic）、语句表 STL（Statement List）、功能块图

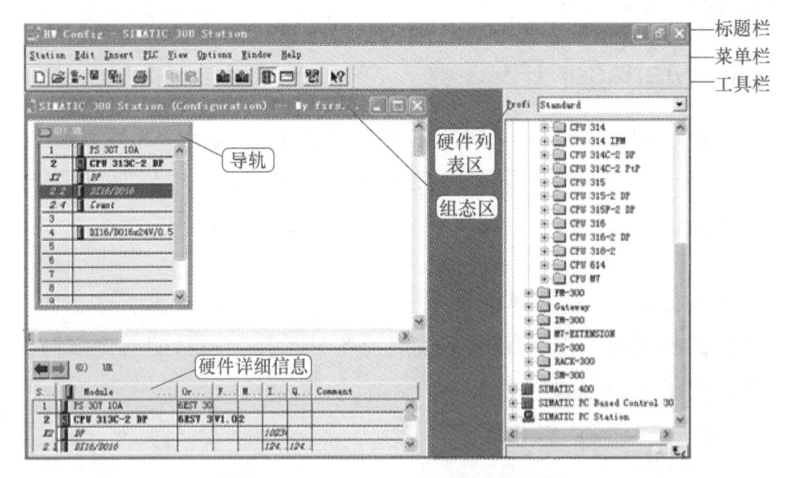

图 6-16　HW Config 硬件组态界面

FBD（Function Block Diagram）三种语言的编辑、编译和调试功能，如图 6-17 所示。

STEP 7 程序编辑器的界面主要由编程元素列表区、变量表、代码编辑区、信息区等构成。

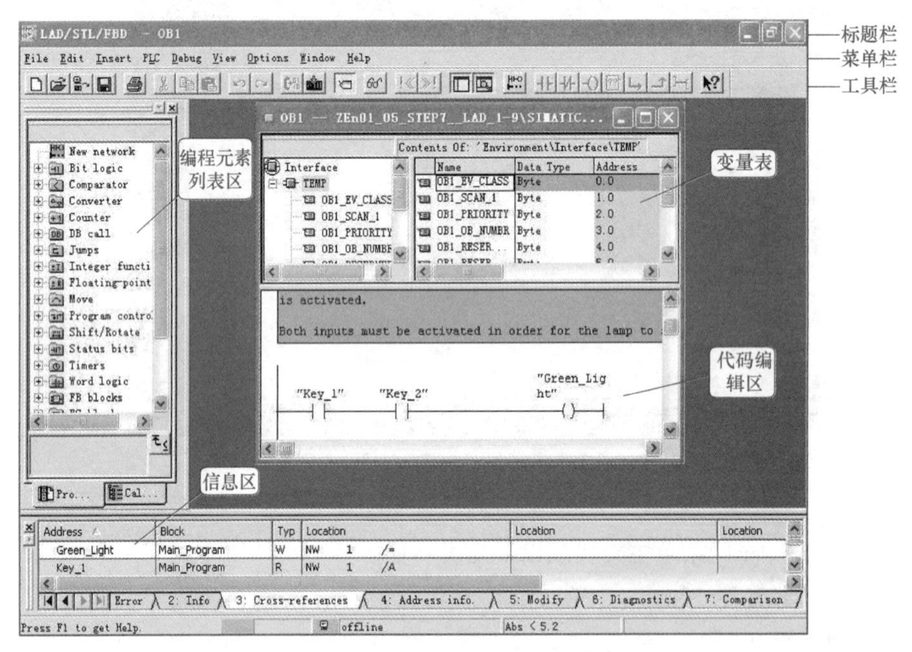

图 6-17　LAD/STL/FBD 编程界面

1. 编程元素列表区

在用任何一种编程语言进行编程时，可以使用的指令、可供调用的用户功能和功能块、系统功能和功能块、库功能等都是编程元素。

编程元素列表区根据当前使用的编程语言自动显示相应的编程元素，用户通过简单的鼠标拖拽或者双击操作就可以在程序中加入这些编程元素。用鼠标选中一个编程元素，按下<F1>键就会显示出这个元素的详细使用说明。图 6-18 显示了 STL、FBD 和 LAD 对应的编程元素列表区。

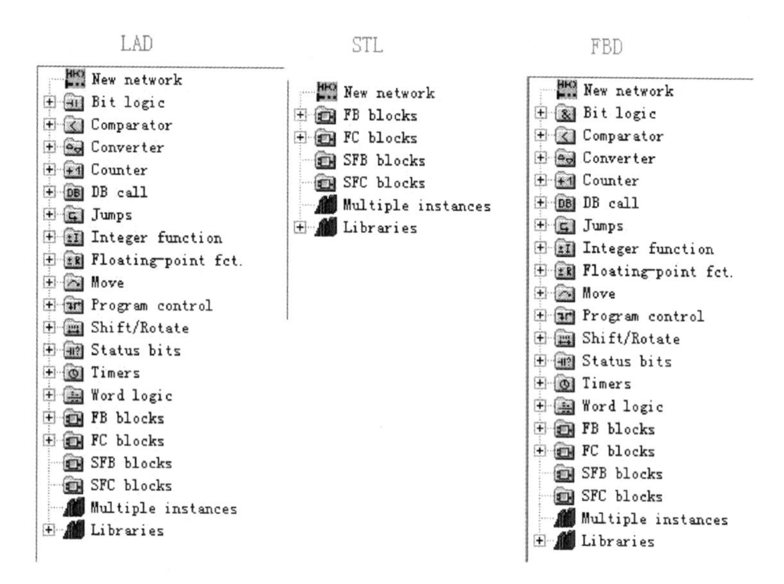

图 6-18 不同编程语言的编程元素列表区

当使用 LAD 编程时，程序编辑器的工具栏上会出现最常用的编程指令和程序结构控制的快捷按钮。图 6-19 显示了这些按钮的含义。

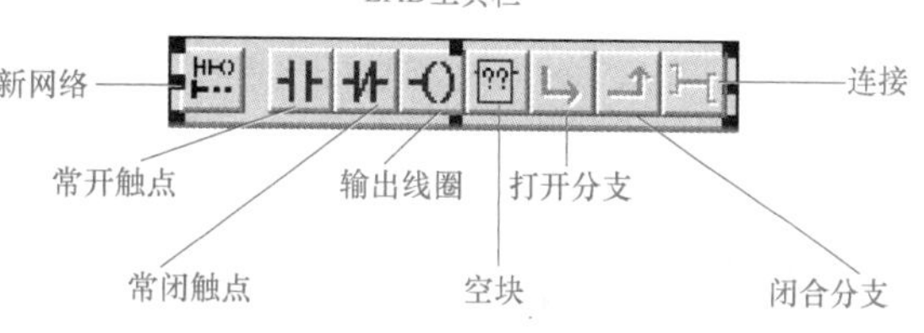

图 6-19 LAD 编程常用元素

2. 变量表

STEP 7 中有两类符号：全局符号和局部符号。全局符号是在整个用户程序范围内有效的符号，局部符号是仅仅作用在一个块内部的符号。表 6-1 列出了全局符号和局部符号的区别。变量表中的数据为当前块使用的局部数据。对于不同的块，局部数据的类型不同。

表 6-1 全局符号与局部符号对比

符号类型	全局符号	局部符号
有效范围	在整个用户程序中有效，可以被所有的块使用，在所有的块中含义是一样的，在整个用户程序中是唯一的	只在定义的块中有效，相同的符号可在不同的块中用于不同的目的
允许使用的字符	字母、数字及特殊字符，除 0×00、0×FF 及引号以外的强调号 如使用特殊字符，则符号必须写在引号内	字母 数字 下划线
使用对象	可以为下列对象定义全局符号： ●I/O 信号(I,IB,IW,ID,Q, QB,QW,QD) ●I/O 输入与输出(PI,PQ) ●存储位(M,MB,MW,MD) ●定时器/计数器 ●程序块(FB,FC,SFB,SFC) ●数据块(DB) ●用户定义数据类型(UDT) ●变量表(VAT)	可以为下列对象定义局部符号： ●块参数(输入,输出及输入/输出参数) ●块的静态数据 ●块的临时数据
定义位置	符号表	程序块的变量表

3. 代码编辑区

用户使用 LAD、STL 或 FBD 编写程序的过程都是在代码编辑区进行的。STEP 7 的程序代码可以划分为多个程序段（Network），划分程序段可以让编程的思路和程序结构都更加清晰。一般来说，每一个程序段都完成一个相对完整的功能。在工具栏上单击按钮可以插入一个新的程序段。程序编辑器的代码窗口包含程序块的标题、块注释和各程序段，每个程序段中又包含段标题、段注释和该段内的程序代码。对于用 STL 语言编写的程序，还可以在每一行代码后面用双斜杠“//”添加一条语句的注释。所有的标题和注释都支持中文输入。图 6-20 显示了代码编辑区的结构。

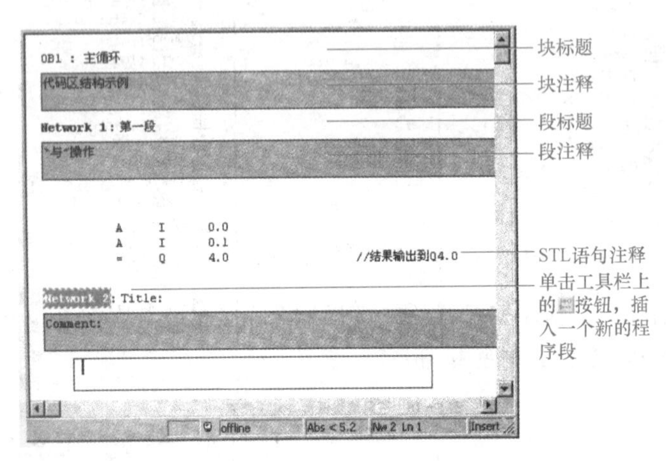

图 6-20　代码编辑区的结构

4. 信息区

信息区有很多标签，每个标签对应一个子窗口，有显示错误信息的（1：Error），有显示地址信息的（4：Address info.），有显示诊断信息的（6：Diagnostics），等等，如图 6-21 所示。

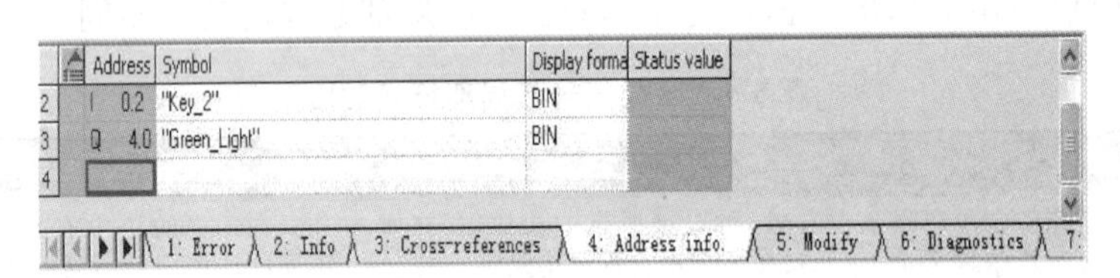

图 6-21　信息区

6.3.4　符号编辑器界面

局部符号的名称是在程序块的变量表中定义的，全局符号则是通过符号表来定义的。符号表创建和修改由符号编辑器实现。使用这个工具生成的符号表是全局有效的，可供其他所有工具使用，因此一个符号的任何改变都能自动被其他工具识别。

对于一个新项目，在 S7 程序目录下右击，在弹出的快捷菜单中选择【Insert New Object】→【Symbol Table】可以新建一个符号表。如图 6-22 所示，在【S7 Program（1）】目录下可以看到已经存在一个符号表【Symbols】。

双击【Symbols】图标，在符号编辑器中打开符号表，如图 6-23 所示。

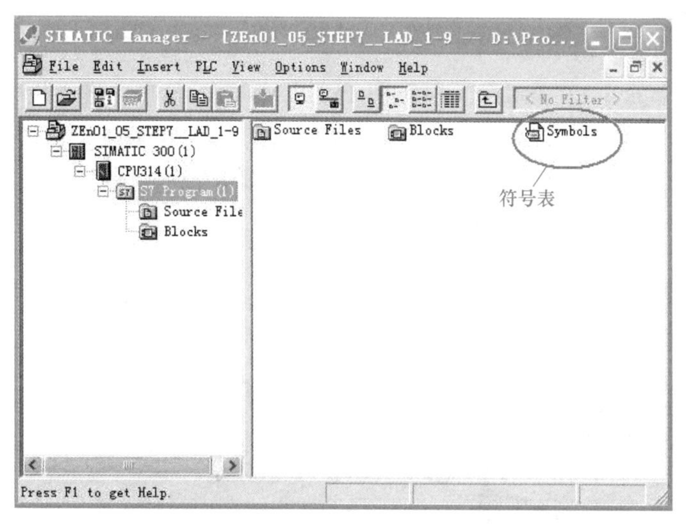

图 6-22 项目中的符号表

符号表包含全局符号的名称、绝对地址、类型和注释。将光标移到符号表的最后一个空白行，可以向表中添加新的符号定义；将光标移到表格左边的标号处，选中一行，单击<Delete>键即可删除一个符号。STEP 7 是一个集成的环境，因此在符号编辑器中对符号表所做的修改可以自动被程序编辑器识别。

在开始项目编程之前，首先应花一些时间规划好所用到的绝对地址，并创建一个符号表，这样可以为后面的编程和维护工作节省更多的时间。

Symbol Editor - [S7 Program(1) (Symbols) -- ZEn01_05_STEP7_...

Symbol Table Edit Insert View Options Window Help

All Symbols

	Status	Symbol	Address	Data type	Comment
13		Key_1	I 0.1	BOOL	For the series connection
14		Key_2	I 0.2	BOOL	For the series connection
15		Key_3	I 0.3	BOOL	For the parallel connection
16		Key_4	I 0.4	BOOL	For the parallel connection
17		Main_Program	OB 1	OB 1	This block contains the user program
18		Manual_On	I 0.6	BOOL	For the memory function (switch off)
19		PE_Actual_Speed	MW 2	INT	Actual speed for petrol engine
20		PE_Failure	I 1.2	BOOL	Petrol engine failure
21		PE_Fan_On	Q 5.2	BOOL	Command for switching on petrol engine fan
22		PE_Follow_On	T 1	TIMER	Follow-on time for petrol engine fan
23		PE_On	Q 5.0	BOOL	Command for switching on petrol engine
24		PE_Preset_Speed_Re...	Q 5.1	BOOL	Display "Petrol engine preset speed reached"
25		Petrol	DB 1	FB 1	Data for petrol engine
26		Red_Light	Q 4.1	BOOL	Coil of the parallel connection
27		S_Data	DB 3	DB 3	Shared data block
28	=	Switch_Off_DE	I 1.5	BOOL	Switch off diesel engine
29		Switch_Off_PE	I 1.1	BOOL	Switch off petrol engine
30		Switch_On_DE	I 1.4	BOOL	Switch on diesel engine
31		Switch_On_PE	I 1.0	BOOL	Switch on petrol engine
32	=	名称	I 1.5	BOOL	在这里添加注释
33					

显示编辑状态

Press F1 to get He... NUM

图 6-23 符号编辑器界面

6.4 STEP 7 项目创建

在 STEP 7 中，用项目来管理一个自动化系统的硬件和软件。STEP 7 用 SIMATIC 管理器对项目进行集中管理，它可以方便地浏览 SIMATIC S7、C7 和 WinAC 的数据。因此，掌握项目创建的方法非常重要。

6.4.1 使用向导创建项目

首先双击桌面上的 STEP 7 图标，进入 SIMATIC Manager 窗口，进入主菜单【File】，选择【New Project Wizard…】，弹出标题为“STEP 7 Wizard：New Project”（新项目向导）对话框。

① 单击【Next】按钮，在新项目中选择 CPU 模块的型号，例如 CPU 313C-2DP。

② 单击【Next】按钮，选择需要生成的逻辑块，至少需要生成作为主程序的组织块 OB1。

③ 单击【Next】按钮，输入项目的名称，单击【Finish】按钮，完成项目的生成。使用向导创建项目如图 6-24 所示。

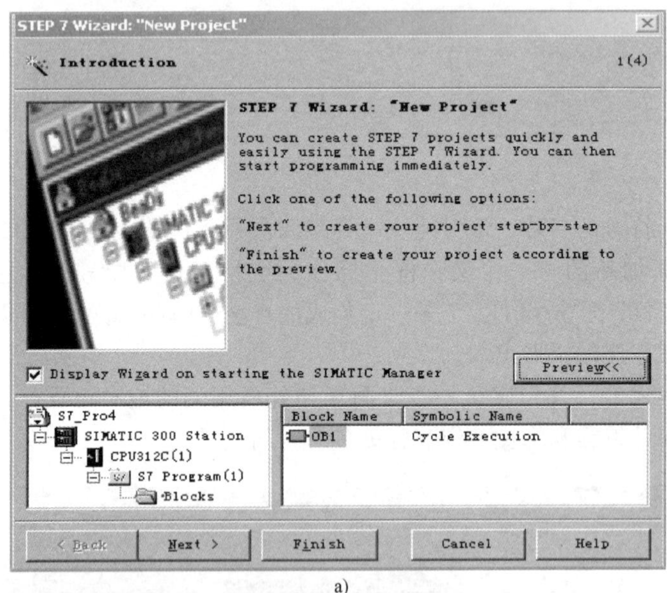

a)

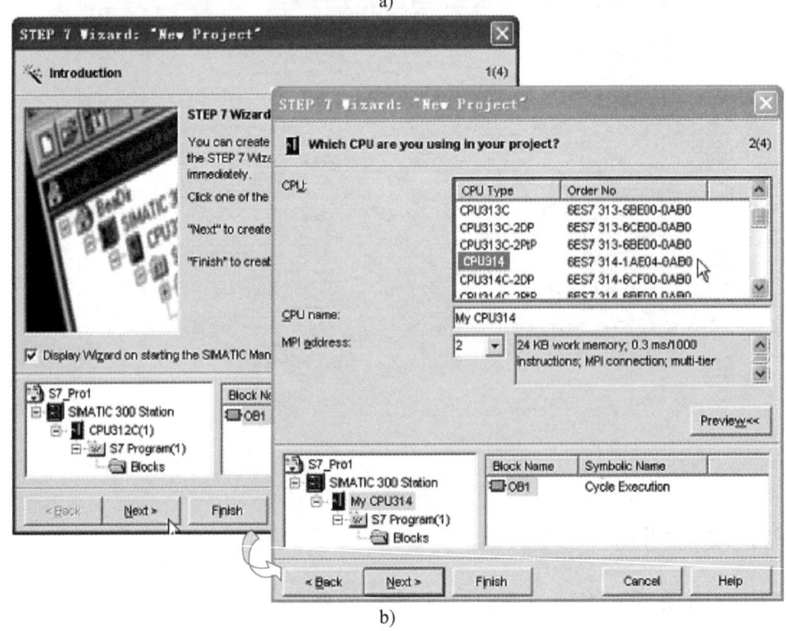

b)

图 6-24 使用向导创建项目

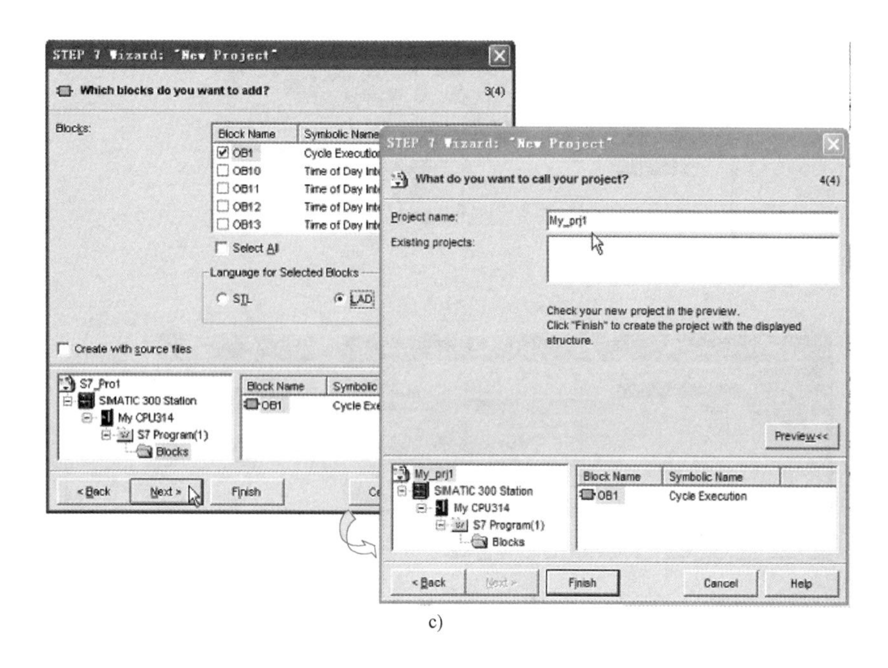

c)

图 6-24　使用向导创建项目（续）

生成项目后，可以先组态硬件，然后生成软件程序，也可以在没有组态硬件的情况下，首先生成软件。

6.4.2　直接创建项目

进入主菜单【File】，选择【New…】，将出现图 6-25a 所示的对话框，在该对话框中分别输入“文件名”“目录路径”等内容，并确定，完成一个空项目的创建工作，如图 6-25b 所示。但这个时候没有站也没有 CPU，需要手动插入站进行组态操作，如图 6-25c 所示。

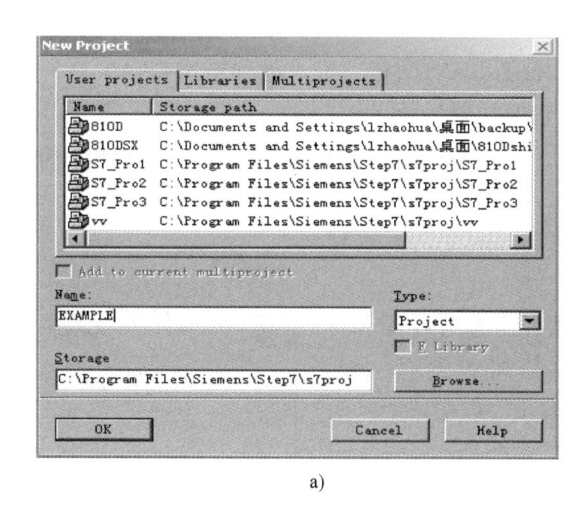

a)

图 6-25　直接创建项目

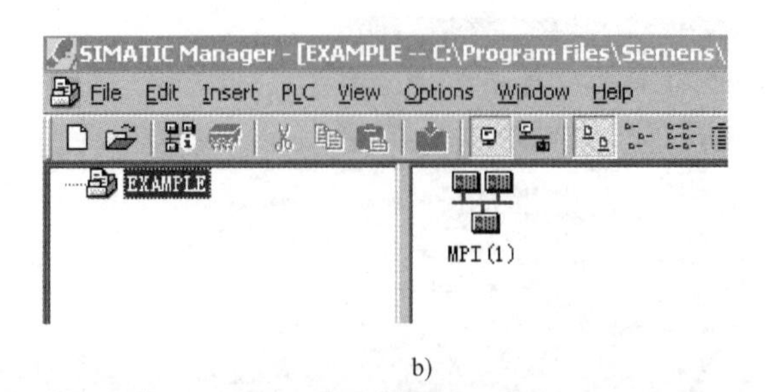

b)

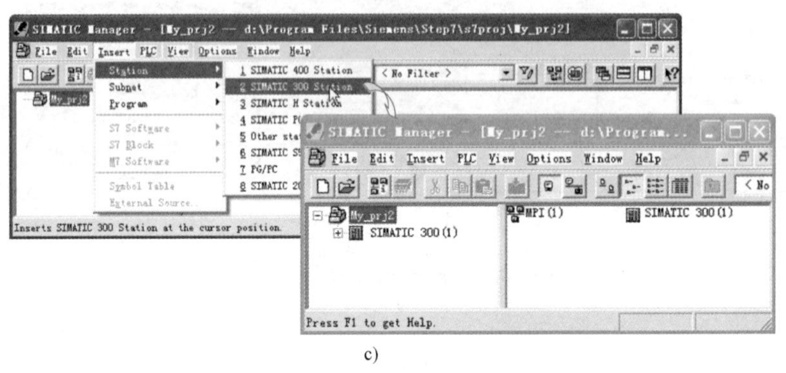

c)

图 6-25　直接创建项目（续）

6.5　硬件组态

6.5.1　硬件组态的任务

硬件组态的任务就是在 STEP 7 中生成一个与实际的硬件系统完全相同的系统，例如要生成网络、网络中各个站的导轨和模块，以及设置各硬件组成部分的参数，即给参数赋值。所有模块的参数都是用编程软件来设置的，完全取消了过去用来设置参数的硬件 DIP 开关。硬件组态确定了 PLC 输入/输出变量的地址，为设计用户程序打下了基础。

6.5.2　硬件组态的步骤

1）生成站，双击“Hardware”图标，进入硬件组态窗口。

2）生成导轨，在导轨中放置模块。

3）双击模块，在打开的对话框中设置模块的参数，包括模块的属性和 DP 主站、从站的参数。

4）保存编译硬件设置，并将它下载到 PLC 中。

下面用实例来说明硬件组态的过程。

在项目管理器左边的树中选择“SIMATIC 300 Station”，双击工作区中的“Hardware”图标，如图 6-26 所示，弹出“HW Config”对话框。

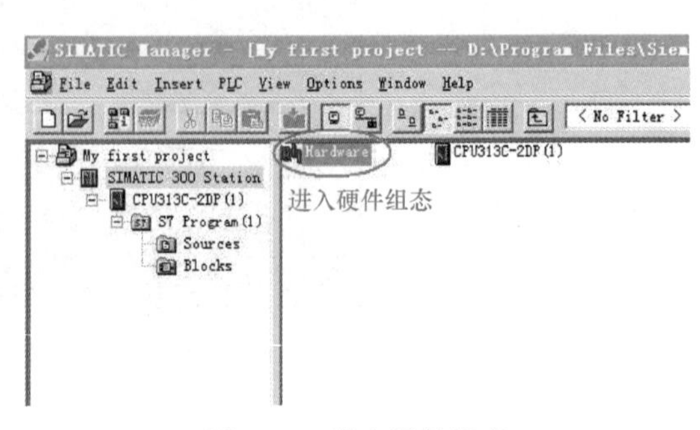

图 6-26　进入硬件组态

单击硬件目录工具按钮，显示硬件目录。单击 SIMATIC 300 左侧的“+”符号展开目录，双击“Rack”图标插入一个 S7-300 的机架，如图 6-27 和图 6-28 所示。右边是硬件目录列表区，可以用菜单命令【View】→【Catalog】来打开或关闭它。通常 1 号槽口放电源模块，2 号槽口放 CPU，3 号槽口放接口模块（使用多机架安装，单机架安装则保留），4~11 号槽口则安放信号模块（SM、FM、CP）。

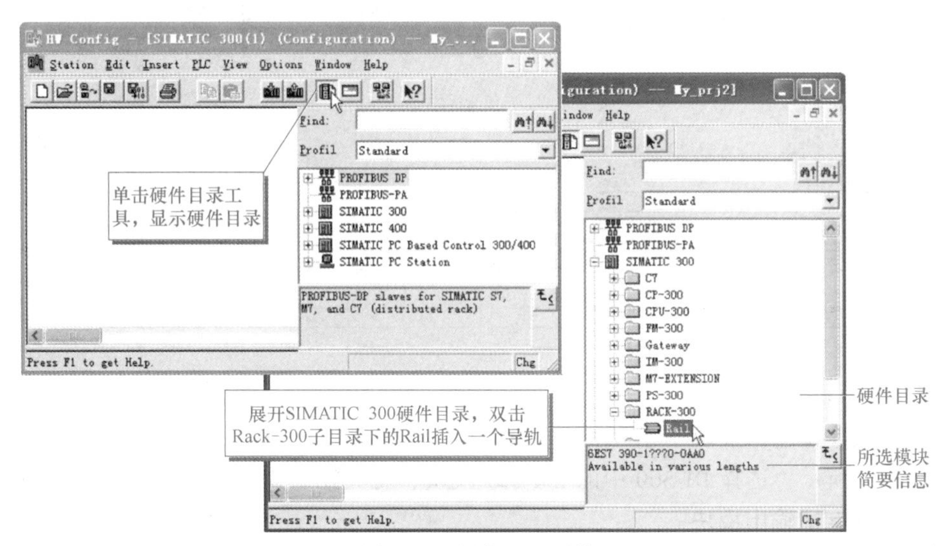

图 6-27　硬件配置环境

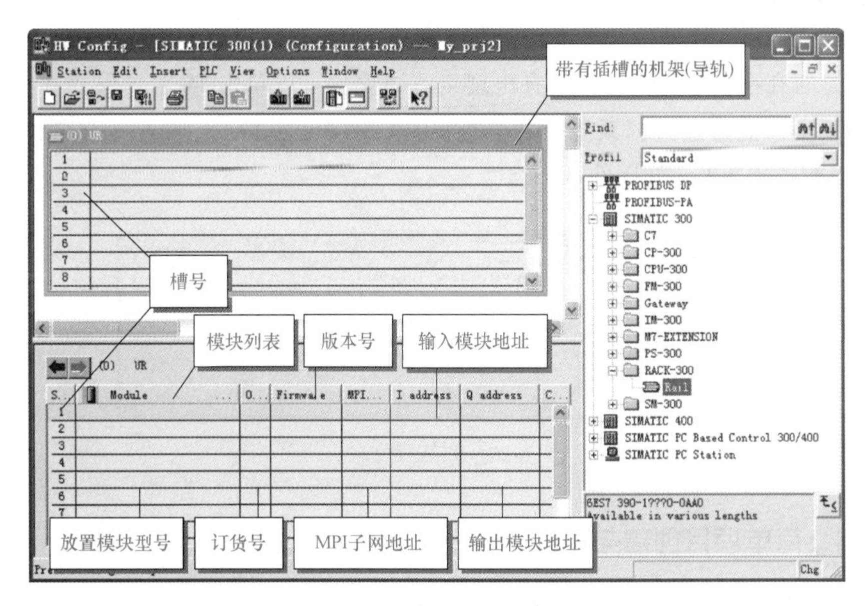

图 6-28　插入一个机架

1. 插入电源模块

如图 6-29 所示，选择 PS 307 5A 电源模块，将其拖入 1 号槽口中。

2. 插入 CPU 模块

如图 6-29 所示，选择 CPU 314 中的 CPU 模块，将其拖入 2 号槽口中。

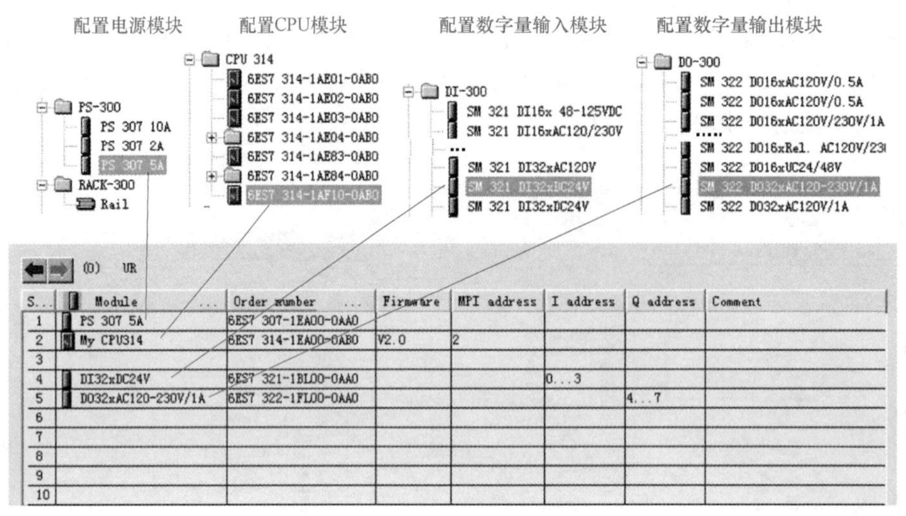

图 6-29　配置硬件模块

3. 插入数字量输入模块

如图 6-29 所示，选择 DI-300 中的 SM 321 模块，将其拖入 4 号槽口中。

4. 插入数字量输出模块

如图 6-29 所示，选择 DO-300 中的 SM222 模块，将其拖入 5 号槽口中。

5. 编译硬件组态

硬件配置完成后，在硬件环境下使用菜单命令【Station】→【Consistency Check】，可以检查硬件配置是否存在组态错误。若没有出现组态错误，可以单击工具保存并编译硬件配置结果。如果编译能够通过，系统会在当前 SIMATIC 300（1）上插入一个名称为 S7 Program（1）的程序文件夹，如图 6-30 所示。

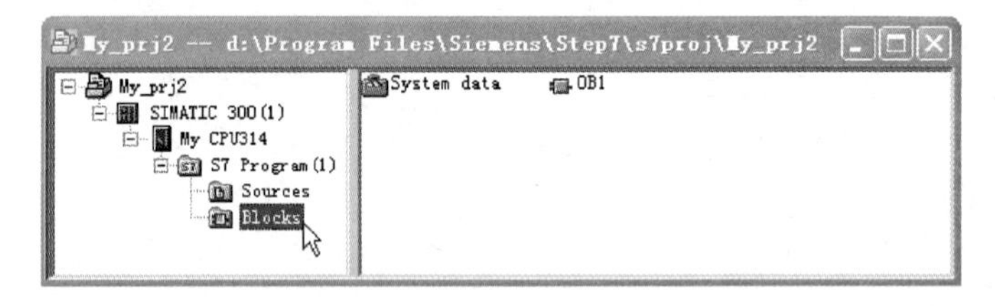

图 6-30　S7 程序文件夹

6.6　实训　简单项目创建与硬件组态

6.6.1　实训内容

1）掌握项目创建与硬件组态。

2）掌握 PLCSIM 仿真软件的使用。

6.6.2　实训任务

1）建立项目：快速创建一个新的项目（Project）。

2）配置合适的电源模块 PS307，要求组成的系统按表 6-2 进行配置。

表 6-2 系统配置

槽口	类型	序列号
1	PS307	计算后配置
2	CPU315-2DP	6ES7 315-2AF03-0AB0 V1. 1
4	DI16×DC24V	6ES7 321-1BH02-0AA0
5	DO16×DC24V 0. 5A	6ES7 322-1BH01-0AA0
6	AI4/AO2×8/8bit	6ES7 334-0CE01-0AA0
7	AI8×12bit	6ES7 331-7KF01-0AB0
8	AO8×12bit	6ES7 332-5HD00-0AB0

3）进行系统的组态配置：对 1～8 号槽口分别按表 6-2 进行组态配置，对 7 号和 8 号槽口的要求分别见表 6-3 和表 6-4。

表 6-3 对 7 号槽口的要求

测量通道	0～1	2～3	4～5	6～7
测量类型	电压	2 线电流变送器	4 线电流变送器	不用
测量范围	±10V	4～20mA	±20mA	—
量程块位置	B	D	C	—
积分频率	50Hz	50Hz	50Hz	—

表 6-4 对 8 号槽口的要求

测量通道	0	1	2	3
输出量类型	电压	电流	不用	不用
输出范围	±10V	±20mA	—	—
CPU 停止时输出	0V	保持最后值	—	—

6.6.3 实训步骤

1）启动 STEP 7 编程软键创建项目。

2）通过 HW Config 进行硬件组态。

3）下载到软件仿真器，用 PLCSIM 进行模拟仿真。

第 7 章
840D/810D 数控系统的 PLC 调试

PLC 用于通用设备的自动控制，称为可编程控制器。PLC 用于数控机床的外围辅助电气的控制，称为可编程序机床控制器。因此，在很多数控系统中将其称之为 PMC（programmable machine tool controller）。机床辅助设备的控制是由 PLC 来完成的，它是在数控机床运行过程中，根据 CNC 内部标志以及机床的各控制开关、检测元件、运行部件的状态，按照程序设定的控制逻辑对诸如刀库运动、换刀机构、冷却液等的运行进行控制。本章主要介绍 840D 系统的 PLC 接口模块、程序结构等内容。

7.1 840D/810D 数控系统 PLC 的特点

SINUMERIK 840D/810D 系统内置 S7-300 CPU 系列的 PLC，支持 STEP 7 编程语言。S7-300 是模块化的中小型 PLC，具有简单实用的分布式结构、丰富的指令系统和强大的通信能力，使其应用十分灵活，完全能够满足机床控制的需要。

SINUMERIK 840D/810D 系统仅集成了 PLC 中央处理单元模块，即 CPU 模块，数字 I/O 模块必须外挂。840D/810D 系统多采用 CPU 315。SINUMERIK 840D/810D 系统集成的 PLC 与一般 PLC 原理基本相同，不同之处是数控系统内置 PLC 中增加了信息交换数据区，这个数据区称为内部数据接口。由图 7-1 可以看到，PLC 与数控核心软件 NCK 之间，PLC 与机床操作面板 MMC 之间，就是通过内部数据接口交换控制信息的，其中 PLC 与 NCK 之间的信息交换是核心。PLC 与 MMC 之间的信息交换是通过功能接口进行的。PLC 与机床电气部件之间的信息交换是通过 I/O 模块进行的。

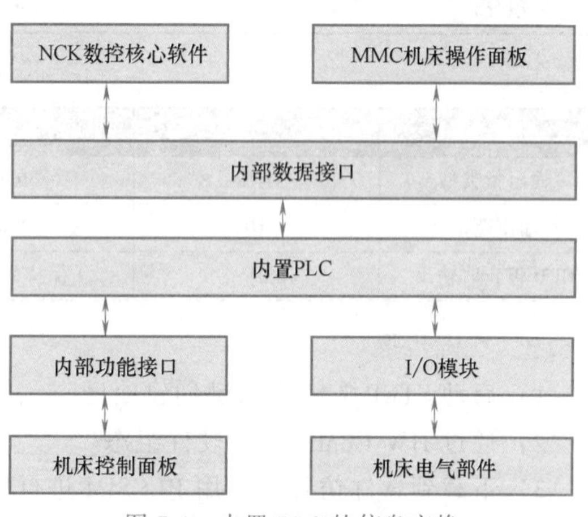

图 7-1 内置 PLC 的信息交换

SINUMERIK 840D/810D 系统在出厂时，为用户提供了基本 PLC 程序块和一个 PLC 开发平台。数控机床制造商利用西门子公司提供的 STEP 7 软件，在机床 PLC 开发平台的基础上，根据机床的控制功能，设计机床 PLC 控制应用程序。PLC 应用程序又称 PLC 用户程序，它是整个数控机床调试的基础，只有在 PLC 应用程序设计完成后，才能进行机床的调试工作。

数控系统与 PLC 相结合，并通过信号接口进行信息交换，才能完成各种控制动作。数字 I/O 接口模块是系统与机床电气之间联系的桥梁，用于机床控制信号或状态信号的输入输出。系统控制信号经由 I/O 模块控制机床的外部开关动作，动作的结果或其他外部开关量信息又通过 I/O 模块输入系统 PLC 中。SINUMERIK 840D/810D 系统主要使用 S7-300 系列的数字量输入模块 SM321 和数字量输出模块 SM322，有时也用到既有数字输入又有数字输出的 I/O 模块 SM323。

7.2 SINUMERIK 840D/810D Toolbox 介绍

如果要调试西门子 SINUMERIK 840D/810D 的 PLC，必须使用西门子提供的 Toolbox 工具箱软件。

7.2.1 Toolbox 的文件结构

图 7-2 所示为 Toolbox 的文件夹结构。其中 810D 目录中存放的是 810D 早期系统软件使用的 Toolbox；840D 目录中存放的是 840D 早期系统软件使用的 Toolbox（子目录的序号对应 CCU/NCU 系统软件版本）。从 CCU/NCU 系统软件版本 V4.3 以后，Toolbox 不再区分 810D 和 840D，统一为 8X0D。

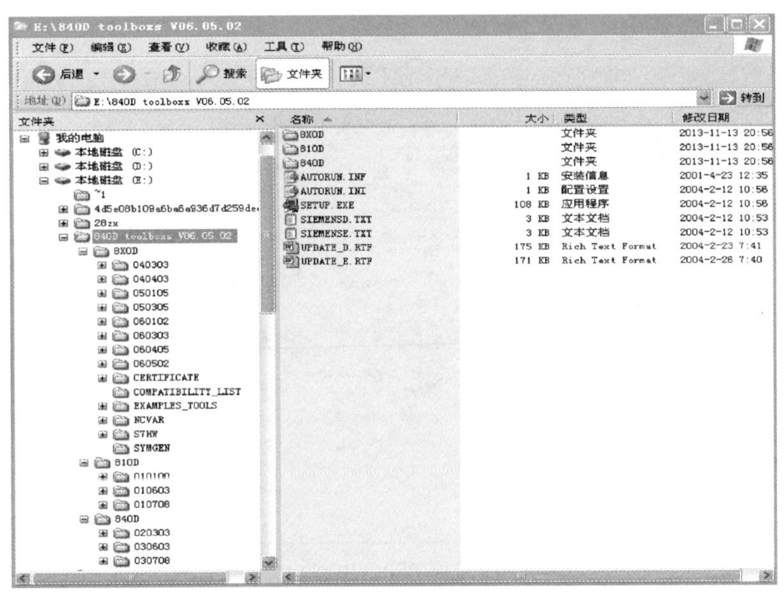

图 7-2 Toolbox 的文件夹结构

下面对 8X0D 目录所包含的内容进行详述。

（1）目录 060502　目录 060502 中包含了 CCU/NCU 系统软件版本 V6.5.2 的内容，如图 7-3 所示。

目录 060502 中包含了以下几个子目录：

1）子目录 BSP_PROG 中存放的是一些 PLC 例程，如图 7-4 所示。

2）子目录 PLC.INF 中有两个文件：AWLVERS.EXE 和 TESTWZV.AWL，其中 AWLVERS.EXE 用于 STEP7 ASCII 源代码版本管理，很少使用。

3）子目录 PLC_BP 是 PLC 基本程序（使用根目录下的 SETUP.EXE 进行安装）。

4）子目录 PLCALARM 中存放的 PLCALARM.ZIP 是用户编写 PLC 文本的框架（使用 PCU20 的用户可在此文件的基础上编写报警文本，之后通过串口电缆传入 PLC）。

（2）CERTIFICATE 目录　该目录下存放的是安全集成功能认证的文本及样例。

（3）COMPATIBILITY_LIST 目录　该目录下存放的 Excel 文件 COMPATIBILITY_LIST_10_

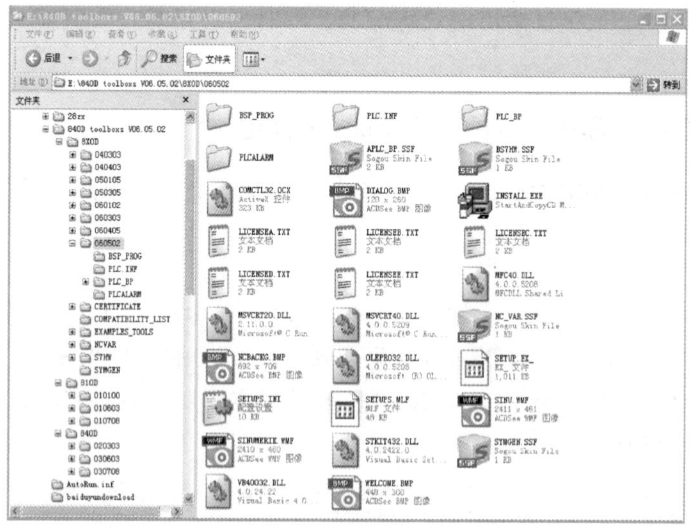

图 7-3　目录 060502 中的内容

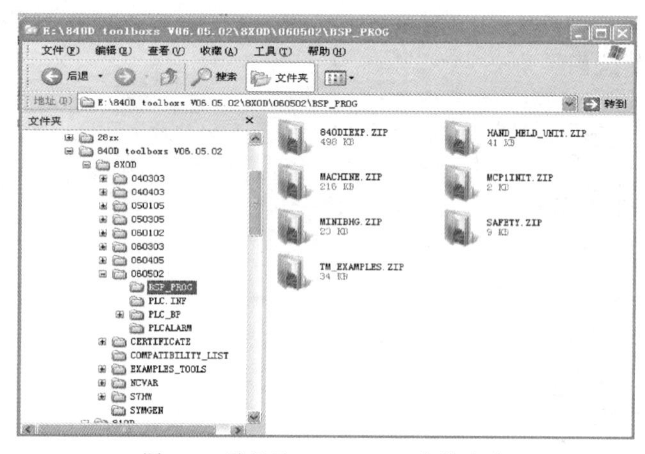

图 7-4　子目录 BSP_PROG 中的内容

02_2004 是关于 840D/810D/HMI 硬件/软件兼容性表格。在订货前应仔细阅读。

（4）EXAMPLES_TOOLS 目录

1）COMPA 子目录：低版本系统升级，修改备份数据用工具。

2）OP17 子目录：使用 OP17 面板时，可用的 OP17 组态文件。

3）QFK. MPF 子目录：过象限补偿用程序。

4）WIZARD. BSP：扩展用户接口（Expanding the Operator Interface）功能实例（包括 HMI Advanced 和 HMI Embedded 的实例）。

（5）NCVAR 目录　NC 变量选择器软件。

（6）S7HW 目录　该目录为 SINUMERIK 810D/840Di/840D Add-on for STEP 7 程序，其作用为增加 STEP 7 硬件列表中 SINUMERIK 840D/810D 的硬件器件。在安装过程中，硬件列表中的 TYPE、GSD 和 Meta 文件将被升级。从 Toolbox6. 3. 3 和 STEP 7 版本 5. 1 开始，可以在 SIMATIC Manager 中直接创建 PLC 系列文档（series archive）。

（7）SYMGEN 目录　PLC Symbols Generator——PLC 符号生成器（具体内容参看 symbol_ generator. doc），可不装。

7.2.2 Toolbox 的安装

在安装 Toolbox 之前，必须先安装 STEP 7 PLC 开发软件，否则系统提示无法安装 Toolbox。

图 7-5 所示为 Toolbox 安装提示界面，在安装时有四项内容可选择安装。

1）PLC Basic Program for 8X0D V6.5——PLC 基本程序，必须安装。

2）SINUMERIK Add-on for STEP 7 V5.2.1.0——硬件信息，必须安装。

3）NCVar Selector——NC 变量选择器，如果用到 PLC 读写 NC 变量的功能（FB2/FB3），需要安装；否则，可不安装。

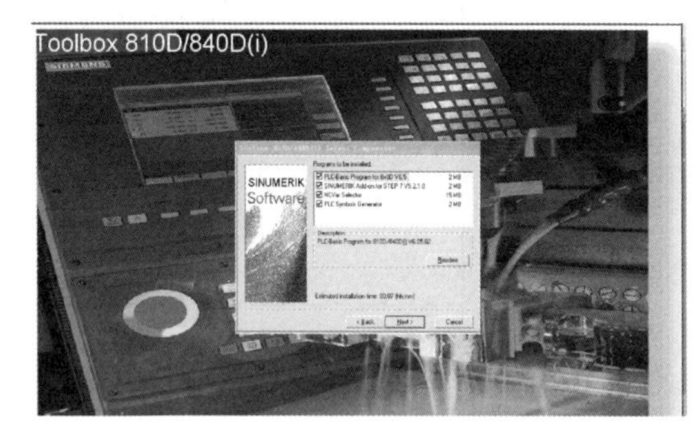

图 7-5　Toolbox 安装提示界面

4）PLC Symbols Generator——PLC 符号生成器，可不装。

选择完成后，按照提示即可将 Toolbox 安装完成。

7.3 PLC 与编程设备的通信

SINUMERIK 840D/810D 的 PLC 部分使用的是 S7-300。因此，PLC 的调试软件为 STEP 7，借助外部计算机或程编器（PG）来对 PLC 程序进行修改和传输。在 STEP 7 安装好后，为了调试 PLC，通常要新建一个项目（Project），其结构如图 7-6 所示。调试 PLC 的主要工作内容是关于 S7-Program★下的 Blocks 中的，需要在原有程序中加进新的控制内容或增加新的程序块（FB 或 FC 等）。

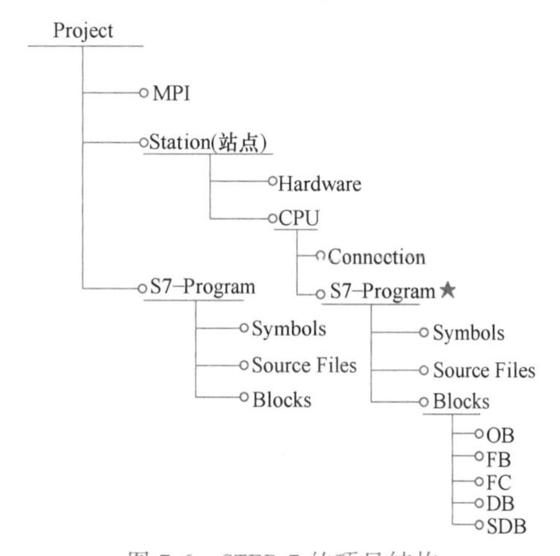

图 7-6　STEP 7 的项目结构

程序设计好后，可利用 STEP 7 将其传送至数控系统，而这首先需在计算机与控制系统之间建立硬件连接，图 7-7 所示为采用 PC 适配器进行连接的方法，图 7-8 所示为 K1 串口连接示意图，图 7-9 所示为 K2 MPI 与适配器连接示意图。PC 适配器订货号为 6ES7 972-0CA2x-0XA0。

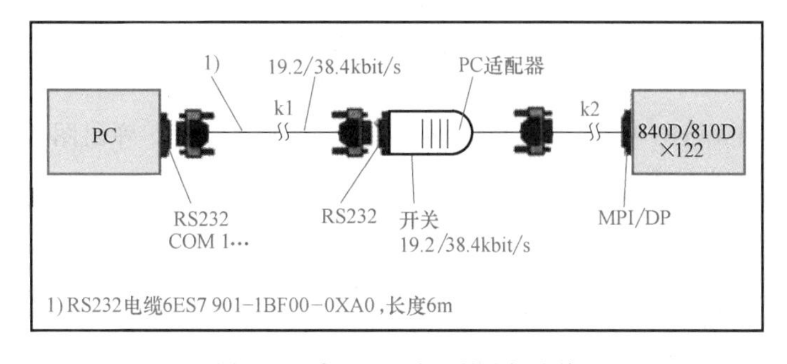

图 7-7　采用 PC 适配器进行连接

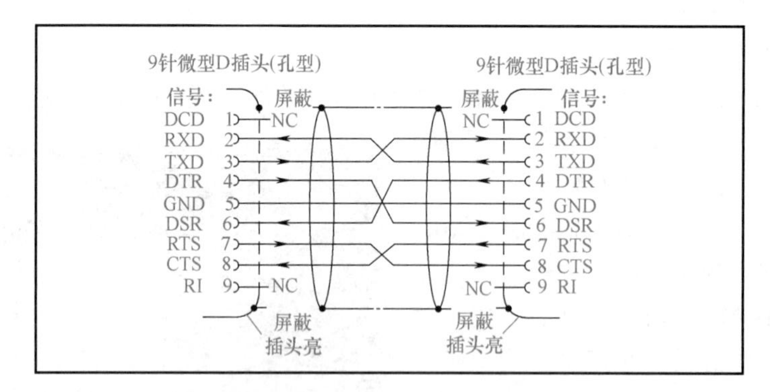

图 7-8　K1 串口连接示意图

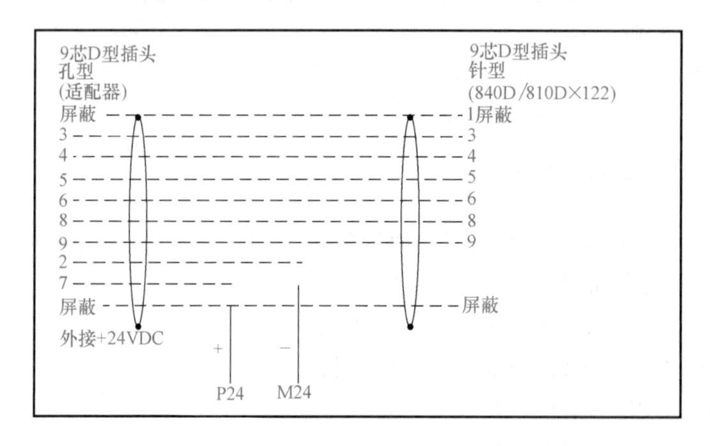

图 7-9　K2 MPI 与适配器连接示意图

在随数控系统一起到货的工具盒（Toolbox）中，可以找到 Gp8xod. exe 这一文件（在相应的版本目录下），将其复制到 STEP 7 下的一个“S7 Libs”目录下，双击之，此文件遂自动解压，生成一个文件夹名为“Gp8xod43”（SW 为 4.3）。运行 STEP 7，然后单击菜单【File】→【Open】→【Library】→打开 Gp8xod43→选中 Blocks。将此 Project 复制到一个新建的 Blocks 下，存盘之后，可将这个新建 Project 下装，成功后，MCP 上的灯应不再闪烁。为了能使用 MCP，还应在 OB1 中调用 MCP 应用的基本程序 FC19（铣床版）或 FC25（车床版），输入适当的参数即可。下装成功后，有灯亮。对于机床制造商来讲，一般只需对下述几个程序块做研究即可：FB1、FC2、FC19/FC25、FC10。

下面以 810D 数控系统为例，介绍如何将数控系统中的 PLC 程序上传到计算机上的 STEP 7 中。

1）双击打开 SIMATIC Manager，单击菜单【File】→【NEW】，弹出图 7-10 所示界面，在“Name”文本框输入文件名“810DPLC”。

2）单击【OK】按钮后弹出图 7-11 所示界面。

3）单击菜单【PLC】→【Upload Station to PG】，弹出图 7-12 所示界面。

4）单击按钮【View】，出现图 7-13 所示界面。

5）单击【OK】按钮后开始程序传输，如图 7-14 所示。

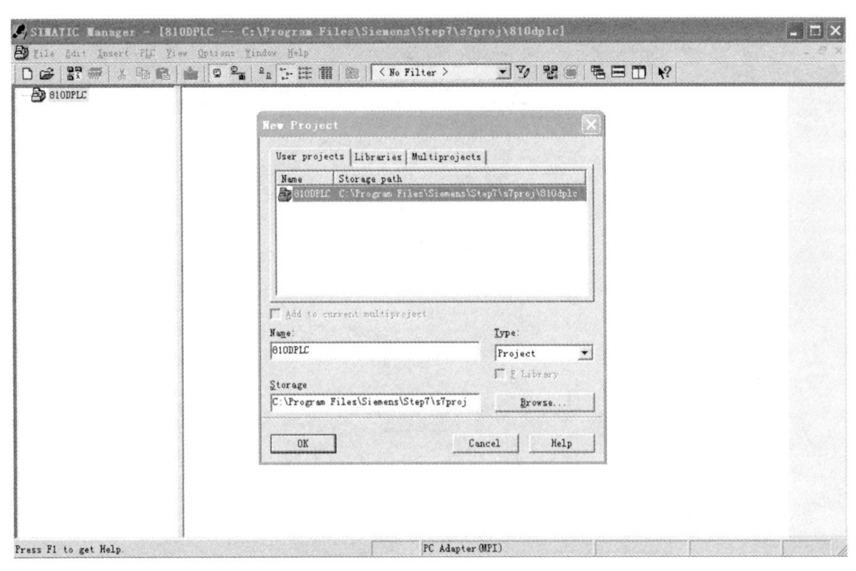

图 7-10 新建项目界面

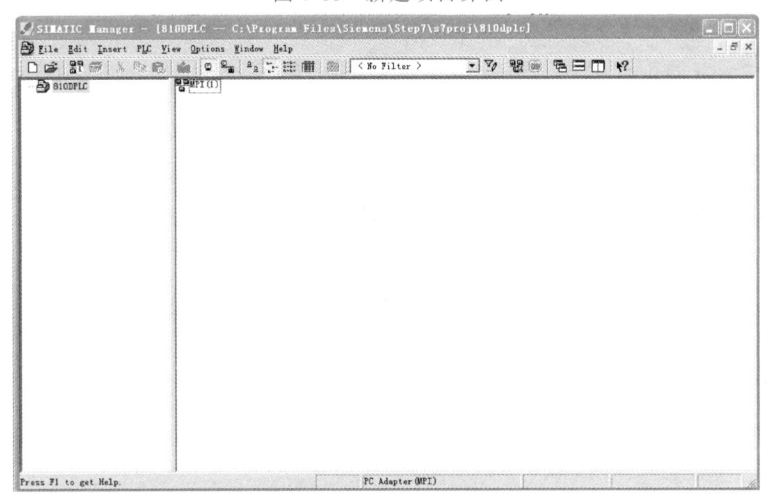

图 7-11 新生成项目界面

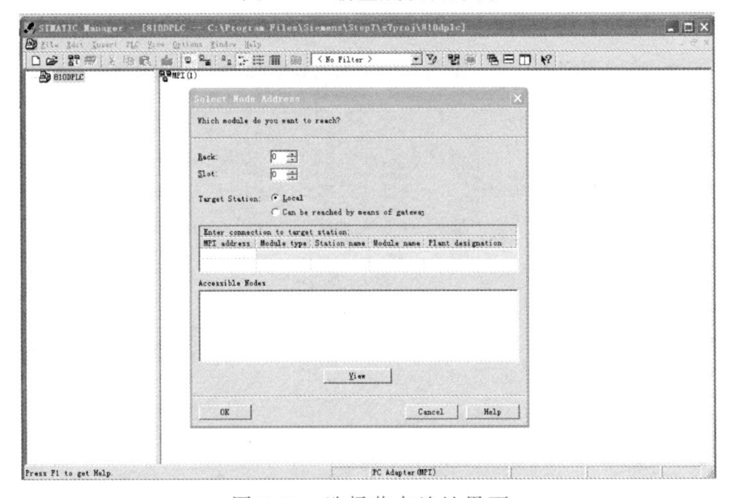

图 7-12 选择节点地址界面

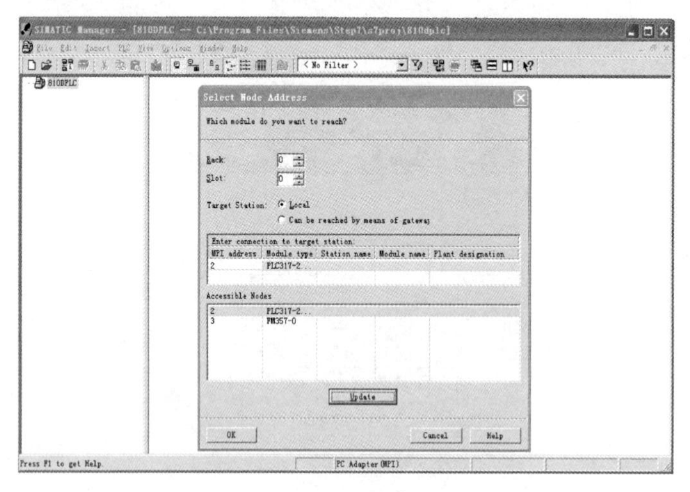

图 7-13　地址观察界面

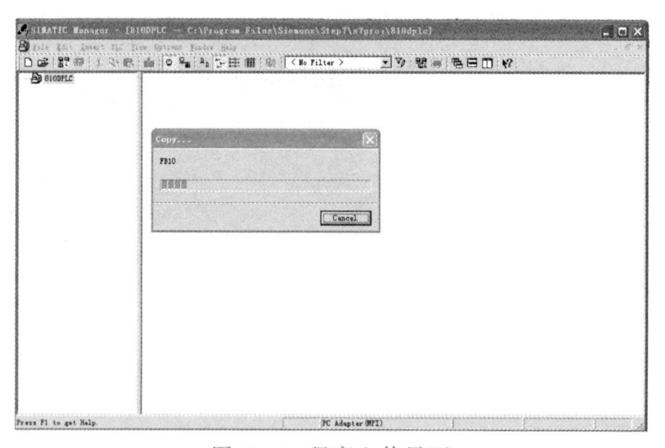

图 7-14　程序上传界面

6）传输完成后，STEP 7 中显示了系统中的 PLC 程序以及相应的硬件组态信息，如图 7-15 所示。

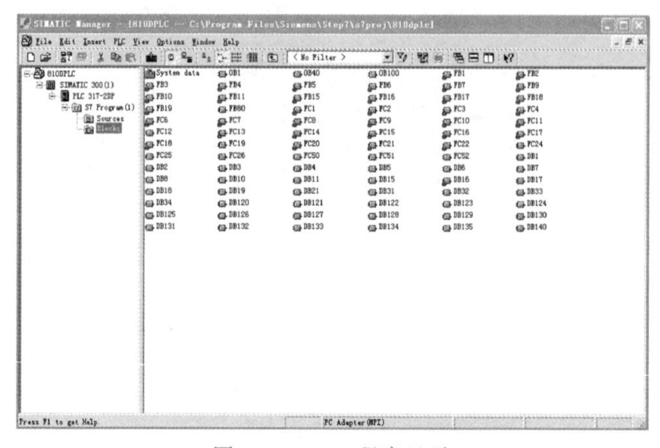

图 7-15　PLC 程序显示

7.4 840D/810D PLC 程序的块结构

SINUMERIK 840D/810D 的 PLC 为 S7-300，基本模块有 64KB 内存配置，并可扩展至 96KB，PLC 程序又可划分为基本程序和用户程序，其组成结构如图 7-16 所示。基本程序是西门子公司设计的数控机床专用的程序块，机床制造商设计的 PLC 用户程序调用这些基本程序块，从而大大简化了机床的 PLC 设计。PLC 程序块分配见表 7-1~表 7-4，用户在编写程序时可以使用。

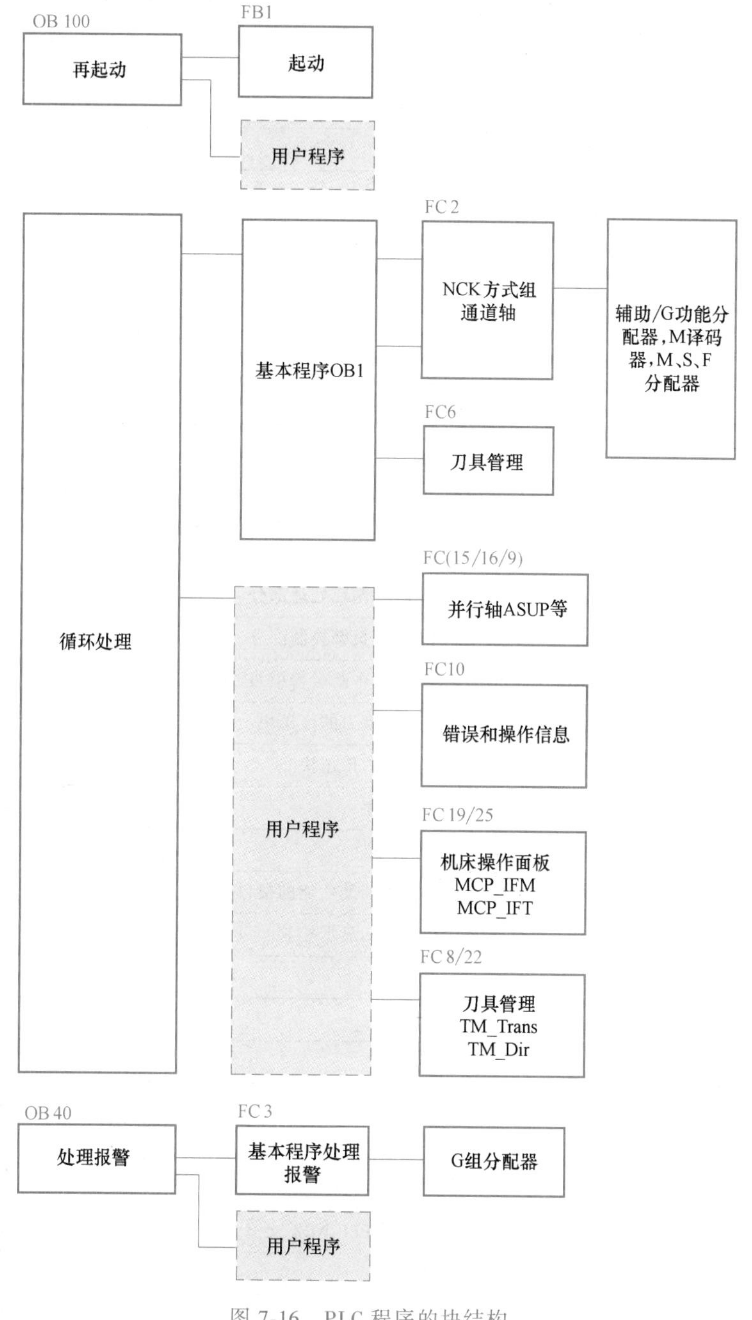

图 7-16 PLC 程序的块结构

表 7-1　组织块

OB 号	名称	含义	软件组织
1	ZYKLUS	循环处理	基本程序
40	ALARM	处理报警	基本程序
100	NEUSTART	重新起动开始	基本程序

表 7-2　功能块

FB 号	名称	含义	软件组织
0~29		西门子预留	
1	RUN_UP	基本程序引导	基本程序
2	GET	读 NC 变量	基本程序
3	PUT	写 NC 变量	基本程序
4	PI_SERV	PI 服务	基本程序
5	GETGUD	读 GUD 变量	基本程序
7	PI_SERV2	通用 PI 服务	基本程序
36~127		用户分配用于 FM-NC、810DE	
36~255		用户分配用于 810D、840DE、840D	

表 7-3　功能

FC 号	名称	含义	软件组织
0		西门子预留	
2	GP-HP	基本程序，循环处理部分	基本程序
3	GP-PRAL	基本程序，报警控制部分	基本程序
5	GP-DIAG	基本程序，中断报警（FM-NC）	基本程序
7	TM_REV	圆盘刀库换刀的传送块	基本程序
8	TM_TRANS	刀具管理的传送块	基本程序
9	ASUP	异步子程序	基本程序
10	AL_MSG	报警/信息	基本程序
12	AUXFU	调用用户辅助功能的接口	基本程序
13	BHG_DISP	手持单元的显示控制	基本程序
15	POS_AX	定位轴	基本程序
16	PART_AX	分度轴	基本程序
17		Y-D 切换	基本程序
18	Spin Ctrl	PLC 主轴控制	基本程序
19	MCP_IFM	机床控制面板和 MMC 信号至接口的分配（铣床）	基本程序
21		传输数据 PLC-NCK 交流	基本程序
22	TM_DIR	选择方向	基本程序
24	MCP_IFM2	传送 MCP 信号至接口	基本程序

（续）

FC 号	名称	含义	软件组织
25	MCP_IFT	机床控制面板和 MMC 信号至接口的分配	基本程序
30~35		如果 Manual Turn 或 Shop Mill 已安装，则用这些功能	基本程序
36~127		用户分配用于 FM-NC、810DE	基本程序
36~255		用户分配用于 810D、840DE、840D	基本程序

表 7-4 数据块

DB 号	名称	含义	软件组织
1		西门子预留	基本程序
2~4	PLC-MSG	PLC 信息	基本程序
5~8		基本程序	
9	NC-COMPILE	NC 编译循环接口	基本程序
10	NC INTERFACE	中央 NC 接口	基本程序
11	BAG1	方式组接口	基本程序
12		计算机连接和传输系统	
13~14		预留	
15		基本程序	
16		PI 服务定义	
17		版本码	
18		SPL 接口（安全集成）	
19		MMC 接口	
20		PLC 机床数据	
21~30	CHANNEL 1	NC 通道接口	基本程序
31~61	AXIS 1,…	轴/主轴号 1~31 预留接口	基本程序
62~70		用户可分配	
71~74		用户刀具管理	基本程序
75~76		M 组译码	基本程序
77		刀具管理缓存器	
78~80		西门子预留	
81~89		如果 Shop Mill 或 Manual Turn 已安装，则分配这些程序块	
(81)90~127		用户可分配用于 FM-NC、810DE	
(81)90~399		用户可分配用于 810D、840DE、840D	

7.5 840D/810D PLC 与 NCK 的接口信号

PLC 与 NCK 之间的信息交换是通过数据接口和功能接口进行的。PLC 与 NCK 之间的数据接口是数据块（DB），由基本数据块和用户数据块组成，控制信息和状态信息都在对应的 DB 中交换。基本数据块由西门子公司提供，程序在执行过程中，NCK 通过基本数据块中规定的数据块接口与 PLC 交换信息。

系统数据接口包括 MMC 数据接口、NC 数据接口、方式组数据接口、NC 通道数据接口、刀具管理接口及进给轴/主轴驱动数据接口，在各个内部数据接口中，定义了系统与 PLC 的相关信息，用户程序只能按照数据块中规定的内容进行读写，而不能修改数据块中内部数据接口的定义。内部数据接口中定义的每个信号都具有方向性，由 NCK 到 PLC 的信号，表示数控系统的内部状态，这些信号对于 PLC 是只读的；由 PLC 到 NCK 的信号，是 PLC 向数控系统发出的控制请求，由 NCK 对这些接口信号进行译码，得出系统所要执行的功能，如数控系统的控制方式、坐标轴使能、进给倍率、手轮选择等。用户数据块是应用程序与基本程序之间的数据接口，NCK 与 PLC 用户程序的信息，经过用户数据接口、内部数据接口和基本逻辑块进行交换。内部数据接口中的各个数据块与 PLC 用户程序的信号连接关系如图 7-17 所示。

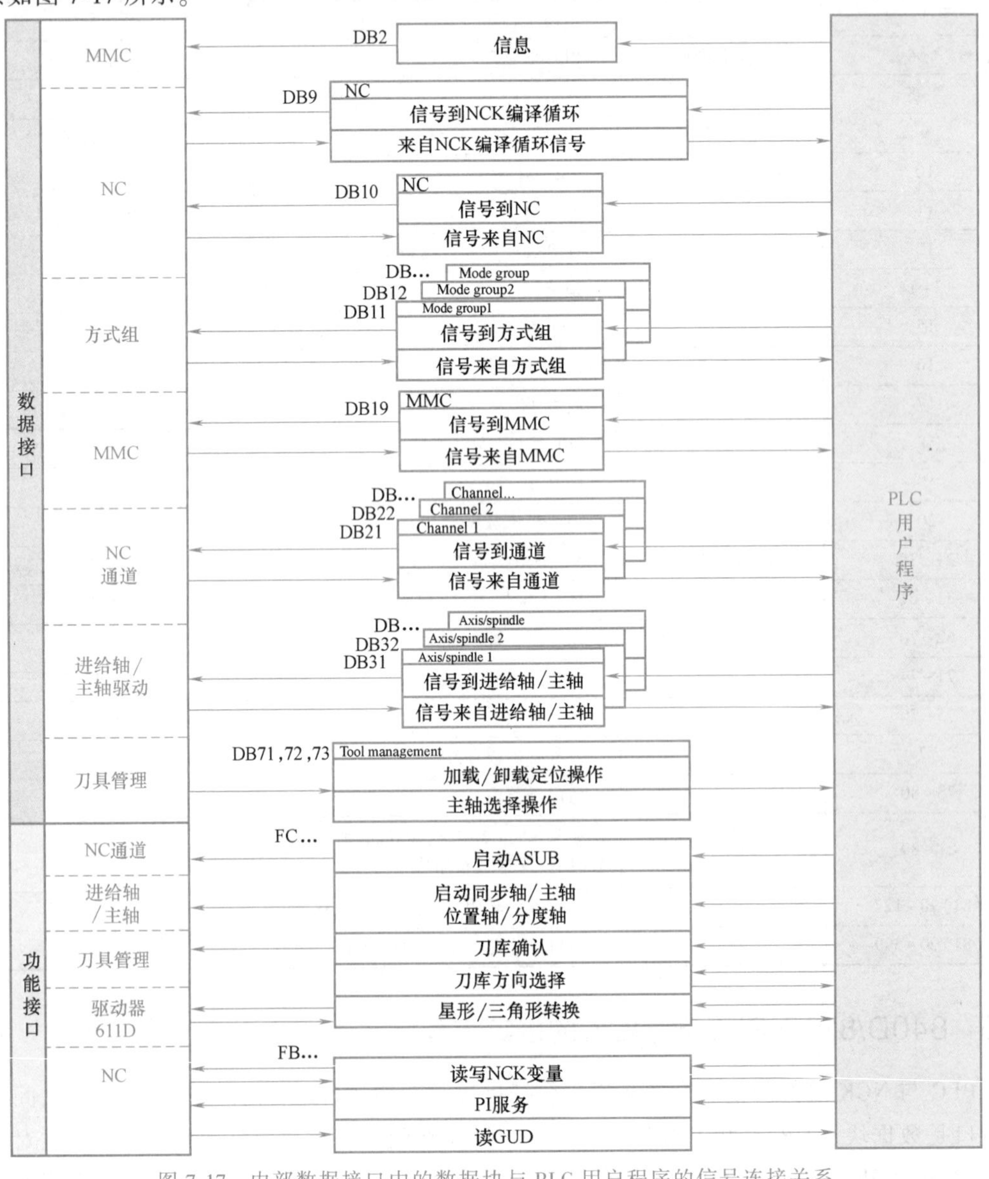

图 7-17 内部数据接口中的数据块与 PLC 用户程序的信号连接关系

在进行数控机床的故障诊断与维修时，可以利用内部数据接口进行判断。经常用到的数据块是NC通道数据块和进给轴/主轴驱动数据块。PLC与NCK通道之间的数据接口为DB21~DB30，DB21对应通道1，DB22对应通道2，以此类推。表7-5给出了常用NCK通道内部数据接口信号。PLC与进给轴/主轴驱动数据接口是DB31~DB61，DB31对应轴1，DB32对应轴2，依次类推。常用的进给轴/主轴驱动内部数据接口信号见表7-6。

表7-5　常用NCK通道内部数据接口信号

DB 21~30	到NCK通道信号(PLC→NCK)							
字节	位7	位6	位5	位4	位3	位2	位1	位0
DBB0		激活空转进给率	激活M01	激活单程序段	激活DRF			
DBB1	激活程序测试	PLC作用完成	CLC修调	CLC停止	激活时间监控(刀具管理)	同步作用关闭	使能保护区	激活回参考点
DBB2	跳跃程序块							
	/7	/6	/5	/4	/3	/2	/1	/0
DBB3	步冲和单冲/N4/							
				冲击延迟	未冲击	冲击抑制	使能手动冲程	未使能冲程
DBB4	进给率修调							
	H	G	F	E	D	C	B	A
DBB5	快速进给修调							
	H	G	F	E	D	C	B	A
DBB6	进给率修调有效	快速进给修调有效		程序级退出	删除通过的子程序号	删除剩余行程	禁止读入	禁止进给
DBB7	复位			NC停止，主轴加进给轴	NC停止	NC在程序极限处停止	NC启动	禁止NC启动
几何轴控制信号								
字节	位7	位6	位5	位4	位3	位2	位1	位0
DBB12	几何轴1							
	进给键		快速进给修调	禁止进给键	停止进给	激活手轮		
	+	-				3	2	1
DBB13	几何轴1机床功能							
			Var. INC	10000 INC	1000 INC	100 INC	10 INC	1 INC
DBB16	几何轴2							
	进给键		快速进给修调	禁止进给键	停止进给	激活手轮		
	+	-				3	2	1

（续）

几何轴控制信号								
字节	位 7	位 6	位 5	位 4	位 3	位 2	位 1	位 0
DBB17	几何轴 2 机床功能							
			Var. INC	10000 INC	1000 INC	100 INC	10 INC	1 INC
DBB20	几何轴 3							
	进给键		快速进给修调	禁止进给键	停止进给	激活手轮		
	+	−				3	2	1
DBB21	几何轴 3 机床功能							
			Var. INC	10000 INC	1000 INC	100 INC	10 INC	1 INC
来自 NCK 通道信号（NCK→PLC，MMC→PLC，PLC→NCK）								
字节	位 7	位 6	位 5	位 4	位 3	位 2	位 1	位 0
DBB24 MMC→PLC		选择的空转进给率	M01 已选择		DRF 已选择			
DBB25 MMC→PLC	选择程序测试			REPOS MODE EDGE	选择的快速进给进给率修调	REPOSPATHMODE		
						2	1	0
DBB26 MMC→PLC	选择程序跳跃/K1/（SW2 和更高）							
	7	6	5	4	3	2	1	0
DBB27 MMC→PLC							选择程序跳跃（SW2 和更高）	选择程序跳跃（SW2 和更高）
DBB28 PLC→NCK	OEM 通道信号							
DBB29 PLC→NCK	不要禁止刀具	关闭磨损监控	关闭工件计数器	激活 PTP 运动	激活固定进给 4（SW4 和更高）	激活固定进给 3（SW4 和更高）	激活固定进给 2（SW4 和更高）	激活固定进给 1（SW4 和更高
DBB30 PLC→NCK				轮廓手轮负方向模拟	打开轮廓手轮模拟	激活手轮 3	激活手轮 2	激活手轮 1
DBB31 PLC→NCK	跳跃程序块有效/9	跳跃程序块有效/8		REPOS MODE EDGE		REPOSPATHMODE		
						2	1	0
DBB32 NCK→PLC		程序块最后作用有效	M00/M01 有效	接近程序块有效	作用程序块有效			从外部执行有效
DBB33 NCK→PLC	程序测试有效	传输有效	M02/M30 有效	程序块搜索有效	手轮修调有效（SW2 和更高）	旋转进给率有效		回参考点有效
DBB34 NCK→PLC	OEM 通道信号反馈							

(续)

来自 NCK 通道信号(NCK →PLC,MMC→PLC, PLC→NCK)								
字节	位 7	位 6	位 5	位 4	位 3	位 2	位 1	位 0
DBB35 NCK→PLC	通道状态			程序状态				
	复位	中断	有效	中止	中断	停止	等待	运行
DBB36 NCK→PLC	出现处理停止 NCK 报警	出现通道专用 NCK 报警	在 SW4 和更高版本中通道操作就绪	处理中断有效	所有轴停止	所有要求回参考点的轴回参考点		
DBB37 NCK→PLC	停止程序段末尾,SBL 被抑制	读入忽略使能	CLC 上限停止	CLC 下限停止	CLC 有效	轮廓手轮有效		
						手轮 3	手轮 2	手轮 1
DBB38 NCK→PLC	步冲和冲孔							
							手动冲程使能响应	冲程使能有效
几何轴的状态信号(来自 NCK 通道信号 NCK →PLC)								
字节	位 7	位 6	位 5	位 4	位 3	位 2	位 1	位 0
DBB40	几何轴 1							
	进给命令					手轮有效		
	正	负				3	2	1
DBB41	几何轴 1 有效机床功能							
			Var. INC	10000 INC	1000 INC	100 INC	10 INC	1 INC
DBB46	几何轴 2							
	进给命令					手轮有效		
	正	负				3	2	1
DBB47	几何轴 2 有效机床功能							
			Var. INC	10000 INC	1000 INC	100 INC	10 INC	1 INC
DBB52	几何轴 3							
	进给命令					手轮有效		
	正	负				3	2	1
DBB53	几何轴 3 有效机床功能							
			Var. INC	10000 INC	1000 INC	100 INC	10 INC	1 INC
到达定向轴信号								
DB 21~30	到达 NCK 通道信号(PLC →NCK)							
字节	位 7	位 6	位 5	位 4	位 3	位 2	位 1	位 0
DBB320	定向轴 1							
	移动键+	移动键-	快速进给修调	移动键禁止	进给停止	激活手轮		

（续）

到达定向轴信号								
DB 21～30	到达 NCK 通道信号（PLC →NCK）							
字节	位 7	位 6	位 5	位 4	位 3	位 2	位 1	位 0
DBB324	定向轴 2							
	移动键+	移动键-	快速进给修调	移动键禁止	进给停止	激活手轮		
DBB328	定向轴 3							
	移动键+	移动键-	快速进给修调	移动键禁止	进给停止	激活手轮		
DB 21～30	来自定向轴信号（来自 NCK 通道信号 NCK →PLC）							
字节	位 7	位 6	位 5	位 4	位 3	位 2	位 1	位 0
DBB332	定向轴 1							
	正向进给	负向进给				手轮有效（位置编码）		
DBB333	定向轴 1							
			Var. INC	10000 INC	1000 INC	100 INC	10 INC	1 INC
DBB336	定向轴 2							
	正向进给	负向进给				手轮有效（位置编码）		
DBB337	定向轴 2							
			Var. INC	10000 INC	1000 INC	100 INC	10 INC	1 INC
DBB340	定向轴 3							
	正向进给	负向进给				手轮有效（位置编码）		
DBB341	定向轴 3							
			Var. INC	10000 INC	1000 INC	100 INC	10 INC	1 INC
NC 通道刀具管理功能								
DB 21～30	来自 NCK 通道信号（NCK →PLC）							
字节	位 7	位 6	位 5	位 4	位 3	位 2	位 1	位 0
DBB344	刀具管理功能修改信号							
					刀库中的最后更换刀具	转为新更换刀具	达到刀具极限值	达到刀具报警前限值

表7-6 常用的进给轴/主轴驱动内部数据接口信号

DB 31~61	到达进给轴/主轴信号(PLC→NCK)							
字节	位7	位6	位5	位4	位3	位2	位1	位0
DBB0 进给轴和主轴	进给率修调/V1/							
	H	G	F	E	D	C	B	A
DBB1 进给轴和主轴	修调有效	位置测量系统2/A2/	位置测量系统1/A2/	跟随方式/A2/	坐标轴/主轴禁止使能	传感器固定停止/F1/(SW2和更高)	到达响应固定停止/F1/(SW2和更高)	驱动测试动作使能
DBB2 进给轴和主轴	参考点值/R1/				夹紧过程	删除剩余行程/主轴复位	控制器使能	挡块激活
	4	3	2	1				
DBB3 进给轴和主轴		速率/主轴速度限值	激活固定进给率4(SW4和更高)	激活固定进给率3(SW4和更高)	激活固定进给率2(SW4和更高)	激活固定进给率1(SW4和更高)	使能移动到固定停止(SW2和更高	接受外部ZO(SW2和更高)
DBB4 进给轴和主轴	移动键/H1/		快速进给修调	移动键禁止使能	进给轴停止/主轴停止	激活手轮		
	正	负				3	2	1
DBB5 进给轴和主轴	机床功能							
			Var. INC	10000 INC	1000 INC	100 INC	10 INC	1 INC
DBB6 进给轴和主轴	OEM进给轴信号							
DBB8	请求PLC进给轴/主轴			激活字节改变信号	NC轴分配给通道			
					D	C	B	A
DBB9					锁定NC中参数组定义	控制参数块		
						C	B	A
DBB10								REPOS DELAY
DBB12 进给轴	延迟回参考点				第二软件限位开关		硬件限位开关	
					正	负	正	负
DBB16 主轴	删除S值	改变齿轮级时,无监控	重新同步主轴1	重新同步主轴2	齿轮级已改变	实际齿轮级		
						C	B	A

（续）

DB 31~61	到达进给轴/主轴信号（PLC→NCK）							
字节	位 7	位 6	位 5	位 4	位 3	位 2	位 1	位 0
DBB17 主轴		转换 M3/M4	在位置 2 处重新同步主轴	在位置 1 处重新同步主轴				进给率修调，主轴有效
DBB18 主轴	旋转方向设定值		振荡速度	由 PLC 产生振荡				
	CCW 逆时针	CW 顺时针						
DBB19 主轴	主轴修调							
	H	G	F	E	D	C	B	A
DBB20 611D					速度设定值平滑	转矩限值 2	产生斜坡功能接口	运行转换模式
DBB21 611D	脉冲使能	N 控制器积分器禁止	选择电动机	电动机选择		驱动器参数设定选择		
				B	A	C	B	A
DBB22 安全集成				速度极限位值 1	速度极限位值 0		取消安全暂停	取消安全速率和暂停
DBB23 安全集成	激活测试停止			激活末端位置对 2		位值 2 传输	位值 1 传输	位值 0 传输
DB 31~61	来自 NCK 通道信号（NCK→PLC）							
字节	位 7	位 6	位 5	位 4	位 3	位 2	位 1	位 0
DBB26 磨床				使能从动轴覆盖	补偿控制开通			
DBB28 振荡	PLC 检查轴	停止	下一个反转点停止	改变反转点	设定反转点			
DBB30（工艺）				主轴定位	自动更换齿轮级	启动主轴反转	启动主轴正转	主轴停止
DBB32 安全集成				取消外部停止 D	取消外部停止 C	取消外部停止 A		
DBB33 安全集成	选择修调							
	位值 3	位值 2	位值 1	位值 0				

（续）

DB 31~61	来自进给轴/主轴信号(NCK→PLC)							
字节	位7	位6	位5	位4	位3	位2	位1	位0
DBB60 进给轴和主轴	到达位置		参考点/同步2	参考点/同步1	编码器超出极限频率2	编码器超出极限频率1	NCU_Link轴有效	主轴/无进给轴
	使用精准停	使用粗准停						
DBB64 进给轴和主轴	进给命令					手轮有效		
	正	负				3	2	1
DBB65 进给轴和主轴	有效机床功能							
			Var. INC	10000 INC	1000 INC	100 INC	10 INC	1 INC
DB 31~61	到达进给轴/主轴信号(PLC→NCK)							
字节	位7	位6	位5	位4	位3	位2	位1	位0
DBB66 进给轴和主轴	OEM轴信号(相反)							
DBB68	PLC进给轴/主轴	中性进给轴/主轴	可以更换进给轴	PLC要求新类型	通道中NC进给轴/主轴			
					D	C	B	A
DBB69	NCU网络连接中NCU号					控制参数块		
						C	B	A
DBB72								REPOS DELAY
DBB76 进给轴	回转轴到位	索引轴到位	定位轴					擦除脉冲
DBB78 进给轴			用于定位轴的F功能(REAL格式)					
DBB82 主轴					齿轮级转换	齿轮级设定值		
						C	B	A
DBB83 主轴	实际旋转方向CW	速度监控(SW2和更高)	主轴在设定值范围内	超出支持区域限值(SW2和更高)	几何轴监控(SW2和更高)	设定速度增加	设定速度极限	超出速度极限
DBB84 主轴	有效主轴运行方式				无补偿夹具攻丝	CLGON有效(SW2和更高)	SUG有效(砂轮表面速度)	恒定切削速度有效
	控制方式	振荡方式	定位方式	同步方式				
DBB86 主轴	用于主轴的M功能(二进制)							
DBB88 主轴	用于主轴的S功能(浮点)							

（续）

DB 31~61	到达进给轴/主轴信号（PLC→NCK）							
字节	位 7	位 6	位 5	位 4	位 3	位 2	位 1	位 0
DBB92 611D					速度设定值平滑有效	转矩限值有效	HLGSS 有效	设定模式有效
DBB93 611D	脉冲使能	N 控制器积分器禁止	驱动器就绪	电动机有效		有效驱动器参数组		
				B	A	C	B	A
DBB98 同步主轴	紧急退回有效	到达加速报警门槛值	到达速度报警门槛值	覆盖动作		实际值耦合	同步（SW2）和更高	
							粗	精
DBB99 同步主轴	使能紧急退回	到达最大加速度	到达最大速度	同步运行	轴加速		从主轴有效	主轴
DBB100 磨削	振荡有效	振荡动作有效	无火花磨削有效	振荡错误	不能启动振荡			
DBB101 龙门架	龙门架轴	龙门架引导轴	龙门架分组同步	龙门架同步运行准备启动	超出龙门架报警限值	超出龙门架断开限值		

PLC 与机床控制面板 MMC 之间的数据接口为数据块 DB19 和 DB2，DB19 与 MMC 的操作有关，DB2 与 PLC 状态信息有关，PLC 程序把操作信号直接从 MMC 送到接口数据块，由基本程序译码操作信号，以便响应操作者在 MMC 上执行的操作。

PLC 报警接口信号 DB2 见表 7-7~表 7-10。DB10 通用接口信号见表 7-11。DB11 方式组接口信号见表 7-12。DB19 机床操作面板接口信号见表 7-13。

表 7-7　DB2 中报警接口信号

DB2	PLC 信息信号（PLC→MMC）							
字节	位 7	位 6	位 5	位 4	位 3	位 2	位 1	位 0
	通道 1　进给禁止（510000~510015）							
0	510007	510006	510005	510004	510003	510002	510001	510000
1	510015	510014	510013	510012	510011	510010	510009	510008
2	进给和读入禁止字节 1（报警号：510100~510131）							
3	进给和读入禁止字节 2（报警号：510108~510115）							
4	进给和读入禁止字节 3（报警号：510116~510123）							
5	进给和读入禁止字节 4（报警号：510124~510131）							
6	读入禁止字节 1（报警号：510200~510207）							
7	读入禁止字节 2（报警号：510208~510215）							
8	读入禁止字节 3（报警号：510216~510223）							
9	读入禁止字节 4（报警号：510224~510231）							

（续）

DB2	PLC 信息信号（PLC→MMC）							
字节	位 7	位 6	位 5	位 4	位 3	位 2	位 1	位 0
10	NC 启动禁止字节 1（报警号：510300～510307）							
11	NC 启动禁止字节 2（报警号：510308～510315）							
12	进给停止几何轴 1 字节 1（报警号：511100～511107）							
13	进给停止几何轴 1 字节 2（报警号：511108～511115）							
14	进给停止几何轴 2 字节 1（报警号：511200～511207）							
15	进给停止几何轴 2 字节 2（报警号：511208～511215）							
16	进给停止几何轴 3 字节 1（报警号：511300～511307）							
17	进给停止几何轴 3 字节 2（报警号：511308～511315）							
通道 2　进给禁止（520000～520015）								
18	520007	520006	520005	520004	520003	520002	520001	520000
19	520015	520014	520013	520012	520011	520010	520009	520008
20～23	进给和读入禁止字节 1～4（报警号：520100～520131）							
24～27	读入禁止字节 1～4（报警号：520200～520231）							
28～29	NC 启动禁止字节 1～2（报警号：520300～520315）							
30～31	进给停止几何轴 1 字节 1～2（报警号：521100～521115）							
32～33	进给停止几何轴 2 字节 1～2（报警号：521200～521215）							
34～35	进给停止几何轴 3 字节 1～2（报警号：521300～521315）							
36～143	有关通道 3							

表 7-8　DB2 中的通道区域

区域	地址	信号号码
通道 1，参见以上	DBX 0.0～DBX 11.7	510.000～510.231
通道 1，几何轴	DBX 12.0～DBX 17.7	511.100～511.315
通道 2，参见以上	DBX 18.0～DBX 29.7	520.000～520.231
通道 2，几何轴	DBX 30.0～DBX 35.7	521.100～521.315
通道 3	DBX 36.0～DBX 47.7	530.000～530.231
通道 3，几何轴	DBX 48.0～DBX 53.7	531.100～531.315
通道 4	DBX 54.0～DBX 65.7	540.000～540.231
通道 4，几何轴	DBX 66.0～DBX 71.7	541.100～541.315
通道 5	DBX 72.0～DBX 83.7	550.000～550.231
通道 5，几何轴	DBX 84.0～DBX 89.7	551.100～551.315
通道 6	DBX 90.0～DBX 101.7	560.000～560.231
通道 6，几何轴	DBX 102.0～DBX 107.7	561.100～561.315
通道 7	DBX 108.0～DBX 119.7	570.000～570.231
通道 7，几何轴	DBX 120.0～DBX 125.7	571.100～571.315
通道 8	DBX 126.0～DBX 137.7	580.000～580.231
通道 8，几何轴	DBX 138.0～DBX 143.7	581.100～581.315
通道 8，通道 10 在软件版本 5 中未实现		

表 7-9 DB2 中的轴区域

DB2	坐标轴/主轴							
字节	位 7	位 6	位 5	位 4	位 3	位 2	位 1	位 0
	停止进给/主轴停止(报警号:600100~600015)用于进给轴/主轴 1							
144	600107	600106	600105	600104	600103	600102	600101	600100
145	600115	600114	600113	600112	600111	600110	600109	600108
146~147	停止进给/主轴停止(报警号:600200~600215)用于进给轴/主轴 2							
148~149	停止进给/主轴停止(报警号:600300~600315)用于进给轴/主轴 3							
150~151	停止进给/主轴停止(报警号:600400~600415)用于进给轴/主轴 4							
152~153	停止进给/主轴停止(报警号:600500~600515)用于进给轴/主轴 5							
154~155	停止进给/主轴停止(报警号:600600~600615)用于进给轴/主轴 6							
156~157	停止进给/主轴停止(报警号:600700~600715)用于进给轴/主轴 7							
158~159	停止进给/主轴停止(报警号:600800~600815)用于进给轴/主轴 8							
160~161	停止进给/主轴停止(报警号:600900~600915)用于进给轴/主轴 9							
162~163	停止进给/主轴停止(报警号:601000~601015)用于进给轴/主轴 10							
164~165	停止进给/主轴停止(报警号:601100~601115)用于进给轴/主轴 11							
166~167	停止进给/主轴停止(报警号:601200~601215)用于进给轴/主轴 12							
168~169	停止进给/主轴停止(报警号:601300~601315)用于进给轴/主轴 13							
170~171	停止进给/主轴停止(报警号:601400~601415)用于进给轴/主轴 14							
172~173	停止进给/主轴停止(报警号:601500~601515)用于进给轴/主轴 15							
174~175	停止进给/主轴停止(报警号:601600~601615)用于进给轴/主轴 16							
176~177	停止进给/主轴停止(报警号:601700~601715)用于进给轴/主轴 17							
178~179	停止进给/主轴停止(报警号:601800~601815)用于进给轴/主轴 18							
	轴 19~31 在软件版本 5 中未实现							

表 7-10 DB2 中的用户区域

DB2	用户区域 0 字节 1-8							
字节	位 7	位 6	位 5	位 4	位 3	位 2	位 1	位 0
	用户区域 0(报警号:700000~700063)							
180	700007	700006	700005	700004	700003	700002	700001	700000
…	…	…	…	…	…	…	…	…
187	700063	700062	700061	700060	700059	700058	700057	700056
188~195	用户区域 1 字节 1~8(报警号:700100~700163)							
…	…							
372~379	用户区域 24 字节 1~8(报警号:702400~702463)							

表 7-11　DB10 通用接口信号

DB10	到 NC 信号(PLC→NC)							
字节	位 7	位 6	位 5	位 4	位 3	位 2	位 1	位 0
DBB0	禁止 NCK 数字输入/A2/(软件版本 2 或更高)							
	无硬件数字输入				板载输入			
	输入 8	输入 7	输入 6	输入 5	输入 4	输入 3	输入 2	输入 1
DBB1	来自 PLC 数字 NCK 输入信号设定(SW2 或更高)							
	无硬件数字输入				板载输入			
	输入 8	输入 7	输入 6	输入 5	输入 4	输入 3	输入 2	输入 1
DBB2~3	未定义							
DBB4	禁止 NCK 数字输出/A2/(软件版本 2 或更高)							
	无硬件数字输出				板载输出			
	输出 8	输出 7	输出 6	输出 5	输出 4	输出 3	输出 2	输出 1
DBB5	覆盖数字 NCK/A2/输出的屏幕形式(SW2 或更高)							
	无硬件数字输出				板载输出			
	输出 8	输出 7	输出 6	输出 5	输出 4	输出 3	输出 2	输出 1
DBB6	来自 PLC 数字 NCK 输出信号设定(SW2 或更高)							
	无硬件数字输出				板载输出			
	输出 8	输出 7	输出 6	输出 5	输出 4	输出 3	输出 2	输出 1
DBB7	数字 NCK 输出/A2/的输入屏幕形式(SW2 和更高)							
	无硬件数字输出				板载输出			
	输出 8	输出 7	输出 6	输出 5	输出 4	输出 3	输出 2	输出 1
DBB8~29	FC19,24,25,26 的机床轴号表(第一 MCP)							
DBB30	FC19,24(第一 MCP)机床轴号上限。使用 0,机床轴号的最大号适用							
DBB32~53	FC19,24,25,26 的机床轴号表(第二 MCP)							
DBB54	FC19,24(第二 MCP)机床轴号上限。使用 0,机床轴号的最大号适用							
DBB56	按键开关/A2/					急停响应/N2/	急停/N2/	
	位置 3	位置 2	位置 1	位置 0				
DBB57					PC 关闭			INC 输入在模式组区域有效
DBB58~59	保留							
DB10	来自(NCK→PLC)信号,板载 NCK 输入和输出							
字节	位 7	位 6	位 5	位 4	位 3	位 2	位 1	位 0
DBB60					NCK 数字输入实际值(SW2 和更高)			
					板载输入			
					输入 4	输入 3	输入 2	输入 1
DBB61~63								

（续）

DB10	来自（NCK→PLC）信号，板载 NCK 输入和输出							
字节	位 7	位 6	位 5	位 4	位 3	位 2	位 1	位 0
DBB64	无硬件 NCK 数字输出设定值				NCK 数字板载输出设定值			
	输出 8	输出 7	输出 6	输出 5	输出 4	输出 3	输出 2	输出 1
DBB65	未赋值							
DBB68	手轮 1 移动							
DBB69	手轮 2 移动							
DBB70	手轮 3 移动							
DBB71	修改计数器寸制/米制单位系统							
DBB72～96	未赋值							
DB10	来自 MMC 选择/状态信号（MMC→PLC）							
字节	位 7	位 6	位 5	位 4	位 3	位 2	位 1	位 0
DBB97 MMC→PLC					手轮 1 通道号/H1/（SW2 和更高）			
					D	C	B	A
DBB98 MMC→PLC					手轮 2 通道号/H1/（SW2 和更高）			
					D	C	B	A
DBB99 MMC→PLC					手轮 3 通道号/H1/（SW2 和更高）			
					D	C	B	A
DBB100 MMC→PLC	机床轴	选择的手轮	轮廓手轮	手轮 1 轴号/H1/（SW2 和更高）				
				E	D	C	B	A
DBB101 MMC→PLC	机床轴	选择的手轮	轮廓手轮	手轮 2 轴号/H1/（SW2 和更高）				
				E	D	C	B	A
DBB102 MMC→PLC	机床轴	选择的手轮	轮廓手轮	手轮 3 轴号/H1/（SW2 和更高）				
				E	D	C	B	A
DBB103 MMC→PLC	MMC101/102 电池报警	MMC 湿度 极限	AT 盒就绪					
DB10	机床控制面板接口信号，来自 NCK 通用信号（NCK→PLC）							
字节	位 7	位 6	位 5	位 4	位 3	位 2	位 1	位 0
DBB104	NCK CPU 就绪					HHU 就绪	MCP2 就绪	MCP1 就绪
DBB105	未赋值							
DBB106							急停有效	
DBB107	英制系统	NCU 连接 有效					探测器激活/M4/	
							Probe 探测器 2	Probe 探测器 1
DBB108	NC 就绪	驱动器就绪	驱动在循 环操作中		MMC-CPU 就绪（MMC 到 OPI）/A2/	MMC CPU 就绪（MMC 到 MPI）/A2/	MMC2 CPU 就绪 E_ MMC2 就绪	

（续）

DB10	机床控制面板接口信号，来自 NCK 通用信号（NCK→PLC）							
字节	位 7	位 6	位 5	位 4	位 3	位 2	位 1	位 0
DBB109	NCK 电池报警	空气湿度报警	散热湿度报警	PC 操作系统故障				NCK 报警存在
DBB110	软件挡块负值（SW2 和更高）/N3/							
	7	6	5	4	3	2	1	0
DBB111	软件挡块负值（SW2 和更高）/N3/							
	15	14	13	12	11	10	9	8
DBB112	软件挡块负值（SW4.1 和更高）/N3/							
	23	22	21	20	19	18	17	16
DBB113	软件挡块负值（SW4.1 和更高）/N3/							
	31	30	29	28	27	26	25	24
DBB114	软件挡块正值（SW2 和更高）/N3/							
	7	6	5	4	3	2	1	0
DBB115	软件挡块正值（SW2 和更高）/N3/							
	15	14	13	12	11	10	9	8
DBB116	软件挡块正值（SW4.1 和更高）/N3/							
	23	22	21	20	19	18	17	16
DBB117	软件挡块正值（SW4.1 和更高）/N3/							
	31	30	29	28	27	26	25	24
DBB117～DB121	ePS→PLC 数据							

DB10	NCK 的外部数字输入，到 NC 信号（PLC→NCK）							
字节	位 7	位 6	位 5	位 4	位 3	位 2	位 1	位 0
DBB122	禁止外部 NCK 数字输入（SW2 和更高）							
	输入 16	输入 15	输入 14	输入 13	输入 12	输入 11	输入 10	输入 9
DBB123	来自 PLC 用于外部 NCK 数字输入值（SW2 和更高）							
	输入 16	输入 15	输入 14	输入 13	输入 12	输入 11	输入 10	输入 9
DBB124	禁止外部 NCK 数字输入（SW2 和更高）							
	输入 24	输入 23	输入 22	输入 21	输入 20	输入 19	输入 18	输入 17
DBB125	来自 PLC 用于外部 NCK 数字输入值（SW2 和更高）							
	输入 24	输入 23	输入 22	输入 21	输入 20	输入 19	输入 18	输入 17
DBB126	禁止外部 NCK 数字输入（SW2 和更高）							
	输入 32	输入 31	输入 30	输入 29	输入 28	输入 27	输入 26	输入 25
DBB127	来自 PLC 用于外部 NCK 数字输入值（SW2 和更高）							
	输入 32	输入 31	输入 30	输入 29	输入 28	输入 27	输入 26	输入 25
DBB128	禁止外部 NCK 数字输入（SW2 和更高）							
	输入 40	输入 39	输入 38	输入 37	输入 36	输入 35	输入 34	输入 33
DBB129	来自 PLC 用于外部 NCK 数字输入值（SW2 和更高）							
	输入 40	输入 39	输入 38	输入 37	输入 36	输入 35	输入 34	输入 33

（续）

DB10	NCK 外部数字输出，到 NC 信号（PLC→NCK）							
字节	位 7	位 6	位 5	位 4	位 3	位 2	位 1	位 0
DBB130	禁止外部 NCK 数字输出（SW2 和更高）							
	输出 16	输出 15	输出 14	输出 13	输出 12	输出 11	输出 10	输出 9
DBB131	覆盖外部 NCK 数字输出的屏幕形式（SW2 和更高）							
	输出 16	输出 15	输出 14	输出 13	输出 12	输出 11	输出 10	输出 9
DBB132	来自 PLC 用于外部 NCK 数字输出值（SW2 和更高）							
	输出 16	输出 15	输出 14	输出 13	输出 12	输出 11	输出 10	输出 9
DBB133	外部 NCK 数字输出的默认屏幕形式（SW2 和更高）							
	输出 16	输出 15	输出 14	输出 13	输出 12	输出 11	输出 10	输出 9
DBB134	禁止外部 NCK 数字输出（SW2 和更高）							
	输出 24	输出 23	输出 22	输出 21	输出 20	输出 19	输出 18	输出 17
DBB135	覆盖外部 NCK 数字输出的屏幕形式（SW2 和更高）							
	输出 24	输出 23	输出 22	输出 21	输出 20	输出 19	输出 18	输出 17
DBB136	来自 PLC 用于外部 NCK 数字输出值（SW2 和更高）							
	输出 24	输出 23	输出 22	输出 21	输出 20	输出 19	输出 18	输出 17
DBB137	外部 NCK 数字输出的默认屏幕形式（SW2 和更高）							
	输出 24	输出 23	输出 22	输出 21	输出 20	输出 19	输出 18	输出 17
DBB138	禁止外部 NCK 数字输出（SW2 和更高）							
	输出 32	输出 31	输出 30	输出 29	输出 28	输出 27	输出 26	输出 25
DBB139	覆盖外部 NCK 数字输出的屏幕形式（SW2 和更高）							
	输出 32	输出 31	输出 30	输出 29	输出 28	输出 27	输出 26	输出 25
DBB140	来自 PLC 用于外部 NCK 数字输出值（SW2 和更高）							
	输出 32	输出 31	输出 30	输出 29	输出 28	输出 27	输出 26	输出 25
DBB141	外部 NCK 数字输出的默认屏幕形式（SW2 和更高）							
	输出 32	输出 31	输出 30	输出 29	输出 28	输出 27	输出 26	输出 25
DBB142	禁止外部 NCK 数字输出（SW2 和更高）							
	输出 40	输出 39	输出 38	输出 37	输出 36	输出 35	输出 34	输出 33
DBB143	覆盖外部 NCK 数字输出的屏幕形式（SW2 和更高）							
	输出 40	输出 39	输出 38	输出 37	输出 36	输出 35	输出 34	输出 33
DBB144	来自 PLC 用于外部 NCK 数字输出值（SW2 和更高）							
	输出 40	输出 39	输出 38	输出 37	输出 36	输出 35	输出 34	输出 33
DBB145	外部 NCK 数字输出的默认屏幕形式（SW2 和更高）							
	输出 40	输出 39	输出 38	输出 37	输出 36	输出 35	输出 34	输出 33

（续）

DB10	NCK 的模拟输入（外部），到 NC 信号（PLC→NCK）							
字节	位 7	位 6	位 5	位 4	位 3	位 2	位 1	位 0
DBB146	禁止 NCK 模拟输入							
	输入 8	输入 7	输入 6	输入 5	输入 4	输入 3	输入 2	输入 1
DBB147	从 PLC 定义 NCK 模拟值							
	输入 8	输入 7	输入 6	输入 5	输入 4	输入 3	输入 2	输入 1
DBW148	PLC 中的 NCK 的模拟输入 1 设定值							
DBW150	PLC 中的 NCK 的模拟输入 2 设定值							
DBW152	PLC 中的 NCK 的模拟输入 3 设定值							
DBW154	PLC 中的 NCK 的模拟输入 4 设定值							
DBW156	PLC 中的 NCK 的模拟输入 5 设定值							
DBW158	PLC 中的 NCK 的模拟输入 6 设定值							
DBW160	PLC 中的 NCK 的模拟输入 7 设定值							
DBW162	PLC 中的 NCK 的模拟输入 8 设定值							
DBB164,165	未赋值							
DB10	NCK 的模拟输出（外部），到 NC 信号（PLC→NCK）							
字节	位 7	位 6	位 5	位 4	位 3	位 2	位 1	位 0
DBB166	覆盖模拟 NCK 输出的屏幕形式							
	输出 8	输出 7	输出 6	输出 5	输出 4	输出 3	输出 2	输出 1
DBB167	模拟 NCK 输出的默认屏幕形式							
	输出 8	输出 7	输出 6	输出 5	输出 4	输出 3	输出 2	输出 1
DBB168	禁止模拟 NCK 输出							
	输出 8	输出 7	输出 6	输出 5	输出 4	输出 3	输出 2	输出 1
DBB169	保留							
DBW170	PLC 中的 NCK 的模拟输出 1 设定值							
DBW172	PLC 中的 NCK 的模拟输出 2 设定值							
DBW174	PLC 中的 NCK 的模拟输出 3 设定值							
DBW176	PLC 中的 NCK 的模拟输出 4 设定值							
DBW178	PLC 中的 NCK 的模拟输出 5 设定值							
DBW180	PLC 中的 NCK 的模拟输出 6 设定值							
DBW182	PLC 中的 NCK 的模拟输出 7 设定值							
DBW184	PLC 中的 NCK 的模拟输出 8 设定值							
DB10	NCK 的外部数字输入和输出信号，来自 NCK 信号（NCK→PLC）							
字节	位 7	位 6	位 5	位 4	位 3	位 2	位 1	位 0
DBB186	外部 NCK 数字输入实际值							
	输入 16	输入 15	输入 14	输入 13	输入 12	输入 11	输入 10	输入 9
DBB187	外部 NCK 数字输入实际值							
	输入 24	输入 23	输入 22	输入 21	输入 20	输入 19	输入 18	输入 17

（续）

DB10	NCK 的外部数字输入和输出信号，来自 NCK 信号（NCK→PLC）							
字节	位 7	位 6	位 5	位 4	位 3	位 2	位 1	位 0
DBB188	外部 NCK 数字输入实际值							
	输入 32	输入 31	输入 30	输入 29	输入 28	输入 27	输入 26	输入 25
DBB189	外部 NCK 数字输入实际值							
	输入 40	输入 39	输入 38	输入 37	输入 36	输入 35	输入 34	输入 33
DBB190	外部 NCK 数字输出 NCK 设定值							
	输出 16	输出 15	输出 14	输出 13	输出 12	输出 11	输出 10	输出 9
DBB191	外部 NCK 数字输出 NCK 设定值							
	输出 24	输出 23	输出 22	输出 21	输出 20	输出 19	输出 18	输出 17
DBB192	外部 NCK 数字输出 NCK 设定值							
	输出 32	输出 31	输出 30	输出 29	输出 28	输出 27	输出 26	输出 25
DBB193	外部 NCK 数字输出 NCK 设定值							
	输出 40	输出 39	输出 38	输出 37	输出 36	输出 35	输出 34	输出 33
DB10	NCK 的模拟输入输出信号，来自 NCK 信号（NCK→PLC）							
字节	位 7	位 6	位 5	位 4	位 3	位 2	位 1	位 0
DBW200	NCK 模拟输入 4 的实际值							
DBW202	NCK 模拟输入 5 的实际值							
DBW204	NCK 模拟输入 6 的实际值							
DBW206	NCK 模拟输入 7 的实际值							
DBW208	NCK 模拟输入 8 的实际值							
DBW210	NCK 模拟输出 1 的设定值							
DBW212	NCK 模拟输出 2 的设定值							
DBW214	NCK 模拟输出 3 的设定值							
DBW216	NCK 模拟输出 4 的设定值							
DBW218	NCK 模拟输出 5 的设定值							
DBW220	NCK 模拟输出 6 的设定值							
DBW222	NCK 模拟输出 7 的设定值							
DBW224	NCK 模拟输出 8 的设定值							

表 7-12　DB11 方式组接口信号

DB11	到达方式组 1 信号（PLC→NCK）							
字节	位 7	位 6	位 5	位 4	位 3	位 2	位 1	位 0
DBB0	方式组复位	方式组停止坐标轴和主轴	方式组停止	禁止方式改变		操作方式		
						JOG	MDA	AUTOMATIC
DBB1	单程序块					机床功能		
	类型 A	类型 B				REF	REPOS	TEACH

（续）

DB11	到达方式组 1 信号（PLC→NCK）							
字节	位 7	位 6	位 5	位 4	位 3	位 2	位 1	位 0
DBB2	机床功能							
			Var. INC	10000 INC	1000 INC	100 INC	100 INC	1INC
DBB3								

DB11	来自方式组 1 信号（NCK → PLC ）							
字节	位 7	位 6	位 5	位 4	位 3	位 2	位 1	位 0
DBB4 MMC→PLC						滤波方式		
						JOG	MDA	AUTOM.
DBB5 MMC→PLC						滤波机床功能		
						REF	REPOS	TEACH IN
DBB6	所有通道处于复位状态				方式组就绪	有效操作方式		
						JOG	MDA	AUTOM.
DBB7					数字化	有效机床功能		
						REF	REPOS	TEACH IN

DB11	到方式组 2 信号（PLC→NCK ）							
字节	位 7	位 6	位 5	位 4	位 3	位 2	位 1	位 0
DBB20	方式组复位	方式组停止进给轴和主轴	方式组停止	禁止方式改变		操作方式		
						JOG	MDA	AUTOMATIC
DBB21	单程序块					机床功能		
	类型 A	类型 B				REF	REPOS	TEACH IN
DBB22	机床功能							
			Var. INC	10000 INC	1000 INC	100 INC	100 INC	1INC
DBB23	未赋值							

DB11	来自方式组 2 信号（NCK→PLC）							
字节	位 7	位 6	位 5	位 4	位 3	位 2	位 1	位 0
DBB24 MMC→PLC						滤波方式		
						JOG	MDA	AUTOMATIC
DBB25 MMC→PLC						滤波机床功能		
						REF	REPOS	TEACH IN
DBB26	所有通道处于复位状态				方式组就绪	有效操作方式		
						JOG	MDA	AUTOMATIC
DBB27					数字化	有效机床功能		
						REF	REPOS	TEACH IN

表 7-13 DB19 机床操作面板接口信号

DB19	到达操作面板信号(PLC→MMC)							
字节	位 7	位 6	位 5	位 4	位 3	位 2	位 1	位 0
DBB0	WCS 中实际值 0=MCS	备份行程记录器	MMC 关闭(用于 OEM 用户)	清除调用报警(只用于 MMC103)	清除删除报警(只用于 MMC103)	禁止键	屏幕变暗	屏幕变亮
DBB1	保留							
DBB2	Higraph 第一错误显示							
DBB4	Higraph 第一错误显示							
DBB6	模拟主轴 1,容量百分比							
DBB7	模拟主轴 2,容量百分比							
DBB8	机床控制面板到 MMC 通道号							
DBB9	为选择保留					自动刀具测量	OEM2	OEM1
DBB10	ShopMill 控制信号	为选择保留				选择刀具偏移	选择报警区	选择程序区
DBB11	保留用于硬件功能扩展							
DBB12	RS232 接通	RS232 断开	RS232 外部	RS232 停止	COM1	COM2	保留	保留
DBB13	选择	载入零件程序	卸载	保留				
DBB14	0=act. FS 1=pas. FS		RS232 act. FS:标准列表中待传输文件的索引 RS232 pass. FS:用于用户文件名的控制文件数					
DBB15	RS232 act. FS:定义轴、通道或刀具号索引 RS232 pass. FS:用户列表中待传输的文件索引							
DBB16	1=pas FS	零件程序处理:用于用户文件名的控制文件数						
DBB17	零件程序处理:用户列表中待传输文件的索引							
DBB18 DBB19	TO comp. 保留(信号计数器)							
DB19	来自操作面板信号(MMC→PLC)							
字节	位 7	位 6	位 5	位 4	位 3	位 2	位 1	位 0
DBB20	/A2/、/MCS/、WCS 转换	模拟有效 /A2/		调用报警清除 MMC 103/A2/	删除报警清除 MMC 103/A2/	删除激活 /A2/	屏幕变黑 /A2/	
DBB21								
DBB22	显示来自 MMC 的通道号/A2/							

（续）

DB19	来自操作面板信号(MMC→PLC)							
字节	位 7	位 6	位 5	位 4	位 3	位 2	位 1	位 0
DBB23							计数主轴内部电压	主轴内部电压
DBB24	从 PLC 的 RS232 状态							
	RS232 接通	RS232 断开	RS232 外部	RS232 停止	COM1 有效	COM2 有效	正常	错误
DBB25	错误(Error)RS232/A2/							
DBB26	零件程序处理状态/A2/							
	选择	载入	卸载		有效	错误 MMC5.3 和更高 6.1	错误	正常
DBB27	错误程序处理/A2/							
DBB28	“扩展用户接口”隐藏号/IAM/,BE1							
DBB30	控制位 PLC→MMC							
							退出隐藏	要求隐藏
DBB31	控制位 PLC→MMC							
	无效位			错误不能要求隐藏	隐藏已退出	隐藏有效	要求隐藏	隐藏要求接收
DBB33~43	保留							

机床控制面板 MCP 与 PLC 的信息交换是通过功能接口进行的，具体由基本程序块 FC19 和 FC25 完成。在系统内部有一个标准 I/O 信号位存储区，来自机床控制面板的按键信号和键功能响应信号送到这个位存储区。按键信号主要包括工作方式、INC 方式、进给轴/主轴倍率修调、坐标轴及方向选择等功能键。键功能响应信号是反馈的机床控制面板 LED 信号，LED 点亮表明当前选择的操作有效。值得注意的是，要区别 NC 定义的键信号与用户定义的键信号，通常由 FC19 和 FC25 把 NC 定义的键信号分配给方式组、NCK 和进给轴/主轴的接口；用户定义的键信号，需要设计用户 PLC 控制程序执行其功能。图 7-18 给出了机床控制面板 MCP 通过专用 FC 逻辑块与系统交换信息的情况。表 7-14 为铣床版机床控制面板输入信号 PLC 地址，表 7-15 为铣床版机床控制面板输出信号 PLC 地址，表 7-16 为车床版机床控

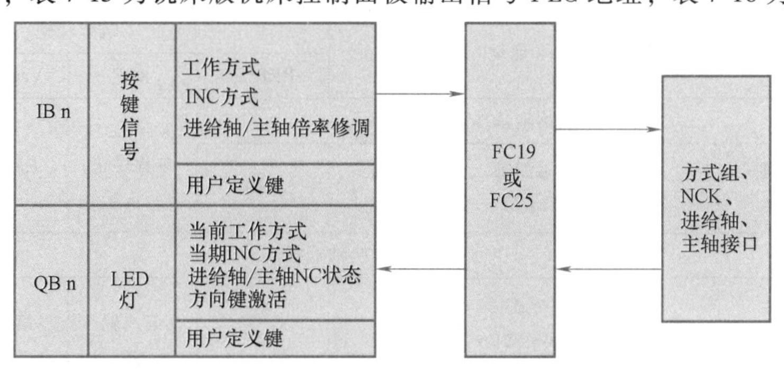

图 7-18 机床控制面板与系统的信息交换

制面板输入信号 PLC 地址，表 7-17 为车床版机床控制面板输出信号 PLC 地址，表 7-18 为手持单元（HHU）的输入/输出信号 PLC 地址。

表 7-14　铣床版机床控制面板输入信号 PLC 地址

<table>
<tr><th colspan="9">来自机床控制面板的信号(键)</th></tr>
<tr><th>字节</th><th>位 7</th><th>位 6</th><th>位 5</th><th>位 4</th><th>位 3</th><th>位 2</th><th>位 1</th><th>位 0</th></tr>
<tr><td rowspan="2">IBn+0</td><td colspan="4">主轴速度修调</td><td colspan="4">运行方式</td></tr>
<tr><td>D</td><td>C</td><td>B</td><td>A</td><td>JOG</td><td>TEACH IN</td><td>MDA</td><td>AUTO</td></tr>
<tr><td rowspan="2">IBn+1</td><td colspan="8">机床功能</td></tr>
<tr><td>REPOS</td><td>REF</td><td>Var. INC</td><td>10000 INC</td><td>1000 INC</td><td>100 INC</td><td>10 INC</td><td>1 INC</td></tr>
<tr><td>IBn+2</td><td>按键开
关位 0</td><td>按键开
关位 2</td><td>主轴启动</td><td>主轴停止</td><td>开始进给</td><td>停止进给</td><td>NC 启动</td><td>NC 停止</td></tr>
<tr><td rowspan="2">IBn+3</td><td rowspan="2">复位</td><td rowspan="2">按键开
关位 1</td><td rowspan="2">单程序段</td><td colspan="5">进给率修调</td></tr>
<tr><td>E</td><td>D</td><td>C</td><td>B</td><td>A</td></tr>
<tr><td rowspan="2">IBn+4</td><td colspan="3">方向键</td><td rowspan="2">按键开
关位 3</td><td colspan="4">方向键</td></tr>
<tr><td>+
R15</td><td>-
R13</td><td>快速进给
R14</td><td>X
R1</td><td>第四轴
R4</td><td>第七轴
R7</td><td>R10</td></tr>
<tr><td rowspan="2">IBn+5</td><td colspan="8">进给轴选择</td></tr>
<tr><td>Y
R2</td><td>Z
R3</td><td>第五轴
R5</td><td>进给命令
MCS/WCS
R12</td><td>R11</td><td>R9</td><td>第八轴
R8</td><td>第六轴
R6</td></tr>
<tr><td rowspan="2">IBn+6</td><td colspan="8">未定义的用户键</td></tr>
<tr><td>T9</td><td>T10</td><td>T11</td><td>T12</td><td>T13</td><td>T14</td><td>T15</td><td></td></tr>
<tr><td rowspan="2">IB n+7</td><td colspan="8">未定义的用户键</td></tr>
<tr><td>T1</td><td>T2</td><td>T3</td><td>T4</td><td>T5</td><td>T6</td><td>T7</td><td>T8</td></tr>
</table>

表 7-15　铣床版机床控制面板输出信号 PLC 地址

<table>
<tr><th colspan="9">到达机床控制面板信号(LEDs)</th></tr>
<tr><th>字节</th><th>位 7</th><th>位 6</th><th>位 5</th><th>位 4</th><th>位 3</th><th>位 2</th><th>位 1</th><th>位 0</th></tr>
<tr><td rowspan="2">QBn+0</td><td colspan="4">机床功能</td><td colspan="4">运行方式</td></tr>
<tr><td>1000 INC</td><td>100 INC</td><td>10 INC</td><td>1 INC</td><td>JOG</td><td>TEACH IN</td><td>MDA</td><td>AUTO</td></tr>
<tr><td rowspan="2">QBn+1</td><td rowspan="2">开始进给</td><td rowspan="2">停止进给</td><td rowspan="2">NC 启动</td><td rowspan="2">NC 停止</td><td colspan="4">机床功能</td></tr>
<tr><td>REPOS</td><td>REF</td><td>Var. INC</td><td>10000 INC</td></tr>
<tr><td rowspan="2">QBn+2</td><td colspan="5">进给轴选择</td><td rowspan="2">单程序块</td><td rowspan="2">主轴启动</td><td rowspan="2">主轴停止</td></tr>
<tr><td>方向键-
R13</td><td>X
R1</td><td>第四轴
R4</td><td>第七轴
R7</td><td>R10</td></tr>
<tr><td rowspan="2">QBn+3</td><td colspan="8">进给轴选择</td></tr>
<tr><td>Z
R3</td><td>第五轴
R5</td><td>进给命令
MCS/WCS
R12</td><td>R11</td><td>R9</td><td>第八轴
R8</td><td>第六轴
R6</td><td>方向键
+
R15</td></tr>
</table>

（续）

到达机床控制面板信号(LEDs)								
字节	位 7	位 6	位 5	位 4	位 3	位 2	位 1	位 0
QBn+4	未定义的用户键							
	T9	T10	T11	T12	T13	T14	T15	Y R2
QBn+5	未定义的用户键							
	T1	T2	T3	T4	T5	T6	T7	T8

表 7-16　车床版机床控制面板输入信号 PLC 地址

来自机床控制面板的信号(键)								
字节	位 7	位 6	位 5	位 4	位 3	位 2	位 1	位 0
IBn+0	主轴速度修调				运行方式			
	D	C	B	A	JOG	TEACH IN	MDA	AUTO
IBn+1	机床功能							
	REPOS	REF	Var. INC	10000 INC	1000 INC	100 INC	10 INC	1 INC
IBn+2	按键开关 位 0	按键开关 位 2	主轴启动	主轴停止	开始进给	停止进给	NC 启动	NC 停止
IBn+3	复位	按键开关位 1	单程序段	进给率修调				
				E	D	C	B	A
IBn+4	R15	R13	R14	按键开关位 3	方向键			
					+Y R1	-Z R4	-C R7	R10
IBn+5	方向键							
	+X R2	+C R3	快速进给 修调 R5	行程命令 MCS/WCS R12	R11	-Y R9	-X R8	+Z R6
IBn+6	未定义的用户键							
	T9	T10	T11	T12	T13	T14	T15	
IBn+7	未定义的用户键							
	T1	T2	T3	T4	T5	T6	T7	T8

表 7-17　车床版机床控制面板输出信号 PLC 地址

到达机床控制面板信号(LEDs)								
字节	位 7	位 6	位 5	位 4	位 3	位 2	位 1	位 0
QBn+0	机床功能				运行方式			
	1000 INC	100 INC	10 INC	1 INC	JOG	TEACH IN	MDA	AUTO
QBn+1	开始进给	停止进给	NC 启动	NC 停止	机床功能			
					REPOS	REF	Var. INC	10000 INC

（续）

到达机床控制面板信号(LEDs)								
字节	位 7	位 6	位 5	位 4	位 3	位 2	位 1	位 0
QBn+2	方向键					单程序块	主轴启动	主轴停止
	R13	+Y R1	-Z R4	-C R7	R10			
QBn+3	方向键							
	R3	R5	行程 MCS/WCS	R11	-Y R9	-X R8	+Z R6	R15
QBn+4	未定义的用户键							
	T9	T10	T11	T12	T13	T14	T15	方向键 +X R2
QBn+5	未定义的用户键							
	T1	T2	T3	T4	T5	T6	T7	T8

表 7-18　手持单元（HHU）的输入/输出信号 PLC 地址

来自手持装置信号(键)(输入显示)								
字节	位 7	位 6	位 5	位 4	位 3	位 2	位 1	位 0
IBn+0	保留							
IBn+1	保留							
IBn+2	T9	T7	T6	T5	T4	T3	T2	T1
IBn+3	T16	T15	T14	T13	T12	T11	T10	T9
IBn+4	T24	T23	T22	T21				
IBn+5	响应数字显示	按键开关	快速进给/进给修调开关					
			E	D	C	B	A	
到达手持装置信号(LEDs)								
字节	位 7	位 6	位 5	位 4	位 3	位 2	位 1	位 0
QBn+0	始终 1							
QBn+1	用于所选行的新数据							选择行
QBn+2	L8	L7	L6	L5	L4	L3	L2	L1
QBn+3	L16	L15	L14	L13	L12	L11	L10	L9
HHU 数字显示								
QBn+4	所选行的第 1 字符(右)							
QBn+5	所选行的第 2 字符							
QB…								
QBn+18	所选行的第 15 字符							
QBn+19	所选行的第 16 字符(左)							

7.6 用户报警文本的制作

西门子 840D/810D 数控系统的报警分为两大类，一类是系统报警，一类是用户报警。系统报警是系统自带的，是由西门子编写的通用报警；用户报警是由机床制造厂家针对某类机床所编写的，不同的机床制造厂家针对不同的机床类型，所编写的用户报警也不同。

使用用户报警需具备三个条件才算完整：

1）PLC 程序处理过相应报警信号（DB2）。

2）PLC 程序中 OB1 调用了 FC10。

3）编好报警文本并传入系统。

在 OP031 上显示的警报信息可以是 EM（错误信息），显示为红色，可中止程序的执行；或者是 OM（操作信息），显示为黑色，不影响程序执行。

7.6.1 用户报警文本的编写

1. PCU50 用户报警文本的编写

PCU50 的报警文本可以直接在操作面板上编写，也可以在计算机上编写好后，通过 RS232、软盘、U 盘或网络传入 PCU50。如果用户要编写中文的报警文本，则只能用在计算机上编写然后传入 PCU 的方式。

PCU50 的所有报警文本都存放在　F：\ db \ mb. DIR 目录下。其中有

MMC 报警文本　F：\ dh \ mb. dir \ alm_XX. com

NCK 报警文本　F：\ dh \ mb. dir \ aln_XX. com

PLC 报警文本（非用户 PLC 报警文本）　F：\ dh \ mb. dir \ alp_XX. com

ZYK 循环报警文本　F：\ dh \ mb. dir \ alc_XX. com

CZYK 用户循环报警文本　F：\ dh \ mb. dir \ alz_XX. com

后缀名 com 是 comment 的缩写，而 XX 则是语言代码，具体如下：

German 德语语言代码：　gr

English 英语语言代码：　uk

French 法语语言代码：　fr

Italian 意大利语语言代码：　it

Spanish 西班牙语语言代码：　sp

Chinese 中文语言代码：　ch

由于 PCU50 显示可进行多种语言的切换，因此报警文本也要有多个语言版本。如果最终用户可能会在英语和中文显示间切换，那么就要编写英文和中文两个报警文本，否则 PCU50 会报警。用户报警的文件名可以随意起名，但也要服从上面文件名的格式，其格式应该是：nnnnn_XX. com，nnnnn 可以是任意字符，如 myplc_ch. com。

PLC 报警文本的文本文件的结构见表 7-19。

其中用户报警号的范围如下：

500000~599999　通道 PLC 报警

600000~699999　轴和主轴 PLC 报警

700000~799999　用户 PLC 报警

800000~899999　顺序控制 PLC 报警

表 7-19　PLC 报警文本的文本文件的结构

报警号	显示方式	帮助 ID	报警文本	在 PCU 单元上显示的文本
510000	1	0	“Channel %K FDDIS all”	Channel 1 FDDISd all
600124	1	0	“Feed disable axis %A”	Feed disable axis 1
600224	1	0	600124	Feed disable axis 2
600324	1	0	600224	Feed disable axis 3
703210	1	1	“User Text”	User TExt
…				
703211	1	1	“User Text %A…”	User Text Axis 1 …

显示方式：0，在报警行显示报警；1，对话框形式显示报警。

帮助 ID 代码：当显示系统报警后，通常在屏幕显示左下角会显示“i”的图标，当操作者按“i”键后，系统会显示该报警的作用、原因及可能的解决办法。用户报警文本同样可实现此功能，但需要用户编写额外的帮助文件。

报警文本或报警号：报警文本中不能出现字符”和 #，字符 % 被留作显示参数。如果用户希望使用已经有的文本，可直接写已有文本的报警号。报警文本可加注释，注释必须以“//”开始。报警文本最大长度为 110 个字符（2 行显示），如果报警文本太长，系统会自动截断并以“ * ”表示。

参数“%K”：表示通道号

参数“%A”：表示信号组号（如轴号）

参数“%N”：表示信号号码

参数“%Z”：表示状态号码

上述报警文本可直接在操作面板上编写，具体步骤如下：

1）选择 Service（服务）区域。

2）用【Data Selection】（数据选择）软键将【MBDDE-alarm-texts】项选出。

3）把光标定位到该目录，按【Data Management】（数据管理）键。

4）按【New】（新建）键，输入报警文件名，如 myplc_uk. com，然后按上面的格式输入报警文本。

另外，可在计算机上编写好后，通过软盘、U 盘或网络复制到 PCU50，文件格式同上。另外，还可通过 RS232 串口传入系统，此时文件中要加个文件头。格式如下：

%_N_MYPLC_UK_COM　　　　　　//文件头第一行，文件名

；$ Path =/_N_MB_DIR　　　　　　//文件头第二行，文件存储目录

700000 0 0“DB2. DBX180. 0 set”

700000 0 0“No lubrication pressure”

2. PCU20 用户报警文本的编写

PCU20 的用户报警文本只能用 RS232 串口传送的方式，具体步骤如下：

1）选择 Service（服务）区域。

2）选择【Data Out】（数据输出）。

3）按向下翻页键。

4）把光标定位到 Text（文本）上，按回车键。

5）选择语言后输出。

6）在计算机上用 Notepad（记事本）打开传出的文件，不改动原来的内容，将报警文本添加进去，存盘。

7）将修改好的数据传回 PCU20 即可，传输完成后，PCU20 会自动重新启动。

7.6.2 用户报警文本的生效

在报警文本的生效配置中有 USER、OEM、HMI 和 MMC2 四个级别。其中，USER 的级别是最高的，MMC2 的级别是最低的，在引导的过程中首先按照 USER 的配置执行，以此类推。用户报警文本要在相应目录下的 MBDDE.INI 报警配置文本中定义才能生效，格式如下：

```
[Textfiles]
        MMC=f:\dh\mb.dir\alm_
        NCK=f:\dh\mb.dir\aln_
        PLC=f:\dh\mb.dir\plc_
        ZYK=f:\dh\mb.dir\alz_
        CZYK=f:\dh\mb.dir\alc_
        UserMMC=
        UserNCK=
        UserPLC=f:\dh\mb.dir\myplc_   //用户报警文本的文件名
        UserZyk=
        UserCZyk=
        …
```

这时的报警文本后面的国家语言代码不用写上，在系统进行语言切换的时候，系统会自动调用与国家语言代码一样的用户报警文件，但前期是已经编写了不同语言的文件，并存储在“dh\mb.dir\”目录下。

若修改了 myplc_xx 报警文本的内容，或改变了 MBDDE.INI 配置文件中的内容，PCU 需要重新启动，以便使改动的内容生效。如果在 myplc_xx 中没有编写相应的报警文本，那么报警只显示一个报警号，后面跟着四个 0 形字符。

7.6.3 报警激活

840D 的用户报警需要通过 PLC 程序激活。DB2 中的每一位对应一个报警号，它们分为两类：一类是 EM——Error Message（错误信息），错误信息当产生错误的条件纠正后，需要操作者复位该信息；另一类是 OM——Operator Message（操作信息），而操作信息会随产生该信息的条件的消失而自动消失。

具体哪一位是 EM，哪一位是 OM，可以参见表 7-20。由表 7-20 可知，DB2.DBB0 中的 8 位都是错误信息；而 DB2.DBB1 中的 8 位都是操作信息，以此类推。例如，报警号 510200~510207 可以通过 DB2.DBB6（禁止读入通道 1）产生，查表 7-20 可知，这些报警定义为标准错误信息。

表 7-20 定义错误信息和操作信息

DB2 字节数/错误信息 EM 或操作信息 OM							
7/EM	6/EM	5/OM	4/OM	3/EM	2/EM	1/OM	0/EM
15/OM	14/EM	13/OM	12/EM	11/OM	10/EM	9/OM	8/OM
23/OM	22/OM	21/EM	20/EM	19/OM	18/EM	17/OM	16/EM
31/OM	30/EM	29/OM	28/EM	27/OM	26/OM	25/EM	24/EM
				35/OM	34/EM	33/OM	32/EM
151/OM	150/EM	149/OM	148/EM	147/OM	146/EM	145/OM	144/EM
159/OM	158/EM	157/OM	156/EM	155/OM	154/EM	153/OM	152/EM
187/OM	186/OM	185/OM	184/OM	183/EM	182/EM	181/EM	180/EM
195/OM	194/OM	193/OM	192/OM	191/EM	190/EM	189/EM	188/EM

在 DB2 中，500000~599999 为通道 PLC 报警，600000~699999 为轴和主轴 PLC 报警，以上报警除了有报警号外还有额外的功能，如 Read-in disable（读入使能禁止）、feed disable（进给禁止）等。这些报警功能的实现依赖于调用 PLC 块 FC10 的参数。

例 1：

```
A    M100.0                //当 M100.0=1 时,屏幕显示 510000 错误信息
=DB2.DBX0.0
CALL FC10
     ToUserIF:= TRUE       //显示 510000 错误信息的同时,进给禁止
     Quit:= I 3.7          //当 M100.0 由 1 变为 0 后,需要用 I3.7 复位屏幕上的错误信息
```

例 2：

```
A    M150.0                //当 M150.0=1 时,屏幕显示 510008 操作信息
=DB2.DBX1.0
CALL FC10
     ToUserIF:= FALSE      //显示 510008 错误信息的同时,没有进给禁止
     Quit:= I 3.7          //当 M150.0 由 1 变为 0 后,屏幕上的操作信息自动消失
```

注意：DB2 中读入使能禁止、进给禁止等功能的实现都是依赖于通道数据块 DB21 和轴数据块 DB3 * 中相应的信号来实现的，是否有相应功能则取决于 FC10 的第一个参数：如果该参数是 TRUE，DB2 中相应信号会经过“或”运算后，传送到 DB21 和 DB3 * 相应的信号上（此时，PLC 编程时不能使用通道和轴数据块中的这些信号）；如果该参数是 FALSE，置位 DB2 的信号只产生相应报警号。

7.6.4 报警配置文本 MBDDE.INI 的其他项设置

MBDDE.INI 文件其他项的设置如下：

```
[Alarms]
MaxNo=200          //确定报警列表中报警的最大数量
ORDER=LAST         //确定报警显示的顺序
                   //FIRST:最新报警加到报警列表开始
                   //LAST: 最新报警加到报警列表最下方
```

```
RotationCycle=0          //报警循环显示时间
                         //0 或负值：没有报警循环显示功能
                         //500~32767：报警循环显示间隔时间(单位:ms)
Alarm_S=1                //报警服务器是否连接到 ALARM_S/SQ
Protocol_Alarm_SQ=1
[TextFiles]                         //报警文本的调用位置
MMC=F:\MMC_52\dh\mb.dir\alm_
NCK=F:\MMC_52\dh\mb.dir\aln_
PLC=F:\MMC_52\dh\mb.dir\alp_
ZYK=F:\MMC_52\dh\mb.dir\alz_
CZYK=F:\MMC_52\dh\mb.dir\alc_
STANDARD_CYCLES=F:\MMC_52\dh\mb.dir\alsc_
SHOPMILL_MANUALTURN_CYCLES=
MEASURE_CYCLES=F:\MMC_52\dh\mb.dir\almc_
PLC_PMC=
USER_CYCLES=
UserMMC=
UserNCK=
UserPLC= f:\dh\mb.dir\myplc_   //用户报警文本的调用位置
UserZYK=
UserCZYK=
UserSTANDARD_CYCLES=
UserSHOPMILL_MANUALTURN_CYCLES=
UserMEASURE_CYCLES=
UserUSER_CYCLES=
UserPLC_PMC=
[net TextFiles]
;NCU_RECHTS=F:\dh\mb.dir\rechts (Name of NCU=Path of texts)
;NCU_MITTE=F:\dh\mb.dir\mitte
;NCU_LINKS=F:\dh\mb.dir\links
;Maximum 8 entries
[IndexTextFiles]
ALNX=F:\MMC_52\dh\mb.dir\alnz_
;default definition of the priorities of the different alarm types
[DEFAULTPRIO]
CANCEL=100
RESET=100
POWERON=100
NCSTART=100
```

```
PLC=100
PLCMSG=100
MMC=100
[PROTOCOL]
Filter=Expression            //选择记录报警信息的标准,具体信息

                             // 参看 SINUMERIK 840D OEM package MMC User's Manual
Records=150                  //记录报警的数量,超过此数量后,
                             //新的报警记录会覆盖旧记录
DiskCare=-1
[Helpcontext]
File0=hlp\alarm_              //指定报警帮助文件
[COLOR]                       //报警的颜色设置
ForeColor_Alarm=000000FF
BackColor_FirstAlarm=00FFFFFF
ForeColor_FirstAlarm=000000FF
BackColor_Message=00FFFFFF
ForeColor_Message=00000000
BackColor_ApplMessage=00FFFFFF
ForeColor_ApplMessage=0000FF00
BackColor_Alarm=00FFFFFF
```

7.7 实训一 SINUMERIK 810D 2AX+1SP PLC start-up

7.7.1 实训内容

掌握 SINUMERIK 810D 2AX+1SP PLC 的基本调整内容。

7.7.2 实训步骤

1）将 A：\ S7V2. 810 \ Gp810d. EXE 复制到 C：\ STEP7_ 2 \ S7Libs 之下。

2）双击图标 Gp810d. EXE，自动解压生成文件夹“gp810d36”。

3）运行 STEP 7。File→Open→Library→双击图标 gp810d36（必要时用 Browse）。

4）新建（或打开）一个 project，将 3）中 Library 之下 gp810d36 中的 GP810D 复制到 project 之下。

5）打开 GP810D，打开 Ap-off [或 Blocks（V3. 1）]。

#选中除 SFC 以外的全部“块”（如 SDB，FC，FB，DB，OB）

#Download（以前 PLC 应置为 STOP）

6）下装成功后，MCP 上 LED 灯不再闪动。

7）打开 OB1，在 CALL FC2 指令的下一行编程：

```
    CALL FC19
BAGNo ：=B#16#1
CHANNo ：=B#16#1
```

Spindle IFNo ：=B#16#3

Feed Hold ：=DB21. DBX6. 0

Spindle Hold ：=DB33. DBX4. 3

SAVE→Downlaoad

若正确，则MCP上有LED灯亮（如JOG，F-OFF，SP-OFF）。

8）在OB1中插入一个Network并编程：

```
SET
=DB31. DBX1. 5
=DB31. DBX2. 1
=DB31. DBX21. 7
```

复制两份并修改为

```
=DB32. DBX1. 5
……
……
=DB33. DBX1. 5
……
……
```

9）SAVE→Download。

成功后，两轴及主轴可以运转。

7.8 实训二 SINUMERIK 840D 2AX+1SP PLC start-up

7.8.1 实训内容

掌握SINUMERIK 840D 2AX+1SP PLC的基本调整内容。

7.8.2 实训步骤

1）将A：\ S7V2. 8x0 \ Gp8x0d. EXE复制到C：\ STEP7_2 \ S7Libs之下。

2）双击图标Gp8x0d. EXE，自动解压生成文件夹“Gp8x0d43（SW4. 3）”。

3）运行STEP 7。File→Open→Library→打开Gp8x0d43→双击图标Gp8x0d43. S7L（必要时用Browse）。

4）新建（或打开）一个project，将3）中Library之下Gp8x0d43中的Gp8x0d程序复制到project之下。

5）打开Gp8x0d，选中Bausteine（德文，=Blocks），Download（此前PLC应置为STOP）。

6）下装成功后，MCP上LED灯不再闪动。

7）打开OB1，在CALL FC2指令的下一行编程：

```
CALL FC19
BAGNo ：=B#16#1
CHANNo ：=B#16#1
Spindle IFNo ：=B#16#3
Feed Hold ：=DB21. DBX6. 0
```

Spindle Hold ：=DB33. DBX4. 3

SAVE, Downlaoad

若正确，则 MCP 上有 LED 灯亮（如 JOG，F_OFF，SP_OFF）。

8）在 OB1 中插入一个 Network 并编程：

SET

=DB31. DBX1. 5

=DB31. DBX2. 1

=DB31. DBX21. 7

复制两份并修改为

=DB32. DBX1. 5

……

……

=DB33. DBX1. 5

……

9）SAVE→Download。

成功后，两轴及主轴可以运转。

第8章 数控系统PLC常用功能块

功能块（FB）一般是由用户根据机床控制特点设计的PLC程序块。用户把某些常用子功能完成逻辑设计后进行封装，作为子程序调用。功能块有它自己的存储区，PLC控制程序每次调用功能块时，需要各种类型的接口数据提供给功能块，经功能块处理后，把结果再提供给调用它的其他程序块。对于机床数控系统，由于机床控制有其共同特点，因此系统提供了一些基本的功能块。

功能（FC）是为系统完成机床某一功能而设计的PLC逻辑控制程序，例如换刀控制、冷却控制、液压控制等。在840D/810D数控系统的PLC程序中，FC由基本程序和用户程序组成。基本程序是一些标准模块，由系统自动调用；FC用户程序是由用户编写的，可以说数控机床PLC程序设计的主要任务就是设计FC程序块。FC没有固定的存储区，执行FC时，其临时变量存储在局域数据堆栈中，功能执行结束后，这些数据丢失。

FB与FC的区别在于变量声明表中所定义的参数类型不同，并且当FC或FB程序执行完成后，FC的参数不能保存，而FB的参数能被保存。在OB1中调用FC时，只需直接调用，如CALL FC2；而调用FB时，必须为其分配一个背景数据块，用来保存FB的参数，如CALL FB1，DB7。背景数据块的数据格式与相应FB的变量声明表的数据格式相同，不允许用户进行修改。

8.1 PLC常用功能块解析

8.1.1 FB1 RUN_UP（初始化基本程序）

FB1用于启动过程中完成NCK和PLC的同步，初始化PLC与NCK的通信，并且根据NCK中机床数据设定的机床配置和一些参数设定生成相应的数据块。它的背景数据块是DB7，这个数据块不需要事先声明，如果启动过程中有中断错误出现，FB1将直接写入诊断缓冲区，并将PLC切换到停止状态。FB1仅能在PLC程序中的冷启动组织块OB100中调用，它在安装西门子840D/810D Toolbox程序时，标准功能已经自动调用，只需按照所使用的功能进行参数配置即可。FB1的块结构如下：

```
FUNCTION_BLOCK FB 1
VAR_INPUT
MCPNum: INT:= 1;
MCP1In: POINTER;
MCP1Out: POINTER;
MCP1StatSend: POINTER;
MCP1StatRec: POINTER;
MCP1BusAdr: INT:= 6;
```

```
MCP1Timeout: S5TIME:= S5T#700MS;
MCP1Cycl: S5TIME:= S5T#200MS;
MCP2In: POINTER;
MCP2Out: POINTER;
MCP2StatSend: POINTER;
MCP2StatRec: POINTER;
MCP2BusAdr: INT;
MCP2Timeout: S5TIME:= S5T#700MS;
MCP2Cycl: S5TIME:= S5T#200MS;
MCPMPI: BOOL:= FALSE;
MCP1Stop: BOOL:= FALSE;
MCP2Stop: BOOL:= FALSE;
MCP1NotSend: BOOL:= FALSE;
MCP2NotSend :BOOL:= FALSE;
HHU: INT;
BHGIn: POINTER;
BHGOut: POINTER;
BHGStatSend: POINTER;
BHGStatRec: POINTER;
BHGInLen: BYTE:= B#16#6;
BHGOutLen: BYTE:= B#16#14;
BHGTimeout: S5TIME:= S5T#700MS;
BHGCycl: S5TIME:= S5T#100MS;
BHGRecGDNo: INT:= 2;
BHGRecGBZNo: INT:= 2;
BHGRecObjNo: INT:= 1;
BHGSendGDNo: INT:= 2;
BHGSendGBZNo: INT:= 1;
BHGSendObjNo: INT:= 1;
BHGMPI: BOOL:= FALSE;
BHGStop: BOOL:= FALSE;
BHGNotSend: BOOL:= FALSE;
NCCyclTimeout: S5TIME:= S5T#200MS;
NCRunupTimeout: S5TIME:= S5T#50S;
ListMDecGrp: INT:=0;
NCKomm: BOOL:= FALSE;
MMCToIF: BOOL:= TRUE;
HWheelMMC: BOOL:= TRUE;
MsgUser: INT:= 10;
```

```
UserIR: bool: = FALSE;
IRAuxfuT: bool: = FALSE;
IRAuxfuH: bool: = FALSE;
IRAuxfuE: bool: = FALSE;
UserVersion: Pointer;
END_VAR
VAR_OUTPUT
MaxBAG: INT;
MaxChan: INT;
MaxAxis: INT;
ActivChan: ARRAY[1..10] OF BOOL;
ActivAxis: ARRAY[1..31] OF BOOL;
UDInt: INT;
UDHex: INT;
UDReal: INT;
END_VAR
```

FB1 的参数有输入参数和输出参数两种，各个参数的说明见表 8-1。

表 8-1　FB1 的参数说明

参数名称	数据类型	方向	数据范围	参数说明
MCPNum	INT	输入	0~2	MCP 数量:0 表示没有安装 MCP,最多 2 个
MCP1In MCP2In	地址指针	输入	I0. 0~I120. 0 或 F0. 0~F248. 0 或 DBn. DBX0. 0~DBXm. 0	第一或第二机床控制面板的输入起始地址
MCP1Out MCP2Out	地址指针	输入	Q0. 0~Q120. 0 或 F0. 0~F248. 0 或 DBn. DBX0. 0~DBXm. 0	第一或第二机床控制面板的输出起始地址
MCP1StatSend MCP2StatSend	地址指针	输入	Q0. 0~Q124. 0 或 F0. 0~F252. 0 或 DBn. DBX0. 0~DBXm. 0	PLC 传输数据到第一或第二机床控制面板的状态双字的起始地址
MCP1StatRec MCP2StatRec	地址指针	输入	Q0. 0~Q124. 0 或 F0. 0~F252. 0 或 DBn. DBX0. 0~DBXm. 0	第一或第二机床控制面板传输数据到 PLC 的状态双字的起始地址
MCP1BusAdr MCP2BusAdr	INT	输入	1~15	第一或第二机床控制面板的总线地址
MCP1Timeout MCP2Timeout	S5TIME	输入	建议值:700ms	第一或第二机床控制面板信号扫描监控时间,若超过设定时间就会报警
MCP1Cycl MCP2Cycl	S5TIME	输入	建议值:200ms	第一或第二机床控制面板通信循环扫描监控时间,即刷新时间

（续）

参数名称	数据类型	方向	数据范围	参数说明
MCPMPI	BOOL	输入		通常设为 FALSE 如果为 1,则表示机床所有的控制面板都连接在 MPI 总线上
MCP1Stop MCP2Stop	BOOL	输入		0:开始机床控制面板信号传输 1:停止机床控制面板信号传输
MCP1NotSend MCP2NotSend	BOOL	输入		0:表示激活发送和接收操作 1:表示 PLC 只从 MCP 接收数据
HHU	INT	输入		0:没有手持单元 1:手持单元接在 MPI 网络上 2:手持单元接在 OPI 网络上（如果参数 BHGMPI=1,则也可以接在 MPI 上）
BHGIn	地址指针	输入	I0. 0~I124. 0 或 F0. 0~F252. 0 或 DBn. DBX0. 0~DBXm. 0	PLC 从手持单元接收数据的起始地址
BHGOut	地址指针	输入	Q0. 0~Q124. 0 或 F0. 0~F252. 0 或 DBn. DBX0. 0~DBXm. 0	PLC 向手持单元发送数据的起始地址
BHGStatSend	地址指针	输入	Q0. 0~Q124. 0 或 M0. 0~M252. 0 或 DBn. DBX0. 0~DBXm. 0	传输数据到手持单元状态双字的起始地址
BHGStatRec	地址指针	输入	Q0. 0~Q124. 0 或 M0. 0~M252. 0 或 DBn. DBX0. 0~DBXm. 0	从手持单元接收数据状态双字的起始地址
BHGInLen	BYTE	输入	默认数据 B#16#6,表示 6 个字节	从手持单元接收数据的长度
BHGOutLen	BYTE	输入	默认数据 B#16#14,表示 20 个字节	向手持单元发送数据的长度
BHGTimeout	S5TIME	输入	建议值:700ms	信号扫描监控时间,若超过设定时间就会报警
BHGCycl	S5TIME	输入	建议值:100ms	通信循环扫描监控时间,即刷新时间
BHGRecGDNo	INT	输入	HHU 默认 2	HHU 接收的 GD 循环号
BHGRecGBZNo	INT	输入	HHU 默认 2	HHU 接收的 GI 号
BHGRecObjNo	INT	输入	HHU 默认 1	HHU 接收的 GI 对象号
BHGSendGDNo	INT	输入	HHU 默认 2	HHU 发送的 GD 循环号
BHGSendGBZNo	INT	输入	HHU 默认 1	HHU 发送的 GI 号
BHGSendObjNo	INT	输入	HHU 默认 1	HHU 发送的 GI 对象号
BHGMPI	BOOL	输入		参数为 2 时才生效,为 1 表示手持单元连接在 MPI 上
BHGStop	BOOL	输入		0:开始 PLC 与手持单元之间数据传输 1:停止 PLC 与手持单元之间数据传输

（续）

参数名称	数据类型	方向	数据范围	参数说明
BHGNotSend	BOOL	输入		0:表示激活发送和接收操作 1:表示 PLC 只从手持单元接收数据
NCCyclTimeout	S5TIME	输入	建议 200ms	NCK 生命信号的循环监控时间
NCRunupTimeout	S5TIME	输入	建议 50ms	NCK 上电的监控时间
ListMDecGrp	INT	输入	0~16	激活扩展 M 功能组的数量
NCKomm	BOOL	输入		TRUE:通过 FB2/FB3/FB4/FB5/FB7 与 NC 通信功能激活
MMCToIF	BOOL	输入		TRUE:MMC 信号(如操作方式、程序控制)传送到接口有效
HWheelMMC	BOOL	输入		TRUE:可以通过 MMC 界面软件选择手轮
MsgUser	INT	输入	0~25	定义 DB2 中用户信息区域的数量
UserIR	BOOL	输入		在 OB40 中执行用户中断处理程序
IRAuxfuT	BOOL	输入	默省:FALSE	在 OB40 中处理 T 功能信号
IRAuxfuH	BOOL	输入	默省:FALSE	在 OB40 中处理 H 功能信号
IRAuxfuE	BOOL	输入	默省:FALSE	在 OB40 中处理 DL 功能信号
UserVersion	地址指针	输入		字符串阵列的指针,相关的字符串阵列表明用户的版本
MaxBAG	INT	输出	1~10	最大方式组号
MaxChan	INT	输出	1~10	最大通道号
MaxAxis	INT	输出	1~31	最大轴号
ActivChan	位串数组	输出		数组[1~10]对应通道数量,激活的通道号对应的位为 1
ActivAxis	位串数组	输出		数组[1~31]对应轴数量,激活的轴号对应的位为 1
UDInt	INT	输出		用户数据块 DB20 中“INT”整数的数量
UDHex	INT	输出		用户数据块 DB20 中十六进制数的数量
UDReal	INT	输出		用户数据块 DB20 中“real”浮点数的数量

在 OB100 中调用 FB1 的形式如下所示:

```
Call FB1, DB7(
MCPNum := 1,
MCP1In := P#I0.0,
MCP1Out := P#Q0.0,
MCP1StatSend. = P#Q8.0,
MCP1StatRec := P#Q12.0,
MCP1BusAdr:= 14,
MCP1Timeout := S5T#700MS,
```

MCPMPI:= TRUE,
NCCyclTimeout := S5T#200MS,
NCRunupTimeout := S5T#50S);

8.1.2 FB2 GET（读 NCK 变量）

FB2 用于 PLC 读取 NC 变量（包括各种机床数据、驱动数据、R 参数、NC 系统变量等）。应用功能块 FB2 时，PLC 程序可以从 NCK 中读取变量，但必须为 FB2 在用户区域中配置单独的或者集成数据块。当 FB2 的控制输入端 Req 产生一个上升沿变换时，启动它的一个任务，这个任务读取 ADDR1~ADDR8 指定的 NCK 变量到背景数据中去，并把它们复制到 RD1~RD8 指定的 PLC 数据区。读取任务完成后，参数 NDR 反馈逻辑 1。读取过程一般在 1 个或 2 个 PLC 循环内完成，所以需要循环调用才能保持数据的及时更新。为了正确读取 NCK 变量，所有需要的变量均需要通过 NC-VAR-Selector 软件工具在数据块中生成 STL 源数据块，并将这个数据块导入 STEP 7 中，再通过 FB2 来对数据块进行操作。NC-VAR-Selector 软件工具为西门子 840D/810D Toolbox 自带的程序，需提前安装完毕。FB2 仅能允许被 OB1 调用，并且需要将 FB1 参数设置为“NCKomm=1”。FB2 的参数说明见表 8-2。

表 8-2 FB2 的参数说明

参数名称	数据类型	方向	数据范围	参数说明
Req	BOOL	输入		功能块操作请求，每个上升沿进行一次读操作
NumVar	INT	输入	1~8	变量数量
Addr1~8	ANY	输入	[DBName].[VarName]	变量地址，对应生成的数据块中相应的变量标识
Unit1~8	BYTE	输入		变量地址对应的区域地址
Column1~8	WORD	输入		变量地址对应的列地址
Line1~8	WORD	输入		变量地址对应的行地址
RD1~8	ANY	输入/输出	P#Mm.n BYTE x··· P#DBnr.dbxm.n BYTE x	读取的数值存放的地址
Error	BOOL	输出		出错指示，1 为错误，0 为正常
NDR	BOOL	输出		执行指示，若数据传输执行顺利完成则为 1，否则为 0
State	WORD	输出		状态指示，若传输出错，则输出错误代码。可将该状态字数值做比较，以输出相应的自定义报警地址中

利用 FB2 读取 NC 变量的步骤如下：

1）通过 NC-VAR-Selector 进行变量选择。
2）存储选择的变量，存储的文件类型为“ *.var”。
3）生成 STEP 7 源文件。
4）生成带有附加地址的数据块。
5）将数据块添加到符号表，以便在用户程序中应用地址参数的符号。

6）设定 FB2 参数。

实例：通过机床控制面板自定义键 I5.4 将 R0～R1 的数据传入 MD200 和 MD204 中。

1）打开 NC-VAR-Selector 软件，单击菜单【NC Variables】→【Select F2】，弹出对话框，在对话框中选择 ncv_NcData.mdb，如图 8-1 所示。

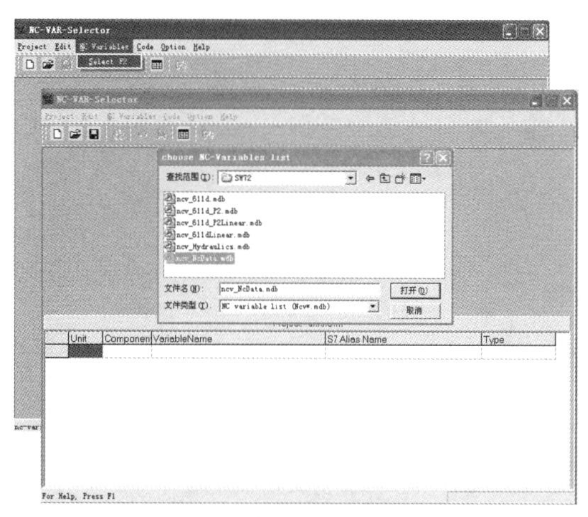

图 8-1　打开变量库文件

2）单击【打开】按钮，如图 8-2 所示，“Unit”为变量单元名称，“Component”为变量区域名称，“Variable Name”为变量名称，“Type”为变量类型。变量的可选范围很大，数量众多，为了提高效率，可以双击“Unit”或“Component”列，选择需要显示的区域。等出现“Selections on NC-Variables”对话框时，单击“Options”中的“Selection”复选框，然后在“Selection parameters”下拉列表中选择变量类型（Component），本例选择“RP”类型，单击【OK】按钮。

3）在图 8-3 中选择变量。双击“Variable Name”列中“rpa [.]”项，弹出对话框，在此对话框中输入通道号和轴号信息，最后完成 R1～R0 参数的选择。

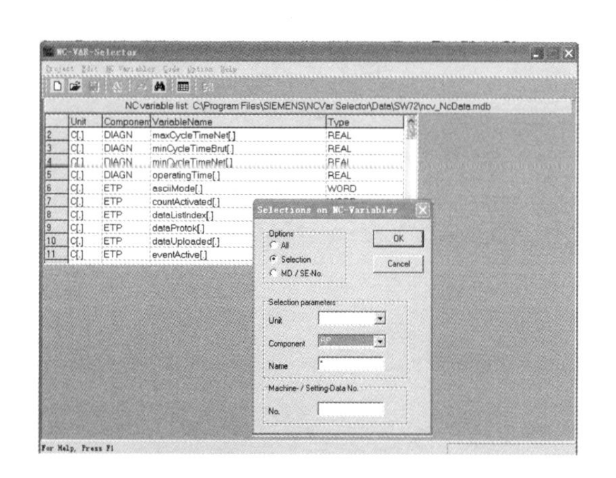

图 8-2　显示变量清单

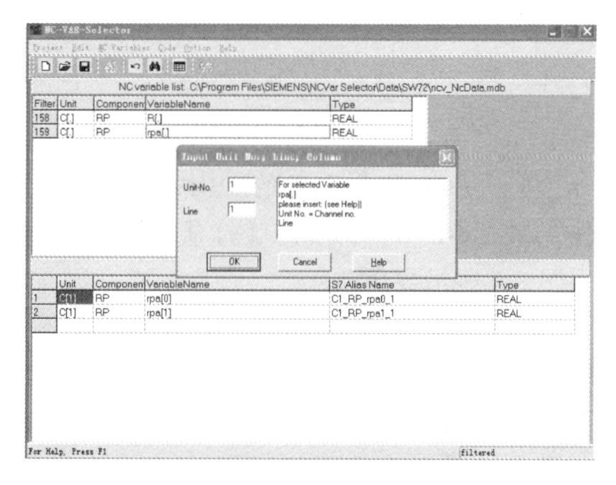

图 8-3　选择变量

4）单击菜单【Code】→【Selections】选项，输入最后要生成的数据块号，例如输入 120，即生成 DB120，如图 8-4 所示。

5）单击菜单【Project】→【Save as】选项，保存变量表。习惯上以要生成的数据块名称命名，如 DB120.var，最后单击【保存】按钮，如图 8-5 所示。

6）单击菜单【Code】→【Generate】选项，生成数据库源文件，最后单击【保存】按钮，如图 8-6 所示。

7）运行 STEP 7 软件，在 Project 中 Sources 目录下，使用菜单【Insert】→【External Source …】功能将生成的源文件导入所需要的项目中，过程如图 8-7 所示。

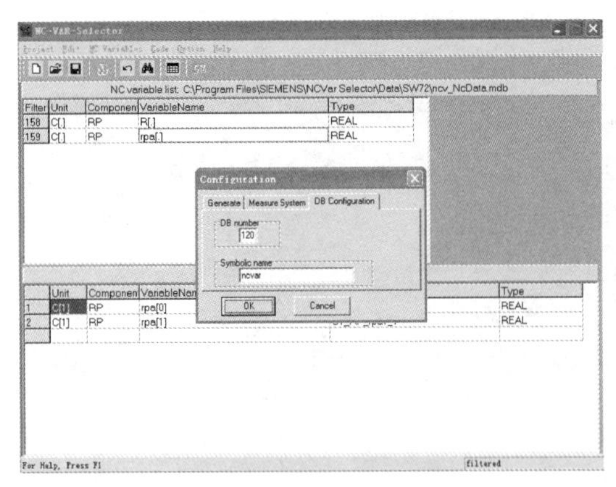

图 8-4 配置源文件数据块

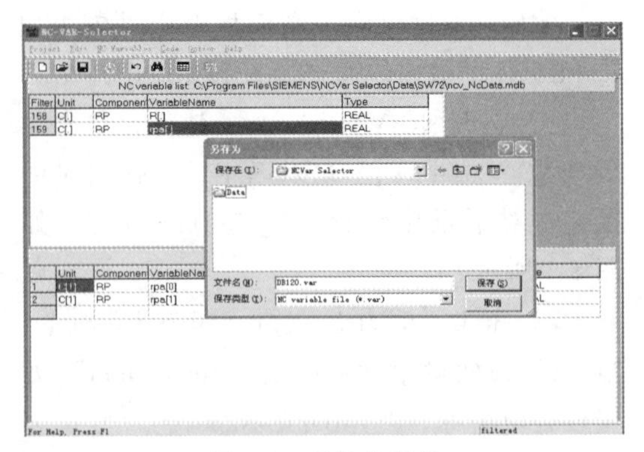

图 8-5 变量表保存

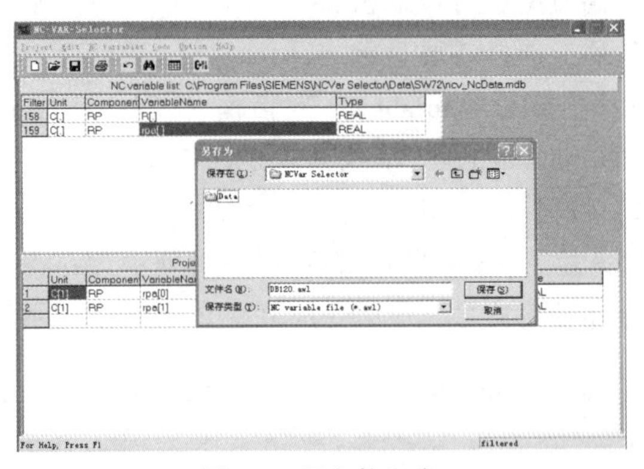

图 8-6 源文件生成

8）选择刚才生成的 DB120. awl 源文件，如图 8-8 所示，单击【打开】按钮，出现图 8-9 所示界面。

9）双击 DB120. awl 打开文件，在 S7 LAD/STL/FBD 下进行编译（在 File 菜单下），生成 DB120. stl，如图 8-10 和图 8-11 所示。

10）将数据库 DB120 加入符号表，并定义相关的符号，如图 8-12 所示。

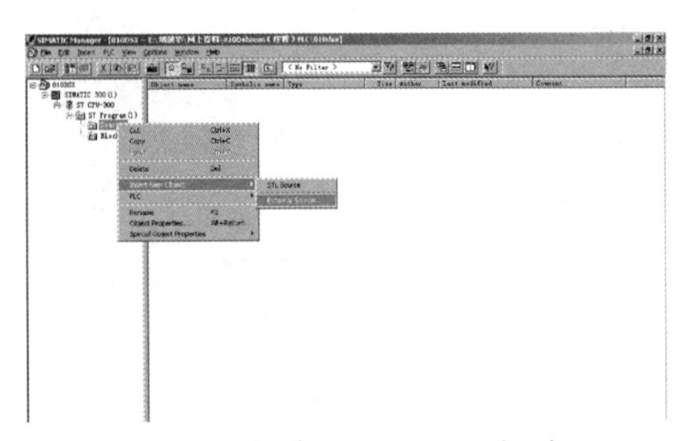

图 8-7 源文件导入 STEP 7 项目中

11）在 OB1 中调用 FB2：

```
CALL FB2, DB130                        //FB2 调用,DB130 为定义的背景数据块
Req:=I5.4                              //请求信号
NumVar:=2                              //读取变量数量为 2
Addr1:="rpa_var".C1_RP_rpa1_1          //变量 1
Addr2:="rpa_var".C1_RP_rpa0_1          //变量 2
Error:=M190.0                          //任务执行异常错误标志存放存储位
NDR:=M100.1                            //任务正常执行标志存放存储位
```

State：=MW104　　　　　　　　　　//错误代码存储位

RD1：=MD200　　　　　　　　　　//读出的数据存放到 MD200 中

RD2：=MD204　　　　　　　　　　//读出的数据存放到 MD204 中

…

RD8：=

最后将 OB100 中的 FB1 参数端 NCKomm 改为 True，下载 DB120、DB130、OB100、OB1 到 PLC 中，做 NCK 复位，使修改程序生效。

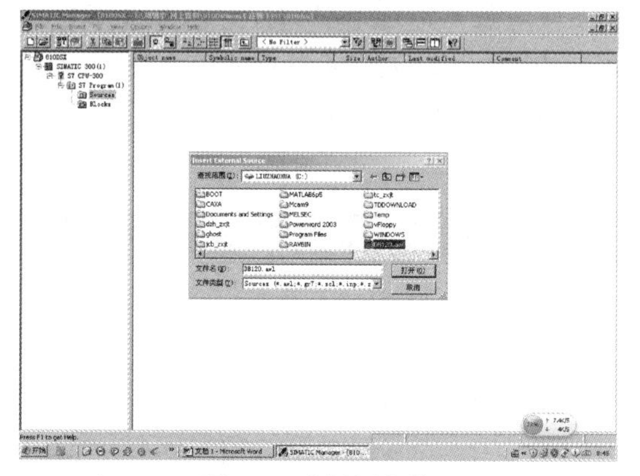

图 8-8　选择源文件

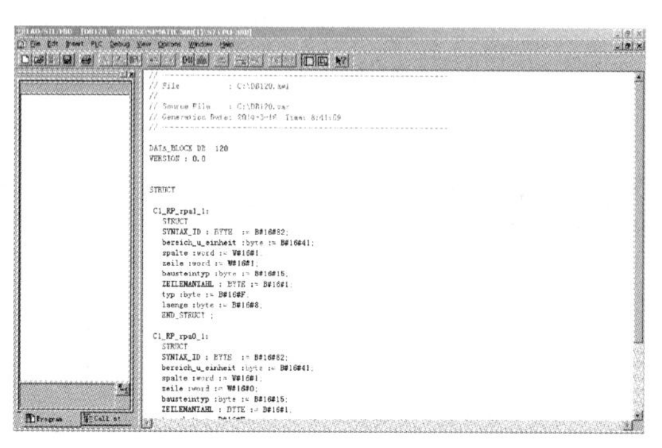

图 8-9　数据块结构

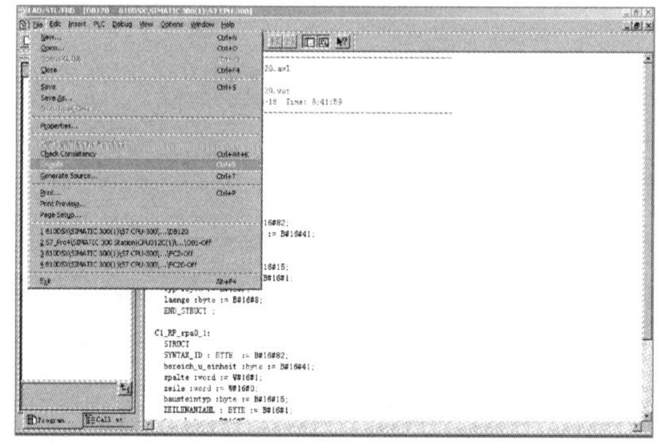

图 8-10　打开编译菜单

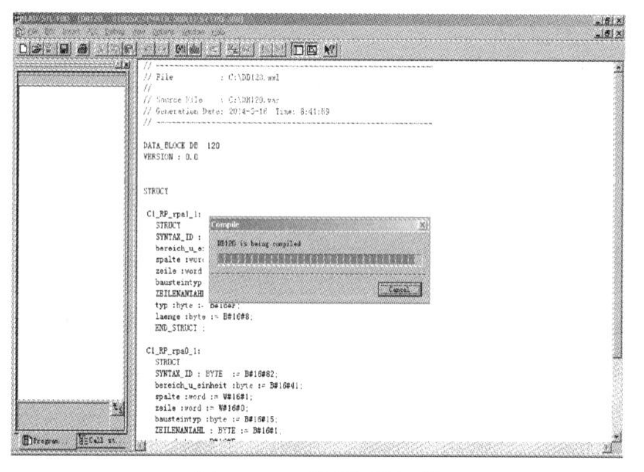

图 8-11　编译源文件

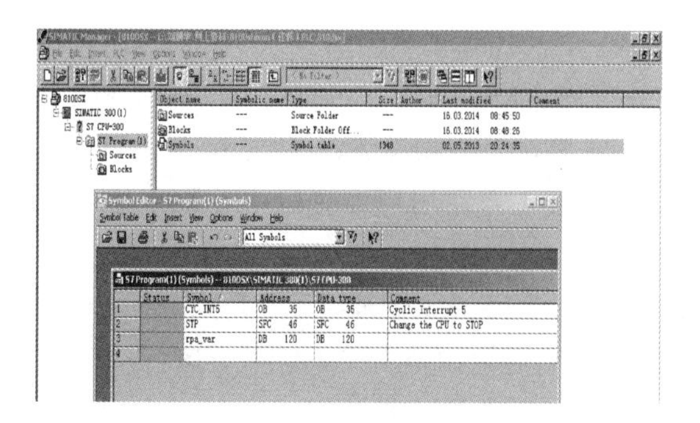

图 8-12　添加数据块到符号表

8.1.3 FB3 PUT（写 NCK 变量）

FB3 用于 PLC 改写 NC 变量（包括各种机床数据、驱动数据、R 参数、GUD 数据、NC 内部变量等）。每次调用 FB3 时，需要从用户区域中声明一个单独的数据块。当 FB3 的请求输入给定的一个上升沿变换时，功能块 FB3 将启动一个任务，这个任务将用 PLC 操作区里相关区域（由 SD1~SD8 指定）中的数据为 NC 变量（由 Addr1~Addr8 指定）赋值。写变量的过程一般会在 1 个或 2 个 PLC 循环内完成，所以必须循环调用，才能保持数据的实时更新。

为了正确导引 NCK 变量，所有需要的变量均需要通过 NC-Var-Selector 软件工具在数据块中生成 STL 源数据块，并将这个数据块加到符号表中，FB3 仅能被 OB1 调用，并且要将 FB1 参数设置为 NCKomm=1。其使用方法与 FB2 应用相似，其参数说明见表 8-3。

表 8-3　FB3 的参数说明

参数名称	数据类型	方向	数据范围	参数说明
Req	BOOL	输入		功能块操作请求，每个上升沿进行一次读操作
NumVar	INT	输入	1~8	变量数量
Addr1~8	ANY	输入	[DBName].[VarName]	变量地址，对应生成的数据块中相应的变量标识
Unit1~8	BYTE	输入		变量地址对应的区域地址
Column1~8	WORD	输入		变量地址对应的列地址
Line1~8	WORD	输入		变量地址对应的行地址
SD1~8	ANY	输入/输出	P#Mm. n BYTE x… P#DBnr. dbxm. n BYTE x	写入的数值存放的地址
Error	BOOL	输出		出错指示，1 为错误，0 为正常
Done	BOOL	输出		执行指示，若数据传输执行顺利完成则为 1，否则为 0
State	WORD	输出		状态指示，若传输出错，则输出错误代码。可将该状态字数值做比较，以输出相应的自定义报警地址中

8.1.4 FB4/FB7 PI_SERV（选择异步子程序）

FB4/FB7 用于 NC 服务程序，FB4 的所有功能均可以通过 FB7 来实现，所以通常用 FB7 来代替 FB4。FB7 只比 FB4 多了 6 个参数（WVar11~16），并多了 1 个刀具管理功能有关的空刀位搜索功能。每次 FB4 调用，需在用户数据区中分配 1 个数据块作为背景数据块，才能完成其功能。

FB4/FB7 的每次执行周期通常需要 1 个或 2 个 PLC 扫描循环才能完成，所以它们只能在循环模式下调用。若需要通过 PLC 激活 1 个 NC 程序执行，或通过 PLC 来执行刀具管理中的空刀位搜索等，这时可应用 FB4/FB7 来实现。

FB4/FB7 的参数说明见表 8-4。

表 8-4　FB4/FB7 的参数说明

参数名称	数据类型	方向	数据范围	参数说明
Req	BOOL	输入		功能块操作请求，每个上升沿进行一次操作
PIService	ANY	输入	默认："PI".[VarName]	PI 服务任务
Unit	INT	输入	1…	区域号
Addr1～Addr4	ANY	输入	[DBName].[VarName]	根据 PI 服务类型参考的字符串数据地址
WVar1～10/16	WORD	输入	1…	根据 PI 服务类型参考的数据
Error	BOOL	输出		出错指示。若数据传输错误则为 1，正常为 0
Done	BOOL	输出		执行指示。若数据传输执行顺利完成则为 1，正常为 0
State	WORD	输出		状态指示。若数据传输出错则输出错误代码。可将该状态字数值做比较，以输出相应的自定义报警地址中

从 PLC 启动的 PI 服务任务可以由表 8-5 查询。在 FB4/FB7 中，输入变量 Unit、Addr、WVar 的具体含义取决于 PI 服务的任务。

表 8-5　PLC 启动的 PI 服务任务

PI 服务	功能描述	PI 服务	功能描述
ASUB	分配中断任务	CREATO	通过指定 T 号建立刀具
CANCEL	执行取消任务	SETUFR	激活用户定义的偏执框架
CONFIG	重新配置机床数据(MD)的值	DELECE	删除刀沿
DIGION	在指定的通道激活数字化	DELETO	删除刀具
DIGIOF	在指定的通道取消数字化	MMCSEM	各种 PI 服务的信号指示
FINDBL	激活段搜索功能	TMCRTO	建立刀具
LOGIN	激活密码，激活权限登录	TMFDPL	搜索用于装刀的空刀位
LOGOUT	复位密码，当前权限登录退出	TMFPBP	搜索空刀位
NCRES	初始化 NC 复位	TMMVTL	准备用于装载/卸载刀具的刀位
SELECT	为通道选择加工程序	TMPOSM	刀位或刀具的位置
SETUDT	激活用户坐标变换功能	TMPCIT	设置工件计数器的增量值
PI 服务	刀具管理服务	TMRASS	复位激活状态
CRCEDN	通过指定刀沿号建立新刀沿	TRESMO	复位监控值
CREACE	建立下一个未分配的刀沿号	TSEARC	用于搜索屏幕表格的复杂搜索

下面分别就 FB4/FB7 的通用 PI 服务类型加以说明。

1. ASUB：分配中断任务

"PI".ASUB 服务功能用于通过中断方式激活某通道中指定路径和程序名称的程序的对

应关系。ASUB 服务方式时 FB4/FB7 的参数说明见表 8-6，表中未列出的参数与表 8-4 中相同。

表 8-6　ASUB 服务方式时 FB4/FB7 的参数说明

参数名称	数据类型	数据范围	参数说明
PIService	ANY	“PI”. ASUP	分配中断任务
Unit	INT	1~10	通道号
WVar1	INT	1~8	中断号
WVar2	INT	1~8	中断优先级
WVar3	INT	0/1	LIFTFAST 方式
WVar4	INT	0/1	BLSYNC 方式
Addr1	STRING		程序存放的路径
Addr2	STRING		程序名字

例如，在某些机床上，需要执行加工程序的同时监控某个外部条件，当条件满足时调用相应的处理子程序。这个功能的实现就可以通过 FB4/FB7 来实现，先调用 FB4 将中断号与子程序做个链接（机床上电后，只需要执行一次即可），当条件满足后调用 FC9 触发中断，这就是异步子程序功能。

任意准备一个主程序和一个子程序，名字为 DEMO. MPF 和 ASYN. SPF，将程序存储在机床中。

```
DEMO. MPF                    //主程序
    G0 X0 Y0 Z20;
    G1 X200 F100;
    Y200;
    M30;
ASYN. SPF                    //子程序
    G0 X130 Y134;
    G4 F5;
    M17;
```

在 840D/810D 数控系统 STEP7 PLC 项目中建立一个数据块 DB100，如图 8-13 所示。在 DB100 定义 2 个数据类型为 STRING［32］的变量：DB100. Path = ‘/_N_SPF_DIR’；DB100. Pathname = ‘/_N_ASYN_SPF’。

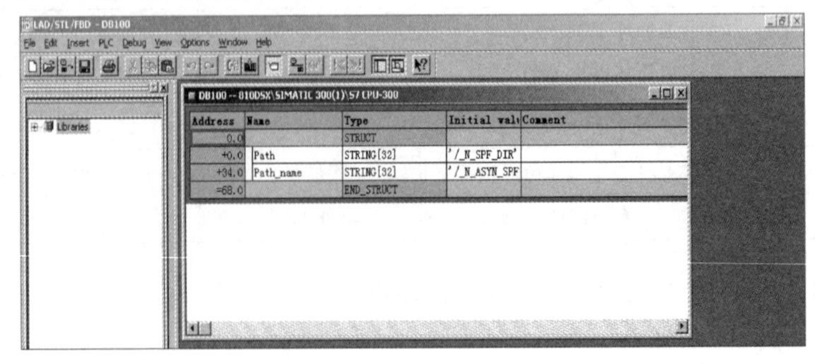

图 8-13　建立数据块 DB100

在 PLC 用户程序中调用 FB4，程序如下：

```
CALL   FB4,DB101                     //FB4 调用,DB101 为定义的背景数据块
Req:=I7.5                            //I7.5 的上升沿触发 FB4
PIService:="PI".ASUP                 //设置中断方式执行程序
Unit:=1                              //通道 1
Addr1:=DB100.Path                    //指定 NC 程序的路径
Addr2:=DB100.Pathname                //指定 NC 程序的名字
Addr3:=
Addr4:=
WVar1:=W#16#1                        //中断号
WVar2:=W#16#1                        //中断优先级
WVar3:=W#16#0                        //无 LIFTFAST
WVar4:=W#16#0                        //无 BLSYNC
…
Error:=M160.0                        //程序执行出错
Done:=M160.1                         //程序调用完成
State:=MW162                         //错误状态字
```

FB4 只是将指定的 NC 程序与中断号建立了对应关系，要执行该 NC 程序时还需要调用 FC9 以触发中断，从而激活该 NC 程序（异步子程序）的执行。在 OB1 中调用 FC9，程序如下：

```
CALL   FC9
Start:=I7.7                          //I7.7 的上升沿触发中断
ChanNo:=1                            //通道 1
IntNo:=1                             //中断号
Active:= M160.2                      //1=FC9 正在执行
Error:=M160.3                        //1=FC9 程序执行出错
Done:=M160.4                         //1=FC9 程序调用完成
StartErr:=M160.5                     //1=中断号未分配或已经删除
Ref:=MW164                           //内部使用字
```

测试时，上电后按下 I7.5 键，启动 DEMO.MPF 程序，程序运行过程中，随时按下 I7.7 键都可以中断 DEMO.MPF 程序，而转去执行 ASYN.SPF 程序，之后返回 DEMO.MPF 程序。如果要恢复到被中断的那一句，则在子程序 M17 前用 REPOS 指令。

2. CANCEL：执行取消任务

当 PIService:="PI".CANCEL 时，"Req"的上升沿信号触发 FB4 执行 1 次 CANCEL 功能（相当于 HMI 操作面板上的 CANCEL 键被按下 1 次）。

3. CONFIG：重新配置机床数据（MD）的值

当 PIService:="PI".CONFIG 时，"Req"的上升沿信号触发 FB4 执行 1 次 CONFIG 功能，使最近通过面板操作或 PLC 后台修改的机床数据得以生效（对于需 NCK 复位才能生效的机床数据无效），执行此功能时需设定 FB4 参数"Unit"=1、"WVar"=1。

4. DIGION: 数字化 ON

当 PIService:="PI".DIGION 时，“Req” 的上升沿信号触发 FB4 执行 1 次 DIGION 功能，以激活 “Unit” 设定的通道的数字化功能。

5. DIGIOF: 数字化 OFF

当 PIService:="PI".DIGIOF 时，“Req” 的上升沿信号触发 FB4 执行 1 次 DIGIOF 功能，以取消 “Unit” 设定的通道的数字化功能。

6. FINDBL: 激活块搜索

当 PIService:="PI".FINDBL 时，“Req” 的上升沿信号触发 FB4 执行 1 次 FINDBL 功能，以激活 “Unit” 设定的通道的块搜索功能。块搜索方式由参数 “WVar1” 设定：1—不带计算，2—带计算，3—带主块考虑。

7. LOGIN: 激活权限登录

当 PIService:="PI".LOGIN 时，“Req” 的上升沿信号触发 FB4 执行 1 次 LOGIN 功能，系统根据参数 “Addr1” 对应的字符串内容（口令，8 个字符的字符串。若口令长度小于 8 个字符，则在尾部加空格，如 “SUNRISE ”）登录相应的访问权限。参数 “Unit” 应设定为 1（对应 NCK）。

8. LOGOUT: 当前权限退出登录

当 PIService:= “PI”.LOGOUT 时，“Req” 的上升沿信号触发 FB4 执行 1 次 LOGOUT 功能，系统将退出当前的权限登录，回到 MCP 钥匙开关对应的访问权限。参数 “Unit” 应设定为 1（对应 NCK）。

9. NCRES: 触发 NC 复位

当 PIService:="PI".NCRES 时，“Req” 的上升沿信号触发 FB4 执行 1 次 NCRES 功能，激活 1 次 NCK RESET 复位。参数设置为 “Unit”=0，“WVar”=0。

10. SELECT: 在通道中选择执行程序

当 PIService: = “PI”.SELECT 时，“Req” 的上升沿信号触发 FB4 执行 1 次 SELECT 功能，使 “Unit” 指定的通道中，“Addr1” 和 “Addr2” 指定的程序被自动选择（该程序应事先装载到 NC 内存中）。SELECT 功能时 FB4/FB7 的参数说明见表 8-7。

表 8-7 SELECT 功能时 FB4/FB7 的参数说明

参数名称	数据类型	数据范围	参数说明
PIService	ANY	“PI”. SELECT	
Unit	INT	1~10	通道号
Addr1	STRING		程序存放的路径
Addr2	STRING		程序名字

11. SETUDT: 设置默认激活的用户数据

当 PIService:="PI".SETUDT 时，“Req” 的上升沿信号触发 FB4 执行 1 次 SETUDT 功能，以使设定的用户数据生效，如刀具偏置、基本零偏、可设定零偏等在下一个 NC 程序块即生效。

SETUDT 功能时 FB4/FB7 的参数说明见表 8-8。

表 8-8　SETUDT 功能时 FB4/FB7 的参数说明

参数名称	数据类型	数据范围	参数说明
PIService	ANY	“PI”. SETUDT	
Unit	INT	1~10	通道号
WVar1	WORD	1~5	用户数据类型 1:激活刀具偏执 2:激活基本偏执 3:激活可设定零偏 4:激活全局基本零偏 5:激活全局可设定零偏
WVar2	WORD	0	
WVar3	WORD	0	

12. SETUFR:激活用户定义的偏执框架

当 PIService:=“PI” .SETUFR 时，“Req” 的上升沿信号触发 FB4 执行 1 次 SETUFR 功能，以使由 “Unit” 指定的通道中设定的用户零偏生效。用户零偏数据应事先通过 FB3 写入相应的系统变量中。

13. CRCEDN:通过指定刀沿号建立新刀沿

当 PIService:=“PI” .CRCEDN 时，“Req” 的上升沿信号触发 FB4 执行 1 次 CRCEDN 功能，以便为 “WVar1” 指定的刀具建立 1 个新刀沿，刀沿号为 “WVar2”。

CRCEDN 功能时 FB4/FB7 的参数说明见表 8-9。

表 8-9　CRCEDN 功能时 FB4/FB7 的参数说明

参数名称	数据类型	数据范围	参数说明
PIService	ANY	“PI”. CRCEDN	
Unit	INT	1~10	TOA(刀具数据区域号)
WVar1	INT	5	刀具号
WVar2	INT	1~9/1~31999	新刀沿号

14. CREACE:建立下一个未分配的刀沿号

当 PIService:=“PI” .CREACE 时，“Req” 的上升沿信号触发 FB4 执行 1 次 CREACE 功能，以便为 “WVar1” 指定的刀具建立 1 个新刀沿，刀沿号为自动分配。该功能 FB4 的参数含义与 CRCEDN 基本相同，只是不需要 “WVar2” 参数。

15. CREATO:建立新刀具

当 PIService:=“PI” .CREATO 时，“Req” 的上升沿信号触发 FB4 执行 1 次 CREATO 功能，以便新建 1 个刀号为 “WVar1” 的刀具，并自动建立 1 个新刀沿号 D1。该功能 FB4 的参数含义与 CREACE 相同。

16. DELECE:删除 1 个刀沿

当 PIService:=“PI” .DELECE 时，“Req” 的上升沿信号触发 FB4 执行 1 次 DELECE 功能，以删除刀号为 “WVar1” 的刀具的刀沿 “WVar2”。该功能 FB4 的参数含义与 CRCEDN 相同。

17. DELETO：删除刀具

当 PIService：="PI" .DELETO 时，"Req" 的上升沿信号触发 FB4 执行 1 次 DELETO 功能，以删除刀号为 "WVar1" 的刀具。该功能 FB4 的参数含义与 CREATO 相同。

18. MMCSEM：刀具管理 PI 服务的信号联络变量

当 PIService：="PI" .MMCSEM 时，"Req" 的上升沿信号触发 FB4 执行 1 次 MMCSEM 功能，以便对 "WVar1" 对应的 PI 服务功能的联络信号进行处理。MMCSEM 功能时 FB4/FB7 的参数说明见表 8-10。

表 8-10　MMCSEM 功能时 FB4/FB7 的参数说明

参数名称	数据类型	数据范围	参数说明
PIService	ANY	"PI".MMCSEM	
Unit	INT	1~10	通道号
WVar1	INT	1~10	功能号： 1：TMCRTO 2：TMFDPL 3：TMMVTL 4：TMFPBP 5：TMGETT 6：TSEARC 7~10：预留
WVar2	INT	0~1	0：联络信号复位 1：联络信号置位或测试

19. TMCRTO：建立新刀具（支持姊妹刀）

当 PIService：="PI" .TMCRTO 时，"Req" 的上升沿信号触发 FB4 执行 1 次 TMCRTO 功能，以建立一把新刀具，其刀具名称由 "Addr1" 设定，刀具 Duplo 号由 "WVar2" 设定。可选参数 "WVar1" 设定刀具号。与 CREATO 功能相比，其区别在于该功能可建立姊妹刀。

20. TMFDPL：空刀位搜索

当 PIService：="PI" .TMFDPL 时，"Req" 的上升沿信号触发 FB4 执行 1 次 TMFDPL 功能，以执行 1 次空刀位搜索。TMFDPL 功能时 FB4/FB7 的参数说明见表 8-11。

表 8-11　TMFDPL 功能时 FB4/FB7 的参数说明

参数名称	数据类型	数据范围	参数说明
PIService	ANY	"PI".TMFDPL	
Unit	INT	1~10	TOA（刀具数据区域号）
WVar1	INT		刀具号
WVar2	INT		装载刀位号
WVar3	INT		刀库号
WVar4	INT		装载刀位号 ID
WVar5	INT		刀库号 ID

当 WVar2 = WVar3 = -1 时，系统会根据 "WVar1" 指定的刀具号在所有刀库中自动搜索符合该刀具特性的空刀位，并将搜索到的空刀位存放在系统变量中：magCMCmdPar1—刀库

号，magCMCmdPar2—刀位号。WVar4 和 WVar5 设定搜索标准，也可以设为“-1”。

当 WVar2=-1、WVar3=实际刀库号时，功能同上，只是仅在实际指定的刀库中搜索满足“WVar1”刀具特性的空刀位。

当 WVar2=实际刀位号、WVar3=实际刀库号时，检查指定的刀库刀位是否为空，且其特性是否与目标刀具相符合。

21. TMGETT：根据刀具识别符返回内部刀具号

当 PIService:="PI".TMGETT 时，“Req”的上升沿信号触发 FB4 执行 1 次 TMGETT 功能。该 PI 服务相当于 NC 指令 GETT，即通过刀具名称返回刀具号。返回的刀具号存储在 TnumWZV 变量中，若设定的刀具名称不存在，则返回数值“-1”。TMGETT 功能时 FB4/FB7 的参数说明见表 8-12。

表 8-12　TMGETT 功能时 FB4/FB7 的参数说明

参数名称	数据类型	数据范围	参数说明
PIService	ANY	“PI”.TMGETT	
Unit	INT	1~10	TOA(刀具数据区域号)
Addr1	STRING[32]		刀具名称
WVar1	INT		刀具 Duplo 号

还有一些其他的 PI 服务：

TMFPBP：空刀位搜索，该服务为 FB7 的空刀位搜索功能。

TMMVTL：移动刀库到装卸刀位。

TMPOSM：刀库定位。

TMPCIT：设置工件计数的增量值。

TMRASS：复位激活状态。

TRESMO：复位监控值。

TSEARC：复合型搜索屏幕窗体。

8.1.5　FB5 GETGUD（读全局用户数据）

PLC 用户程序可以通过应用该功能块从 NCK 读取 GUD 变量。这个功能块只能识别大写字母，所以 GUD 变量的名字必须用大写字母。每次调用该功能块时，需要单独在用户数据块范围内为它匹配数据块。读取处理过程成功完成后，状态参数“Done”变为逻辑 1。FB5 的参数说明见表 8-13。

表 8-13　FB5 的参数说明

参数名称	数据类型	方向	数据范围	参数说明
Req	BOOL	输入		上升沿启动任务
Addr	ANY	输入	[DBName].[VarName]	数据类型为 STRING 的 GUD 变量名称
Area	BYTE	输入		区域地址： 0—NCK 变量 1—通道变量
Unit	BYTE	输入		NCK 区域：Unit=1 通道区域：通道号

（续）

参数名称	数据类型	方向	数据范围	参数说明
Index1	INT	输入		变量索引 1，如果不用则为 0
Index2	INT	输入		变量索引 2，如果不用则为 0
CnvtToken	BOOL	输入		激活产生一个变量令牌
VarToken	ANY	输入		10 个字节的变量令牌地址
FMNCNo	INT	输入	0，1，2	0，1＝1 NCU； 2＝2 NCUs
Error	BOOL	输出		任务没有响应或任务执行错误
Done	BOOL	输出		任务执行正常
State	WORD	输出		错误标识
RD	ANY	输入、输出	P#Mm. n BYTE x… P#DBnr. dbxm. n BYTE x	需要写入的数据

如果 FB5 执行有故障，在参数 Error 中有输出，则可以通过错误标识参数查询故障的类型，见表 8-14。

表 8-14　执行 FB5 的错误代码

状态		描述	备注
WORD H	WORD L		
0	1	访问错误	
0	2	任务错误	任务的变量编译错误
0	3	任务未执行	内部错误，NC RESET
0	4	数据区域或数据类型不符	检查 RD 读入的数据
0	6	FIFO 满	任务必须重新启动
0	7	选项未设置	基本程序 OB100 中参数 NCKomm 未设置
0	8	目标区域错误	RD 可能是局部数据
0	9	传送忙	任务必须重新启动
0	10	变量寻址错误	参数 Unit 包含 0 值
0	11	变量地址无效	检查地址（变量名，区域，UNIT 参数）

实例：通过机床控制面板自定义键 I7.7，将用户变量 TEST1 的数值读到 MD110 中。

1）NC 侧定义用户变量 TEST1 过程如下：

① 进入服务界面。

② 按 “Definition” 键。

③ 按 “Manage data” 水平软键。

④ 按 “New” 垂直软键。

⑤ 选择 “Global Data/MManuf” 选项（机床制造厂商定义的全局用户数据 MGUD）。

⑥ 按 “OK” 键后进入文件编辑状态，根据需要输入定义的变量名称和类型，如 “DEF

NCK int test1 ”。

⑦ 按垂直软键中的“Activate”键后，按“Yes”键激活，至此全局用户变量定义完成。

2）用 PLC 编写程序，调用 FB5。

① 在 STEP7 PLC 项目中新建一个数据接口块 DB101，如图 8-14 所示。

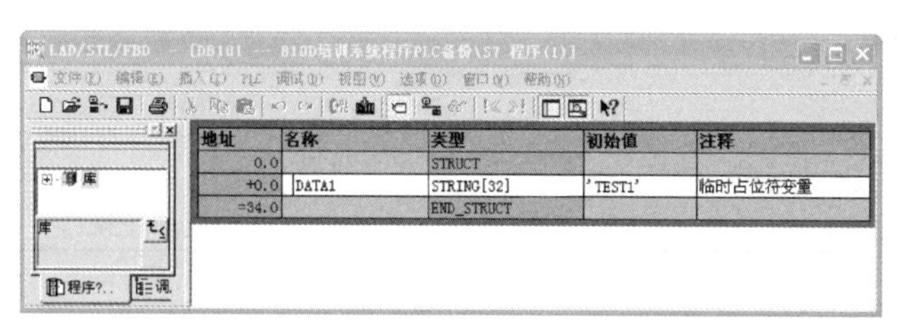

图 8-14 创建用于 FB5 的数据块 DB101

② 在 PLC 用户程序 OB1 中调用 FB5，程序如下：

```
CALL FB5, DB100                    //DB100 背景数据块
Req:= I7.7                         //启动信号
Addr:=DB101.DATA1                  //读取的用户变量名
Area:=B#16#0                       //读 NCK 用户变量
Unit:=B#16#1                       //读 NCK 用户变量设置为 1
Index1:=
Index2:=
CnvtToken:=
VarToken:=
Error:=M100.0
Done:=M100.1
State:=MW102
RD:=MD110                          //读取结果存放在 MD110 中
```

③ 将 OB100 中 FB1 参数“NCKomm”设置为 TRUE，并将程序下载到 PLC 中，系统重新上电。当按下 I7.7 键时，用户变量 TEST1 的数值便会被读到 MD110 中。

8.1.6 FC2 GP_ HP（循环的基本程序）

FC2 是系统的基础程序，用于管理 NCK 与 PLC 之间的接口通信，执行方式为循环模式。为使这个程序的执行时间最短，通常情况下，基础程序仅对控制信号、状态信号进行循环传送，而对辅助功能和 G 功能的传送块，只有在 NCK 请求时进行。该程序没有参数。通常 FC2 是在 OB1 的第一段开始调用，复制标准库程序时在 OB1 中已经调用。

8.1.7 FC3 GP_ PRAL（报警控制的基本程序）

FC3 是基础程序，用于中断管理控制。它同步 NCK 到 PLC（辅助功能和 G 功能）的中断通信，在基础程序中断部分同步执行。辅助功能分为高速通信和普通通信两部分。该程序没有参数，在 OB40 中调用。

8.1.8 FC7/FC8/FC22 WZV（刀具管理）

FC7 用于转塔式刀库（多用于车床）更换刀具后进行数据交换的程序，其参数说明见表 8-15。

表 8-15　FC7 的参数说明

参数名称	数据类型	方向	数据范围	参数说明
Start	BOOL	输入		1=启动信号,开始传输
ChgdRevNo	BYTE	输入	1…	回转刀架接口号
Ready	BOOL	输出		1=传输完成
Error	INT	输出	0…3	0:没有错误 1:当前不存在砖塔刀架 2:参数"ChgdRevNo"中的数据错误 3:无效任务

例如，FC7 的调用格式如下：

```
CALL FC 7
Start :=  M 20.5              //传输开始
ChgdRevNo := DB61.DBB 1       //回转刀架接口号
Ready := M20.6                //传输完成为 1
Error := DB61.DBW 12          //错误
```

FC8（TM-TRANS）：当刀具位置或传送操作的状态发生改变时，用户可以调用该功能，其参数说明见表 8-16。

表 8-16　FC8 的参数说明

参数名称	数据类型	方向	数据范围	参数说明
Start	BOOL	输入		1=启动信号,开始传输
TaskIdent	BYTE	输入	1…5	接口任务标识 1:装载/卸载本地刀具 2:主轴换刀位置 3:刀架换刀位置 4:异步传送 5:应用本地预留区进行异步传送
TaskIdentNo	BYTE	输入	1…	关联的接口号或通道号;它可以指定异步传输的接口号(如 B#16#12 表示第一接口、第二通道)
NewToolMag	INT	输入	-1,0…	新刀刀库号(-1 表示刀具在自己当前刀库。NewToolLoc=任何值,并且只允许 TaskIdent=2)
NewToolLoc	INT	输入		新刀刀位号
OldToolMag	INT	输入	-1,0…	旧刀刀库号
OldToolLoc	INT	输入		旧刀刀位号
Status	INT	输入	1…7,103…105	传输操作的状态信息
Ready	BOOL	输出		1=传输完成
Error	INT	输出	0…65536	传输错误 0:没有发生错误 1:无效的"TaskIdent" 2:无效的"TaskIdentNo" 3:无效任务

例如，FC8 的调用格式如下：

```
CALL FC 8
Start:=M20.5
TaskIdent:=DB61.DBB 0
TaskIdentNo:=DB61.DBB 1
NewToolMag:=DB61.DBW 2
NewToolLoc:=DB61.DBW 4
OldToolMag:=DB61.DBW 6
OldToolLoc:=DB61.DBW 8
Status:=DB61.DBW 10
Ready:=M 20.6
Error:=DB61.DBW 12
```

FC22（TM_DIR）：该功能是以最短路径定位刀库或刀架到设定位置，其参数说明见表 8-17。

表 8-17　FC22 的参数说明

参数名称	数据类型	方向	数据范围	参数说明
MagNo	INT	输入	1…	刀库号
ReqPos	INT	输入	1…	设定位置
ActPos	INT	输入	1…	实际位置
Offset	BYTE	输入	0…	指定位置的偏转量
Start	BOOL	输入		开始计数
Cw	BOOL	输入		1=顺时针移动刀库
Ccw	BOOL	输入		1=逆时针移动刀库
InPos	BOOL	输入		1=到位信号
Diff	INT	输出	0…	不同路径(最短路径)
Error	BOOL	输出		1=出现故障

例如，FC22 的调用格式如下：

```
CALL FC 22
MagNo:=2              //刀库号
ReqPos:=MW 20         //设定位置
ActPos:=MW 22         //当前位置
Offset:=B#16#0        //指定位置的偏转量
Start:=M 30.4         //开始计算
Cw:=M 30.0            //顺时针移动刀库
Ccw:=M 30.1           //逆时针移动刀库
InPos:=M 30.2         //到位信号
Diff:=MW 32           //不同路径
```

Error：= M 30.3　　　//故障信号

8.1.9 FC9 ASUB（启动异步子程序）

FC9 可以启动 NC 的任意功能。在启动 NC 功能之前，NC 程序或 FB4 均要事先进行初始化。通道和中断号赋值给 FC9，其参数说明见表 8-18。

表 8-18 FC9 的参数说明

参数名称	数据类型	方向	数据范围	参数说明
Start	BOOL	输入		启动信号
ChanNo	INT	输入	1~10	NC 通道号
IntNo	INT	输入	1~8	中断号
Activ	BOOL	输出		1 = 激活
Done	BOOL	输出		1 = ASUB 任务完成
Error	BOOL	输出		1 = 中断关闭
StartErr	BOOL	输出		1 = 中断号无效或已被删除
Ref	WORD	输入、输出	全局变量（MW，DBW，…）	每次调用需要单独的一个字

例如，FC9 的调用格式如下：

```
CALL FC 9
Start：= M20.0
ChanNo：= 1
IntNo：= 1
Activ：= M 204.0
Done：= M204.1
Error：= M 204.4
StartErr：= M 204.5
Ref：= MW 200
```

8.1.10 FC10 Error/Message（报警/信息）

FC10 可计算 PLC 对 DB2 的信号赋值状态，从而对 MMC 输出相应的报警与提示信息。对于 DB2 接口信号的上升沿，可以使相应的报警或提示信息立即输出，而 DB2 接口信号的下降沿，则只会使提示信息立即消失，报警显示另需设定的报警确认信号才可消失。

FC10 功能块只有 2 个参数：ToUserIF，Quit，都是 BOOL 数据类型，其中 Quit 就是用户设定的报警确认信号，如 I3.7。ToUserIF 的用法如下：

ToUserIF = FALSE：信号不传送。用户直接通过 PLC 程序控制“禁止进给”“禁止读入”和“禁止 NC 启动”等信号的逻辑连锁关系。

ToUserIF = TRUE：信号传送。系统通过 FC10 功能块的输出来控制“禁止进给”“禁止读入”和“禁止 NC 启动”等信号的逻辑连锁关系，也就是说，通过用户程序中对 DB2 中相应的位的置位/复位来控制通道、轴/主轴的“禁止进给”“禁止读入”和“禁止 NC 启动”等信号的状态，并同时输出报警信息。

为更加详细地描述 FC10 的使用，下面用两个实例进行描述。

实例 1：当 FC10 的参数 ToUserIF=TRUE，报警原因消失后，报警信息用 MCP 上的复位键消除报警。

程序如下：

```
A   M1.0
= DB2.DBX0.0             //当 M1.0=1 时,屏幕显示 510000 错误信息
CALL FC 10
ToUserIF: =TRUE
Quit: =I3.7              //当 M1.0 由 1 变为 0 后,需要用 I3.7 复位屏幕上的错误
                           信息
```

实例 2：当 FC10 的参数 ToUserIF=FALSE，报警原因消失后，报警信息自动消失。

程序如下：

```
A   M1.1
=DB2.DBX1.0              //当 M1.1=1 时,屏幕显示 510008 错误信息
CALL FC 10
ToUserIF: =FALSE
Quit: =I3.7              //当 M1.1 由 1 变为 0 后,屏幕上的操作信息自动消失
```

8.1.11 FC13 BHG_ DISP（手持单元的显示控制）

本功能用于手持单元的显示控制，将要显示的信息存储在 32 个字母的字符串数据的参数“ChrArray”中。生成数据块时需要一个固定的 32 个字符。FC13 的参数说明见表 8-19。

表 8-19 FC13 的参数说明

参数名称	数据类型	方向	数据范围	参数说明
Row	BYTE	输入	0~3	0:没有显示输出 1:在行 1 显示 2:在行 3 显示 3:在行 1 和行 2 同时显示
ChrArray	STRING	输入	>=string[32]	字符串包含整个显示区域
Convert	BOOL	输入		激活数值转换
Addr	POINTER	输入		待转换变量的指针
DataType	BYTE	输入	1~8	1:布尔型数据,1 个字符 2:字节型数据,3 个字符 3:字符型数据,1 个字符 4:字型数据,5 个字符 5:整型数据,6 个字符 6:双字型数据,7 个字符 7:双整型数据,8 个字符 8:实数型数据,9 个字符
StringAddr	INT	输入	1~32	地址在变量 ChrArray 范围内
Digits	BYTE	输出	1~4	1:表示 6.1,是数据范围,小数点前是 6 位,小数点后是 1 位,数字范围为 -999999.9~+999999.9 2:表示 5.2,是数据范围,小数点前是 5 位,小数点后是 2 位,数字范围为

（续）

参数名称	数据类型	方向	数据范围	参数说明
Digits	BYTE	输出	1~4	-99999.99~+99999.99 3：表示 4.3，是数据范围，小数点前是 4 位，小数点后是 3 位，数字范围为 -9999.999~+9999.999 4：表示 3.4，是数据范围，小数点前是 3 位，小数点后是 4 位，数字范围为 -999.9999~+999.9999
Error	BOOL			显示转换出错，原因为数组太小、字符串地址错、数值溢出等

实例：

1）在 STEP 7 软件中创建项目并生成数据块 DB130，将所用的变量加入数据表并定义变量名 disp1 和 disp2，创建的数据块 DB130 如图 8-15 所示。

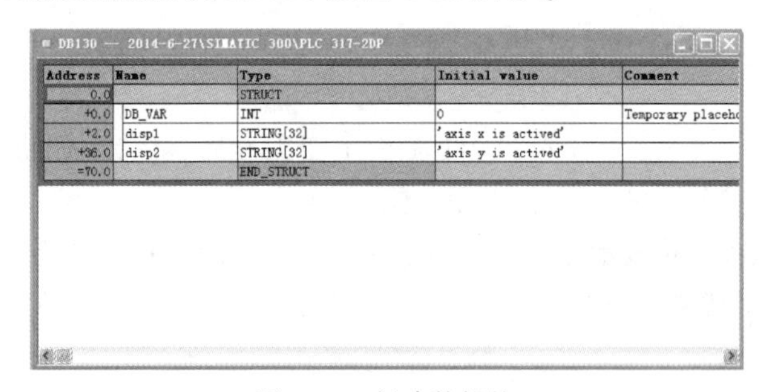

图 8-15　创建数据块

2）将数据块 DB130 加入符号表，如图 8-16 所示。

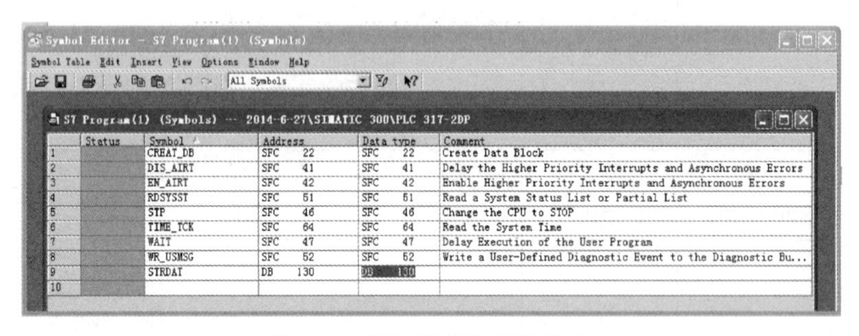

图 8-16　添加数据块到符号表

3）PLC 控制手持单元的程序如下：

```
CALL FC 13
Row:=B#16#3                   //3 表示行 1 和行 2 同时显示
ChrArray:="STRDAT".disp1      // P#DB130.DBX2.0
Convert:=FALSE
Addr:="STRDAT".disp1          // P#DB130.DBX2.0
DataType:=B#16#8              //实型数据类型，9 个字符
StringAddr:=32                //数据范围
```

```
Digits: = B#16#1              //数据范围
Error: = M 90.2               //错误信息
```

8.1.12 FC15 POS_ AX（直线和回转轴的定位）

FC15 是 PLC 轴控制功能块，用于线性轴以及旋转轴的定位功能，其参数说明见表 8-20。FC15 的功能在系统软件版本 SW3.6 之后都已经集成在 FC18 中，所以对于新的应用场合，不再需要调用 FC15。

表 8-20 FC15 的参数说明

参数名称	数据类型	方向	数据范围	参数说明
Start	BOOL	输入		上升沿功能激活
AxisNo	BYTE	输入	1~31	需要运行的轴号
IC	BOOL	输入		0:绝对 1:增量
Inch	BOOL	输入		0:米制单位 mm 1:寸制单位 in
HWheelOv	BOOL	输入		1=手轮修调
Pos	REAL	输入	±0.1469368 E-38~ ±0.1701412 E+39	线性轴位置单位(mm) 旋转轴单位 (°)
FRate	REAL	输入	±0.1469368 E-38~ ±0.1701412 E+39	线性轴速率单位(mm/min) 旋转轴单位 (r/min)
InPos	BOOL	输出		1=到位信号
Activ	BOOL	输出	0,1,2	1=激活
StartErr	BOOL	输出		轴不能被启动
Error	BOOL	输出		运行过程中的错误信息,需要在 PLC 中由用户诊断

8.1.13 FC16 PART_ AX（工件轴的定位）

FC16 是 PLC 轴控制功能块，用于索引轴的定位，其参数说明见表 8-21。FC16 的功能在系统软件版本 SW3.6 之后都已经集成在 FC18 中，所以对于新的应用场合，不再需要调用 FC16。

表 8-21 FC16 的参数说明

参数名称	数据类型	方向	数据范围	参数说明
Start	BOOL	输入		上升沿功能激活
AxisNo	INT	输入	1~31	需要运行的轴号
IC	BOOL	输入		0:绝对 1:增量
DC	BOOL	输入		0:指定方向 1:最短路径 当 DC=1,则参数 IC,Minus,Plus 必须为 0
Minus		输入		0:旋转轴作为线性轴运行 1:旋转轴负向运行
Plus		输入		0:旋转轴作为线性轴运行 1:旋转轴正向运行
Pos	REAL	输入	1~60	索引轴位置的号码

（续）

参数名称	数据类型	方向	数据范围	参数说明
FRate	REAL	输入	±0. 1469368 E-38～ ±0. 1701412 E+39	线性轴速率单位(mm/min) 旋转轴单位（r/min）
InPos	BOOL	输出		1=到位信号
Activ	BOOL	输出		1=激活
StartErr	BOOL	输出		轴不能被启动
Error	BOOL	输出		运行过程中的错误信息,需要在 PLC 中由用户诊断

8. 1. 14　FC17 Y_ Delta（星-三角启动）

对于带闭环控制的数字主轴来说，可以通过功能块 FC17 实现星-三角控制的双向切换，甚至主轴在运行时也可以进行切换。

需要注意的是，若在主轴运行且位置环激活时由星形切换到三角形形式，则会触发 25050“轮廓监控”报警。另外，如果主轴工作在轴模式，则不允许切换。功能块 FC17 不太常用，通常就算需要用星-三角降压启动，也可以直接由 PLC 编程控制，程序也不复杂。

功能块 FC17 只能无条件调用，FC17 的参数说明见表 8-22。FC17 有关的 PLC 接口信号有几个，其均在 FC17 内部使用。

表 8-22　FC17 的参数说明

参数名称	数据类型	方向	数据范围	参数说明
YDelta	BOOL	输入		0=星形;1=三角形
SpindleIFNo	INT	输入	1..	主轴的轴号
TimeVal	S5TIME	输入	0..	延时时间(默认为 100ms,最小值 50ms)
TimerNo	INT	输入	10..	定时器号(用于 FC17 内部的定时器)
Y	BOOL	输出		星形形式时对应接触器的线圈控制 Q 输出点
Delta	BOOL	输出		三角形形式时对应接触器的线圈控制 Q 输出点
Ref	WORD	输入、输出		功能块状态字

DB31 ～DB61. DBX21. 3、DB31 ～DB61. DBX21. 4：用于选择星-三角切换的模式。若两者均为“0”时表示模式一（切换到星形模式）；若 DBX21. 3=1 且 DBX21. 4=0，则表示模式二（切换到三角形模式）。

DB31 ～DB61. DBX21. 5：值为 1 表示电动机的星-三角模式切换完成。

DB31 ～DB61. DBX93. 3、DB31 ～DB61. DBX93. 4：用于返回星-三角模式切换的结果。若两者均为“0”时表示模式一（星形模式）；若 DBX93. 3=1 且 DBX93. 4=0 ，则表示模式二（三角形模式）。

其程序调用如下：

```
CALL FC 17
YDelta:=I45.7            // I45.7=0,切换到星形;I45.7=1,切换到三角形
SpindleIFNo:=4           //该主轴为第 4 个 NC 轴
```

```
TimeVal:=S5T#150ms    //切换时内部延时时间为 150ms
TimerNo:=10           //定时器 T10 作为 FC17 内部使用
Y:=Q52.3              //星形连接时的接触器控制 Q 点
Delta:=Q 52.4         //三角形连接时的接触器控制 Q 点
Ref:=MW 50            //状态字记录
```

功能块 FC17 每次模式切换的内部执行顺序主要有以下步骤。

1）I45.7=1，FC17 块启动三角形模式切换，同时对 DB31 ~DB61.DBX21.5 复位，并置位 DB31 ~DB61.DBX21.3。

2）若检测到切换状态返回信号（DB31~DB61.DBX93.3、DB31~DB61.DBX93.4）与请求一致，且轴脉冲使能（DB31~DB61.DBX93.7）复位 0，则 FC17 定时器 T10 开始计时，并输出星形连接 Q 点（Q52.3）为 0，待第 1 个计时周期完成，即输出三角形连接时的接触器控制 Q 点（Q52.4）为 1。

3）待第 2 个计时周期完成时，即控制使 DB31 ~DB61.DBX21.5=1，则表示三角形模式切换完成。

4）此后，如果用户程序控制 I45.7 变为 0，则 FC17 块启动星形模式切换，同时对 DB31 ~DB61.DBX21.5 和 DB31 ~DB61.DBX21.3 进行复位。

5）若检测到切换状态返回信号（DB31 ~DB61.DBX93.3、DB31 ~DB61.DBX93.4）与请求一致，且轴脉冲使能（DB31 ~DB61.DBX93.7）复位 0，则 FC17 定时器 T10 开始计时，并输出三角形连接 Q 点（Q52.4）为 0，待第 1 个计时周期完成，即输出星形连接时的接触器控制 Q 点（Q52.3）为 1。

6）待第 2 个计时周期完成时，即控制使 DB31 ~DB61.DBX21.5=1，则表示星形模式切换完成。

8.1.15 FC18 SpinCtrl（主轴控制）

FC18 是用于通过 PLC 控制轴或主轴的专用功能块，它支持主轴定位、主轴旋转、主轴振荡、索引轴以及定位轴。

通过 FC18 的“Start”的上升沿激活其功能，在执行期间该信号应保持为“1”，直到“Inpos”或“Error”=1。一旦 FC18 功能激活，则自动请求轴/主轴由 NC 轴变为 PLC 轴（当然，如果轴/主轴一直未 PLC 轴，就不存在类型转换了）。

DB31~DB61.DBB68 是 NC 返回的轴/主轴类型状态接口，而 DB31~DB61.DBB8 则是 PLC 控制轴/主轴进行类型转换的接口。

FC18 的参数说明见表 8-23。

表 8-23 FC18 的参数说明

参数名称	数据类型	方向	数据范围	参数说明
Start	BOOL	输入		上升沿功能激活
Stop	BOOL	输入		功能停止，对于定位轴/主轴无意义
Funct	BYTE	输入	1 ~ B#16#0B	1：定位主轴 2：旋转主轴 3：振荡主轴 4：索引轴

（续）

参数名称	数据类型	方向	数据范围	参数说明
Funct	BYTE	输入	1 ~ B#16#0B	5：定位轴（米制） 6：定位轴（寸制） 7：手轮进给定位轴（米制） 8：手轮进给定位轴（寸制） 9：带自动换挡的旋转主轴 A：恒速切削主轴（m/min） B：恒速切削主轴（ft/min）
Mode	BYTE	输入	0~5	0：定位到绝对位置 1：增量方式定位 2：最短路径方式定位 3：定位到绝对位置，正向趋近 4：定位到绝对位置，负向趋近 5：旋转负向为 M4
AxisNo	INT	输入	1~31	轴号
Pos	REAL	输入	±0.1469368 E-38~ ±0.1701412 E+39	位置值。单位：(°)（旋转轴）、mm 或 in（直线轴）、索引位置（索引轴）
FRate	REAL	输入	±0.1469368 E-38~ ±0.1701412 E+39	进给率。单位：r/min（旋转轴）、mm/min 或 in/min（直线轴）
InPos	BOOL	输出		1=到位信号
Error	BOOL	输出		1=功能执行出错
State	BYTE	输出	0~255	出错时的错误代码

Mode：若在旋转主轴时设为 5，则主轴以 M4 方向旋转；若设为 0~4，则主轴以 M3 方向旋转。

Pos：当 Funct=3（振荡主轴模式）时，该参数表示齿轮挡位，若 MD35010=1，则 Pos=1/2/3/4/5，对应相当于 M41/M42/M43/M44/M45，值为 0 表示任意挡。

FRate：若在定位主轴模式时设为 0，则系统自动以 MD35300（主轴定位速度）来定位。当振荡主轴时无意义，振荡速度来自 MD35400（主轴振荡速度）。若在索引轴或定位轴模式时设为 0，则系统自动以 MD32060（定位轴速度）来定位。

实例 1：定位主轴。

通过 PLC 控制主轴 1（轴号 5）定位到附件更换角度（绝对位置 90°），定位速度为 5r/min，定位方式为最短路径。程序如下：

```
CALL FC 18
Start:=M100.0              //M100.0 上升沿激 FC18,主轴开始定位
Stop:=FALSE                //此时无意义
Funct:=B#16#1              //定位主轴
Mode:=B#16#2               //最短路径方式定位(0 对于定位主轴来说无意义)
AxisNo:=5                  //轴号 5:主轴 1
Pos:=9.000000e+001         //目标绝对位置:90
FRate:=5.000000e+000       //定位速度:5r/min
InPos:=M112.0              //精停到位时 M112.0=1
```

```
Error:=M113.0              //执行出错时 M113.0=1
State:=MB114               //输出出错代码,正常时为 0
```

实例 2：旋转主轴。

通过 PLC 控制主轴 2（轴号 11）以速度 850r/min 旋转，旋转方向：M3。程序如下：

```
CALL FC 18
Start:=M100.0              //M100.0 上升沿激 FC18,主轴旋转
Stop:=M100.1               // M100.1 上升沿使主轴停止旋转
Funct:=B#16#2              //旋转主轴
Mode:=B#16#0               //值不等于 5,则表示旋转方向为 M3
AxisNo:=11                 //轴号 11:主轴 2
Pos:=0.000000e+000         //此时无意义
FRate:=8.500000e+002       //定位速度:850r/min
InPos:=M112.0              //功能执行无错误时 M112.0=1
Error:=M113.0              //执行出错时 M113.0=1
State:=MB114               //输出出错代码,正常时为 0
```

实例 3：振荡主轴。

通过 PLC 控制主轴 1（轴号 5）在手动按钮换挡时的振荡功能。程序如下：

```
CALL FC 18
Start:=M100.0              //M100.0(手动换挡中)上升沿激活主轴振荡
Stop:=M100.1               // M100.1(换挡完成)上升沿使主轴停止振荡
Funct:=B#16#3              //振荡主轴
Mode:=B#16#0               //此时无意义
AxisNo:=5                  //轴号 5:主轴 1
Pos:=0.000000e+000         //齿轮挡位:任意挡
FRate:=0.000000e+000       //此时无意义
InPos:=M112.0              //主轴在按照振荡速度运转时为 1
Error:=M113.0              //执行出错时 M113.0=1
State:=MB114               //输出出错代码,正常时为 0
```

实例 4：索引轴。

通过 PLC 控制链式刀库轴 V（轴号 9，索引轴）在手动按钮按 1 次时刀库正向移动 1 个索引位置。程序如下：

```
CALL FC 18
Start:=I40.0               //I40.0(手动按钮脉冲)上升沿激活 FC18
Stop:=M100.1               //此时无意义
Funct:=B#16#4              //索引轴
Mode:=B#16#1               //增量方式定位
AxisNo:=9                  //轴号 9:轴 V
Pos:=1.000000e+000         //移动 1 个索引位置
FRate:=0.000000e+000       //以 MD32060(定位轴速度)定位
```

```
InPos:=M112.0                //轴精停到位时为 1
Error:=M113.0                //执行出错时 M113.0=1
State:=MB114                 //输出出错代码,正常时为 0
```

实例 5：定位轴（米制）。

通过 PLC 控制 Z 轴（轴号 3）移动到自动换刀准备位置（50.0），定位速度 8000mm/min。程序如下：

```
CALL FC 18
Start:=M100.0                //M100.0(换刀准备顺序信号)上升沿激活 FC18
Stop:=M100.1                 //此时无意义
Funct:=B#16#5                //定位轴(米制)
Mode:=B#16#0                 //定位到绝对位置
AxisNo:=3                    //轴号 3:Z 轴
Pos:=5.000000e+001           //目标绝对位置:50.0mm
FRate:=8.000000e+003         //定位速度:8000mm/min:
InPos:=M112.0                //轴精停到位时为 1
Error:=M113.0                //执行出错时 M113.0=1
State:=MB114                 //输出出错代码,正常时为 0
```

实例 6：恒速切削主轴。

通过 PLC 控制立车主轴 C（轴号 5）以恒速 450m/min 切削，方向 M3。程序如下：

```
CALL FC 18
Start:=M100.0                //M100.0(恒速切削启动信号)上升沿激活 FC18
Stop:=M100.1                 //M100.1(恒速切削停止信号)上升沿使主轴停止旋转
Funct:=B#16#A                //恒速切削主轴(米制)
Mode:=B#16#2                 //值不等于 5,则表示旋转方向为 M3
AxisNo:=5                    //轴号 5:C 轴
Pos:=5.000000e+001           //此时无意义
FRate:=4.500000e+002         //以恒速 450m/min 切削
InPos:=M112.0                //轴按设定速度运转时为 1
Error:=M113.0                //执行出错时 M113.0=1
State:=MB114                 //输出出错代码,正常时为 0
```

8.1.16 FC19 MCP_ IFM/ FC25 MCP_ IFT（机床控制面板的信号传输）

FC19、FC25 分别是标准 MCP 面板的铣床版、车床版控制程序，同样的 MCP 面板调用不同的功能块程序，其主要不同之处在于相应的轴选择键及点动/快移按钮位置分布不同。

FC19/FC25 从 DB10 中读取轴号表（MCP1 对应 DB10.DBB8 ~ DBB29，变量名称 MCP1AxisTb1 [1~22]；MCP2 对应 DB10.DBB32~DBB53，变量名称 MCP2AxisTb1 [1~22]），MCP1 最大允许的轴数量对应 DB10.DBW30，相应的变量名称为 MCP1MaxAxis；MCP2 最大允许的轴数量对应 DB10.DBW54，相应的变量名称为 MCP2MaxAxis。

为了方便阅读 FC9/FC25 源程序或自行编制控制面板程序，下面将 MCP 上各元件经 FC9/FC25 处理后输出的对应接口信号解释如下：

1）钥匙开关位置对应 DB10. DBX56. 4～DBX56. 7。

2）操作方式按钮 AUTO、MDI、JOG、REPOS、REF、TEACH IN、INC1/10/100/1000/10000 分别对应 DB11 的 DBX0. 0、DBX0. 1、DBX0. 2、DBX1. 1、DBX1. 2、DBX1. 0、DBX2. 0～DBX2. 5；相应的指示灯来自于 DB11 的 DBX6. 0、DBX6. 1、DBX6. 2、DBX7. 1、DBX7. 2、DBX7. 0、DBX2. 0～DBX2. 5。

3）3 个几何轴的“+”“-”“快移”运动分别对应 DB21 等的 DBX12. 7～DBX12. 5、DBX16. 7～DBX16. 5、DBX20. 7～DBX20. 5。

4）其他轴/主轴的“+”“-”“快移”运动分别对应 DB3X 等的 DBX4. 7～DBX4. 5。

5）进给倍率开关对应 DB21 等的 DBB4 以及轴 DB3X 的 DBB0。

6）主轴倍率开关对应主轴接口信号数据块 DB3X 的 DBB19。

7）NC 启动、NC 停止、RESET、单步按钮对应 DB21 等的 DBX7. 1、DBX7. 3、DBX7. 7、DBX0. 4。其中，NC 启动、NC 停止、单步的指示灯来自于 DB21 等的 DBX35. 0、DBX35. 2/DBX35. 3、DBX0. 4。

FC19/FC25 功能块最多支持 2 个 MCP 的使用，其参数说明见表 8-24。

表 8-24 FC19/FC25 的参数说明

参数名称	数据类型	方向	数据范围	参数说明
BAGNo	BYTE	输入	B#16#0～B#16#A B#16#10～B#16#1A	方式组号。以确定对应的 DB11 中的地址偏置。B#16#0～B#16#A 对应 MCP1 用于方式组 1～10。B#16#10～B#16#1A 对应 MCP2 用于方式组 1～10
ChanNo	BYTE	输入	B#16#0～B#16#A	通道号。以确定对应的 DB2X
SpindleIFNo	BYTE	输入	B#16#0～B#16#1F	主轴轴号。若无主轴则为 0
FeedHold	BOOL	输出	系统允许的逻辑地址	设置轴保持接口信号。通常以 1 个 M 变量地址，然后纳入 DB2X. DBX6. 0 的逻辑编程
SpindleHold	BOOL	输出	系统允许的逻辑地址	设置轴保持接口信号。通常以 1 个 M 变量地址，然后纳入 DB3X. DBX4. 3 的逻辑编程

如果 FC19/FC25 的 BAGNo 参数值为 B#16#0 或 B#16#10，则表示有关 DB11 的接口信号不执行。如果 ChanNo 参数值为 B#16#0，则表示有关 DB21 等的接口信号不执行。当然，通常情况下是不能这样设置的。

实例：1 台镗铣加工中心有 2 个通道、2 个方式组、1 个主轴（轴号为 7，在通道 1），配置 2 个 MCP（MCP1 控制通道 1、方式组 1，MCP2 控制通道 2、方式组 2），则其 MCP 控制程序调用如下：

```
CALL  FC 19
BAGNo:=B#16#1
ChanNo:=B #16#1
SpindleIFNo:=B #16#7
FeedHold:=M30.0
SpindleHold:=M30.1
```

```
CALL    FC 19
BAGNo:=B#16#2
ChanNo:=B #16#2
SpindleIFNo:=B #16#0
FeedHold:=M31.0
SpindleHold:=M31.1
```

8.1.17 FC21 PLC_ NCK（数据交换）

当此功能被调用时，根据所选择的功能号完成 PLC 与 NCK 内部数据区的高速数据交换、NCK 通道的信号同步、通道或轴控制信号的匹配功能。该功能块一旦被调用，数据即可传输，并不需要等到循环启动指令，与 NC 是否在读/写没有关系，其参数说明见表 8-25。

表 8-25 FC21 的参数说明

参数名称	数据类型	方向	数据范围	参数说明
Enable	BOOL	输入		1=激活 FC21 功能
Funct	BYTE	输入	1~7	1:给通道的同步功能 2:从通道来的同步功能 3:读取 NC 变量值 4:写 NC 变量值 5:送到通道的控制信号 6/7:送到轴的控制信号
S7Var	ANY	输入		Funct=1/2/6/7:无意义,但需设置 1 个无用的数据区域,否则块不能执行 Funct=3/4:数据存储区的地址
IVar1	INT	输入	0…	Funct=1/2:通道号 1~10 Funct=3/4: 数据地址配置值(0~1023) Funct=5:通道号 1~10 Funct=6/7:0
IVar2	INT	输入	1…	Funct=1/2/6/7:0 Funct=3/4:信号联络字节(-1~1023)
Error	BOOL	输出		出错指示
ErrCode	INT	输出		Funct=3/4: 20:数据校验错误 21:错误的地址偏置 22:错误的信号联络字节 23:无数据可读 24:数据不能写入 25:使 S7Var 对应的数据参数化 Funct=1/2/5: 1:功能无效 10:通道号无效 Funct=6/7: 1:功能无效

1. Funct=1/2

用于 NCK 与 PLC 之间的同步动作传输。Funct=1 时，将 DB21~DB30.DBB300~DBB307 的值传送到通道；Funct=2 时，读取 DB21~DB30.DBB308~DBB315 的值到 PLC。具体的数据块由参数“IVar1”对应的通道号决定。在此功能时“S7Var”参数没有意义，但为了使 FC21 正常执行，需设置 1 个无用的数据区域。

通常 NC 程序是按顺序执行，但系统也提供了同步动作的功能，它使几个不同的动作可以同时执行。NC 指令 ID（仅 AUTO 方式模态有效）和 IDS（各种方式模态有效，包括

ASUB 异步子程序等均可以应用）是定义同步的，CANCEL 可以取消同步动作。

实例：通过 PLC 设置通道 1 中的 2 个同步动作（ID1、ID16）。程序如下：

```
SET
S   DBX300.0            //ID1
S   DBX301.7            //ID16
L   B#16#1
T   MB211
CALL FC 21
Enable:=M210.0        //若 M210.0=1,则 FC21 传输
Funct:=MB211          //若 MB211=1,将 DB21.DBB300~DBB307 的值传送到通道
S7Var:=P#M200.0 BYTE 1   //无用的数据区
IVar1:=1                  //通道 1
IVar2:=0
Error:=M210.1            //错误指示
ErrCode:=MW212           //记录错误代码
```

2. Funct=3/4

一旦该功能被激活，则系统会自动提供 1 个数据存储区（1024 字节）作为 NC 与 PLC 的数据交换缓冲区。当发生数据交换时，NC 与 PLC 两边对应的数据区域必须一致。IVar1 参数设置读/写的数据在该数据存储区中存放的地址偏置值（0~1023）。IVar2 参数设置数据传送的联络信号在该数据存储区中存放的地址偏置值（-1~1023），“-1”表示不带联络信号，0~1023 表示带联络信号，其数值代表联络信号的存储地址偏置值。

Funct=3 时可在 PLC 中接收（读取）有关的 NC 变量，Funct-4 时可以通过 PLC 传送（写入）数据到 NC 变量。NC、PLC 之间不能之间进行数据通信，必须通过系统内部提供的独立区域用来实现 NC、PLC 数据的交换。在应用此区域来进行 NC 和 PLC 通信时，需要在 NC 侧和 PLC 侧同时进行编程。

在 NC 侧时，使用系统变量 $ A_DBB [n]、$ A_DBW [n]、$ A_DBD [n] 和 $ A_DBR [n] 读/写数据交换区的数据，数据类型见表 8-26，使用这些系统变量进行数据通信时，不支持位操作。

表 8-26　数据类型

系统变量	数据类型	系统变量	数据类型
$ A_DBB[n]	字节(8 位)	$ A_DBD[n]	双字(32 位)
$ A_DBW[n]	字(16 位)	$ A_DBR[n]	实数(32 位)

实例 1：将 R1~R3 的值分别传输给 MD100~MD108。

NC 侧程序：

```
N10 $ A_DBR [4]=R1; 把 R1 的值写到缓冲区 (byte 4~7)
N20 $ A_DBR [8]=R2; 把 R2 的值写到缓冲区 (byte 8~11)
```

```
N30 $ A_DBR [12]=R3; 把 R3 的值写到缓冲区 (byte 12~15)
```

PLC 侧编程：

```
CALL FC 21
Enable :=TRUE
Funct:=B#16#3                //读操作,PLC 读缓冲区的数据
S7Var:=P#M100.0 DWORD 3      //MD100~MD108
IVar1:=4                     //偏移为 4
IVar2:=0
Error:=M200.0                //错误指示
ErrCode:=MW210               //记录错误代码
```

实例 2：将 MD150~MD158 分别传输给 R4~R6。

NC 侧程序：

```
N10 R4= $ A_DBR [16]; 将缓冲区 (byte 16~19) 的值读入 R4
N20 R5= $ A_DBR [20]; 将缓冲区 (byte 20~23) 的值读入 R5
N30 R6= $ A_DBR [24]; 将缓冲区 (byte 24~27) 的值读入 R6
```

PLC 侧编程：

```
CALL FC 21
Enable:=TRUE
Funct:=B#16#4                //写操作,PLC 向缓冲区写数据
S7Var:=P#M150.0 DWORD 3      //MD150~MD158
IVar1:=16                    //偏移为 16
IVar2:=0
Error:=M200.1                //错误指示
ErrCode:=MW212               //记录错误代码
```

3. Funct=5/6/7

用于 PLC 与 NCK 之间高速传输通道或轴的接口信号数据块中的固定字节块，其“高速传输”的含义是指无需等待 1 个 PLC 扫描循环，采用中断方式直接传输其状态到 NC。它使 PLC 可高速控制通道和轴的使能、运动禁止、读入禁止等。

Funct=5 时可高速传输“IVar1”指定通道的接口信号 DB2X.DBB6~7 到 NC，包含通道轴进给禁止、读入禁止、删除余程等信号。

Funct=6 时可高速传输所有激活的轴的接口信号 DB31~DB61.DBB2 到 NC，包含所有轴的控制器使能、删除余程等信号。

Funct=7 时可高速传输所有激活的轴的接口信号 DB31~DB61.DBB4 到 NC，包含所有轴的运动禁止、移动键禁止等信号。

实例：

```
CALL FC 21
Enable:=TRUE
Funct:=B#16#5                //将 DB2X.DBB6~7 高速传输到 NC
S7Var:=P#M100.0 BYTE 1       //无用的数据区
```

```
IVar1：=1                    //通道 1
IVar2：=0
Error：=M200.0               //错误指示
ErrCode：=MW210              //记录错误代码
```

8.1.18 FC26 HPU_ MCP（传输 HPU 的接口信号）

通过该功能可以将手持单元的下列信息传输到相应 NCK/PLC 接口：方式组、机床坐标系与工件坐标系切换命令、运动键、倍率。其参数说明见表 8-27。

表 8-27 FC26 的参数说明

参数名称	数据类型	方向	数据范围	参数说明
BAGNo	BYTE	输入	0～B#16#0A B#16#10～B#16#1A	传输的模式组号：如果模式组号大于或等于 B#16#10，则表示指令来自第二个机床控制面板
ChanNo	BYTE	输入	0～B#16#0A	通道号

例如，FC26 的程序调用格式如下：

```
CALL FC 26
BAGNo： =B#16#1      //模式组号 1
ChanNo： =B#16#1     //通道号 1
```

8.2 实训 FB2/FB3 的综合使用

8.2.1 实训内容

掌握 FB2 读取 NC 变量、FB3 写 NC 变量的使用。

8.2.2 实训任务

用 FB2 读取当前正在执行程序的行号，然后通过 FB3 写到 R 参数中，记录下来。通过这个实训来说明 FB2/FB3 如何应用。

8.2.3 实训步骤

1）通过 NC-VAR-Selector 选择需要读取的变量，得到所生成的数据块的源文件，该源文件包含系统变量信息。

2）编译源文件得到用户数据块，下载到 PLC 中。

3）在用户 PLC 项目程序中编写程序调用 FB2、FB3。

4）在 OB100 中，把 FB1 的参数“NCKomm”修改为 1。

5）下载 PLC 程序到 840D 数控系统的 PLC 中，验证程序的正确性。

FB2 读取当前正在执行程序的行号所涉及的 NC 变量，如图 8-17 所示。

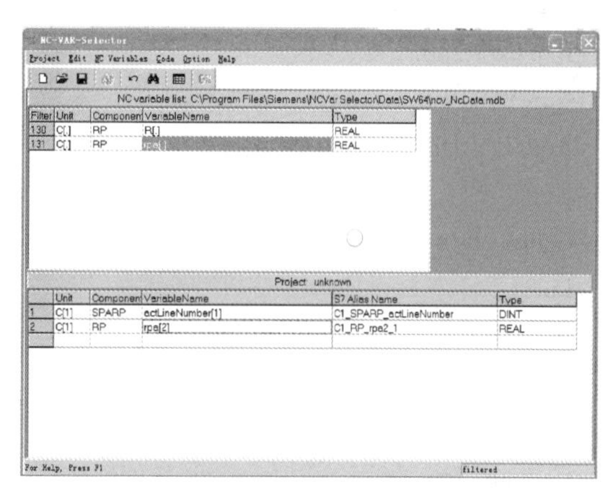

图 8-17 选择变量

参考程序如下：

```
CALL "GET", DB141
```

```
Req:=M240.1
NumVar :=1
Addr1:=DB140.C1_SPARP_actLineNumber
Unit1:=B#16#1
Column1:=
Line1:=W#16#1
……
Addr8:=
Unit8:=
Column8:=
Line8:=
Error:=M200.0
NDR:=M200.1
State:=MW202
RD1:=DB142.DBD0
RD2:=
RD3:=
RD4:=
RD5:=
RD6:=
RD7:=
RD8:=
AN      M       240.1
S       M       240.1
O       M       200.0
O       M       200.1
R       M       240.1
CALL    "PUT" , DB143
Req:=M240.2
NumVar:=1
Addr1:=DB140.C1_RP_rpa2_1
Unit1:=
Column1:=
Line1:=
……
Addr8:=
Unit8:=
Column8:=
Line8:=
```

```
Error: =M200.2
Done: =M200.3
State: =MW220
SD1: =DB142.DBD4
SD2: =
SD3: =
SD4: =
SD5: =
SD6: =
SD7: =
SD8: =
AN    M    240.2
S     M    240.2
O     M    200.2
O     M    200.3
R     M    240.2
L     DB142.DBD    0
DTR                          //Dword transfer to Real
T     DB142.DBD    4
```

第 9 章 误差补偿技术

SINUMERIK 840D/810D 系统提供了多种误差补偿功能，用来弥补因机床机械部件制造、装配工艺和环境变化等因素引起的误差，提高机床的加工精度。本章主要介绍 SINUMERIK 840D/810D 系统提供的各种误差补偿功能的原理和方法。

9.1 反向间隙补偿

在数控机床进给传动链的各环节中，如齿轮传动、滚珠丝杠螺母副等都存在反向间隙。反向间隙是影响机械加工精度的因素之一，当数控机床工作台在其运动方向上换向时，由于反向间隙的存在会导致伺服电动机空转而工作台无实际移动，此时称之为失动。若反向间隙数值较小，对加工精度影响不大，则不需要采取任何措施；若数值较大，则系统的稳定性明显下降，加工精度明显降低，尤其是曲线加工，会影响尺寸公差和曲线的一致性，此时必须进行反向间隙的测定和补偿。特别是采用半闭环控制的数控机床，反向间隙会影响定位精度和重复定位精度，这就需要用户平时在使用数控机床时，重视和研究反向间隙的产生因素、影响以及补偿功能等。利用 SINUMERIK 840D/810D 系统提供的反向间隙补偿功能，对机床传动链进行补偿，能在一定范围内补偿反向间隙，但不能从根本上完全消除反向间隙。由于滚珠丝杠的制造误差，滚珠丝杠的任何一个位置既有螺距误差又有反向间隙，而且每个位置的反向间隙各不相同。一般采用激光干涉仪进行多点测量，所选取的测量点要基本反映丝杠的全程情况，然后取各点反向间隙的平均值，作为反向间隙的补偿值。

对指定的坐标轴或主轴设置反向间隙补偿值，可以使坐标轴或主轴在运动方向改变时自动进行补偿，从而得到实际运动位置。反向间隙补偿值通过机床数据 MD 32450：BACKLASH 进行设定，该设定值在机床回参考点后自动生效。在 NCK 版本 SW 5 及以上系列的数控系统中，还有一个机床数据 MD 32452：BACKLASH_FACTOR 用于方向间隙补偿，该数据为方向间隙权重系数，取值为 0.01~100.0，默认值为 1.0。屏幕上轴位置显示窗口上显示的实际值未包含方向间隙补偿值，是“理想”的坐标轴移动位置。在数控系统的“诊断”区域坐标轴服务项目中看到的当前实际值，包括了反向间隙补偿值与螺距误差补偿值。

方向间隙补偿值的正负与测量元件的安装位置有关。以脉冲编码器测量元件为例，如果编码器的运动早于工作台运动，如图 9-1 所示，系统在反向时，编码器的实际值在工作台实际值的前面出现，也就是编码器已经向系统发出了移动脉冲，工作台可能还没有移动，这样通过编码器获得的位置将大于工作台移动的实际位置，在这种情况下，就必须给 MD 32450 输入正的补偿值。如果工作台运动早于编码器的运动，如图 9-2 所示，系统在反向时，工作台已经产生了移动，编码器可能还没有向系统发出移动脉冲，这样通过编码器获得的位置将小于工作台移动的实际位置，在这种情况下，就必须给 MD 32450 输入负的补偿值。通常情况下都是采用输入正的补偿值。

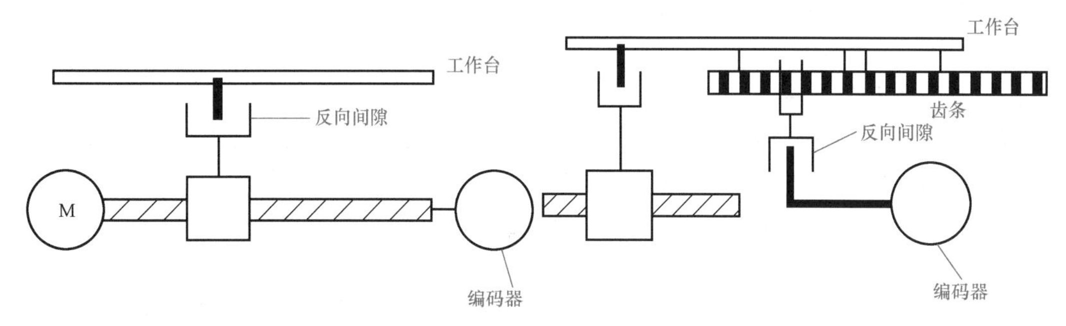

图 9-1　反向间隙补偿为正　　　　图 9-2　反向间隙补偿为负

若数控机床的坐标轴/主轴存在第二测量系统，则它与第一测量系统的传动链不可能完全相同，当然方向间隙也与第一测量系统不同，必须对第二测量系统单独进行间隙补偿。在测量系统转换时，自动激活对应的补偿值。注意反向间隙的大小由轴 MD32450 确定，并在轴回参考点后生效。每一个伺服循环的补偿值由轴 MD 36500：ENC_CHANGE_TOL 确定：当 MD32450 较大（>MD36500）时，每次伺服循环补偿一个 MD36500 的值，即所有间隙经过 N=MD32450/MD36500 次伺服循环时补偿完。但是如果 MD32450 过大，造成时间间隔过长时，将会产生零速监控报警，此时可调整机械反向间隙并适当放大 MD36500。当 MD36500>MD32450 时，所有间隙在一个伺服循环中执行。

9.2　螺距误差补偿

数控机床大都采用滚珠丝杠作为机械传动部件，电动机带动滚珠丝杠，将电动机的旋转运动转换为直线运动。如果滚珠丝杠没有螺距误差，那么滚珠丝杠转过的角度与对应的直线位移存在线性关系。但实际上，因制造误差、装配误差始终存在，故达不到理想的螺距精度，其螺距并不完全相等，存在螺距误差，其反映在直线位移上也存在一定的误差，从而降低了机床的加工精度。利用 840D/810D 数控系统提供的螺距误差补偿功能，可以对螺距误差进行补偿和修正，以达到提高加工精度的目的。采用误差补偿功能的另一个原因是数控机床经长时间使用后，由于磨损等原因造成精度下降，通过对机床进行周期检定和误差补偿，可在保持精度的前提下延长机床的使用寿命。

9.2.1　螺距误差补偿原理

螺距误差补偿的基本原理就是将数控机床某坐标轴的指令位置与高精度位置测量系统所测得的实际位置相比较，计算出在全行程上的误差分布曲线，将误差以表格的形式输入 840D/810D 数控系统中，以后当数控系统在控制该轴运动时，会自动考虑该差值并加以补偿。该方法的实现步骤如下：

1）在数控机床上正确安装高精度位置测量装置。

2）在整个行程上，每隔一定距离取一个位置点作为补偿点。

3）记录运动到这些点的实际精确位置。

4）将各点处的误差标出，形成在不同的指令位置处误差表。

5）多次测量，取平均值。

6）依“补偿值=数控命令值-实际位置值”的公式计算各点的螺距误差，并将各点处的误差标出，形成在不同指令位置处的误差表，并将该表输入数控系统，系统按此表进行补偿。高精度位置测量系统通常采用的是双频激光干涉仪。

9.2.2 螺距补偿涉及系统变量及机床参数

1. 螺距补偿用系统变量

SINUMERIK 840D/810D 数控系统螺距误差补偿需要通过系统变量，以数据文件（又称补偿表）的形式传给系统，使系统在插补周期内，根据当前的坐标位置，自动地把补偿值加到位置调节器中。主要的系统变量有以下 5 个。

1）$ AA_ENC_COMP_STEP [e，AXi]：坐标轴“AXi”螺距误差补偿间隔，也就是两个补偿点之间的距离。其中“e”代表测量系统，“e”=0 表示当前使用第一测量系统，“e”=1 表示当前使用第二测量系统。

2）$ AA_ENC_COMP_MIN [e，AXi]：坐标轴“AXi”螺距误差补偿起始点。

3）$ AA_ENC_COMP_MAX [e，AXi]：坐标轴“AXi”螺距误差补偿终点。

4）$ AA_ENC_COMP [e，N，AXi]：坐标轴“AXi”在第 N 个补偿点处的补偿值。如在补偿起始点可写成 AA_ENC_COMP [e，0，AXi]

5）$ AA_ENC_COMP_IS_MODULO [0，AXi]：在补偿文件中规定了是否带模功能补偿，设置为 1 时模补偿功能生效，设置为 0 时模补偿功能无效。只有旋转轴才能选择模补偿功能，旋转轴的模是 360°，对应的初始位置 AA_ENC_COMP_MIN 是 0°，结束位置 AA_ENC_COMP_MAX 为 360°。

2. 螺距补偿用机床参数

SINUMERIK 840D/810D 数控系统螺距误差补偿所涉及的机床数据主要有 2 个，见表 9-1。

表 9-1 螺距误差补偿用机床数据

轴参数号	参数名	输入值	参数定义
32700	ENC_COMP_ENABLE	0	螺距误差补偿使能禁止
		1	螺距误差补偿使能生效
38000	MM_ENC_COMP_MAX_POINTS	*	最大补偿点数

1）MD32700：螺距补偿数据需要用机床数据 MD32700 激活，还可对激活的补偿数据进行写保护。设置 MD32700 为 0 时，螺距误差补偿使能禁止，在此状态下可以修改补偿值，将修改过的补偿文件用 WinPCIN 软件送入数控系统。设置 MD32700 为 1 时，螺距误差补偿使能生效，保护补偿文件，系统复位或补偿轴回参考点后，新的补偿值生效。

2）MD38000：机床数据 MD38000 中设置螺距误差补偿的最大点数，实际补偿点数应当小于该参数的规定。在进行螺距误差补偿前，检查 MD38000 中的设置，一般系统的默认设置能够满足要求，不必修改 MD38000 中的数据。如果修改该数据，请注意系统会在下一次上电时重新对内存进行分配。建议在修改该参数之前，备份已存在的零件加工程序、R 参数和刀具参数及驱动数据等数据。

9.2.3 螺距补偿方法及步骤

1. 840D/810D 螺距补偿方法

840D/810D 螺距补偿方法有两种。第一种方法为系统自动生成补偿文件，将补偿文件传入计算机，然后在计算机上编辑并输入补偿值，将补偿文件再传入系统进行螺距补偿。第两种方法为系统自动生成补偿文件，将补偿文件格式改为加工程序，然后通过 OP 单元将补偿值输进该程序，最后运行该零件程序即可将补偿值写入系统。

2. 840D/810D 螺距补偿步骤

方法一：

1）根据坐标轴的工作区间，参照相关规定和标准，确定补偿轴的补偿间隔和补偿范围。

2）修改 MD38000，确定补偿点数 K：由于该参数系统初始值为 0，故而应根据需要先设此参数。可根据式（9-1）确定补偿点数 K，即

$$K=\frac{\$\ AA\_ENC\_COMP\_MAX-\$\ AA\_ENC\_COMP\_MIN}{\$\ AA\_ENC\_COMP\_STEP} \tag{9-1}$$

如果 $K=MD38000-1$，则补偿表得到了完全利用。

如果 $K>MD38000-1$，超过了机床数据中设置的最大补偿点数，则必须修改 MD38000，但要注意修改 MD38000 会引起 NCK 内存的重新分配，导致机床数据丢失，因此要提前做好数据备份。

如果 $K<MD38000-1$，说明补偿表未得到完全利用，输入比 K 大的那些补偿点的补偿值并不生效。实际应用中，多采用 $K<MD38000-1$。

3）利用准备好的调试电缆将计算机和数控系统连接起来。

4）在计算机中启动 WinPCIN 软件，选择“文本”通信方式，然后选择接收数据。

5）进入数控系统的通信界面，设定相应的通信参数，然后选择“数据…”，并选择其中的“丝杠误差补偿”，按菜单“读出”键启动数据传输。

6）按照预定的最小位置、最大位置和测量间隔移动要进行补偿的坐标轴。

7）用激光干涉仪测试每一点的误差。

8）在计算机中将误差值编辑在刚刚传出的补偿文件中，并保存。

9）将编辑好的补偿文件再通过 WinPCIN 软件传回数控系统中。

10）设定轴参数 MD32700=1，做 NCK 复位，然后返回参考点，补偿值生效。

方法二：

1）同方法一，将补偿文件由 840D/810D 系统传输到计算机上。

2）编辑补偿文件、修改文件头和文件尾，如将文件头修改为“%_N_BUCHANG_MPF;$PATH=/_N_MPF_DIR”，文件尾必须修改为 M02。这样补偿文件被修改为加工程序格式。

3）将修改过的文件通过 WinPCIN 软件传回 840D/810D 系统中。这时在加工程序的目录中就可以看到名为“BUCHANG”的加工程序。

4）用激光干涉仪测试每一点的误差。

5）通过数控系统的 OP 单元，将误差值编辑在加工程序“BUCHANG”中。

6）按软菜单键“执行”选择加工程序“BUCHANG”。840D/810D 系统进入“自动方式”，然后按机床面板上的“NC 启动”键，执行加程序“BUCHANG”后补偿值存入 840D/810D 系统中。

7）设定轴参数 MD32700=1，做 NCK 复位，然后返回参考点，补偿值生效。

9.2.4 螺距补偿应用

图 9-3 所示为某机床 Z 轴螺距误差补偿的实例，设置的补偿点间隔为 100mm，补偿起始位置为 100mm，补偿的终点位置为 1200mm，应用螺距误差补偿的两种方法编写了误差补偿

文件，见表 9-2。将该文件应用到 810D/840D 数控系统，即可进行螺距误差补偿。

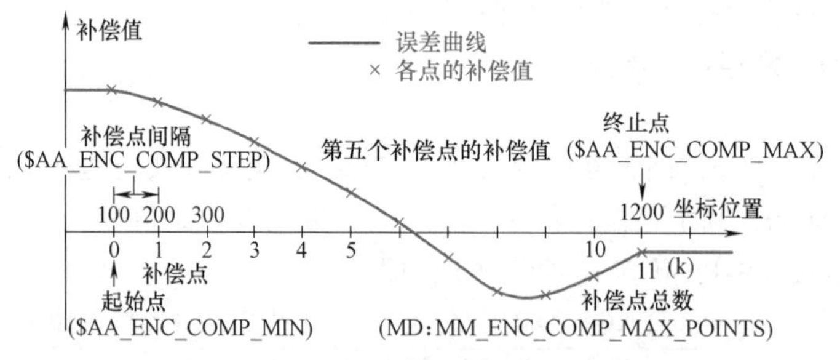

图 9-3 某机床 Z 轴螺距误差补偿的实例

表 9-2 螺距误差补偿文件

	方法一	方法二
文件头	%_N_AXIS3_EEC_INI	%_N_BUCHANG_MPF;(文件头) $ PATH=/_N_MPF_DIR(文件路径)
Point [0]	$ AA_ENC_COMP[0,0,AX3]= 0.024	$ AA_ENC_COMP[0,0,AX3]= 0.024
Point [1]	$ AA_ENC_COMP[0,1,AX3]= 0.020	$ AA_ENC_COMP[0,1,AX3]= 0.020
Point [2]	$ AA_ENC_COMP[0,2,AX3]= 0.015	$ AA_ENC_COMP[0,2,AX3]= 0.015
Point [3]	$ AA_ENC_COMP[0,3,AX3]= 0.014	$ AA_ENC_COMP[0,3,AX3]= 0.014
Point [4]	$ AA_ENC_COMP[0,4,AX3]= 0.011	$ AA_ENC_COMP[0,4,AX3]= 0.011
Point [5]	$ AA_ENC_COMP[0,5,AX3]= 0.009	$ AA_ENC_COMP[0,5,AX3]= 0.009
Point [6]	$ AA_ENC_COMP[0,6,AX3]= 0.004	$ AA_ENC_COMP[0,6,AX3]= 0.004
Point [7]	$ AA_ENC_COMP[0,7,AX3]=-0.010	$ AA_ENC_COMP[0,7,AX3]=-0.010
Point [8]	$ AA_ENC_COMP[0,8,AX3]=-0.013	$ AA_ENC_COMP[0,8,AX3]=-0.013
Point [9]	$ AA_ENC_COMP[0,9,AX3]=-0.015	$ AA_ENC_COMP[0,9,AX3]=-0.015
Point [10]	$ AA_ENC_COMP[0,10,AX3]=-0.009	$ AA_ENC_COMP[0,10,AX3]=-0.009
Point [11]	$ AA_ENC_COMP[0,11,AX3]=-0.004	$ AA_ENC_COMP[0,11,AX3]=-0.004
Step (mm)	$ AA_ENC_COMP_STEP[0,AX3]=100.0	$ AA_ENC_COMP_STEP[0,AX3]=100.0
Start point	$ AA_ENC_COMP_MIN[0,AX3] =100.0	$ AA_ENC_COMP_MIN[0,AX3] =100.0
End point	$ AA_ENC_COMP_MAX[0,AX3] =1200.0	$ AA_ENC_COMP_MAX[0,AX3] =1200.0
Reserved	$ AA_ENC_COMP_IS_MODULO[0,AX3]=0	$ AA_ENC_COMP_IS_MODULO[0,AX3]=0
end of file	M17	M02

在主菜单中单击【Diagnostics】→【Service Display】→【Service Axis】，可以看到补偿后的位置值。螺距误差补偿对开环和半闭环的数控机床具有显著的效果，可明显提高系统的定位精度和重复定位精度。对全闭环的数控机床，其补偿效果不明显，但也可以使用该误差补偿技术。螺距误差补偿分单向补偿和双向补偿两种。单向补偿为进给轴正反移动采用相同的数据补偿；双向补偿为进给轴正反移动分别采用不同的数据补偿。通常仅采用单向螺距误差补偿。

9.3 垂度误差补偿

某些数控机床，例如立卧镗铣床，当一个或两个坐标轴伸出时，一头处于悬空状态，由于镗铣头的重量或镗杆的重量，造成相关轴的位置相对于移动部件产生倾斜，也就是说，一个轴由于自身的重量造成下垂，相对于另一个轴的绝对位置产生了变化，这种现象称为垂度误差。简单地说，垂度误差就是指坐标轴由于部件的自重而引起的弯曲变形。利用 SINUMERIK 840D 数控系统提供的垂度误差补偿功能可以纠正该误差，提高机床的加工精度。

9.3.1 数控系统垂度误差补偿原理

图 9-4 所示为某机床垂度误差示意图，部件向 *Y* 轴正方向移动越远，*Y* 轴横臂弯曲越大，对 *Z* 轴的坐标位置影响也越大。利用 SINUMERIK 840D 数控系统提供的垂度补偿功能，可以补偿坐标轴的下垂引起的位置误差。当 *Y* 轴执行指令移动时，系统会在一个插补周期内计算 *Z* 轴上相应的补偿值。垂度补偿是坐标轴之间的补偿，为了补偿一个坐标轴的垂度，将会影响另外的坐标轴。

通常，把变形的坐标轴称为基准轴，如图 9-4 中的 *Y* 轴，受影响的轴称为补偿轴，如图 9-4 中的 *Z* 轴。把一个基准轴与一个补偿轴定义为一种补偿关系，基准轴作为输入，由此轴决定补偿点的位置，补偿轴作为输出，计算得到的补偿值加到它的位置调节器中。基准轴与补偿轴的补偿关系称为垂度补偿表，由系统规定的变量组成，以补偿文件的形式存入数控系统内存中。激活数控系统的垂度补偿功能，然后使机床的坐标轴回参考点，则垂度补偿功能将自动运行。

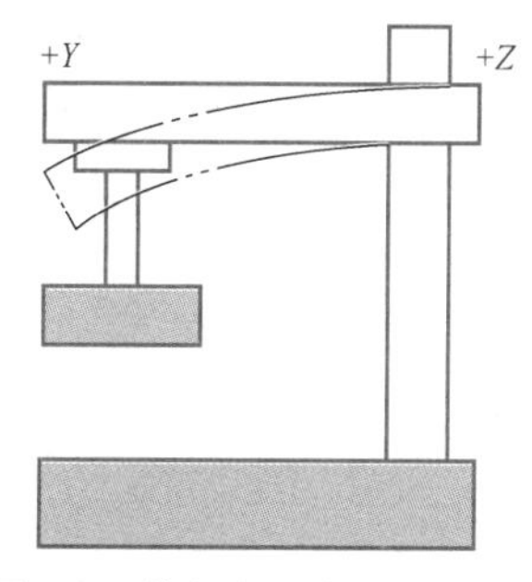

图 9-4 某机床垂度误差示意图

9.3.2 垂度误差补偿涉及的系统变量及机床参数

1. 垂度误差补偿用系统变量

SINUMERIK 840D 数控系统垂度误差补偿需要通过系统变量，以数据文件（又称补偿表）的形式传给系统，使系统在插补周期内，根据当前的坐标位置，自动地把补偿值加到位置调节器中。其主要的系统变量有以下 9 个。

1）$ AA_CEC [t，N]：在补偿表 t 中，基准轴补偿点 N 对应补偿轴的补偿值。

2）$ AA_CEC_STEP [t]：在补偿表 t 中，两个相邻补偿点之间的距离。

3）$ AA_CEC_MIN [t]：在补偿表 t 中，基准轴补偿点的起始位置。

4）$ AA_CEC_MAX [t]：在补偿表 t 中，基准轴补偿点的终止位置。

5）$ AA_CEC_INPUT_AXIS [t]：定义基准轴的名称。

6）$ AA_CEC_OUTPUT_AXIS [t]：定义补偿轴的名称。

7）$ AA_CEC_DIRECTION [t]：定义基准轴补偿方向。其中，$ AA_CEC_DIRECTION [t]=0，表示补偿值对基准轴的两个方向都有效；$ AA_ CEC_DIRECTION [t]=1，表示补偿值只对基准轴的正方向有效，其负方向无补偿值；$ AA_CEC_DIRECTION [t]=-1，表示补偿值只对基准轴的负方向有效，其正方向无补偿值。

8）$ AA_CEC_IS_MODULO [t]：基准轴的补偿表模功能。$ AA_CEC_IS_MODULO [t]=0，表示无模补偿功能；$ AA_CEC_IS_MODULO [t]=1，表示激活模补偿功能。

9）$ AA_CEC_MULT_BY_TABLE [t1]=t2：定义一个表的补偿值与另一个表相乘，其结果作为附加补偿值累加到总补偿值中，t1 为补偿坐标轴表 1 的索引号，t2 为补偿坐标轴表 2 的索引号，两者不能相同，一般 t1=t2+1。

2. 垂度误差补偿用机床参数

垂度误差补偿用机床参数包括通用机床数据和设定机床数据。

1）通用机床数据如下：

MD18342：补偿表的最大补偿点数。

MD32710：激活补偿表。

MD32720：下垂补偿表在某点的补偿值总和的极限值。系统对垂度补偿值进行监控，若计算的总垂度补偿值大于 MD32720 中设定的值，将会发生 20124 号“总补偿值太高”报警。840DE（出口型）为 1mm，840D（非出口型）为 10mm。

2）设定机床数据如下：

SD41300：垂度补偿表有效。

SD41310：垂度补偿表的加权因子。

9.3.3 数控系统垂度误差补偿步骤

1）根据坐标轴的工作区间，参照相关规定和标准，确定补偿轴的补偿间隔和补偿范围。

2）修改 MD18342，由于该参数系统初始值为 0，故而应先设置此参数。如果修改该数据，请注意系统会在下一次上电时重新对内存进行分配。建议在修改该参数之后，备份已存在的零件加工程序、R 参数、刀具参数及驱动数据等数据。

3）设置 MD32710=0，使垂度误差补偿失效。

4）确定补偿点数 K：可根据式（9-2）确定补偿点数 K，多采用 $0 \leqslant K <$ MD18342，即

$$K=\frac{\$\ AA\_CEC\_MAX[t]-\$\ AA\_CEC\_MIN[t]}{\$\ AA\_CEC\_STEP[t]} \tag{9-2}$$

5）利用准备好的调试电缆将计算机和数控系统连接起来。

6）在计算机中启动 WinPCIN 软件，选择“文本”通信方式，然后选择接收数据。

7）进入数控系统的通信界面，设定相应的通信参数，并选择其中的“垂度误差补偿”，按菜单键“读出”启动垂度误差补偿文件传输。

8）按照预定的最小位置、最大位置和测量间隔移动基准轴，同时测量补偿轴的偏移量。测量补偿值利用平尺与角尺调平水平面，通过编制加工程序将 Y 轴等距离伸出，测出每个点的下垂量，做出记录或画出补偿图形。

9）在计算机中将误差值编辑在刚刚传出的垂度误差补偿文件中，并保存。

10）将编辑好的补偿文件再通过 WinPCIN 软件传回数控系统中。

11）设定轴参数 MD32700 = 1，SD41300=1，做 NCK 复位，然后返回参考点，补偿值自动生效。

9.3.4 数控系统垂度误差补偿应用

某机床 Y 轴位置变化的时候，对 Z 轴的实际坐标位置产生影响。因此，Y 轴作为基准轴，Z 轴作为补偿轴。设置的补偿点间隔为 50mm，补偿起始位置为 0mm，补偿的终点位置为 400mm，测得一系列的补偿值，应用垂度误差补偿方法，编写误差补偿文件，见表 9-3。

将该文件应用到 840D 数控系统，即可进行垂度误差补偿。

表 9-3 垂度补偿文件

语句	说明
%_N_NC_CEC_INI;	垂度补偿文件头
CHANDATA(1)	
$ AA_CEC[0, 0] = 0;	补偿点 0 的 Y 轴补偿值
$ AA_CEC[0, 1] = 0.005;	补偿点 1 的 Y 轴补偿值
$ AA_CEC[0, 2] = 0.008;	补偿点 2 的 Y 轴补偿值
$ AA_CEC[0,3] = 0.012;	补偿点 3 的 Y 轴补偿值
$ AA_CEC[0,4] = 0.017;	补偿点 4 的 Y 轴补偿值
$ AA_CEC[0,5] = 0.020;	补偿点 5 的 Y 轴补偿值
$ AA_CEC[0,6] = 0.024;	补偿点 6 的 Y 轴补偿值
$ AA_CEC[0,7] = 0.028;	补偿点 7 的 Y 轴补偿值
$ AA_CEC[0,8] = 0.031;	补偿点 8 的 Y 轴补偿值
$ AA_CEC_INPUT_AXIS[0] = Z1;	基准轴为 Z 轴
$ AA_CEC_OUTPUT_AXIS[0] = Y1;	补偿轴为 Y 轴
$ AA_CEC_STEP[0] = 50;	两个相邻补偿点之间的距离 50mm
$ AA_CEC_MIN[0] = 0;	基准轴补偿点的起始位置 0mm
$ AA_CEC_MAX[0] = 400;	基准轴补偿点的终止位置 400mm
$ AA_CEC_IS_MODULO[0] = 0	模功能补偿无效
$ AA_CEC_DIRECTION[0] = 1;	基准轴 Z 轴正向垂度补偿有效

按主菜单键【Menu Select】进入【诊断】中，选择【服务显示】，在“轴调整”界面下，开动 Y 轴，查看 Z 轴“垂度+温度补偿”一项，若数值随 Y 轴运动而变化，则补偿值生效。在任何操作方式下运动在 Y 轴、Z 轴数值均变化。应用 SINUMERIK 840D 数控系统提供的垂度误差补偿功能，很好地解决了机床坐标轴变形产生的加工误差问题。同时，利用该补偿功能还可以进行数控机床双向螺距误差补偿，而且垂度补偿功能还可以应用于工作台面的倾斜补偿等方面。

9.4 热变形误差补偿

在机械加工中，由于各种热源（摩擦热、切削热、环境温度、热辐射等）的作用，致使机床、刀具、工件、夹具等产生热变形，从而影响工件与刀具间的相对位移，造成加工误差，进而影响零件的加工精度。英国伯明翰大学 J. Peclenik 教授和日本京都大学垣野义昭教授的统计表明：在精密加工中，由机床热变形所引起的制造误差占总制造误差的 40%～70%。热变形的控制措施主要有减少机床内部热源、改善散热和隔热条件、合理设计机床结构布局、采用恒温控制环境、做热变形补偿等。SINUMERIK 840D 数控系统提供的热变形补偿功能可以很好地解决此类问题引起的加工误差。

9.4.1 数控系统热变形补偿原理

为了实现热变形补偿，首先需要确定位置误差与温度的对应关系，也就是获得一个误差特性曲线。图 9-5 所示为某机床 X 轴的热变形误差曲线。该图表示，在给定温度 T 条件下，X 轴坐标位置与其对应误差之间的关系。

首先，在 X 轴上选定一点 P_0 作为参考位置，并且测量该点在温度 T 下的偏差 K_0，K_0 称为位置无关温度补偿值。X 坐标轴上的其他位置 P_X 对应的偏差 ΔK_X 称为位置相关温度补偿值。由于机床结构及材料的不同，实际误差曲线并不是一条直线，但是可以利用直线拟合进行逼近。根据拟合直线，只要求出误差曲线的斜率 $\tan\beta$，利用式（9-3）即可求得 X 坐标轴任意位置的偏差 ΔK_X。

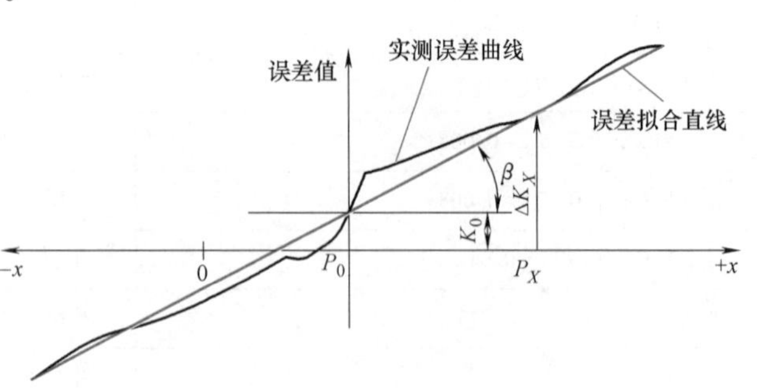

图 9-5 某机床 X 轴的热变形误差曲线

$$\Delta K_X = K_0(T) + [\tan\beta(T)](P_X - P_0) \tag{9-3}$$

K_0 和 $\tan\beta$ 在不同的温度下，其值有所不同，因此这两个参数都是温度的函数。

数控系统提供了三个机床数据分别对应于式（9-3）中的每一项。具体是：SD43900（TEMP_COMP_ABS_VALUE），位置无关温度补偿值 K_0；SD43910（TEMP_COMP_SLOP），位置相关温度补偿值系数 $\tan\beta$；SD43920（TEMP_COMP_REF_POSITION），位置相关温度补偿参考位置 P_0。

同时，数控系统通过参数 MD32750（TEMP_COMP_TYPE）设置还提供了两种热变形补偿方式，分别是 MD32750=0 时，温度补偿失效；MD32750=1 时，位置无关温度补偿方式生效；MD32750=2 时，位置相关温度补偿方式生效。

图 9-5 中反映的温度只有一个，然而实际加工时温度是时刻变化的，因此温度相关的参数也要发生改变。实际应用中，应测量出不同温度范围内坐标轴的热变形误差。

某机床 Z 轴恒温范围为 500~1500mm，在此范围内移动 Z 轴，每间隔 100mm 测量轴的实际位置，同时用温度测量仪表测量 Z 轴丝杠的温度。每隔 20min 循环测量一次 Z 轴的误差。并把测量温度与对应的误差变化记录下来，绘制误差曲线，如图 9-6 所示。图 9-6 反映任意温度时，Z 轴上每一个测量位置处的误差值。

为了提高补偿精度，通常情况下，数控机床采用的是位置相关温度补偿方式。该方式首先要确定位置相关温度补偿参考位置 P_0。从图 9-6 中可以看到，绝对误差等于 0 时，参考位置 $P_0=320$ mm，$T_0=23$℃。设置机床参数：MD32750=2，位置相关温度补偿方式生效；SD43920=320，位置相关温度补偿参考位置；SD43900=0，位置无关温度补偿值。

根据图 9-6 绘制温度系数曲线如图 9-7 所示，该曲线反映了某一温度下，最大补偿位置对应的最大误差，用拟合直线逼近该曲线以后，利用式（9-4）计算 $\tan\beta$，即

$$\tan\beta(T) = (T - T_0)\frac{TK_{\max}}{T_{\max} - T_0} \tag{9-4}$$

式中，T_0为位置相关点误差等于 0 所对应的温度，$T_{\max}$ 为最大的测量温度；$TK_{\max}$ 为在 $T_{\max}$ 情

况下的温度系数，该温度系数表示在某一温度下，滚珠丝杠每 1000mm 所对应的最大误差。

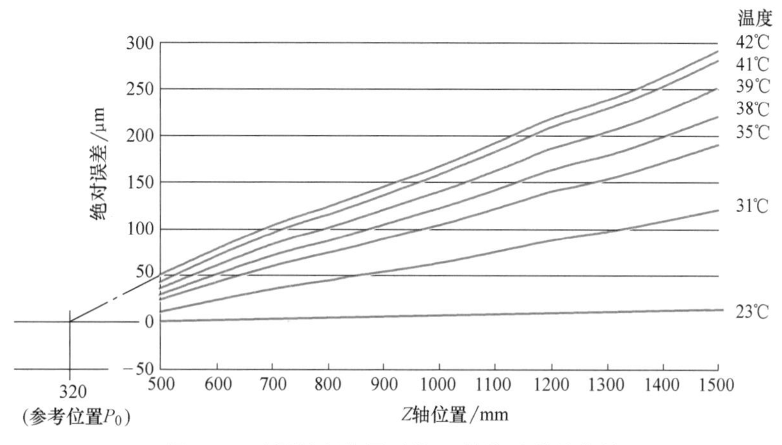

图 9-6　不同温度范围时的 Z 轴位置误差曲线

如图 9-7 所示，$T_{max}=42℃$，$TK_{max}=270\mu m/1000mm$，$T_0=23℃$。假定丝杠当前测量温度 $T=32.5℃$，则利用式（9-4）可以计算得到：

$$\tan\beta(T)=(T-T_0)\frac{TK_{max}}{T_{max}-T_0}$$

$$=(32.5-23)\times\frac{270}{42-23}\mu m/1000mm$$

$$=135\mu m/1000mm$$

即 SD43910：TEMP_COMP_SLOP = 135。

利用式（9-4），可以很容易地计算出每一个温度所对应的温度补偿系数 $\tan\beta$，然后将计算得到的值传送到 NCK 中，系统利用式（9-3）自动进行补偿值计算，并在每个差补周期里补偿到位置调节器中，从而实现热变形补偿。

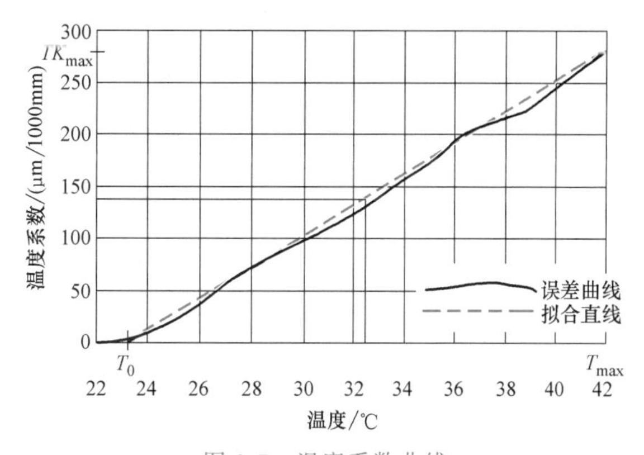

图 9-7　温度系数曲线

9.4.2　热变形补偿系统的软硬件设计

1. 硬件设计

在机床靠近丝杠处安装热电阻传感器，测量范围可以为 0～300℃，完全符合机床使用温度在 5～45℃ 区间的要求，进行机床温度的测量。在数控系统的 PLC 上外扩 A-D 转换模块 SM331。将热传感器输入的模拟热信号转换成数字信号后送至数控系统 NCK-PLC 接口。PLC 定时采样此温度值，利用式（9-4）计算出温度补偿系数 $\tan\beta$，然后送到系统的 NCK 中刷新温度补偿参数 SD43910（TEMP_COMP_SLOP）。

2. 热变形补偿系统 PLC 程序设计

利用 NC-VAR-Selector 工具软件选取 SD43910（TEMP_COMP_SLOP），生成数据块 DB130，将该数据块传送到数控系统 STEP 7 的项目中，并进行编译。利用数控系统提供的功能块 FB3（PUT），每隔一定时间向 NCK 中 TEMP_COMP_SLOP 变量写入当前经过计算的斜率 $\tan\beta$，即可完成热变形补偿。

使用功能块 FB3 写 NCK 变量，必须将 OB100 中调用 FB1 功能块的 NCKom 变量置 1。即 OB100 组织块中的部分程序如下：

```
OB100:                //启动组织块
NETWORK 1
CALL   FB1, DB7       // DB7 是背景数据块
……                    //语句省略
NCKom: =TRUE          //NCKom 置 1
……                    //语句省略
```

通过编写 PLC 程序进行温度采样，并利用公式（9-4）计算 $\tan\beta$，利用 FB3 刷新机床参数 TEMP_ COMP_ SLOP。以下为简要 FB3 功能应用程序实例。

```
……                    //语句省略
AN     M80.2
AN     M80.3
S      M80.1          //设置传送启动
CALL   FB3,DB120      //DB120 是背景数据块
Req: =M80.1           //启动信号
NumVar: =1            //传送变量的数量
Addr1: =DB130.TEMP_COMP_SLOP
//要写入的 NC 参数
……                    //语句省略
Done: =M80.2          //传送完成标志
Error: =M80.3         //故障状态标志
State: =MW104         //传送状态信息
SD1: =MD120           //经过计算得到的温
                      //度补偿系数值 tanβ
……                    //语句省略
A      M80.1
A(
O      M80.2
O      M80.3
)
R      M80.1          //复位启动信号
……                    //语句省略
```

一般来说，数控机床制造商会向用户提供一份很精确的温度-位置误差补偿曲线，由用户 PLC 程序完成补偿参数的传送，这时需要用到 FB2（GET）功能读取数据，FB2（GET）功能的使用请参阅相关资料。机床数据 MD32760 限制了误差曲线的斜率，如果实际误差曲线超过了最大斜率，调节器就以最大斜率计算补偿值。应用 SINUMERIK 810D/840D 数控系

统提供的热变形误差补偿功能很好地解决了机床坐标轴热变形产生的加工误差问题。但引起数控机床热变形的因素是多方面的，且各个因素之间并不是孤立的，而是相互联系的。因此，在解决问题时应全面综合考虑、几种措施并举，才能有效控制机床的热变形，从而提高加工精度。

9.5 跟随误差补偿

在通常的反馈控制系统中，一般当扰动信号对系统发生不良作用后，才能通过反馈来产生抑制扰动的控制作用，因而产生控制滞后的不良后果。为了克服这种滞后的不良控制，在系统接受干扰信号以后，还没有产生后果之前，插入一个前馈控制作用，使其刚好在干扰点上完全抵消干扰对控制变量的影响，从而大大改善控制系统的性能，这叫作前馈控制，又称顺馈控制。在西门子 840D 数控系统中，有一种跟随误差补偿功能（Following error compensation）又叫前馈控制（Feed forward control），尤其在轴进给如圆弧、拐角等加速度发生变化的地方，来消除不理想的轮廓偏差，改善加工质量。

840D 系统具有速度前馈控制和转矩前馈控制，采用何种前馈控制取决于数控机床本身的特性，一般先选择速度前馈控制，观察控制效果，即跟随误差的变化情况，若不满足控制要求，再进行转矩前馈控制。在使用前馈控制功能之前，各轴的位置环、速度环和电流环需经过优化。

前馈控制的使用条件为机床刚性良好、动态响应良好，以及在位置和速度参考信号中没有突变。

9.5.1 速度前馈控制

速度前馈控制可通过高级语言编程调用：

FFWON 前馈控制功能打开；

FFWOF 前馈控制功能关闭。

在轴通道参数 MD 20150：GCODE_RESET_VALUES（G 代码初始化）中设置复位生效功能，在轴参数 MD 32630：FFW_ACTIVATION_MODE 中设置各轴该功能打开还是关闭。使用前馈控制功能时，编程人员一定要配合使用该命令，以防止意外发生。例如：

```
N20  FFWON；速度前馈控制功能打开
N30  G01X4.0Y5.9F600；
……
N70  FFWOF；速度前馈控制功能关闭
```

在第一次使用速度前馈控制之前，需将 MD 32620：FFW_MODE 正确设置：

MD 32620：FFW_MODE=0（前馈控制功能取消）；

MD 32620：FFW_MODE=1（速度前馈控制功能选择）；

MD 32620：FFW_MODE=2（转矩前馈控制功能选择）。

在使用前馈控制的情况下，速度参考信号直接加入速度控制器上，这个附加参考信号经过近似为 1 的加权因子处理（标准）。为了获得良好的前馈效果，等效时间常数必须准确地设置在机床数据中。

MD 32610：VELO_FFW_WEIGHT（前馈控制因子）一般近似为 1。

MD 32810：EQUIV_SPEEDCTRL_TIME（等效时间常数）可通过测量单位阶跃响应对电

流环的作用获得。

参数调整：当该命令使用时，让进给轴以恒速运动，这时观察“诊断”界面下“服务显示”菜单中的“Control deviation”：

若 Control deviation=0，则前馈控制功能调整正确；

若 Control deviation 为正值，则前馈控制因子或等效时间常数太小；

若 Control deviation 为负值，则前馈控制因子或等效时间常数太大。

9.5.2 转矩前馈控制

在动态响应要求较高的地方，为了获得较好的轮廓精度，需要运用转矩前馈控制。与速度前馈控制一样，需要精确获得前馈控制器的等效时间常数。转矩前馈控制需要设置机床时间 MD 32620：FFW_MODE、坐标轴惯量 MD32650：AX_INERTIA、电流控制环的等效时间常数 MD32800：EQUIV_CURRCTRL_TIME 和激活转矩前馈控制 MD1004：CTRL_CONFIG。

将机床数据 MD1004 的 bit0 设置为 1，可以激活 611D 系统的转矩前馈控制功能。通过测量电流控制环的阶跃响应，决定电流闭环控制的等效时间常数 MD32800 的大小。MD32650 表示驱动的惯量与负载到电动机传动轴的惯量之和。调整系统的等效时间常数和惯量，以便使坐标轴达到最佳动态响应。

转矩前馈控制机床数据调整的标准，是看坐标轴的跟随误差是否近似等于零。如果显示的跟随误差是正值，说明等效时间常数或惯量设置得太小；如果显示的跟随误差是负值，说明等效时间常数或惯量设置得太大。

9.6 摩擦补偿

摩擦主要影响传动装置和导轨。机床轴应该特别注意静态摩擦，因为在轴启动时需要的力比正常运转时需要的力大得多，这样在轴启动的时候就会产生更大的跟随误差。同样的现象发生在静态摩擦力方向改变的时候。例如：一个轴从负的速度加速到正的速度，当速度方向发生变化的时候，因为要改变摩擦力状态，插补轴将会有一个很短时间的停滞，导致产生轮廓误差。这个现象在加工圆形轮廓工件时特别突出。在转换象限的地方，一个轴已经到达了它的最大速度，而另一个轴的速度却为 0。使用摩擦补偿功能能够几乎消除“象限误差”的影响。

9.6.1 摩擦补偿方法

西门子 SINUMERIK 840D 系统提供了两种摩擦补偿模式：常规摩擦补偿（MD 32490：FRICT_COMP_MODE=1）和神经网络象限补偿（MD 32490：FRICT_COMP_MODE =2）（选择功能）。利用其摩擦补偿功能，用户可以通过加入额外的脉冲信号来补偿由静态摩擦引的象限误差。修改参数 MD 32490：FRICT_COMP_MODE=1 选择常规摩擦力补偿功能，大多数情况下，在伺服轴的整个加速过程中，系统引入一个恒定的摩擦力补偿值。但当恒定补偿无法完全消除象限误差，或加工精度要求较高时，用户还可通过参数（MD 32510：FRICT_COMP_ADAPT_ENABLE =1）引入摩擦补偿自适应功能，使摩擦补偿值在加速过程中，随加速度的变化而变化，当加速度大时补偿值小，加速度小时补偿值大。系统提供的神经网络象限补偿方法可以简化补偿参数的调整，系统能够自动学习摩擦补偿特征曲线模式，决定补偿参数的大小，从而使得利用神经网络获取的特征曲线的精度优于人工调整，但此种方法对调试人员的要求较高，因此机床安装调试现场，多采用传统的人工调整方法。本节以常规补偿方法进行讲解。关于神经网络补偿，可以参考相关文献。

9.6.2 摩擦补偿的效果对比

1. 没有摩擦补偿的情况

将参数 MD 32500：FRICT_COMP_ENABLE 设为 0（取消摩擦补偿），在 MDA 模式下执行一个圆加工程序。

“FFW 0F

SS：G91 G64 G2 X0 Y0 I20 J0 F1000

G0T0B SS”

在西门子 840D 主界面下依次选择“Start-up”→“Drives/servo”→“Circularity test”进入圆测试界面，如图 9-8 所示。

在圆测试界面“Parameter”一栏中输入需要设置的参数：

Radius：= 20mm

Feedrate：= 1000mm/min

在圆测试界面“Measurement”一栏中选择参与圆插补的两个轴分别为“X1”和“Y1”。

参数设置完毕后，单击“Start”按钮，开始圆测试。圆测试完成后，单击“Display”按钮，观察测试效果，如图 9-9 所示。从图 9-9 中可以清楚地看到，在圆过象限的地方有 4 个尖角，这就是由静态摩擦引起的象限误差。因此摩擦补偿又称为过象限误差补偿。

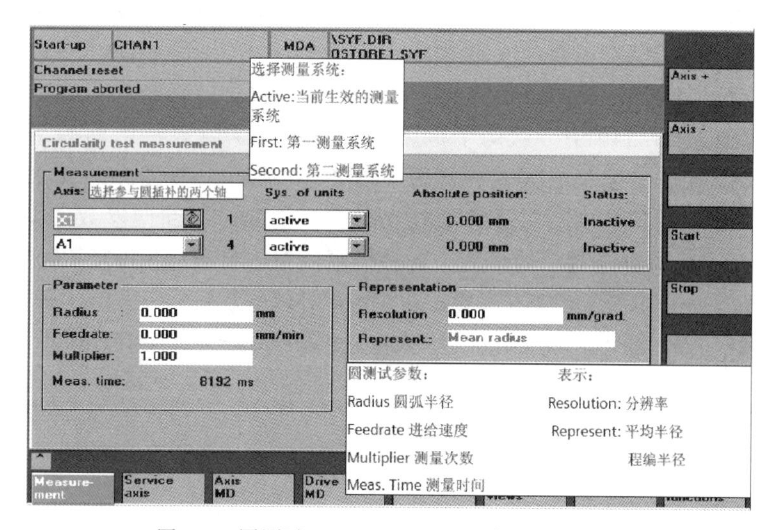

图 9-8 圆测试（Circularly test）参数设定界面

2. 使用摩擦补偿的情况

合理使用系统提供的补偿功能，并正确设置系统参数，则在加工同样的加工程序时，可得到近似理想的过象限误差补偿效果，如图 9-10 所示。

9.6.3 常规摩擦补偿功能的应用

常规摩擦补偿调整方法分为“与加速度无关”和“与加速度有关”两种。所谓“与加速度无关”，就是补偿值与坐标轴运动的加速度无关，加速度的变化不会影响补偿值，这种方法常用于固定零件圆轨迹的加工，或者是加工时加速度的变化不大。“与加速度有关”表示补偿值的大小是随加速度变化的，这种补偿方法适用范围广，补偿效果优于“与加速度无关”。在实际的补偿参数调整过程中，先进行“与加速度无关”补偿，如果圆弧轨迹因摩

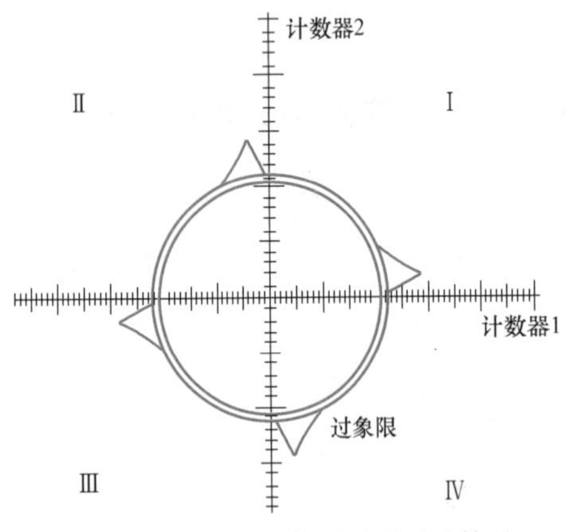

计数器2
Ⅱ
Ⅰ
计数器1
过象限
Ⅲ
Ⅳ

图 9-9　无摩擦补偿时的圆测试情况

计数器1
Ⅳ
Ⅰ
计数器2
Ⅲ
Ⅱ

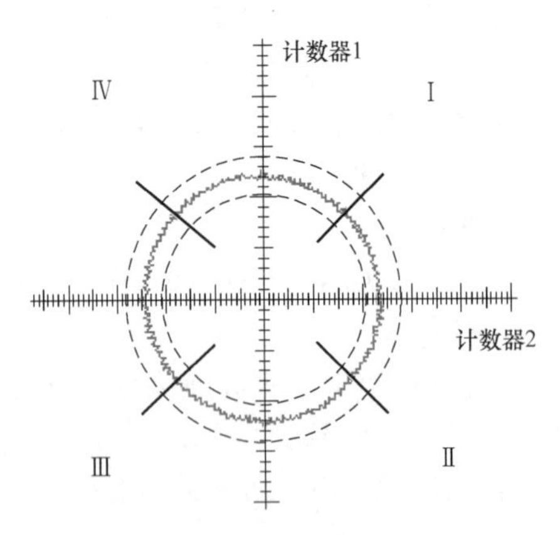

图 9-10　理想的过象限误差补偿效果

擦力造成的尖角误差，虽有所改善但达不到理想效果，就必须采用“与加速度有关”的补偿方法，做更精细的调整。

1. 与加速度无关的补偿方法

调整坐标轴的摩擦补偿，首先要得到无补偿情况下的过象限误差，如上所述，得到如图 9-9 所示的结果。随后进入“与加速度无关”调整，确定补偿脉冲幅值 MD32520：FRICT_COMP_CONST_MAX 和时间常数 MD32540：FRICT_COMP_TIME。此方式下的补偿脉冲幅值是一个与加速度无关的定值，恒定的幅值设置在机床数据 MD32520 中，时间常数设置在机床数据 MD32540 中。这两个机床数据就决定了摩擦补偿的效果，如果参数设置得当，可以大幅度减小过象限误差，得到如图 9-10 所示近似理想的补偿效果。若两个参数设置不当，则应根据圆轨迹在过象限处误差变换情况，判断两参数的调整方向。

（1）补偿幅值参数对补偿效果的影响　若补偿幅值 MD 32520：FRICT_COMP_CONST_MAX 太小，则在过象限处不能完全补偿半径偏差。观察摩擦补偿的效果，如图 9-11 所示。若补偿幅值 MD 32520：FRICT_COMP_CONST_MAX 太大，则在过象限处就会发生半径补偿过剩。观察摩擦补偿的效果，如图 9-12 所示。

计数器2
Ⅱ
Ⅰ
计数器1
Ⅲ
Ⅳ

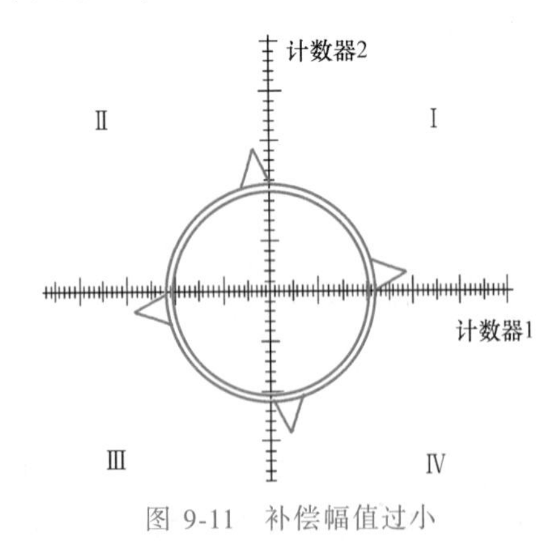

图 9-11　补偿幅值过小

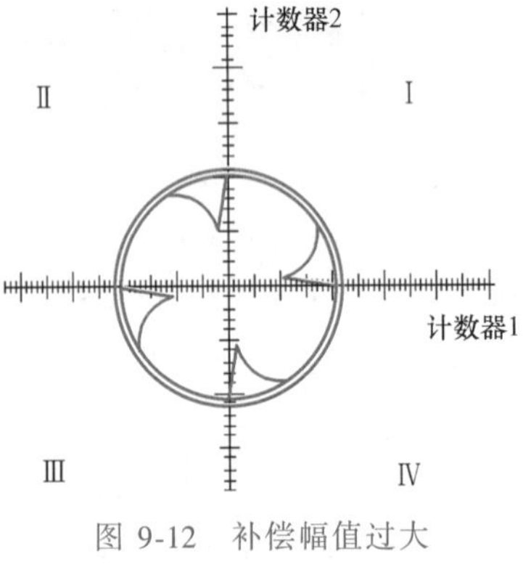

计数器2
Ⅱ
Ⅰ
计数器1
Ⅲ
Ⅳ

图 9-12　补偿幅值过大

（2）补偿时间常数参数对补偿效果的影响　若补偿时间常数 MD 32540：FRICT_COMP_CONST_TIME 太小，则在进行象限转换时，可以暂时补偿半径偏差，但随即半径偏差会再次变得更大。观察摩擦补偿的效果，如图 9-13 所示。若补偿时间常数 MD 32540：FRICT_COMP_

CONST_TIME [n] 太大，则在进行象限转换时补偿了半径偏差，但是在象限转换后，产生补偿过剩，会加大半径偏差。观察摩擦补偿的效果，如图 9-14 所示。

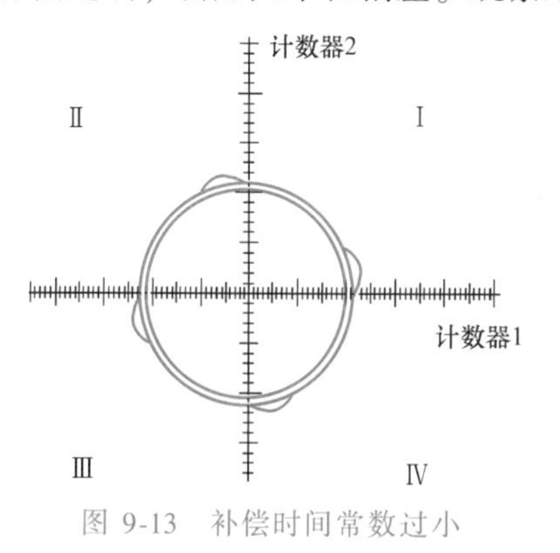

图 9-13 补偿时间常数过小

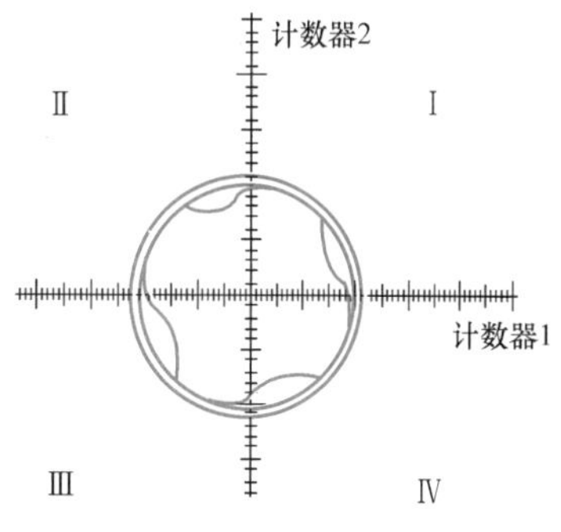

图 9-14 补偿时间常数过大

2. 与加速度有关的补偿方法

若用“与加速度无关”补偿方法调整参数时，发现摩擦补偿参数并非定值，而随加速度改变，则摩擦补偿的调整必须用“与加速度有关”方法，摩擦补偿的脉冲幅值不是完全由 MD32520 决定的，而是必须视加速度的大小加以调整，如图 9-15 所示。把整个加速度范围分为 B_1、B_2、B_3、B_4 四个区域，由分界点 a_1、a_2 与 a_3 决定，并把三个加速度值分别设置在机床数据 MD32550、MD32560 和 MD32570 中，最小补偿幅值设置在 MD32530 中。

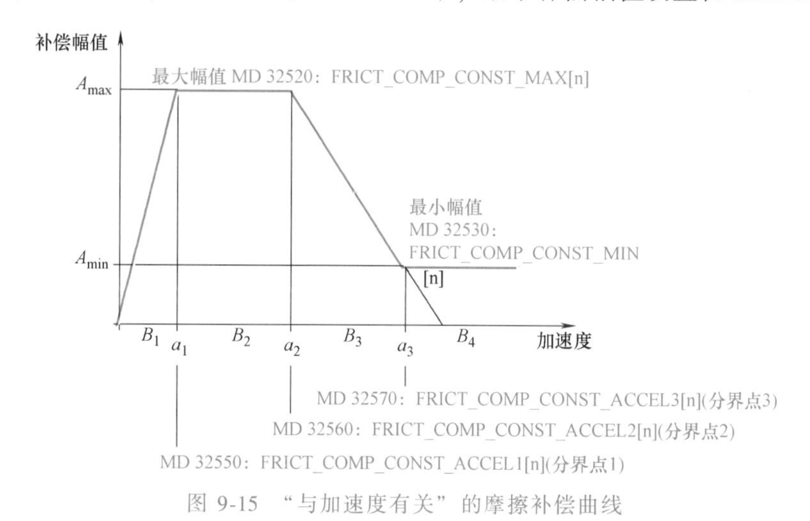

图 9-15 “与加速度有关”的摩擦补偿曲线

1）B_1：加速度小于 a_1，摩擦补偿值为线性插补，加速度越大，补偿值也就越大，补偿的幅值 $\Delta A = A_{max} a / a_1$。

2）B_2：加速度介于 a_1 与 a_2 之间，补偿值为定值，由设置数据 MD32520 决定的最大幅值，补偿的幅值 $\Delta A = A_{max}$。

3）B_3：加速度介于 a_2 与 a_3 之间，摩擦补偿值为线性插补，加速度越大，补偿值也就越小，补偿的幅值 $\Delta A = A_{max}[1-(a-a_2)/(a_3-a_2)]$。

4）B_4：加速度大于 a_3，补偿值为最小的定值，由设置数据 MD32520 决定的最小幅值，补偿的幅值 $\Delta A = A_{max}$。

根据机床的加速度设计要求，计算出相应的数值输入参数 MD32550～MD32570，设置参数应满足 $a_1<a_2<a_3$，否则系统报警 26001 “Parameterization error for friction compensation ”。

9.7 实训 螺距误差补偿

9.7.1 实训内容

1）测量丝杠螺距误差。

2）补偿丝杠螺距误差。

9.7.2 实训步骤

1）编写一个零件加工程序，要求被测量的进给轴以丝杠螺距增量进给，最好在丝杠全程均有分布。

2）通过激光干涉仪等装置测量，计算出进给轴的定位值与理论值之间的误差值，绘制误差曲线或编制误差表。

3）设定进给轴的 MD38000 螺距误差补偿点数。注意数据保护，修改完参数后立即将其试车数据备份至计算机。

4）运用方法一进行设定，将螺距误差补偿值输入 NC 系统。

5）运用方法二进行设定，将螺距误差补偿值输入 NC 系统。

6）设定进给轴的 MD32700 为 1 螺距误差补偿生效。系统重启，螺距误差补偿在回参考点完毕后生效。观察测量此时机床的误差。

9.7.3 思考题

1）若 NC 系统配置有光栅反馈，还需进行丝杠螺距误差补偿吗？为什么？

2）试比较两种螺距误差补偿方法的优缺点。

第 10 章 数控系统的维护与保养

数控系统是数控机床控制系统的核心。数控系统的维护与保养是为了尽可能地延长系统的使用寿命，保持机床的加工精度，提高机床的稳定性和可靠性，防止各种故障，特别是恶性事故的发生。数控系统日常的维护与保养主要包括数控系统的使用检查和数控系统的日常维护。

10.1 数控系统的维护

10.1.1 数控系统的使用检查

为避免数控系统在使用过程中发生一些不必要的故障，数控机床的操作人员在操作使用数控系统以前，应当仔细阅读有关操作说明书，详细了解所用数控系统的性能，熟练掌握数控系统和机床操作面板上各个按键、按钮和开关的作用以及使用注意事项。一般来说，数控系统在通电前后要进行检查。

1. 数控系统在通电前的检查

为了确保数控系统正常工作，当数控机床在第一次安装调试或者是在机床搬运后第一次通电运行之前，可以按照下述顺序检查数控系统：

1）确认交流电源的规格是否符合 CNC 装置的要求，主要检查交流电源的电压、频率和容量。

2）认真检查 CNC 装置与外界之间的全部连接电缆是否按随机提供的连接技术手册的规定，正确而可靠地连接。数控系统的连接是指针对数控装置及其配套的进给和主轴伺服驱动单元而进行的，主要包括外部电缆的连接和数控系统电源的连接。在连接前要认真检查数控系统装置与 MDI/CRT 单元、位置显示单元、电源单元、各印制电路板和伺服单元等，如发现问题应及时采取措施或更换。同时要注意检查连接中的连接件和各个印制电路板是否紧固，是否插入到位，各个插头有无松动，紧固螺钉是否拧紧，因为由于接触不良而引起的故障最为常见。

3）确认 CNC 装置内的各种印制电路板上的硬件设定是否符合 CNC 装置的要求。这些硬件设定包括各种短路棒设定和可调电位器。

4）认真检查数控机床的保护接地线。数控机床要有良好的接地线，以保证设备、人身安全和减少电气干扰。伺服单元、伺服变压器和强电柜之间都要连接保护接地线。只有经过上述各项检查，确认无误后，CNC 装置才能投入通电运行。

2. 数控系统在通电后的检查

数控系统通电后的检查包括：

1）首先要检查数控装置中各个风扇是否正常运行，否则会影响数控装置的散热问题。

2）确认各个印制电路或模块上的直流电源是否正常，是否在允许的波动范围之内。

3）进一步确认 CNC 装置的各种参数，包括系统参数、PLC 参数、伺服装置的数字设定等，这些参数应符合随机所带的说明书要求。

4）当数控装置与机床联机通电时，应在接通电源的同时，做好按压紧急停止按钮的准备，以备出现紧急情况时随时切断电源。

5）在手动状态下，低速进给移动各个轴，并且注意观察机床移动方向和坐标值显示是否正确。

6）进行几次返回机床参考点的动作，用来检查数控机床是否有返回参考点的功能，以及每次返回参考点的位置是否完全一致。

7）CNC 系统的功能测试。按照数控机床数控系统的使用说明书，用手动或者编制数控程序的方法来测试 CNC 系统应具备的功能。例如：快速点定位、直线插补、圆弧插补、半径补偿、长度补偿、固定循环、用户宏程序等功能以及 M、S、T 辅助机能。

只有通过上述各项检查，确认无误后，CNC 装置才能正式运行。

10.1.2 数控系统的日常维护与保养

数控系统的日常维护与保养主要包括以下几个方面：

1. 制定并且严格执行数控系统的日常维护规章制度

根据不同数控机床的性能特点，制定其数控系统的日常维护规章制度，并且在使用和操作中严格执行。

2. 应尽量少开数控柜门和强电柜门

在机械加工车间的空气中往往含有油雾、尘埃，它们一旦落入数控系统的印制电路板或者电气元件上，就会引起元器件的绝缘电阻下降，甚至导致印制电路板或者电气元件的损坏。所以，在工作中应尽量少开数控柜门和强电柜门。

3. 定时清理数控装置的散热通风系统，以防止数控装置过热

散热通风系统是防止数控装置过热的重要装置，为此应每天检查数控柜上各个冷却风扇运行是否正常，每半年或者一季度检查一次风道过滤器是否有堵塞现象，如果有则应及时清理。

4. 定期检查和更换直流电动机电刷

在 20 世纪 80 年代生产的数控机床，大多数采用直流伺服电动机，这就存在电刷的磨损问题，因此，对于直流伺服电动机，需要定期检查和更换直流电动机电刷。

5. 经常监视数控装置用的电网电压

数控系统对工作电网电压有严格的要求。例如，FANUC 公司生产的数控系统，允许电网电压在额定值的 85%～110%的范围内波动，否则会造成数控系统不能正常工作，甚至会引起数控系统内部电子元件的损坏。因此，要经常检测电网电压，并将其控制在定额值的 85%～110%内。

6. 定期检查和更换存储器用电池

通常，数控系统中部分 CMOS 存储器中的存储内容在断电时靠电池供电保持。一般采用锂电池或者可充电的镍镉电池。当电池电压下降到一定值时，就会造成数据丢失，因此要定期检查电池电压。当电池电压下降到限定值或者出现电池电压报警时，就要及时更换电池。更换电池时一般要在数控系统通电状态下进行，这样才不会造成存储参数丢失。一旦数据丢失，在调换电池后，可重新输入参数。

7. 数控系统长期不用时的维护

当数控机床长期闲置不用时，也要定期对数控系统进行维护与保养。在机床未通电时，用备份电池给芯片供电，以保持数据不变。机床上电池在电压过低时，通常会在显示屏幕上给出报警提示。在长期不使用时，要经常通电检查是否有报警提示，并及时更换备份电池。经常通电可以防止电气元件受潮或印制电路板受潮短路或断路等。长期不用的机床，每周至少通电两次以上。具体做法：首先，应经常给数控系统通电，在机床锁住不动的情况下，让机床空运行；其次，在空气湿度较大的梅雨季节，应每天给数控系统通电，这样可利用电气元件本身的发热来驱走数控柜内的潮气，以保证电气元件的性能稳定可靠。生产实践证明，如果长期不用的数控机床，过了梅雨天后则往往一开机就容易发生故障。此外，对于采用直流伺服电动机的数控机床，如果闲置半年以上不用，则应将电动机的电刷取出来，以避免由于化学腐蚀作用而导致换向器表面的腐蚀，确保换向性能。

8. 备用印制电路板的维护

对于已购置的备用印制电路板，应定期装到数控装置上通电运行一段时间，以防损坏。

9. 数控系统发生故障时的处理

一旦数控系统发生故障，操作人员应采取急停措施，停止系统运行，保护好现场，并协助维修人员做好维修前期的准备工作。

10.2 机床电气控制系统的检查

当840D/810D系统全部连线完成后，需要做一些必要的检查，内容如下：

1. 屏蔽

1）确保所使用的电缆符合西门子提供的接线图中的要求。

2）确保信号电缆屏蔽两端都与机架或机壳连通。

3）对于外部设备（如打印机、程编器等），标准的单端屏蔽的电缆也可以用。但一旦控制系统进行正常运行，则不应接入这些外部设备；如果一定要接入，则应将连接电缆两端屏蔽。

2. EMC（Electromagnetic Compatibility）检测条件

1）信号线与动力线尽可能分开远一些。

2）从NC或PLC出发的或到NC或PLC的线缆，应使用西门子提供的电缆。

3）信号线不要太靠近外部强的电磁场（如电动机和变压器）。

4）HC/HV脉冲回路电缆必须完全与其他所有电缆分开敷设。

5）如果信号线无法与其他电缆分开，则应走屏蔽穿线管（金属）。

6）下列距离应尽可能小：

① 信号线与信号线。

② 信号线与辅助等电位端。

③ 等电位端和PE（走在一起）。

3. 防护ESD（Electromagnetic Sensitive Device）组件检测条件

1）处理带静电模块时，应保证其正常接地。

2）如果避免不了接触电子模块，则请不要触摸模块上组件的针脚或其他导电部位。

3）触摸组件必须保证人体通过防静电装置（腕带或胶鞋）与大地连接。

4）模块应被放置在导电表面上（防静电包装材料如导电橡胶等）。

5）模块不应靠近 VDU、监视器或电视机（离屏幕勿近于 10cm）。

6）模块不要与可充电的电绝缘材料接触（如塑料与纤维织物）。

7）测量的前提条件：

① 测量仪器接地。

② 绝缘仪器上的测量头预先放过电。

10.3 驱动系统的安装条件与内部冷却

如果 SIMODRIVE 611 驱动不按照规格安装在电气柜中，会严重缩短元件的寿命或导致元件过早的失效。因此，在安装 SIMODRIVE 611 驱动时需要注意冷却间距、电缆布线、空气流通和空调装置等几方面。

1. 冷却间距

必须在 SIMODRIVE 611 伺服驱动器的顶部和底部留出至少 100mm 的通风空间，如图 10-1 所示。最高进气温度为 40℃，驱动装置最高温度必须在 55℃以下。

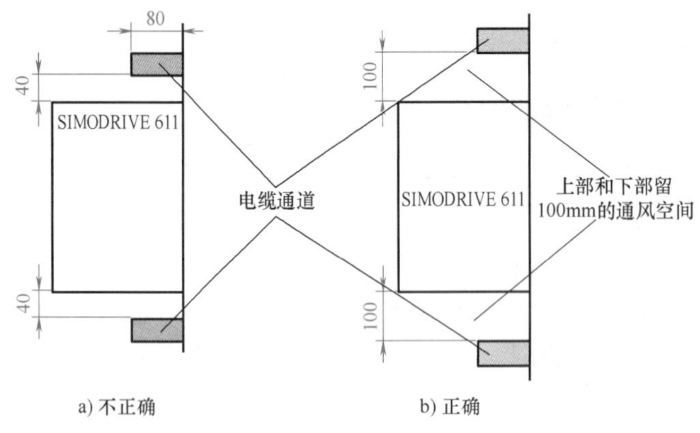

图 10-1　驱动器在电气柜中冷却间距

2. 电缆布线

不允许将电缆布置在模块的上方，通风孔必须保持畅通。

3. 空气流通及空调装置

SIMODRIVE 611 驱动装置有时使用集成的风扇强制通风冷却，而在有些情况下驱动装置通过空气自然对流进行冷却。自然空气对流对外部环境的影响十分敏感，因此必须保证冷空气从下面进入，热空气从上面出去。当使用过滤风扇、换热器或空调装置时，必须确保正确的空气流动方向，安装时请参照图 10-2 和图 10-3。

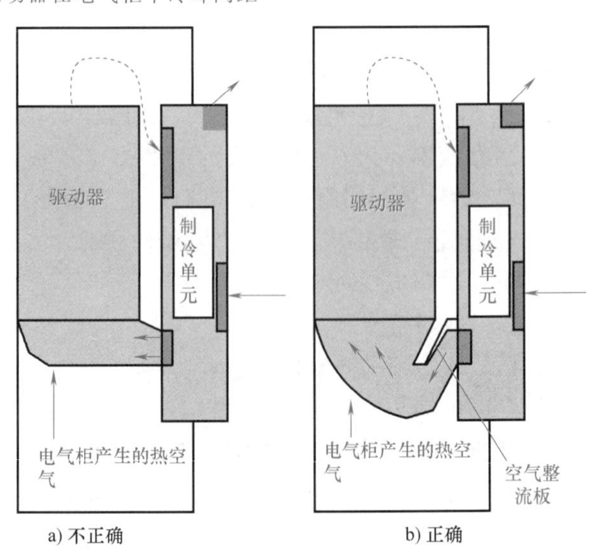

图 10-2　空气流通和制冷装置

利用空调装置时必须注意，用空调装置冷却空气增加了流出空气的相对湿度。在某些情况下可能会超过露点。SIMODRIVE 611 驱动装置中，如果空气的相对湿度长时间达到 80%~100%，则可能会发生驱动装置的绝缘失败导致电化学反应。例如：空气整流板用于确保在空气进入驱动装置前，将从空调装置出来的冷空气与电气柜中的热空气混合。通过混合电气柜中的冷空气与热空气，相对空气湿度会减少到非临界值。

通常温度为 25℃、相对空气湿度为 60% 的工作环境被认为是最合适的。如果电气柜中的气温度下降到 20℃，那么 80% 的相对湿度就是极限。如果空气温度进一步下降到 16℃，就会达到露点。

这里要特别注意的是，如果用制冷单元，要特别注意避免水汽凝结。

1）如果电气柜的门开着，则空调应该关闭。

2）保持冷空气的温度，防止水分冷凝。

在电气柜的各个部分，制冷单元产生的冷空气应该尽可能靠近在功率损耗较大的地方，如图 10-4 所示。

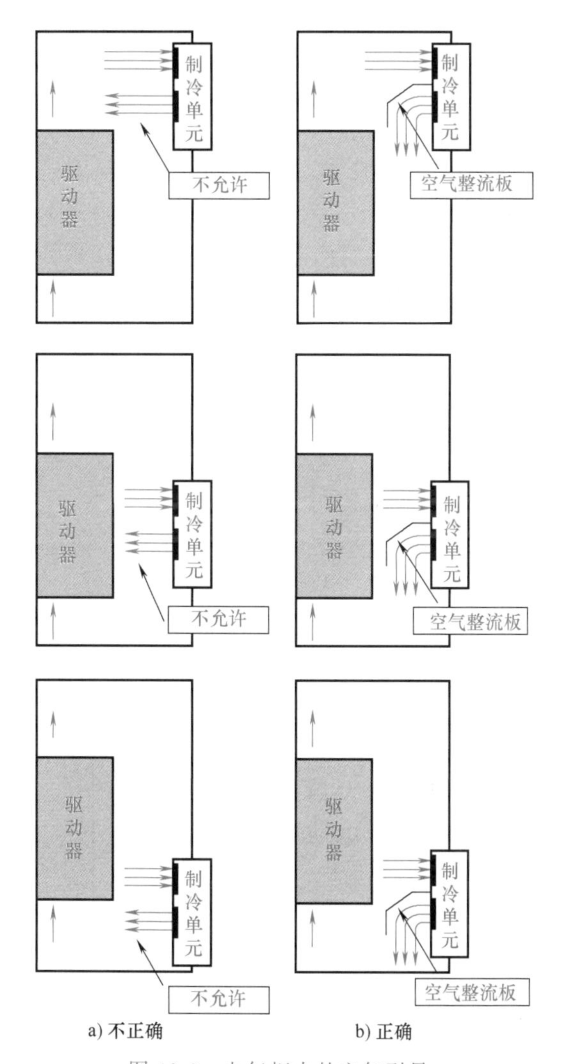

图 10-3　电气柜中的空气引导

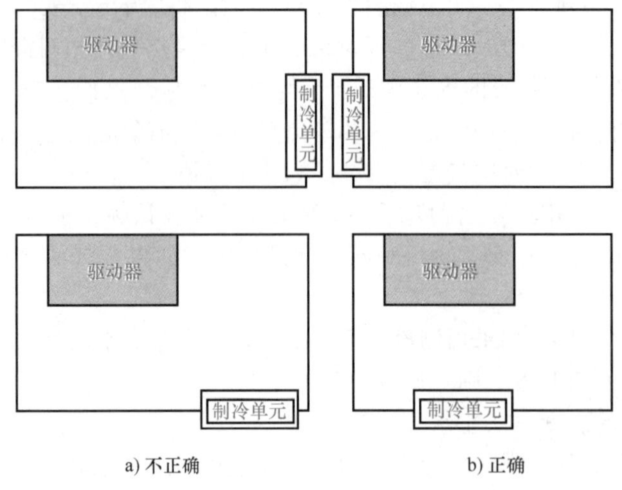

图 10-4　电气柜中制冷单元的位置

10.4　后备电池及硬盘的更换

10.4.1　810D 系统 CCU 模块电池的更换

810D 系统的机床数据、PLC 程序在 CCU 模块断电的情况下，靠模块上的后备电池保持而不丢失。后备电池的寿命一般为 5 年，安装在 CCU 模块后部上侧。后备电池的订货号为 6FC5 247-0AA18-0AA0。系统监控电路监测电池电压，一旦监测到电池电压过低，便输出一个监测报警信号，就应该在 6 周内更换电池。图 10-5 所示为电池安装位置。

后备电池的更换步骤如下：

1）关闭系统电源。

2）遵守模块更换注意事项，主要是防止静电击毁模块。因为 CCU 模块印制电路板含有电子敏感器件，在触摸电子模块之前，必须放掉身体上的静电，简单的方法是通过直接触摸一个导体或接地物体。

3）拔下全部电缆连接插头，并进行标注，以便事后安装。

4）卸下 CCU 模块上的 4 个固定螺钉，拔出 CCU 模块。

5）卸下旧电池，拔出电池插头，此时 CCU 模块上的数据靠一个电容保持大约 15min，应在这个规定的时间内完成电池的更换，否则将会使机床数据丢失。

6）在保证电池极性正确的情况下，装上新电池。

7）安装 CCU 模块并固定好。

8）插上全部卸下的电缆插头。

9）系统上电成功启动后，应无电池报

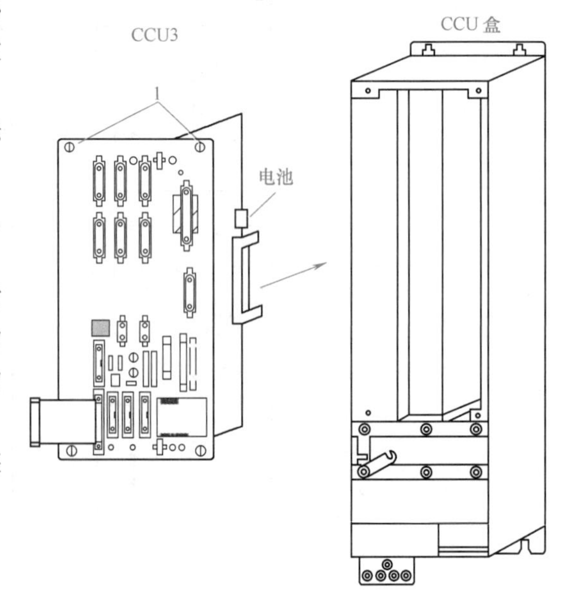

图 10-5　电池安装位置

警信息。

10.4.2 840D 系统 NCU 模块电池更换

840D 系统的 NCU 模块上的机床数据在断电的情况下，也是靠后备电池保持的，后备电池的寿命至少 3 年。与 810D 系统不同的是，后备电池与 NCU 冷却风扇安装在一起，构成一个电池/风扇专用模块，位于直流母线排的下面。电池/风扇专用模块的订货号为 6FC5 247-0AA06-0AA0，电池订货号为 6FC5 247-0AA18-0AA0。NCU 盒中的电池/风扇专用模块可以在系统断电的情况下更换，因为内部的电容可以支持 15min，使 SRAM 中的内容不会丢失。图 10-6 所示为电池/风扇专用模块。

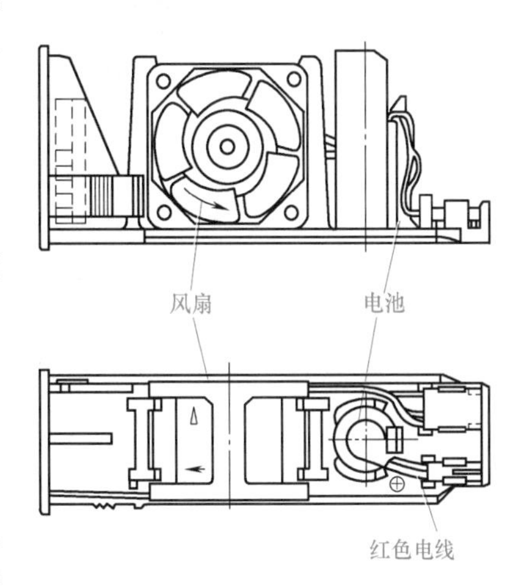

图 10-6　电池/风扇专用模块

电池/风扇专用模块的更换步骤如下：

1）关闭系统电源。

2）取出电池/风扇专用模块。模块下面有一个棘轮，把棘轮向上抬，同时向前拔即可取出模块。

3）在 15min 内安装上新的模块。

4）系统上电成功启动后，应无电池报警信息。

10.4.3 操作部件电池的更换

操作部件单元 MMC101/102/103 或 PCU50 主板上有一个后备电池，订货号与 810DCCU 模块相同，用于给硬件时钟提供电源，同时保持 BIOS 设定数据。如果电池电压过低，控制单元主板上的数据就会丢失。由于时钟耗电较少，而锂电池的容量又大，因此一块锂电池可以使用 8~10 年。后备电池的更换步骤如下：

1）关闭电源，取下电源电缆，松开所有内部连接电缆。

2）打开操作面板箱体，注意静电敏感电子器件，防止静电击毁电子器件。

3）松开电池固定件，从主板上拔出电池插头，取下电池。

4）装上新电池，注意电池的极性。

5）恢复操作面板箱体，电池更换完毕。

10.4.4 PCU50 硬盘的更换

PCU50 的硬盘驱动器通过一个扁平电缆连接到 PCU 母板的插座，如图 10-7 所示。

PCU50 硬盘的更换步骤如下：

1）通过旋转手柄，把硬盘的运输保险装置锁定到“非运行”位置（见图 10-8）。

2）松开硬盘驱动器支架的 4 个紧固螺钉。

3）打开硬盘驱动器支架。

4）从插座上拔出扁平电缆。为此，必须向后按插头的 2 个锁定头。

5）按相反的顺序重复以上步骤，装上新的硬盘驱动器。新的硬盘驱动器必须与取下的硬盘驱动器型号相同。

6）打开运输保险装置锁定；否则，系统不会启动（见图 10-9）。

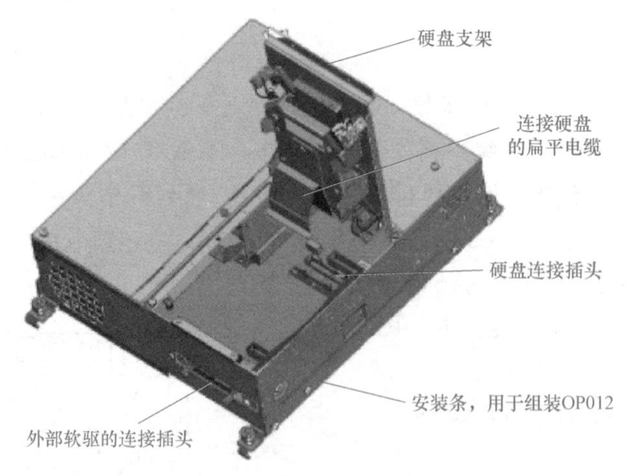

图 10-7　PCU50 的立体图，内置打开的硬盘驱动器

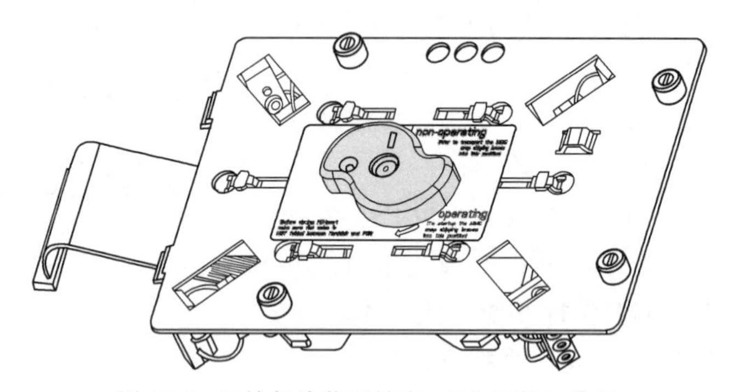

图 10-8　运输保险装置锁定："非运行" 位置

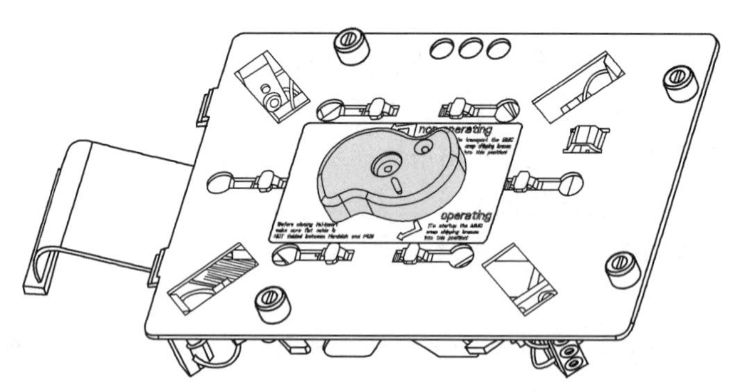

图 10-9　运输保险装置去除锁定："运行" 位置

参考文献

[1] 陈先锋．西门子数控系统故障诊断与电气调试［M］．北京：化学工业出版社，2012.

[2] 展宝成．西门子 840D 数控系统应用与维修实例详解［M］．北京：机械工业出版社，2013.

[3] 王兹宜．数控系统调整与维修实训［M］．北京：机械工业出版社，2008.

[4] 王洪波．数控机床电气维修技术：SINUMERIK 810D/840D 系统［M］．北京：电子工业出版社，2007.

[5] 秦益霖．西门子 S7-300 PLC 应用技术［M］．北京：电子工业出版社，2007.

[6] 胡健．西门子 S7-300 PLC 应用教程［M］．北京：机械工业出版社，2007.

[7] 王钢．数控机床调试、使用与维护［M］．北京：化学工业出版社，2006.

[8] 龚仲华．数控技术［M］．2 版．北京：机械工业出版社，2010.

[9] 李宏胜．机床数控技术及应用［M］．北京：高等教育出版社，2008.